KB127348

책장을 넘기며 느껴지는 몰입의 기쁨
노력한 만큼 빛이 나는 내일의 반짝임

새로운 배움, 더 큰 즐거움

미래엔이 응원합니다!

1등급 만들기

물리학 I 583제

WRITERS

김경철	인천과학고 교사	한국교원대 물리교육과, 인천대 대학원 영재교육과
채규선	경기북과학고 교사	고려대 물리학과, 한국교원대 대학원 물리교육과
김태은	경기고 교사	서울대 물리교육과, 서울대 대학원 물리교육과
강태욱	고대사대부고 교사	서울대 물리교육과, 서울대 대학원 물리교육과
강현식	동북고 교사	서울대 물리교육과, 서울대 대학원 물리교육과
권현정	서초고 교사	서울대 물리교육과, 서울대 대학원 물리교육과

COPYRIGHT

인쇄일 2023년 11월 1일(2판6쇄)
발행일 2021년 9월 30일

펴낸이 신광수
펴낸곳 (주)미래엔
등록번호 제16-67호

교육개발1실장 하남규
개발책임 오진경 **개발** 서규석, 지해나

디자인실장 손현지
디자인책임 김병석 **디자인** 진선영, 송혜란

CS본부장 강윤구
제작책임 강승훈

ISBN 979-11-6413-884-5

* 본 도서는 저작권법에 의하여 보호받는 저작물로, 협의 없이 복사, 복제할 수 없습니다.
* 파본은 구입처에서 교환 가능하며, 관련 법령에 따라 환불해 드립니다.
  단, 제품 훼손 시 환불이 불가능합니다.

머리말
Introduction

에베레스트산, 너는 성장하지 못한다.

그러나 나는 성장할 것이다.

그리고 나는 성장해서 반드시 돌아올 것이다.

_에드먼드 힐러리

에드먼드 힐러리가 세계 최초로 에베레스트산을 정복하는 그 순간,

그의 곁에는 텐징 노르가이라는 베테랑 셰르파가 있었습니다.

셰르파는 히말라야 등반에서 안내인 역할을 하는 고산족입니다.

정상을 정복하기 위한 힐러리의 도전에는 여러 어려움이 있었지만

텐징과 함께한 여정은 결국 그를 정상에 우뚝 서게 했습니다.

깊은 크레바스에 빠져 위험에 처했을 때 그를 구한 것도 텐징이었습니다.

1등급을 향한 길은 멀고도 힘들지도 모릅니다.

하지만 절대로 다다를 수 없는 무모한 목표가 아닙니다.

까마득히 멀고 높아 불가능해 보이는 목표일지라도

끊임없이 나를 성장시키고 도전하다 보면

어느덧 정상에 서 있는 나를 발견할 것입니다.

1등급 만들기 물리학 I은 여러분을 위한 베테랑 셰르파입니다.

여러분이 마침내 정상에 서는 그 순간은 멀지 않습니다.

구성과 특징
Structure&Features

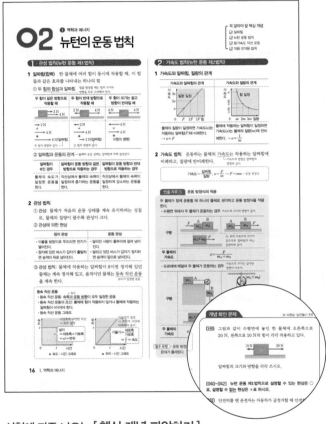

시험에 자주 나오는 [핵심 개념 파악하기]

시험에 나올 내용들만 일목요연하게 정리했습니다. 빈출 자료 를 단계별로 설명하여 내용을 완벽하게 분석하고, 기출 분석 문제 및 바른답·알찬풀이와 연계했습니다. 또 개념 확인 문제 를 통해 중요한 개념을 완벽히 이해했는지 문제를 풀며 바로 파악할 수 있습니다.

1등급 만들기 내신 완성 3단계 문제를 풀면 1등급이 이뤄집니다.

Step 1 내신 문제 실전 감각 키우기

기출 분석 문제

출제율이 70% 이상으로 시험에 꼭 출제될 수 있는 문제를 다양한 유형별로 엄선하여 시험 문제처럼 그대로 실었습니다.

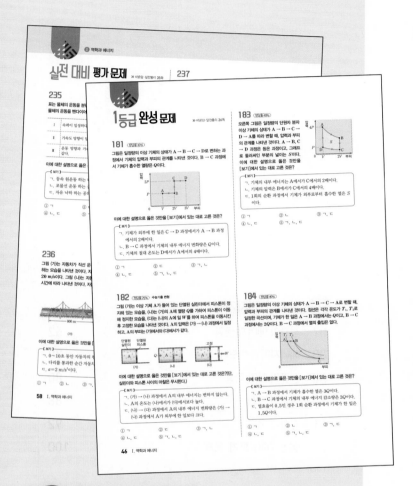

Step 2 · 고난도 문제 풀어보기

1등급 완성 문제

응용력을 요구하거나 통합적으로 출제된 어렵고 낯선 문제들을 선별하여 수록하였습니다. 특히 1등급을 결정짓는 서술형 문제를 집중 학습할 수 있도록 구성하였습니다.

Step 3 · 시험 직전 최종 점검하기

실전 대비 평가 문제

대단원별로 시험에 출제 빈도가 높은 문제를 수록하여 실제 학교 시험에 대비할 수 있습니다.

자세한 해설로 문제별 [핵심 다시 파악하기]

문제별 자세한 풀이와 오답 피하기를 통해 문제 풀이 과정을 쉽게 이해할 수 있습니다. 자료 분석하기, 개념 더하기 등의 1등급만의 노하우와 서술형 해결 전략으로 문제 해결 능력을 강화할 수 있습니다.

차례
Contents

교과서 단원 찾기

비상교육	천재교육	동아출판	금성	와이비엠
10~17	10~17	10~15	12~15	10~18
18~28	18~31	16~27	16~29	19~30
29~45	32~43	28~38	30~39	31~45
46~51	44~50	39~49	40~45	46~55
52~65	51~65	50~63	46~57	56~71
66~84	66~87	64~83	58~79	72~99
86~97	90~100	86~97	82~95	102~114
98~113	101~115	98~113	96~107	115~129
114~119	116~123	114~119	108~117	130~138
120~125	124~128	120~124	118~123	139~143
126~138	129~143	125~139	124~139	144~157
140~151	146~159	142~157	142~157	160~173
152~157	160~163	158~163	158~165	174~178
158~169	164~171	164~175	166~172	179~189
170~188	172~191	176~197	173~195	190~213

01 여러 가지 운동

꼭 알아야 할 핵심 개념
- ☑ 이동 거리
- ☑ 변위
- ☑ 속력과 속도
- ☑ 가속도

1 | 운동의 표현

1 이동 거리와 변위 ─ 크기만 있는 물리량
① 이동 거리: 물체가 실제로 움직인 경로를 따라 측정한 거리
② 변위: 처음 위치에서 나중 위치까지의 위치 변화량, 즉 처음 위치에서 나중 위치까지의 직선거리와 방향 ─ 크기와 방향이 있는 물리량

2 속력과 속도
① 속력: 단위 시간 동안 물체가 이동한 거리 ─ 물체의 빠르기만 나타낸다.
② 속도: 단위 시간 동안 물체의 변위 ─ 물체의 빠르기뿐만 아니라 운동 방향도 함께 나타낸다.

$$속력 = \frac{이동\ 거리}{걸린\ 시간}\ (단위: m/s)$$

$$속도 = \frac{변위}{걸린\ 시간}\ (단위: m/s)$$

빈출 자료 ① 이동 거리와 변위, 평균 속력과 평균 속도

그림은 대한이가 O점에서 출발하여 10초일 때 A점에, 20초일 때 B점에 도달하는 모습을 나타낸 것이다. 일반적으로 오른쪽 방향의 속도를 (+)로, 왼쪽 방향의 속도를 (−)로 나타낸다.

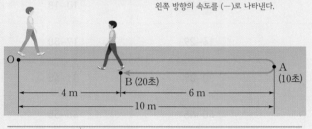

O → A까지 운동할 때	• 이동 거리: 10 m ─ 운동 방향이 바뀌지 않고 직선 경로로 운동할 때 이동 거리와 변위의 크기는 같다. • 변위의 크기: 10 m • 평균 속력: $\frac{전체\ 이동\ 거리}{총\ 걸린\ 시간} = \frac{10\ m}{10\ s} = 1\ m/s$ • 평균 속도: $\frac{전체\ 변위}{총\ 걸린\ 시간} = \frac{10\ m}{10\ s} = 1\ m/s$
O → A → B 까지 운동할 때	• 이동 거리: 10 m+6 m=16 m ─ 운동 방향이 변할 때 이동 거리는 변위의 크기보다 크다. • 변위의 크기: 4 m • 평균 속력: $\frac{16\ m}{20\ s} = 0.8\ m/s$ • 평균 속도: $\frac{4\ m}{20\ s} = 0.2\ m/s$

필수 유형 운동하는 물체의 이동 거리와 변위, 평균 속력과 평균 속도를 묻는 문제가 출제된다. 🔗 10쪽 013번

3 가속도 ─ 크기와 방향이 있는 물리량
① 가속도: 단위 시간 동안 속도의 변화량

$$가속도 = \frac{속도\ 변화량}{걸린\ 시간},\ a = \frac{v - v_0}{\Delta t}\ (단위: m/s^2)$$
$$(v_0: 처음\ 속도,\ v: 나중\ 속도)$$

② 속도와 가속도 방향의 관계 ─ 속도 변화량의 방향과 같다.
• 물체의 속력이 점점 증가할 때: 가속도와 속도의 방향이 같다.
• 물체의 속력이 점점 감소할 때: 가속도와 속도의 방향이 반대이다.

빈출 자료 ② 가속도와 물체의 운동

그림과 같은 직선 도로에서 운동하는 자동차의 속도가 증가하거나 감소할 때 가속도와 자동차의 운동을 알아보자.

구분	구간 AB	구간 CD
가속도	$-v_A \quad v_B \quad a_1$ $a_1 = \frac{(15-5)\ m/s}{5\ s} = 2\ m/s^2$	$-v_C \quad v_D \quad a_2$ $a_2 = \frac{(10-30)\ m/s}{5\ s} = -4\ m/s^2$

구간 CD에서는 구간 AB에서보다 가속도의 크기는 크지만, 가속도의 방향이 속도의 방향과 반대이므로 속력이 감소한다.

필수 유형 직선 운동을 하는 물체의 속력이 증가하거나 감소할 때 가속도와 물체의 운동을 묻는 문제가 출제된다. 🔗 11쪽 017번

2 | 여러 가지 운동

1 속력과 운동 방향이 모두 일정한 운동(=등속 직선 운동)
① 등속 직선 운동을 하는 물체의 이동 거리는 시간에 비례하여 증가한다.
② 등속 직선 운동의 예: 에스컬레이터나 무빙워크에 서 있는 사람의 운동, 빙판 위에서 일정한 속도로 미끄러지는 아이스하키 퍽의 운동, 컨베이어에 실려 이동하는 물체의 운동 등

2 속력이나 운동 방향이 변하는 운동(=가속도 운동)
① 자유 낙하 운동: 운동 방향은 연직 아래 방향으로 일정하고 속력이 일정하게 증가한다.
② 위로 던진 물체의 운동: 위로 올라가는 동안 속력이 감소하다가 정지한 후, 아래로 내려오는 동안 속력이 증가한다.

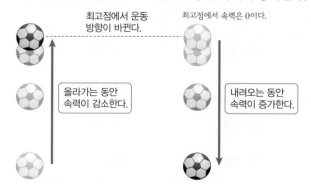

최고점에서 운동 방향이 바뀐다.
올라가는 동안 속력이 감소한다.
최고점에서 속력은 0이다.
내려오는 동안 속력이 증가한다.

③ 용수철에 매달린 물체의 운동: 용수철의 평형점을 향해 운동할 때는 속력이 증가하고, 평형점을 지나면 속력이 감소한다. 용수철이 최대로 압축된 지점이나 최대로 늘어난 지점에서 운동 방향이 바뀐다.

④ 등속 원운동: 속력은 일정하고, 운동 방향은 원의 접선 방향으로 계속 변한다.

운동 방향은 원 궤도의 접선 방향이다.

⑤ 진자 운동: 최고점에서 내려오는 동안 속력이 빨라지고, 최저점을 통과하면 속력이 감소하며, 운동 방향이 계속 변한다.

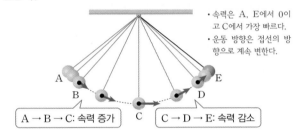

• 속력은 A, E에서 0이고 C에서 가장 빠르다.
• 운동 방향은 접선의 방향으로 계속 변한다.

A→B→C: 속력 증가 C→D→E: 속력 감소

⑥ 포물선 운동: 올라갈 때는 속력이 감소하고 내려올 때는 속력이 증가하며, 운동 방향이 계속 변한다.

B에서 운동 방향은 수평 방향이고 속력은 가장 느리다.

속력 감소   속력 증가

빈출 자료 ③ 속력이나 운동 방향이 변하는 운동의 분류

표는 운동하는 물체의 빠르기(속력)와 운동 방향에 따라 운동을 분류한 것이다.

속력만 변하는 운동	운동 방향만 변하는 운동	속력과 운동 방향이 모두 변하는 운동
자이로드롭이 자유 낙하 하는 동안 속력이 증가 하는 운동을 한다.	관람차는 속력은 일정하고, 운동 방향이 계속 변하는 등속 원운동을 한다.	바이킹은 속력과 운동 방향이 계속 변하는 진자 운동을 한다.
가속도의 방향이 자이로드롭의 운동 방향과 같다.	가속도의 방향은 항상 원의 중심 방향이다.	내려올 때는 속력이 증가하고, 올라갈 때는 속력이 감소한다.

필수 유형 속력이나 운동 방향에 따른 물체의 운동을 분류하고, 그 특징을 묻는 문제가 출제된다.

⊘ 13쪽 029번

[001~004] 운동의 표현에 대한 설명으로 옳은 것은 ○표, 옳지 <u>않은</u> 것은 ×표 하시오.

001 변위는 크기만 있는 물리량이다. (   )

002 속도는 단위 시간 동안 물체의 변위로 나타낸다. (   )

003 가속도가 0인 물체의 운동은 속도가 변하지 않는 운동이다. (   )

004 운동하는 물체의 운동 방향이 바뀌지 않으면 물체의 평균 속력과 평균 속도의 크기는 같다. (   )

[005~007] (   ) 안에 들어갈 알맞은 값을 구하시오.

005 A점에서 출발하여 직선 경로를 따라 5초 후 10 m만큼 떨어진 B점에 도달한 물체의 속력은 (   )이고, 속도의 크기는 (   )이다.

006 C점에서 출발하여 직선 경로를 따라 10초 동안 10 m만큼 떨어진 D점으로 갔다가 다시 C점으로 돌아온 물체의 속력은 (   )이고, 속도의 크기는 (   )이다.

007 반지름이 100 m인 원형 도로를 10초 동안 반 바퀴 운동한 자동차의 속력은 (   )이고, 속도의 크기는 (   )이다.

008 오른쪽 그림은 일직선 상에서 운동하는 물체의 위치를 시간에 따라 나타낸 것이다. ㉠1초일 때 물체의 속력, 0초부터 6초까지 ㉡물체의 이동 거리와 ㉢물체의 속도의 크기를 각각 구하시오.

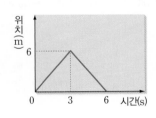

[009~010] 다음은 여러 가지 운동에 대한 설명이다. (   ) 안에 들어갈 알맞은 말을 고르시오.

009 등속 원운동은 (속력, 운동 방향)은 일정하고, (속력, 운동 방향)만 변한다.

010 진자 운동은 (속력, 운동 방향, 속력과 운동 방향 모두)이/가 변하는 운동을 한다.

기출 분석 문제

» 바른답·알찬풀이 2쪽

1 | 운동의 표현

011 수능기출 변형

오른쪽 그림은 육상 선수가 P점에서 Q점을 지나는 곡선 경로를 따라 장애물을 넘는 모습을 나타낸 것이다. P에서 Q까지 선수의 운동에 대한 설명으로 옳은 것만을 [보기]에서 있는 대로 고른 것은? (단, 선수의 크기는 무시한다.)

[보기]
ㄱ. 가속도는 0이다.
ㄴ. 변위와 속도의 방향은 같다.
ㄷ. 이동 거리는 변위의 크기보다 크다.

① ㄱ   ② ㄴ   ③ ㄷ
④ ㄴ, ㄷ   ⑤ ㄱ, ㄴ, ㄷ

012

그림은 공항 A에서 출발한 비행기가 멀리 떨어진 공항 B로 대권 항로(이동 거리가 가장 작은 경로)를 따라 이동한 모습을 나타낸 것이다.

A에서 B까지 비행기의 운동에 대한 설명으로 옳은 것만을 [보기]에서 있는 대로 고른 것은?

[보기]
ㄱ. 속도의 방향은 일정하다.
ㄴ. 이동 거리는 변위의 크기와 같다.
ㄷ. 평균 속력은 평균 속도의 크기보다 크다.

① ㄱ   ② ㄷ   ③ ㄱ, ㄴ
④ ㄴ, ㄷ   ⑤ ㄱ, ㄴ, ㄷ

013 수능기출 변형

필수 유형 ❷ 8쪽 빈출 자료 ①

그림은 수평면에서 공이 A점, B점, C점을 지나는 경로를 따라 운동하는 모습을 나타낸 것이다.

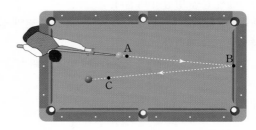

공의 운동에 대한 설명으로 옳은 것만을 [보기]에서 있는 대로 고른 것은?(단, 모든 마찰은 무시한다.)

[보기]
ㄱ. A에서 B까지 이동 거리와 변위의 크기는 같다.
ㄴ. A에서 C까지 평균 속력과 평균 속도의 크기는 같다.
ㄷ. B에서 C까지 등속 직선 운동을 한다.

① ㄱ   ② ㄴ   ③ ㄱ, ㄷ
④ ㄴ, ㄷ   ⑤ ㄱ, ㄴ, ㄷ

014

대한이는 수영장에서 직선 길이가 50 m인 레인을 3번 왕복하는 데 5분이 걸렸다. 5분 동안 대한이의 운동에 대한 설명으로 옳은 것만을 [보기]에서 있는 대로 고른 것은?

[보기]
ㄱ. 가속도 운동을 한다.
ㄴ. 변위는 300 m이다.
ㄷ. 평균 속력은 1 m/s이다.

① ㄱ   ② ㄴ   ③ ㄱ, ㄷ
④ ㄴ, ㄷ   ⑤ ㄱ, ㄴ, ㄷ

015 ✐ 서술형

오른쪽 그림과 같이 경사각이 일정한 빗면에서 $t=0$일 때 물체를 12 m/s의 속도로 밀어 올렸더니 속도가 일정하게 감소하여 $t=4$초일 때 물체가 가장 높은 위치까지 올라갔다가 다시 내려왔다. $t=0$부터 $t=4$초까지 물체의 가속도의 방향과 크기는 몇 m/s²인지 풀이 과정과 함께 구하시오.(단, 모든 마찰은 무시한다.)

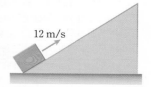

016

표는 직선 운동 하는 물체의 위치와 속도를 **0.1초** 간격으로 나타낸 것이다.

시간(s)	0		0.1		0.2		0.3
위치(m)	0		0.02		0.05		0.09
구간 거리(m)		0.02		0.03		0.04	
속도(m/s)		0.2		0.3		㉠	

이에 대한 설명으로 옳은 것만을 [보기]에서 있는 대로 고른 것은?

【 보기 】
ㄱ. ㉠은 0.4이다.
ㄴ. 0초부터 0.3초까지 속력은 증가한다.
ㄷ. 0.2초일 때 가속도의 방향은 물체의 운동 방향과 같다.

① ㄱ   ② ㄴ   ③ ㄱ, ㄷ
④ ㄴ, ㄷ   ⑤ ㄱ, ㄴ, ㄷ

017

필수 유형 🔗 8쪽 빈출 자료 ②

그림은 직선 도로를 달리는 자동차의 속도를 일정한 시간 간격으로 나타낸 것이다.

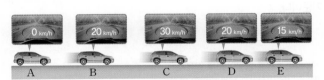

이에 대한 설명으로 옳은 것만을 [보기]에서 있는 대로 고른 것은?(단, 각 구간에서 자동차는 속력이 일정하게 증가하거나 감소하는 운동을 한다.)

【 보기 】
ㄱ. 속도 변화량은 AB 구간에서가 BC 구간에서보다 작다.
ㄴ. BC 구간에서와 CD 구간에서 가속도의 방향은 같다.
ㄷ. 평균 가속도의 크기는 AC 구간에서가 CE 구간에서의 2배이다.

① ㄱ   ② ㄷ   ③ ㄱ, ㄴ
④ ㄴ, ㄷ   ⑤ ㄱ, ㄴ, ㄷ

018

그림과 같이 속도 v로 달리던 자동차가 브레이크를 밟아 가속도의 크기가 5 m/s^2으로 일정하게 운동하여 5초 후 정지하였다.

자동차의 운동에 대한 설명으로 옳은 것만을 [보기]에서 있는 대로 고른 것은?

【 보기 】
ㄱ. $v = 25 \text{ m/s}$이다.
ㄴ. 2초일 때의 속력은 10 m/s이다.
ㄷ. 가속도의 방향은 속도의 방향과 같다.

① ㄱ   ② ㄴ   ③ ㄱ, ㄷ
④ ㄴ, ㄷ   ⑤ ㄱ, ㄴ, ㄷ

019

그림은 일직선상에서 운동하는 물체의 속도를 시간에 따라 나타낸 것이다.

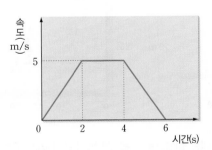

이에 대한 설명으로 옳은 것만을 [보기]에서 있는 대로 고른 것은?

【 보기 】
ㄱ. 0초부터 6초까지 변위는 0이다.
ㄴ. 가속도의 크기는 1초일 때와 5초일 때 같다.
ㄷ. 3초일 때 가속도의 방향과 운동 방향은 같다.

① ㄴ   ② ㄷ   ③ ㄱ, ㄴ
④ ㄱ, ㄷ   ⑤ ㄴ, ㄷ

[020~021] 표는 직선상에서 운동하는 물체의 운동에 대한 설명이다. 물음에 답하시오.

시간(초)	운동 상태
$0 \sim 3$	0초일 때 2 m/s의 속력으로 P를 지나 등속 직선 운동 한다.
$3 \sim 5$	크기가 a_0인 일정한 가속도로 운동하여 5초일 때 정지한다.
$5 \sim t_0$	크기가 a_0인 일정한 가속도로 운동하여 t_0일 때 P를 통과한다.

020

3초부터 5초까지 물체의 운동에 대한 설명으로 옳은 것만을 [보기]에서 있는 대로 고른 것은?

[보기]
ㄱ. 이동 거리는 2 m이다.
ㄴ. a_0는 1 m/s^{2}이다.
ㄷ. 가속도의 방향은 운동 방향과 같다.

① ㄱ　　　　② ㄷ　　　　③ ㄱ, ㄴ
④ ㄴ, ㄷ　　　⑤ ㄱ, ㄴ, ㄷ

021

t_0은 몇 초인지 풀이 과정과 함께 구하시오.

022 　수능모의평가기출 변형

그림 (가)는 정지한 학생 A가 오른쪽으로 직선 운동을 하는 학생 B를 가로 길이 25 cm인 창문 너머로 보고 있는 모습을 나타낸 것이다. 그림 (나)는 A가 본 B의 모습을 1초 간격으로 나타낸 것이다.

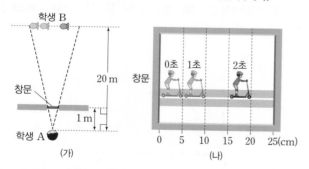

(가)　　　　　　　　(나)

B의 운동에 대한 설명으로 옳은 것만을 [보기]에서 있는 대로 고른 것은?

[보기]
ㄱ. 등속 직선 운동이다.
ㄴ. 0초부터 1초까지 이동 거리는 2 m이다.
ㄷ. 0초부터 2초까지 평균 속력과 평균 속도의 크기는 같다.

① ㄱ　　　　② ㄴ　　　　③ ㄷ
④ ㄴ, ㄷ　　　⑤ ㄱ, ㄴ, ㄷ

023 　서술형

그림 (가)는 일직선상에서 같은 방향으로 운동하는 물체 A, B가 거리 d만큼 떨어진 순간의 모습을 나타낸 것이다. 그림 (나)는 (가)의 순간부터 10초 후 A, B가 충돌할 때까지의 속도를 시간에 따라 나타낸 것이다.

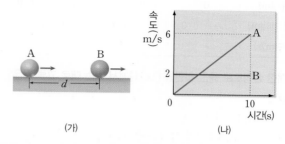

(가)　　　　　　　　(나)

d를 풀이 과정과 함께 구하시오.(단, 물체의 크기는 무시한다.)

2 | 여러 가지 운동

024

그림 (가)는 일정한 빠르기로 움직이는 무빙워크를 타고 있는 사람을, (나)는 일정한 빠르기로 회전하고 있는 대관람차에 앉아 있는 사람을, (다)는 스키를 타고 장애물을 피해 지그재그로 내려오는 사람을 나타낸 것이다.

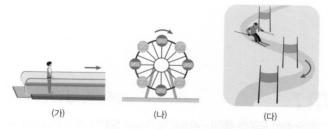

(가)　　　　(나)　　　　(다)

표는 운동을 속력의 변화와 운동 방향의 변화에 따라 분류하기 위한 기준이다.

분류 기준
A: 속력과 운동 방향이 모두 일정함.
B: 속력은 일정하고 운동 방향만 변함.
C: 운동 방향은 일정하고 속력만 변함.
D: 속력과 운동 방향이 모두 변함.

(가)~(다)에서의 운동을 분류 기준에 따라 분류한 것으로 가장 적절하게 짝 지은 것은?

	(가)	(나)	(다)
①	A	B	C
②	A	B	D
③	A	C	B
④	B	A	D
⑤	B	C	D

[025~026] 그림 (가)~(다)는 놀이공원에서 볼 수 있는 여러 가지 놀이 기구를 픽토그램으로 나타낸 것이다. 물음에 답하시오.

(가) 자이로드롭   (나) 대관람차   (다) 바이킹

025

오른쪽 그림은 (가)~(다)의 운동을 여러 기준에 따라 분류한 것이다. A~C에 해당하는 것을 쓰시오.

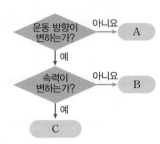

026

위 (가)~(다)에 대한 설명으로 옳은 것만을 [보기]에서 있는 대로 고른 것은?

[보기]
ㄱ. (가)에 탄 사람은 등속 직선 운동을 한다.
ㄴ. (나)의 대관람차에 작용하는 알짜힘은 0이다.
ㄷ. (다)는 가속도 운동을 한다.

① ㄱ   ② ㄴ   ③ ㄷ
④ ㄱ, ㄴ   ⑤ ㄱ, ㄴ, ㄷ

027 🖋️서술형

그림 (가)는 쇠구슬이 실에 매달려 등속 원운동 하는 모습을, (나)는 쇠구슬이 실에 매달려 진자 운동 하는 모습을 나타낸 것이다.

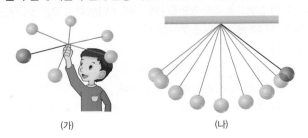

(가)   (나)

속력과 운동 방향의 변화를 기준으로 (가)와 (나)에서 쇠구슬의 운동의 공통점과 차이점을 설명하시오.

028

그림은 경사각이 일정한 빗면에서 출발한 스키 점프 선수의 운동에 대해 학생 A, B, C가 대화하는 모습을 나타낸 것이다.

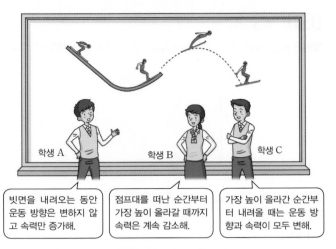

학생 A   학생 B   학생 C

빗면을 내려오는 동안 운동 방향은 변하지 않고 속력만 증가해.

점프대를 떠난 순간부터 가장 높이 올라갈 때까지 속력은 계속 감소해.

가장 높이 올라간 순간부터 내려올 때는 운동 방향과 속력이 모두 변해.

제시한 내용이 옳은 학생만을 있는 대로 고른 것은?

① A   ② C   ③ A, B
④ B, C   ⑤ A, B, C

029   필수 유형 ▶ 9쪽 빈출 자료 ③

그림 (가)는 줄에 매단 공이 원운동을 하는 모습을, (나)는 축구공을 찼을 때 공이 포물선을 그리며 운동하는 모습을 일정한 시간 간격으로 나타낸 것이다.

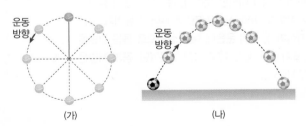

운동 방향   운동 방향

(가)   (나)

이에 대한 설명으로 옳은 것만을 [보기]에서 있는 대로 고른 것은?

[보기]
ㄱ. (가)에서 공의 속력은 일정하다.
ㄴ. (나)는 공의 운동 방향과 속력이 모두 변하는 운동이다.
ㄷ. (가), (나)에서는 모두 공의 운동 방향이 반대인 두 지점이 있다.

① ㄱ   ② ㄷ   ③ ㄱ, ㄴ
④ ㄴ, ㄷ   ⑤ ㄱ, ㄴ, ㄷ

1등급 완성 문제

» 바른답·알찬풀이 5쪽

030 (정답률 35%)

그림은 직선상에서 운동하는 물체의 위치를 시간에 따라 나타낸 것이다.

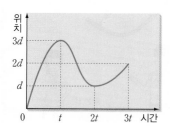

물체의 운동에 대한 설명으로 옳은 것만을 [보기]에서 있는 대로 고른 것은?

[보기]
ㄱ. 0부터 t까지의 이동 거리는 $3d$이다.
ㄴ. 0부터 $3t$까지 운동 방향은 2번 바뀐다.
ㄷ. 0부터 $3t$까지 평균 속도의 크기는 $\dfrac{2d}{t}$이다.

① ㄱ　　　　② ㄴ　　　　③ ㄱ, ㄴ
④ ㄱ, ㄷ　　　⑤ ㄴ, ㄷ

031 (정답률 25%)

오른쪽 그림의 a~e 지점은 연직 위로 던져 올린 공의 위치를 나타낸 것이다. c는 가장 높이 올라간 지점이고, b와 e는 지면으로부터의 높이가 같은 지점이다. 공의 운동에 대한 설명으로 옳은 것만을 [보기]에서 있는 대로 고른 것은?(단, 공기 저항은 무시한다.)

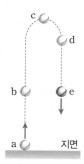

[보기]
ㄱ. a에서 c까지 속력은 일정하게 감소한다.
ㄴ. 가속도의 방향은 b에서 c까지 운동할 때와 c에서 d까지 운동할 때가 반대이다.
ㄷ. a에서 b까지 평균 속도의 크기는 d에서 e까지 평균 속도의 크기보다 작다.

① ㄱ　　　　② ㄴ　　　　③ ㄱ, ㄷ
④ ㄴ, ㄷ　　　⑤ ㄱ, ㄴ, ㄷ

032 (정답률 25%) 수능모의평가기출 변형

그림과 같이 직선 도로에서 $t=0$초일 때 자동차 A가 기준선 P를 20 m/s의 속력으로 통과하는 순간, 자동차 B가 기준선 R를 10 m/s의 속력으로 통과한다. A는 속력이 일정한 운동을, B는 속력이 일정하게 증가하는 운동을 하며, A와 B는 기준선 Q를 같은 속력으로 스쳐 지나간다. P와 Q 사이의 거리는 200 m, P와 R 사이의 거리는 L이다.

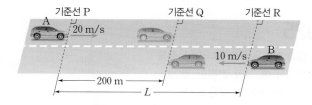

이에 대한 설명으로 옳은 것만을 [보기]에서 있는 대로 고른 것은?

[보기]
ㄱ. A는 $t=10$초일 때 Q에 도달한다.
ㄴ. B의 가속도의 방향은 운동 방향과 반대이다.
ㄷ. $L=350$ m이다.

① ㄱ　　　　② ㄴ　　　　③ ㄱ, ㄴ
④ ㄱ, ㄷ　　　⑤ ㄴ, ㄷ

033 (정답률 30%)

그림은 물체 A를 가만히 놓는 동시에 A와 같은 높이에서 물체 B를 수평으로 던졌을 때 A, B의 위치를 0.1초마다 나타낸 것이다.

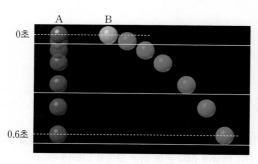

이에 대한 설명으로 옳은 것만을 [보기]에서 있는 대로 고른 것은?(단, 물체의 크기와 공기 저항은 무시한다.)

[보기]
ㄱ. A와 B의 가속도의 크기는 같다.
ㄴ. 0.2초일 때 A와 B의 속력은 같다.
ㄷ. 0초부터 0.6초까지 B의 이동 거리와 변위의 크기는 같다.

① ㄱ　　　　② ㄷ　　　　③ ㄱ, ㄴ
④ ㄴ, ㄷ　　　⑤ ㄱ, ㄴ, ㄷ

034 정답률 40%

그림은 수평면에서 두 공 A, B가 p점에서 처음 충돌한 후부터 q점에서 다시 충돌할 때까지의 운동 경로를 나타낸 것이다.

p에서 q까지 A, B의 운동에 대한 설명으로 옳은 것만을 [보기]에서 있는 대로 고른 것은?(단, 물체의 크기는 무시한다.)

┌ [보기] ────────────────────┐
ㄱ. 평균 속력은 A가 B보다 작다.
ㄴ. 변위의 크기는 A가 B보다 작다.
ㄷ. A의 이동 거리와 변위의 크기는 같다.
└────────────────────────────┘

① ㄱ   ② ㄴ   ③ ㄷ
④ ㄱ, ㄷ   ⑤ ㄱ, ㄴ, ㄷ

035 정답률 25%

그림은 xy 평면에서 일정한 속력으로 운동하는 물체의 위치의 x성분과 y성분을 시간에 따라 나타낸 것이다.

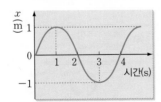 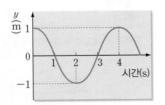

물체의 운동에 대한 설명으로 옳은 것만을 [보기]에서 있는 대로 고른 것은?

┌ [보기] ────────────────────┐
ㄱ. 운동 방향이 계속 변하는 운동이다.
ㄴ. 0초부터 4초까지 평균 속도는 0이다.
ㄷ. 0초부터 2초까지 물체의 이동 거리는 변위의 크기보다 크다.
└────────────────────────────┘

① ㄱ   ② ㄴ   ③ ㄱ, ㄷ
④ ㄴ, ㄷ   ⑤ ㄱ, ㄴ, ㄷ

🏷 서술형 문제

036 정답률 25%

그림과 같이 p점에서 5 m/s의 속력으로 밀어 올린 물체가 경사각이 일정한 빗면을 따라 가장 높은 곳까지 올라갔다가 다시 내려와 q점에서 속력이 3 m/s가 되었다. p에서 q까지 이동하는 데 걸린 시간은 4초이다.

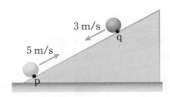

4초 동안 물체의 가속도의 크기는 몇 m/s²인지 풀이 과정과 함께 구하시오.(단, 모든 마찰은 무시한다.)

037 정답률 30%

표는 물체의 운동을 속력 변화와 운동 방향 변화에 따라 분류한 것을 나타낸 것이다.

구분	(가)	(나)	(다)	(라)
속력 변화	○	○	×	×
운동 방향 변화	×	○	○	×

(가)~(라)에 해당하는 물체의 운동 사례를 1가지씩 설명하시오.

038 정답률 35%

그림은 xy 평면에서 운동하는 물체의 속도의 x성분 v_x와 y성분 v_y를 시간에 따라 나타낸 것이다.

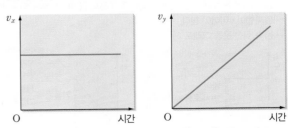

이 물체의 운동을 속력과 운동 방향의 변화를 기준으로 구분하고, 그 까닭을 설명하시오.

O2 뉴턴의 운동 법칙

1 관성 법칙(뉴턴 운동 제1법칙)

1 알짜힘(합력) 한 물체에 여러 힘이 동시에 작용할 때, 이 힘들과 같은 효과를 나타내는 하나의 힘

① 두 힘의 합성과 알짜힘 힘을 합성할 때는 힘의 크기와 방향을 모두 고려해야 한다.

두 힘이 같은 방향으로 작용할 때	두 힘이 반대 방향으로 작용할 때	두 힘이 크기는 같고 방향이 반대일 때
→ 2 N → 4 N	← 2 N → 4 N	← 4 N → 4 N
→ 2 N + → 4 N ⬇ → 6 N(알짜힘)	← 2 N + → 4 N ⬇ → 2 N(알짜힘)	← 4 N + → 4 N ⬇ 0(힘의 평형)
두 힘의 방향과 같다.	큰 힘의 방향과 같다.	

② 알짜힘과 운동의 관계 — 물체의 운동 상태는 알짜힘에 의해 결정된다.

알짜힘이 0인 경우	알짜힘이 운동 방향과 같은 방향으로 작용하는 경우	알짜힘이 운동 방향과 반대 방향으로 작용하는 경우
물체의 속도가 일정한 운동을 한다.	직선상에서 물체의 속력이 일정하게 증가하는 운동을 한다.	직선상에서 물체의 속력이 일정하게 감소하는 운동을 한다.

2 관성 법칙

① 관성: 물체가 처음의 운동 상태를 계속 유지하려는 성질로, 물체의 질량이 클수록 관성이 크다.

② 관성에 의한 현상

정지 관성	운동 관성
• 이불을 방망이로 두드리면 먼지가 떨어진다. • 정지해 있던 버스가 갑자기 출발하면 승객이 뒤로 넘어진다.	• 달리던 사람이 돌부리에 걸려 넘어진다. • 달리고 있던 버스가 갑자기 정지하면 승객이 앞으로 넘어진다.

③ 관성 법칙: 물체에 작용하는 알짜힘이 0이면 정지해 있던 물체는 계속 정지해 있고, 움직이던 물체는 등속 직선 운동을 계속 한다. 속도가 일정한 운동

등속 직선 운동 ┌ 속도
• 등속 직선 운동: 속력과 운동 방향이 모두 일정한 운동
• 등속 직선 운동의 조건: 물체에 힘이 작용하지 않거나 물체에 작용하는 알짜힘이 0이어야 한다.
• 등속 직선 운동 그래프

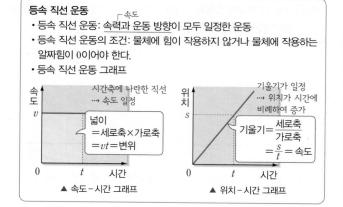

▲ 속도–시간 그래프   ▲ 위치–시간 그래프

2 가속도 법칙(뉴턴 운동 제2법칙)

1 가속도와 알짜힘, 질량의 관계

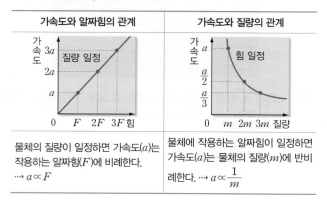

가속도와 알짜힘의 관계	가속도와 질량의 관계
물체의 질량이 일정하면 가속도(a)는 작용하는 알짜힘(F)에 비례한다. ···▶ $a \propto F$	물체에 작용하는 알짜힘이 일정하면 가속도(a)는 물체의 질량(m)에 반비례한다. ···▶ $a \propto \dfrac{1}{m}$

2 가속도 법칙 운동하는 물체의 가속도는 작용하는 알짜힘에 비례하고, 질량에 반비례한다. ┌ 가속도의 방향은 알짜힘의 방향과 같다.

$$가속도 = \frac{알짜힘}{질량}, \quad a = \frac{F}{m} \cdots▶ F = ma $$ ─ 운동 방정식

빈출 자료 ① 운동 방정식의 적용

두 물체가 함께 운동할 때 하나의 물체로 생각하고 운동 방정식을 적용한다.
• 수평면 위에서 두 물체가 운동하는 경우 가속도의 크기와 방향이 같다.

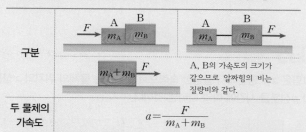

구분	A, B의 가속도의 크기가 같으므로 알짜힘의 비는 질량비와 같다.
두 물체의 가속도	$a = \dfrac{F}{m_A + m_B}$

• 도르래에 매달려 두 물체가 운동하는 경우 가속도의 크기는 같지만 방향이 다르다.

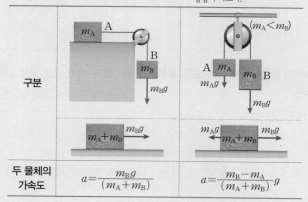

구분	($m_A < m_B$)
두 물체의 가속도	$a = \dfrac{m_B g}{(m_A + m_B)}$	$a = \dfrac{m_B - m_A}{(m_A + m_B)} g$

필수 유형 운동 방정식을 적용하여 두 물체의 가속도를 구할 수 있는지 묻는 문제가 출제된다.

🔁 20쪽 057번

3 등가속도 직선 운동 물체에 작용하는 알짜힘이 일정하면 가속도가 일정한 운동을 한다. 물체는 속도가 일정하게 증가하거나 감소하는 운동을 한다.

$$v = v_0 + at, \quad s = v_0 t + \frac{1}{2}at^2, \quad 2as = v^2 - v_0^2$$

(v: 나중 속도, v_0: 처음 속도, a: 가속도, t: 시간, s: 변위)

등가속도 직선 운동을 하는 물체의 평균 속도는 처음 속도와 나중 속도의 중간값과 같다.

4 등가속도 직선 운동 그래프(가속도 > 0인 경우)

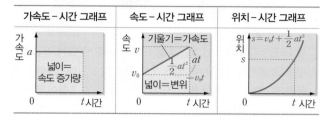

가속도 - 시간 그래프	속도 - 시간 그래프	위치 - 시간 그래프

③ 작용 반작용 법칙(뉴턴 운동 제3법칙)

1 작용 반작용 법칙 한 물체가 다른 물체에 힘을 작용하면, 동시에 다른 물체도 힘을 작용한 물체에 크기가 같고 방향이 반대인 힘을 작용한다.

A가 B에 힘을 작용하면 동시에 B도 A에 힘을 작용한다.

두 힘의 방향이 서로 반대임을 의미한다.

$$F_{AB} = -F_{BA}$$

2 작용 반작용의 예

작용: → 반작용: →

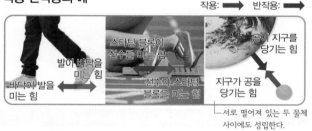

서로 떨어져 있는 두 물체 사이에도 성립한다.

빈출 자료 ② 작용 반작용과 두 힘의 평형

표는 작용 반작용과 두 힘의 평형을 비교한 것이다.

구분	작용 반작용	두 힘의 평형
공통점	두 힘의 크기가 같고 방향이 반대이며, 같은 작용선상에 있다.	
차이점	작용점이 서로 다른 물체에 있으므로 힘을 합성할 수 없다.	작용점이 한 물체에 있으며, 알짜힘은 0이다.
예	F_1: 지구가 물체를 잡아당기는 힘 F_2: 물체가 지구를 잡아당기는 힘 F_3: 물체가 책상을 누르는 힘 F_4: 책상이 물체를 떠받치는 힘	

• 작용 반작용 관계인 두 힘: F_1과 F_2, F_3과 F_4
• 힘의 평형 관계인 두 힘: F_1과 F_4

필수 유형 작용 반작용과 두 힘의 평형을 알고 구분할 수 있는지 묻는 문제가 출제된다.

21쪽 065번

039 그림과 같이 수평면에 놓인 한 물체에 오른쪽으로 20 N, 왼쪽으로 10 N의 힘이 각각 작용하고 있다.

10 N ← ■ → 20 N

알짜힘의 크기와 방향을 각각 쓰시오.

[040~042] 뉴턴 운동 제1법칙으로 설명할 수 있는 현상은 ○표, 설명할 수 <u>없는</u> 현상은 ×표 하시오.

040 안전띠를 맨 운전자는 자동차가 급정거할 때 안전하다. ( )

041 달리던 사람이 돌부리에 걸려 넘어진다. ( )

042 노를 이용해 물을 저으면 물이 노를 미는 힘에 의해 배가 앞으로 나아간다. ( )

043 질량이 4 kg인 물체에 12 N의 힘이 작용할 때, 물체의 가속도의 크기는 몇 m/s²인지 구하시오.

044 그림과 같이 마찰이 없는 수평면에서 질량이 각각 5 kg, 3 kg인 물체 A, B를 실로 연결하고, B에 수평 방향으로 40 N의 힘을 작용하여 끌어당겼다.

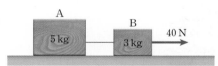

A, B의 가속도의 크기는 몇 m/s²인지 구하시오.

[045~047] 작용 반작용 법칙에 대한 설명으로 옳은 것은 ○표, 옳지 <u>않은</u> 것은 ×표 하시오.

045 힘은 두 물체 사이의 상호 작용이며, 쌍으로 작용한다. ( )

046 작용 반작용 관계에 있는 두 힘은 크기와 방향이 반대이며, 두 힘의 합력은 0이다. ( )

047 지구와 물체 사이의 힘처럼 서로 떨어져 작용하는 힘에는 작용 반작용 관계가 성립하지 않는다. ( )

기출 분석 문제

» 바른답·알찬풀이 7쪽

1 관성 법칙(뉴턴 운동 제1법칙)

048

그림은 달리던 버스가 갑자기 멈출 때 버스 안의 승객들이 앞으로 쏠리는 현상에 대해 학생 A, B, C가 대화하는 모습을 나타낸 것이다.

버스가 달리다가 갑자기 멈추는 것은 운동 상태가 급격히 변하는 가속도 운동이야.

버스가 멈출 때 버스 안에 있는 승객들에게는 여전히 앞으로 운동하려는 관성이 있어.

승객들이 앞으로 쏠리는 것은 버스를 멈추게 하는 힘에 대해 반작용의 힘이 작용하기 때문이지.

학생 A   학생 B   학생 C

제시한 내용이 옳은 학생만을 있는 대로 고른 것은?

① A   ② C   ③ A, B
④ B, C   ⑤ A, B, C

049

다음은 어떤 물체의 운동에 대한 설명이다.

> 일직선을 따라 운동하는 물체가 구간 Ⅰ에서는 속력 5 m/s로 등속 직선 운동을 하고, 구간 Ⅱ에서는 1초마다 속력이 1 m/s씩 일정하게 증가하는 운동을 한다.

이에 대한 설명으로 옳은 것만을 [보기]에서 있는 대로 고른 것은?

[보기]
ㄱ. Ⅰ에서 물체에 작용하는 알짜힘은 0이다.
ㄴ. Ⅱ에서 물체는 등가속도 운동을 한다.
ㄷ. Ⅱ에서 물체가 1초마다 이동하는 거리는 일정하다.

① ㄱ   ② ㄷ   ③ ㄱ, ㄴ
④ ㄴ, ㄷ   ⑤ ㄱ, ㄴ, ㄷ

050

다음은 자동차가 충돌할 때 안전띠가 풀리지 않는 원리를 설명한 것이다.

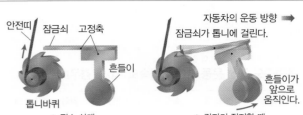

▲ 평소 상태   ▲ 갑자기 정지할 때

평소에는 잠금쇠와 연결된 흔들이가 똑바로 서 있어 잠금쇠가 수평을 유지하기 때문에 안전띠가 쉽게 당겨진다. 그러나 자동차가 갑자기 정지하면 ㉠상대적으로 무거운 흔들이의 아랫부분이 앞으로 움직인다. 그러면 잠금쇠가 톱니에 걸려 톱니바퀴의 회전을 방해하므로 안전띠가 풀리지 않는다.

이에 대한 설명으로 옳은 것만을 [보기]에서 있는 대로 고른 것은?

[보기]
ㄱ. 평소 상태일 때 흔들이에 작용하는 알짜힘은 흔들이에 작용하는 중력과 같다.
ㄴ. 자동차가 갑자기 정지할 때 가속도의 방향은 운동 방향과 반대이다.
ㄷ. ㉠과 같은 현상은 흔들이 아랫부분의 운동 관성 때문에 나타난다.

① ㄱ   ② ㄷ   ③ ㄱ, ㄴ
④ ㄴ, ㄷ   ⑤ ㄱ, ㄴ, ㄷ

2 가속도 법칙(뉴턴 운동 제2법칙)

051

그림은 질량이 다른 역학 수레 A, B에 같은 크기의 힘을 일정하게 작용했을 때의 모습을 시간 t 간격으로 나타낸 것이다.

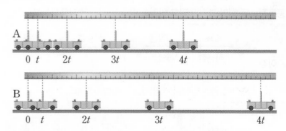

이에 대한 설명으로 옳은 것만을 [보기]에서 있는 대로 고른 것은?

[보기]
ㄱ. 수레의 질량은 A가 B보다 작다.
ㄴ. A의 속도는 변하지 않고 일정하다.
ㄷ. t~$2t$ 동안 수레의 평균 속력은 A가 B보다 작다.

① ㄱ   ② ㄷ   ③ ㄱ, ㄴ   ④ ㄱ, ㄷ   ⑤ ㄴ, ㄷ

052

다음은 가속도 법칙을 알아보는 실험이다.

[실험 과정]
(가) 그림과 같이 수평한 실험대 위에 수레를 가만히 놓고 실과 도르래로 수레와 질량이 같은 추를 연결한 후 수레의 운동을 관찰한다.

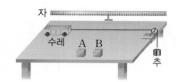

(나) 수레 위에 물체 A 또는 B를 올려놓고 과정 (가)를 반복한다.

[실험 결과]

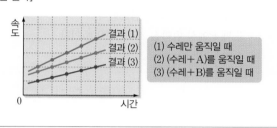

(1) 수레만 움직일 때
(2) (수레+A)를 움직일 때
(3) (수레+B)를 움직일 때

A, B의 질량을 각각 m_A, m_B라고 할 때, $m_A : m_B$를 구하시오.(단, 그래프의 모눈 간격은 일정하다.)

053 수능모의평가기출 변형

그림 (가)는 물체 A와 B를, (나)는 물체 A와 C를 각각 실로 연결하고, 수평 방향의 일정한 힘 F로 A를 당기는 모습을 나타낸 것이다. A, B의 질량은 같고, A의 가속도의 크기는 (가)에서가 (나)에서의 2배이다. 실은 수평면과 나란하다.

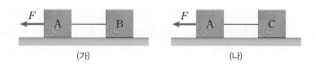

이에 대한 설명으로 옳은 것만을 [보기]에서 있는 대로 고른 것은?(단, 모든 마찰은 무시한다.)

[보기]
ㄱ. 질량은 C가 A의 3배이다.
ㄴ. 물체에 작용하는 알짜힘의 크기는 B가 C보다 작다.
ㄷ. 실이 A에 작용하는 힘의 크기는 (가)에서가 (나)에서의 2배이다.

① ㄴ   ② ㄷ   ③ ㄱ, ㄴ
④ ㄱ, ㄷ   ⑤ ㄱ, ㄴ, ㄷ

054

그림 (가)는 마찰이 없는 수평면에 놓인 질량 2 kg인 물체에 오른쪽 방향으로 일정한 크기의 힘 F가 작용하는 모습을 나타낸 것이고, (나)는 F가 각각 F_1, F_2일 때 물체의 속도를 시간에 따라 나타낸 것이다.

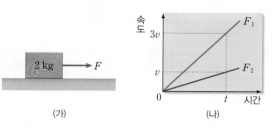

$F_1 : F_2$는?

① 1 : 2   ② 1 : 3   ③ 2 : 1
④ 3 : 1   ⑤ 6 : 1

055

오른쪽 그림은 바닥에 놓여 있는 질량 M인 물체 A와 질량 m인 물체 B가 도르래를 통해 실로 연결되어 정지해 있는 모습을 나타낸 것으로, $M > m$이다. 이에 대한 설명으로 옳은 것만을 [보기]에서 있는 대로 고른 것은?(단, 중력 가속도는 g이고, 실의 질량, 모든 마찰과 공기 저항은 무시한다.)

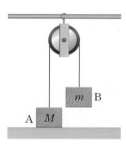

[보기]
ㄱ. A에 작용하는 알짜힘은 0이다.
ㄴ. 실이 B를 당기는 힘의 크기는 mg이다.
ㄷ. 바닥이 A를 미는 힘의 크기는 $(M-m)g$이다.

① ㄱ   ② ㄷ   ③ ㄱ, ㄴ
④ ㄴ, ㄷ   ⑤ ㄱ, ㄴ, ㄷ

056 서술형

그림 (가)는 마찰이 없는 수평면에서 질량이 각각 m, m, $3m$인 물체 A, B, C를 놓고 A에 크기가 F인 힘을 수평 방향으로 작용하는 모습을 나타낸 것이다. 그림 (나)는 C에 크기가 F인 힘을 (가)에서와 반대 방향으로 작용하는 모습을 나타낸 것이다.

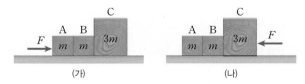

(가)와 (나)에서 B가 C에 작용하는 힘의 크기를 각각 F_1, F_2라고 할 때, $F_1 : F_2$를 풀이 과정과 함께 구하시오.(단, 공기 저항은 무시한다.)

057

필수 유형 ⊘ 16쪽 빈출 자료 ①

그림 (가), (나)는 질량이 각각 m, $2m$인 물체 A, B가 실로 연결되어 운동하는 모습을 나타낸 것이다.

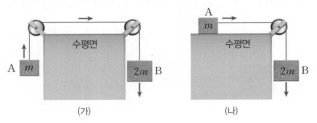

물리량이 (나)에서가 (가)에서의 2배인 것만을 [보기]에서 있는 대로 고른 것은?(단, 실의 질량, 모든 마찰과 공기 저항은 무시한다.)

[보기]
ㄱ. A의 가속도의 크기
ㄴ. 실이 B를 당기는 힘
ㄷ. 정지한 상태에서 t초가 지났을 때까지 B가 이동한 거리

① ㄱ ② ㄴ ③ ㄱ, ㄷ
④ ㄴ, ㄷ ⑤ ㄱ, ㄴ, ㄷ

058

그림과 같이 등가속도 직선 운동 하는 자동차가 p점, q점, r점을 각각 v, $2v$, $4v$의 속력으로 통과하였다. q에서 r까지의 거리는 L이다.

이에 대한 설명으로 옳은 것만을 [보기]에서 있는 대로 고른 것은?

[보기]
ㄱ. q에서 r까지 이동하는 데 걸린 시간은 p에서 q까지 이동하는 데 걸린 시간의 2배이다.
ㄴ. q에서 r까지 평균 속력은 $3v$이다.
ㄷ. p에서 q까지의 거리는 $\dfrac{L}{3}$이다.

① ㄱ ② ㄷ ③ ㄱ, ㄴ
④ ㄴ, ㄷ ⑤ ㄱ, ㄴ, ㄷ

059

그림 (가)는 직선 운동을 하는 자동차의 모습을 나타낸 것으로 0초일 때 P점에서 자동차의 속력은 4 m/s이고, 6초일 때 Q점에서 자동차의 속력은 6 m/s이다. 그림 (나)는 자동차의 가속도를 시간에 따라 나타낸 것이다. 가속도의 방향은 운동 방향과 같을 때 양(+)이다.

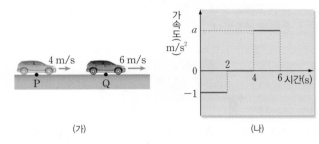

자동차에 대한 설명으로 옳은 것만을 [보기]에서 있는 대로 고른 것은?

[보기]
ㄱ. 0초부터 2초까지 속력은 감소한다.
ㄴ. 4초일 때 P에서 떨어진 거리는 10 m이다.
ㄷ. a는 4 m/s²이다.

① ㄱ ② ㄷ ③ ㄱ, ㄴ
④ ㄴ, ㄷ ⑤ ㄱ, ㄴ, ㄷ

060

그림 (가)는 물체 A, B, C가 실로 연결된 채 등가속도 운동을 하다가 2초일 때 A와 B를 연결하고 있던 실이 끊어진 후 A, B, C가 등가속도 운동을 하는 모습을, (나)는 B의 속력을 시간에 따라 나타낸 것이다. 질량은 C가 A보다 크고, B의 질량은 3 kg이다.

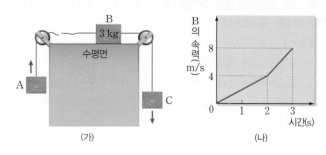

A, C의 질량은 몇 kg인지 구하시오.(단, 중력 가속도는 10 m/s²이고, 실의 질량, 모든 마찰과 공기 저항은 무시한다.)

061

그림은 수평면 위에 있는 물체 A가 물체 B, C에 실 p, q로 연결되어 정지해 있는 모습을 나타낸 것이다. A, B의 질량은 같으며, p만 끊었을 때 A의 가속도의 크기는 q만 끊었을 때의 1.5배이다.

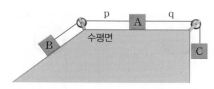

이에 대한 설명으로 옳은 것만을 [보기]에서 있는 대로 고른 것은?(단, 실의 질량, 모든 마찰 및 공기 저항은 무시한다.)

[보기]
ㄱ. 질량은 A가 C의 3배이다.
ㄴ. p를 끊었을 때 가속도의 크기는 B가 A의 2배이다.
ㄷ. A에 작용하는 알짜힘의 크기는 p를 끊었을 때와 q를 끊었을 때가 같다.

① ㄱ　　　　　② ㄴ　　　　　③ ㄱ, ㄷ
④ ㄴ, ㄷ　　　　⑤ ㄱ, ㄴ, ㄷ

062

그림 (가)는 물체 A, B가 도르래를 통해 실로 연결되어 운동하는 모습을 나타낸 것이고, (나)는 (가)에서 A의 속력을 시간에 따라 나타낸 것이다. A의 질량은 3 kg이고, 2초일 때의 속도는 v이며, 이때 실이 끊어졌다.

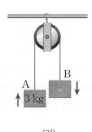
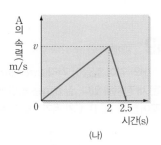

(가)　　　　　(나)

이에 대한 설명으로 옳은 것만을 [보기]에서 있는 대로 고른 것은?(단, 중력 가속도는 $10 \ m/s^2$이고, 실의 질량, 모든 마찰과 공기 저항은 무시한다.)

[보기]
ㄱ. v는 5 m/s이다.
ㄴ. 1초일 때, 실이 A를 당기는 힘의 크기는 35 N이다.
ㄷ. B의 질량은 5 kg이다.

① ㄱ　　　　　② ㄷ　　　　　③ ㄱ, ㄴ
④ ㄱ, ㄷ　　　　⑤ ㄴ, ㄷ

063 ✔서술형

오른쪽 그림은 저울 위에 가만히 놓은 사과를 나타낸 것이다. 사과에 작용하는 힘을 2가지만 쓰고, 각 힘의 반작용을 설명하시오.(단, 공기에 의한 부력은 무시한다.)

사과
저울

064

오른쪽 그림은 수평면에서 한 끝이 벽에 고정된 용수철에 물체 A를 연결하고, 물체 B를 도르래를 통해 실로 A에 연결하였을 때, A와 B가 정지해 있는 모습을 나타낸 것이다. 이에 대한 설명으로 옳은 것만을 [보기]에서 있는 대로 고른 것은?(단, 실의 질량 및 모든 마찰은 무시한다.)

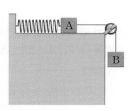

A
B

[보기]
ㄱ. 용수철이 A에 작용하는 힘과 실이 A에 작용하는 힘은 작용 반작용 관계이다.
ㄴ. B에 작용하는 중력의 크기는 A가 용수철에 작용하는 힘의 크기보다 크다.
ㄷ. 용수철이 벽에 작용하는 힘의 크기는 B에 작용하는 중력의 크기와 같다.

① ㄴ　　　　　② ㄷ　　　　　③ ㄱ, ㄴ
④ ㄱ, ㄷ　　　　⑤ ㄱ, ㄴ, ㄷ

065　　　　필수 유형 ✎ 17쪽 빈출 자료 ②

오른쪽 그림은 수평면에서 질량이 50 kg인 사람 A와 질량이 45 kg인 사람 B가 바퀴 달린 의자에 앉아 정지한 상태에서 손바닥을 마주 대고 서로 미는 모습을 나타낸 것이다. 의자의 질량은 5 kg이고, A가 B를 미는 힘과 B가 A를 미는 힘의 크기는 각각 F_A, F_B이다. 이에 대한 설명으로 옳은 것만을 [보기]에서 있는 대로 고른 것은?(단, 모든 마찰은 무시한다.)

A F_B F_A B
수평면

[보기]
ㄱ. $F_A = F_B$이다.
ㄴ. 가속도의 크기는 A가 B보다 작다.
ㄷ. 힘을 작용하는 시간은 A가 B보다 크다.

① ㄴ　　　　　② ㄷ　　　　　③ ㄱ, ㄴ
④ ㄱ, ㄷ　　　　⑤ ㄱ, ㄴ, ㄷ

1등급 완성 문제

≫ 바른답·알찬풀이 10쪽

066 정답률 25%

그림은 빗면을 따라 일직선으로 올라가는 자동차의 천장에 실로 추를 매달았더니 자동차의 천장과 실이 직각을 유지하고 있는 모습을 나타낸 것이다.

자동차 밖에 정지해 있는 사람이 관찰할 때, 이에 대한 설명으로 옳은 것만을 [보기]에서 있는 대로 고른 것은?

[보기]
ㄱ. 추는 등속 직선 운동을 한다.
ㄴ. 추에 작용하는 알짜힘은 0이다.
ㄷ. 자동차에 작용하는 알짜힘의 방향은 운동 방향과 반대이다.

① ㄴ ② ㄷ ③ ㄱ, ㄴ ④ ㄱ, ㄷ ⑤ ㄴ, ㄷ

067 정답률 25%

그림과 같이 경사각이 일정하고 마찰이 없는 빗면에 놓인 질량 m인 물체 A가 질량 1 kg인 물체 B와 실로 연결된 채 빗면을 따라 p점에서 q점까지 운동하다가 q점에 도달하는 순간 실이 끊어져 r점에 도달하여 정지하였다. p와 q, q와 r 사이의 거리는 각각 6 m, 2 m이고, A의 평균 속력은 p에서 q까지와 q에서 r까지가 각각 3 m/s, 2 m/s이다.

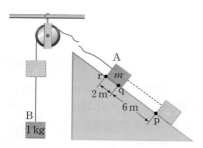

이에 대한 설명으로 옳은 것만을 [보기]에서 있는 대로 고른 것은?(단, 중력 가속도는 10 m/s²이고, 실의 질량, 모든 마찰과 공기 저항은 무시한다.)

[보기]
ㄱ. A가 q에서 r까지 운동하는 동안 가속도의 방향은 운동 방향과 반대이다.
ㄴ. A의 가속도의 크기는 q에서 r까지 운동하는 동안이 p에서 q까지 운동하는 동안의 4배이다.
ㄷ. m=3 kg이다.

① ㄱ ② ㄴ ③ ㄱ, ㄴ ④ ㄱ, ㄷ ⑤ ㄴ, ㄷ

068 정답률 30%

그림 (가), (나)와 같이 도르래를 통해 실로 연결된 물체 A, B, C가 등가속도 운동을 하고 있다. A, C의 질량은 각각 m, $4m$이고, B에 작용하는 알짜힘의 크기는 (가)에서와 (나)에서가 같다.

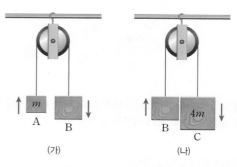

이에 대한 설명으로 옳은 것만을 [보기]에서 있는 대로 고른 것은?(단, 실의 질량, 모든 마찰과 공기 저항은 무시한다.)

[보기]
ㄱ. B의 질량은 $2m$이다.
ㄴ. 실이 B를 당기는 힘의 크기는 (가)에서와 (나)에서가 같다.
ㄷ. C에 작용하는 알짜힘의 크기는 A에 작용하는 알짜힘의 크기의 4배이다.

① ㄱ ② ㄴ ③ ㄷ
④ ㄱ, ㄷ ⑤ ㄱ, ㄴ, ㄷ

069 정답률 30% 수능기출 변형

그림 (가)와 같이 질량이 각각 $3m$, $2m$, $4m$인 물체 A, B, C가 실로 연결된 채 정지해 있다. 실 p, q는 빗면과 나란하다. 그림 (나)는 (가)에서 p가 끊어진 후 A, B, C가 등가속도 운동 하는 모습을 나타낸 것이다.

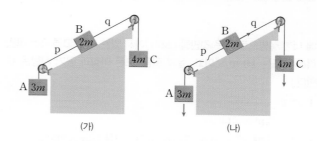

(나)에서 A, B의 가속도의 크기를 각각 a_A, a_B라고 할 때, $a_A : a_B$는?(단, 실의 질량, 모든 마찰과 공기 저항은 무시한다.)

① 1 : 2 ② 2 : 1 ③ 2 : 3
④ 3 : 1 ⑤ 3 : 2

070 정답률 25%

그림은 수평면에서 간격 10 m를 유지하며 일정한 속력 5 m/s로 운동하던 질량이 같은 두 물체 A, B가 기울기가 일정한 빗면을 따라 운동하다가 A의 속력이 25 m/s가 된 모습을 나타낸 것이다. 이 순간 B의 속력은 v이고, A, B 사이의 간격은 42 m이다.

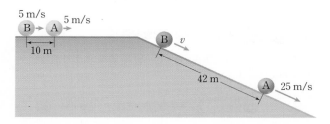

이에 대한 설명으로 옳은 것만을 [보기]에서 있는 대로 고른 것은?(단, A, B는 동일 연직면상에서 운동하며, A, B의 크기와 모든 마찰은 무시한다.)

[보기]
ㄱ. 빗면에서 A의 가속도의 크기는 4 m/s^{2}이다.
ㄴ. B가 빗면에서 운동한 시간은 5초이다.
ㄷ. v=17 m/s이다.

① ㄱ   ② ㄴ   ③ ㄱ, ㄷ   ④ ㄴ, ㄷ   ⑤ ㄱ, ㄴ, ㄷ

071 정답률 35%

그림 (가)는 용수철로 자석 A를 천장에 매달았을 때 용수철이 늘어난 상태로 A가 정지해 있는 모습을, (나)는 (가)에서 A의 연직 아래에 자석 B를 놓았더니 용수철이 (가)에서보다 늘어난 상태로 A가 정지한 모습을 나타낸 것이다.

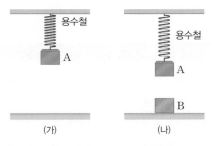

(나)에 대한 설명으로 옳은 것만을 [보기]에서 있는 대로 고른 것은?(단, A와 B의 질량은 같고, 용수철의 질량은 무시한다.)

[보기]
ㄱ. A가 B에 작용하는 힘과 B가 A에 작용하는 힘의 크기는 같다.
ㄴ. A가 B에 작용하는 힘의 크기는 B에 작용하는 중력의 크기보다 크다.
ㄷ. 용수철이 A에 작용하는 힘의 크기는 A에 작용하는 중력의 크기보다 크다.

① ㄱ   ② ㄴ   ③ ㄱ, ㄷ   ④ ㄴ, ㄷ   ⑤ ㄱ, ㄴ, ㄷ

서술형 문제

072 정답률 40%

오른쪽 그림과 같이 수평면 위에 놓인 원형 관 속으로 금속구를 밀어 넣었다. 관 속에 들어간 금속구가 나올 때 금속구의 운동 경로를 예상하고, 그 까닭을 설명하시오.(단, 모든 마찰은 무시한다.)

금속구

073 정답률 35%

그림은 70 m/s의 속력으로 활주로의 P점에 착륙한 비행기가 2 m/s^{2}의 일정한 가속도로 직선 운동 하여 Q점에서 정지한 모습을 나타낸 것이다.

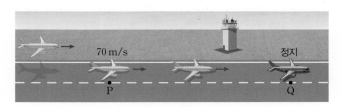

P에서 Q까지의 거리를 풀이 과정과 함께 구하시오.

074 정답률 35%

그림은 용수철저울 A를 벽에 고정하고, 용수철저울 B를 연결하여 오른쪽에서 50 N의 힘으로 당겼을 때 정지한 모습을 나타낸 것이다.

A, B의 눈금은 각각 몇 N을 가리키는지 쓰고, 그 까닭을 설명하시오.

075 정답률 30%

오른쪽 그림은 돛과 선풍기를 이용해 만든 장난감 차를 나타낸 것이다. 선풍기가 작동할 때, 장난감 차의 움직임을 설명하시오.(단, 돛의 크기는 충분히 크고, 선풍기의 바람은 돛에 닿아 정지한다고 가정한다.)

03 운동량과 충격량

I 역학과 에너지

꼭 알아야 할 핵심 개념
☑ 운동량
☑ 운동량의 변화량
☑ 운동량 보존 ☑ 충격량
☑ 충격을 감소시키는 장치

1 | 운동량 보존

1 운동량 운동하는 물체의 운동 효과를 나타내는 양으로, 크기와 방향을 가진 물리량

① 운동량의 크기: 운동하는 물체의 질량과 속도에 비례
→ 질량이 클수록, 속도가 빠를수록 크다.

> 운동량=물체의 질량×속도, $p=m×v$ (단위: kg·m/s)

② 운동량의 방향: 속도의 방향과 같다. 직선 위에서 어느 한쪽 방향의 운동량을 (+)값으로 하면, 반대 방향의 운동량은 (−)값이 된다.

운동량의 비교

물체의 속도가 같을 때($M>m$)	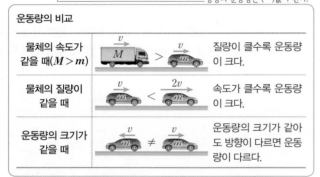	질량이 클수록 운동량이 크다.
물체의 질량이 같을 때		속도가 클수록 운동량이 크다.
운동량의 크기가 같을 때		운동량의 크기가 같아도 방향이 다르면 운동량이 다르다.

③ 운동량-시간 그래프: 운동량-시간 그래프의 기울기는 물체에 작용하는 알짜힘을 나타낸다.

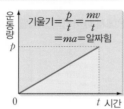

기울기 $=\dfrac{p}{t}=\dfrac{mv}{t}$ $=ma=$알짜힘

2 운동량의 변화량 나중 운동량에서 처음 운동량을 뺀 값

> 운동량의 변화량=나중 운동량−처음 운동량
> $\Delta p=mv-mv_0$
> (m: 질량, v: 나중 속도, v_0: 처음 속도)

① 운동량이 증가할 때: 운동량의 변화량은 처음 운동량의 방향과 같다.

② 운동량이 감소할 때: 운동량의 변화량은 처음 운동량의 방향과 반대이다.

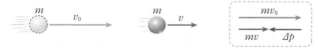

③ 운동량의 방향이 반대일 때: 운동량의 변화량은 처음 운동량의 방향과 반대이다.

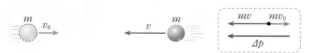

3 운동량 보존 법칙 외부에서 힘이 작용하지 않으면 충돌 전후 물체들의 운동량의 총합은 항상 일정하게 보존된다.

빈출 자료 ① 물체의 충돌과 운동량 보존

질량이 각각 m_A, m_B이고 속도가 v_A, v_B인 두 물체 A, B가 충돌한 후 속도가 $v_A{}'$, $v_B{}'$가 되었다.

충돌 전   충돌   충돌 후

❶ 충돌 시 작용 반작용 법칙에 따라 A, B는 같은 크기의 힘을 반대 방향으로 받는다. 즉, $-F_{AB}=F_{AB}$이다.

❷ $F=ma=\dfrac{m\Delta v}{\Delta t}=\dfrac{\Delta p}{\Delta t}$이므로, $-m_A\dfrac{v_A{}'-v_A}{\Delta t}=m_B\dfrac{v_B{}'-v_B}{\Delta t}$이다. 위 식을 정리하면 다음과 같은 관계가 성립한다.

> 충돌 전 운동량의 합=충돌 후 운동량의 합
> $m_Av_A+m_Bv_B=m_Av_A{}'+m_Bv_B{}'$

필수 유형 운동량 보존 법칙을 이용하여 물체의 질량, 충돌 전후 물체의 속도를 구하는 문제가 출제된다.
🔗 26쪽 087번

4 운동량 보존이 적용되는 예 충돌 후 두 물체가 한 덩어리가 되거나, 정지해 있던 물체가 분리되는 경우도 운동량 보존 법칙이 성립한다. —충돌 후 물체의 속력을 예상할 수 있다.

물체가 결합하는 경우	충돌 전 ⎯⎯ 충돌 후 $m_1v_1+m_2v_2=(m_1+m_2)v \cdots v=\dfrac{m_1v_1+m_2v_2}{m_1+m_2}$
물체가 분리되는 경우	분리 전 $0=m_1v_1+m_2v_2 \cdots -m_1v_1=m_2v_2$ 분리 후

정지해 있던 물체가 분리되는 경우 분리 후 물체의 속력은 질량에 반비례하고, 방향은 반대이다.

2 | 충격량

1 충격량 물체가 받은 충격의 정도를 나타내는 양으로, 크기와 방향을 가진 물리량

① 충격량의 크기: 충돌하는 물체에 작용한 힘의 크기와 힘이 작용한 시간에 비례
충격량의 단위는 $(kg·m/s^2)×s=kg·m/s$ 이므로 운동량의 단위와 같다.

> 충격량=힘×시간, $I=F×\Delta t$ (단위: N·s)

② 충격량의 방향: 물체에 작용한 힘의 방향과 같다.

③ 충격량 그래프: 힘-시간 그래프 아랫부분의 넓이는 그래프의 형태와 관계없이 충격량을 나타낸다.

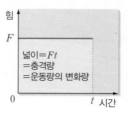

넓이$=Ft$
$=$충격량
$=$운동량의 변화량

2 충격량과 운동량 변화량의 관계 물체가 받은 충격량은 물체의 운동량의 변화량과 같다.

> **충격량과 운동량 변화량의 관계**
> 일정한 속도 v_0으로 운동하고 있는 질량 m인 물체에 시간 Δt 동안 일정한 힘 F가 작용하여 속도가 v로 변하였다. ──물체는 등가속도 운동을 한다.
>
> $\xrightarrow{v_0}$ m $\longrightarrow F$ $\xrightarrow{v}$ m $\longrightarrow F$
>
> • 물체의 가속도: $a=\dfrac{v-v_0}{\Delta t}$ • 작용한 힘: $F=ma=\dfrac{mv-mv_0}{\Delta t}$
> • 충격량과 운동량 변화량의 관계식
>
> > 충격량=나중 운동량−처음 운동량=운동량의 변화량
> > $I=F\Delta t=mv-mv_0=m\Delta v=\Delta p$

3 충격량을 크게 만드는 방법 물체에 작용한 힘의 크기가 크거나 힘이 작용하는 시간이 길수록 물체가 받는 충격량이 커져서 물체의 운동량의 변화량이 커진다.

① 테니스라켓, 골프채 등을 끝까지 휘두르면 힘이 작용하는 시간이 길어져 충격량이 커진다.

② 대포의 포신이 길수록 힘이 작용하는 시간이 길어져 충격량이 커진다. 충격량이 클수록 힘이 작용한 이후 속력이 커지므로 공이나 포탄을 더 멀리 보낼 수 있다.

4 충돌과 안전장치 충격량이 일정할 때 힘을 받는 시간을 길게 하여 충격을 줄인다.

① 충격을 줄이는 장치: 자동차의 에어백과 범퍼, 안전모 등

② 운동 경기에서 충격을 줄이는 방법

• 멀리뛰기 선수가 착지할 때 무릎을 구부린다.

• 포수가 공을 받을 때 손을 뒤로 빼면서 받는다.

• 권투 선수나 태권도 선수가 보호대를 착용한다.

> **빈출 자료 ②** **충돌할 때 받는 힘과 충돌 시간의 관계**
>
> ❶ 동일한 달걀 A, B를 같은 높이에서 가만히 놓아 떨어뜨리면 충돌 직전 A, B의 질량과 속도가 같으므로 운동량은 같다.
> ❷ 충돌 후 A, B의 속도가 0이므로 A, B의 운동량은 같다.
>
>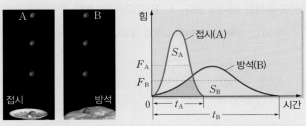
>
> | 운동량의 변화량 | 충격량(그래프 아랫부분의 넓이) | 충돌 시간 | 평균 힘 (충격력) |
> |---|---|---|---|
> | $\Delta p_A=\Delta p_B$ | $I_A=I_B(S_A=S_B)$ | $t_A<t_B$ | $F_A>F_B$ |
>
> ⋯→ 충격량이 같을 때 충돌 시간이 길어지면 달걀이 받는 평균 힘의 크기는 작아진다.

[필수 유형] 충돌할 때 물체가 받는 힘과 충돌 시간의 관계를 묻는 문제가 출제된다.

🔗 29쪽 101번

---

076 30 m/s의 속력으로 달리는 질량 2000 kg인 자동차의 운동량의 크기는 몇 kg·m/s인지 구하시오.

077 시속 144 km로 던진 질량 200 g인 야구공의 운동량의 크기는 몇 kg·m/s인지 구하시오.

[078~081] 운동량과 충격량에 대한 설명으로 옳은 것은 ○표, 옳지 않은 것은 ×표 하시오.

078 충격량과 운동량의 단위는 같다. (   )

079 물체가 힘을 받으면 물체의 운동량이 변한다. (   )

080 힘 – 시간 그래프 아랫부분의 넓이는 알짜힘을 나타낸다. (   )

081 물체가 충돌할 때 받는 충격량은 물체의 운동량의 변화량과 같다. (   )

082 오른쪽 그림은 정지해 있는 물체에 작용하는 힘을 시간에 따라 나타낸 것이다. 5초 동안 물체가 받은 충격량의 크기는 몇 N·s 인지 구하시오.

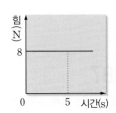

[083~085] 일상생활에서 충격량을 크게 만드는 것과 관계가 있는 경우는 'A', 충격을 줄이는 것과 관계가 있는 경우는 'B'를 쓰시오.

083 포수가 공을 받을 때 손을 뒤로 빼면서 받는다.(   )

084 포탄을 멀리 쏘기 위해 포신의 길이를 길게 한다. (   )

085 안전모는 충돌이 가해질 때 힘을 받는 시간을 길게 한다. (   )

기출 분석 문제

>> 바른답·알찬풀이 13쪽

1 | 운동량 보존

086

운동량과 충격량에 대한 설명으로 옳지 <u>않은</u> 것은?

① 정지해 있는 물체의 운동량은 0이다.

② 두 물체의 질량이 같을 때 속력이 빠를수록 운동량의 크기는 크다.

③ 두 물체가 충돌할 때, 질량이 큰 물체가 받는 충격량의 크기가 더 크다.

④ 두 물체의 질량과 속력이 같더라도 운동 방향이 다르면 두 물체의 운동량은 다르다.

⑤ 자동차가 벽과 충돌하여 정지할 때, 충돌 직전 자동차의 속력이 클수록 벽이 받는 충격량의 크기는 크다.

087

필수 유형 > 24쪽 빈출 자료 ①

그림 (가)는 물체 A가 정지해 있는 물체 B를 향해 $3v$의 속력으로 운동하는 모습을, (나)는 B와 충돌한 A가 반대 방향으로 v의 속력으로 운동하는 모습을 나타낸 것이다. A, B의 질량은 각각 m, $2m$이다.

(가)　　　　　　　　　(나)

이에 대한 설명으로 옳은 것만을 [보기]에서 있는 대로 고른 것은?(단, 모든 마찰은 무시한다.)

[보기]
ㄱ. 충돌할 때 A가 B에 작용한 힘의 크기와 B가 A에 작용한 힘의 크기는 같다.

ㄴ. A의 운동량 변화량의 크기는 $2mv$이다.

ㄷ. 충돌 후 B의 속력은 $4v$이다.

① ㄱ　　　　② ㄴ　　　　③ ㄱ, ㄴ

④ ㄱ, ㄷ　　　　⑤ ㄴ, ㄷ

088

그림은 우주 공간에서 v_0의 일정한 속력으로 직선 운동을 하던 우주선이 A, B의 두 부분으로 분리된 후 A는 정지하고, B는 $3v_0$의 속력으로 운동하는 모습을 나타낸 것이다.

A, B의 질량을 각각 m_A, m_B라고 할 때, $m_A : m_B$를 구하시오.

089

그림 (가)는 4 m/s의 속도로 운동하던 스케이트 선수 A가 2 m/s의 속도로 운동하던 선수 B 뒤에 다가오는 모습을, (나)는 A가 B를 민 후 B가 5 m/s의 속도로 운동하는 모습을 나타낸 것이다. A, B의 질량은 각각 60 kg, 50 kg이다.

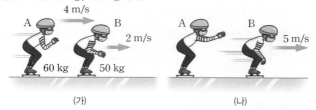

(가)　　　　　　　　　(나)

(나)에서 A의 속력은 몇 m/s인지 구하시오.

090

수능모의평가기출 변형

그림과 같이 우주 공간에서 O점을 향해 질량이 각각 m인 물체 A, B와 질량이 $3m$인 우주인이 v_0의 일정한 속력으로 직선 운동을 한다. 우주인은 O점을 통과하는 속력을 줄이기 위해 O점을 향해 A, B의 순서로 물체를 하나씩 민다. A, B를 모두 민 후에, 우주인의 속력은 $\frac{1}{3}v_0$가 되고, A와 B는 속력이 서로 같으며 충돌하지 않는다.

이에 대한 설명으로 옳은 것만을 [보기]에서 있는 대로 고른 것은?

[보기]
ㄱ. A가 O를 통과하는 속력은 $2v_0$이다.

ㄴ. A를 민 직후, 우주인의 속력은 v_0이다.

ㄷ. O를 통과할 때의 운동량의 크기는 우주인이 B보다 크다.

① ㄱ　　　　② ㄷ　　　　③ ㄱ, ㄴ

④ ㄴ, ㄷ　　　　⑤ ㄱ, ㄴ, ㄷ

091

다음은 "선수의 몸무게가 무거우면 씨름 경기에 유리할까?"에 대한 민수의 추론 과정이다. (　　) 안에 들어갈 알맞은 말을 쓰시오.

(가) 정지해 있던 씨름 선수 A가 B를 미는 힘이 작용하면 B도 A를 미는 힘이 작용하고, 두 힘의 크기는 (㉠).

(나) A와 B가 서로를 미는 동안 힘을 작용하는 시간이 같으므로, A와 B가 받는 충격량의 크기는 같다.

(다) A, B가 받는 충격량의 크기가 같으므로, A, B의 운동량 변화량의 크기는 (㉡).

(라) 질량이 A가 B의 2배일 때, A와 B가 부딪친 후 서로 반대 방향으로 밀려나는 순간의 속력은 A가 B의 (㉢) 배이다. 따라서 두 선수가 부딪칠 때 몸무게가 많이 나가는 사람이 적게 나가는 사람보다 유리하다.

2 | 충격량

092

그림 (가)는 마찰이 없는 수평면에서 오른쪽으로 운동하는 질량 m인 물체에 왼쪽으로 일정한 힘 F를 계속 작용하는 모습을 나타낸 것이다. 그림 (나)는 (가)에서 물체의 속력을 시간에 따라 나타낸 것이다.

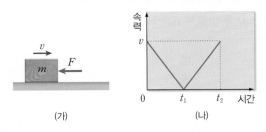

이에 대한 설명으로 옳은 것만을 [보기]에서 있는 대로 고른 것은?

[보기]
ㄱ. $t_2 = 2t_1$이다.
ㄴ. $F = \dfrac{mv}{t_1}$이다.
ㄷ. 0초부터 t_2까지 물체의 운동량 변화량의 크기는 0이다.

① ㄱ　　　　　② ㄷ　　　　　③ ㄱ, ㄴ
④ ㄴ, ㄷ　　　　⑤ ㄱ, ㄴ, ㄷ

093

그림 (가)는 수평한 얼음판에서 영희가 질량 m인 스톤을 미는 순간의 모습을 나타낸 것이고, (나)는 직선 운동 하는 스톤의 속도를 시간에 따라 나타낸 것이다.

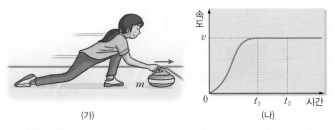

이에 대한 설명으로 옳은 것만을 [보기]에서 있는 대로 고른 것은?

[보기]
ㄱ. 0부터 t_1까지 스톤의 운동량 변화량의 크기는 mv이다.
ㄴ. t_2일 때 스톤에 작용하는 알짜힘은 0이다.
ㄷ. 영희가 스톤에 작용한 충격량의 크기는 스톤이 영희에게 작용한 충격량의 크기보다 크다.

① ㄱ　　　　　② ㄷ　　　　　③ ㄱ, ㄴ
④ ㄱ, ㄷ　　　　⑤ ㄴ, ㄷ

094

그림 (가)는 수평면에서 질량 m인 물체가 $2v$의 속력으로 P점을 통과하는 순간의 모습을, (나)는 물체가 P점을 처음 통과한 순간부터의 속도를 시간에 따라 나타낸 것이다. 물체는 Q점에서 벽과 충돌하여 다시 되돌아온다.

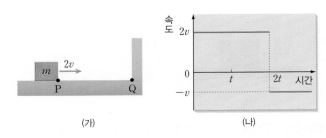

물체에 대한 설명으로 옳은 것만을 [보기]에서 있는 대로 고른 것은?

[보기]
ㄱ. 처음 P를 지나는 순간 운동량의 크기는 $2mv$이다.
ㄴ. 벽으로부터 받은 충격량의 크기는 mv이다.
ㄷ. $4t$일 때 다시 P를 지난다.

① ㄱ　　　　　② ㄷ　　　　　③ ㄱ, ㄴ
④ ㄴ, ㄷ　　　　⑤ ㄱ, ㄴ, ㄷ

095

그림 (가)는 마찰이 없는 수평면에서 5 m/s의 속력으로 운동하는 질량 2 kg인 물체에 힘을 작용하는 모습을, (나)는 힘이 작용한 순간부터 물체에 작용한 힘의 크기를 시간에 따라 나타낸 것이다.

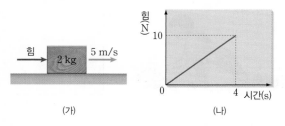

(가)   (나)

이에 대한 설명으로 옳은 것만을 [보기]에서 있는 대로 고른 것은?

[보기]
ㄱ. 0~4초 동안 물체가 받은 충격량의 크기는 20 N·s이다.
ㄴ. 2초일 때, 운동량의 크기는 30 kg·m/s이다.
ㄷ. 4초일 때, 속력은 10 m/s이다.

① ㄱ   ② ㄷ   ③ ㄱ, ㄴ
④ ㄴ, ㄷ   ⑤ ㄱ, ㄴ, ㄷ

096 ⭐신유형

그림 (가)는 마찰이 없는 수평면에 정지해 있던 질량 2 kg인 물체에 $t=0$일 때 힘을 작용하는 모습을, (나)는 이 물체에 작용한 힘을 거리에 따라 나타낸 것이다.

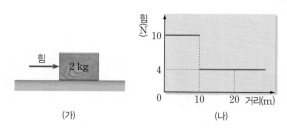

(가)   (나)

이에 대한 설명으로 옳은 것만을 [보기]에서 있는 대로 고른 것은?

[보기]
ㄱ. 0에서 10 m까지 운동하는 동안 물체가 받은 충격량의 크기는 20 N·s이다.
ㄴ. 10 m 운동했을 때의 운동량은 10 kg·m/s이다.
ㄷ. $t=3$초일 때 물체의 속력은 12 m/s이다.

① ㄱ   ② ㄷ   ③ ㄱ, ㄴ
④ ㄱ, ㄷ   ⑤ ㄴ, ㄷ

097

오른쪽 그림은 마찰이 없는 수평면에서 운동하는 물체에 운동 방향으로 힘이 작용할 때 물체의 운동량을 시간에 따라 나타낸 것이다. 이에 대한 설명으로 옳은 것만을 [보기]에서 있는 대로 고른 것은?

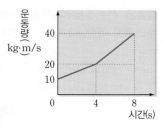

[보기]
ㄱ. 물체의 속력은 8초일 때가 4초일 때의 3배이다.
ㄴ. 6초일 때 물체에 작용하는 힘의 크기는 5 N이다.
ㄷ. 0~4초 동안 물체가 받은 충격량의 크기는 60 N·s이다.

① ㄱ   ② ㄴ   ③ ㄱ, ㄴ
④ ㄱ, ㄷ   ⑤ ㄴ, ㄷ

098

그림 (가), (나)는 각각 마찰이 없는 수평면에 정지해 있던 물체 A, B에 수평 방향으로 작용한 힘의 크기를 시간에 따라 나타낸 것이다. $4t$일 때 속력은 A가 B의 2배이고 운동 방향은 서로 반대 방향이다.

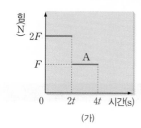 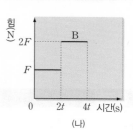

(가)   (나)

이에 대한 설명으로 옳은 것만을 [보기]에서 있는 대로 고른 것은?

[보기]
ㄱ. 질량은 B가 A의 2배이다.
ㄴ. $2t$일 때 A와 B의 운동량의 크기는 같다.
ㄷ. 0~$4t$ 동안 물체 A와 B가 받은 충격량은 같다.

① ㄱ   ② ㄷ   ③ ㄱ, ㄴ
④ ㄴ, ㄷ   ⑤ ㄱ, ㄴ, ㄷ

099 ✏서술형

오른쪽 그림은 긴 빨대에 플라스틱 구슬을 넣고 입으로 불어 구슬이 날아가는 거리를 측정하는 모습을 나타낸 것이다. 같은 크기의 힘으로 불어도 빨대의 길이에 따라 구슬이 날아가는 거리가 다르게 측정되었다. 이때 빨대의 길이와 구슬이 날아가는 거리 사이에는 어떤 관계가 있는지 설명하시오.

100

그림 (가)는 질량이 같은 공 A, B가 속력 v로 운동하다가 글러브와 충돌한 뒤 함께 운동하여 정지한 모습을 나타낸 것이고, (나)는 글러브와 충돌한 순간부터 정지할 때까지 직선 운동한 A, B의 속력을 시간에 따라 나타낸 것이다.

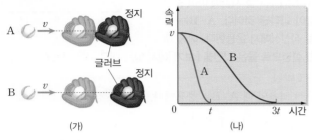

이에 대한 설명으로 옳은 것만을 [보기]에서 있는 대로 고른 것은?

[보기]

ㄱ. 충돌한 순간부터 정지할 때까지 운동량의 변화량은 A와 B가 같다.

ㄴ. 충돌한 순간부터 정지할 때까지 받는 충격량의 크기는 B가 A보다 크다.

ㄷ. 충돌하는 동안 글러브가 받는 평균 힘의 크기는 A가 B의 3배이다.

① ㄱ ② ㄷ ③ ㄱ, ㄴ
④ ㄱ, ㄷ ⑤ ㄴ, ㄷ

101

필수 유형 📄 25쪽 빈출 자료 ②

그림은 동일한 유리컵을 같은 높이에서 가만히 놓아 바닥과 방석 위로 각각 떨어뜨렸을 때 나타나는 현상을 보고 학생 A, B, C가 대화하는 것을 나타낸 것이다.

제시한 내용이 옳은 학생만을 있는 대로 고른 것은?

① A ② B ③ C
④ A, B ⑤ B, C

102

다음은 자동차 범퍼의 역할을 설명한 내용이다.

자동차 범퍼는 사고가 났을 때 충격을 흡수하여 탑승자의 생명을 보호할 수 있다. 일정한 속력으로 달리던 자동차가 충돌할 때 (가) 범퍼가 찌그러지면 자동차가 멈추는 데 걸리는 시간이 길어진다. 만약 범퍼가 너무 단단하여 (나) 찌그러지지 않은 채 멈추면 찌그러질 때에 비해 탑승자에게 작용하는 평균 힘의 크기가 (㉠)한다.

이에 대한 설명으로 옳은 것만을 [보기]에서 있는 대로 고른 것은?

[보기]

ㄱ. 자동차가 받는 충격량의 크기는 (가)에서가 (나)에서보다 작다.

ㄴ. 자동차 범퍼가 단단할수록 탑승자의 안전에 유리하다.

ㄷ. '증가'는 ㉠으로 적당하다.

① ㄱ ② ㄷ ③ ㄱ, ㄴ
④ ㄴ, ㄷ ⑤ ㄱ, ㄴ, ㄷ

103

그림 (가)는 마찰이 없는 수평면상에서 물체 A가 P점을 속력 v로 통과하여 정지해 있던 물체 B와 충돌한 후 A, B는 한 덩어리가 되어서 마찰 구간에서 운동한 뒤 정지한 모습을, (나)는 (가)에서 B를 고정시킨 채 A를 충돌시켰더니 A는 B와 충돌한 후 정지한 모습을 나타낸 것이다.

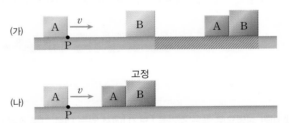

(가), (나)의 충돌 과정에 대한 설명으로 옳은 것만을 [보기]에서 있는 대로 고른 것은?

[보기]

ㄱ. B가 받은 충격량의 크기는 (나)에서가 (가)에서보다 크다.

ㄴ. B가 받는 평균 힘의 크기는 (나)에서가 (가)에서보다 크다.

ㄷ. B와 충돌하여 정지할 때까지 A의 운동량의 변화량은 (가)에서가 (나)에서보다 크다.

① ㄱ ② ㄴ ③ ㄱ, ㄴ
④ ㄴ, ㄷ ⑤ ㄱ, ㄴ, ㄷ

1등급 완성 문제

>> 바른답·알찬풀이 15쪽

104 정답률 30%

그림 (가)는 마찰이 없는 수평면에 질량 2 kg인 물체 A가 정지해 있는 물체 B를 향해 운동하는 모습을, (나)는 A가 P점을 지나는 순간부터 A, B의 속도를 시간에 따라 순서 없이 나타낸 것이다.

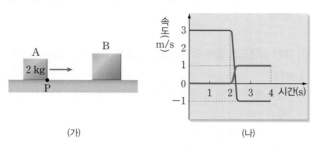

(가) (나)

이에 대한 설명으로 옳은 것만을 [보기]에서 있는 대로 고른 것은?

[보기]
ㄱ. 정지해 있을 때 B는 P에서 6 m 떨어진 지점에 있다.
ㄴ. A는 충돌 후 충돌 전과 반대 방향으로 운동한다.
ㄷ. B의 질량은 4 kg이다.

① ㄱ　　② ㄷ　　③ ㄱ, ㄴ　　④ ㄴ, ㄷ　　⑤ ㄱ, ㄴ, ㄷ

105 정답률 25%

다음은 운동량 보존 법칙을 알아보기 위한 실험이다.

[실험 과정]
(가) 두 수레 A, B 사이에 용수철을 끼우고 압축시킨 후 놓을 때 같은 시간 동안 수레가 이동한 거리 x_A, x_B를 측정한다.

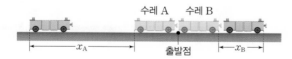

(나) B에 추를 올려놓은 후 과정 (가)를 반복한다.

이에 대한 설명으로 옳은 것만을 [보기]에서 있는 대로 고른 것은?(단, 모든 마찰은 무시한다.)

[보기]
ㄱ. (가)에서 A가 B로부터 받은 충격량의 크기와 B가 A로부터 받은 충격량의 크기는 같다.
ㄴ. (가)에서 $x_A > x_B$이면, A와 B가 분리되는 순간 A의 속력이 B의 속력보다 작다.
ㄷ. (나)에서 x_B는 추를 올려놓고 실험한 경우가 추를 올려놓지 않고 실험한 경우보다 크다.

① ㄱ　　② ㄴ　　③ ㄷ　　④ ㄴ, ㄷ　　⑤ ㄱ, ㄴ, ㄷ

106 정답률 30%

오른쪽 그림은 마찰이 없는 수평면에서 물체 A가 정지해 있는 물체 B를 향해 운동하는 순간부터 A, B가 충돌하여 운동할 때까지 A, B의 위치를 시간에 따라 순서 없이 나타낸 것이다. A, B는 동일 직선상에서 운동한다. 이에 대한 설명으로 옳은 것만을 [보기]에서 있는 대로 고른 것은?

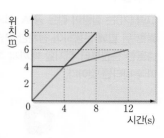

[보기]
ㄱ. 4초일 때 A, B는 충돌한다.
ㄴ. 질량은 A가 B의 $\frac{4}{3}$배이다.
ㄷ. 충돌 후 운동량의 크기는 A가 B의 3배이다.

① ㄱ　　② ㄴ　　③ ㄱ, ㄴ
④ ㄱ, ㄷ　　⑤ ㄴ, ㄷ

107 정답률 25%

그림은 마찰이 없는 수평면에서 물체 A, B가 힘이 작용하는 영역 X를 향해 v의 속력으로 등속 직선 운동 하는 모습을 나타낸 것이다. A, B의 질량은 m으로 같다. X에 들어갔다 나온 후 A는 처음과 같은 방향으로, B는 처음과 반대 방향으로 각각 $0.5v$의 속력으로 등속 직선 운동을 한다.

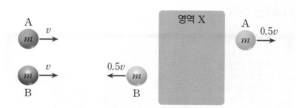

X를 지나는 동안 A, B에 대한 설명으로 옳은 것만을 [보기]에서 있는 대로 고른 것은?

[보기]
ㄱ. A와 B가 받은 충격량의 크기는 같다.
ㄴ. A와 B가 받은 충격량의 방향은 같다.
ㄷ. B의 운동량 변화량의 크기는 $0.5mv$이다.

① ㄱ　　② ㄴ　　③ ㄷ
④ ㄱ, ㄷ　　⑤ ㄱ, ㄴ, ㄷ

108 정답률 30%

그림 (가)는 마찰이 없는 수평면에서 물체 A가 정지한 물체 B를 향해 등속 직선 운동 하는 모습을 나타낸 것이다. 그림 (나)는 A와 B가 충돌하는 동안 B에 작용한 힘을 시간에 따라 나타낸 것이다. 충돌 후 A와 B는 같은 방향으로 운동한다.

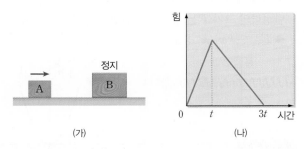

(가)   (나)

이에 대한 설명으로 옳은 것만을 [보기]에서 있는 대로 고른 것은?

[보기]
ㄱ. $t{\sim}3t$ 동안 B의 속력은 증가한다.
ㄴ. $t{\sim}3t$ 동안 A의 운동량의 크기는 감소한다.
ㄷ. B가 받은 충격량의 크기는 $t{\sim}3t$ 동안이 $0{\sim}t$ 동안보다 크다.

① ㄱ   ② ㄷ   ③ ㄱ, ㄴ
④ ㄴ, ㄷ   ⑤ ㄱ, ㄴ, ㄷ

109 정답률 25%

그림은 수평면에서 질량이 $1\,kg$으로 같은 물체 A, B가 각각 $6\,m/s$, $3\,m/s$의 속력으로 P점과 Q점을 동시에 통과하는 모습을 나타낸 것이다. A는 P점을 통과한 순간부터 4초 후에 R점에서 B와 충돌하며, A가 운동 방향과 반대 방향으로 일정한 크기의 힘이 작용하는 구간 X를 통과하는 데 걸린 시간은 2초이다. P, Q에서 R까지의 거리는 L로 같다.

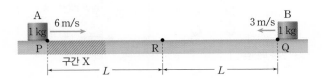

이에 대한 설명으로 옳은 것만을 [보기]에서 있는 대로 고른 것은?(단, 중력 가속도는 $10\,m/s^2$이고, 물체의 크기, 공기 저항과 모든 마찰은 무시한다.)

[보기]
ㄱ. $L{=}15\,m$이다.
ㄴ. X에서 A가 받은 충격량의 크기는 $4\,N{\cdot}s$이다.
ㄷ. R에서 충돌하기 직전 운동량의 크기는 A가 B보다 작다.

① ㄱ   ② ㄴ   ③ ㄷ
④ ㄱ, ㄴ   ⑤ ㄴ, ㄷ

서술형 문제

110 정답률 25%

그림은 마찰이 없는 수평면에서 정지해 있는 물체 A를 향해 물체 B가 속력 v로 운동하는 모습을 나타낸 것이다. A, B의 질량은 각각 $2m$, m이고, 충돌 과정에서 운동 에너지의 합이 보존된다.

충돌 과정에서 A가 B에 작용한 충격량의 크기와 방향을 풀이 과정과 함께 구하시오.(단, 물체의 크기와 공기 저항은 무시한다.)

111 정답률 25%

마찰이 없는 수평면상에 정지해 있는 질량 $2\,kg$인 물체에 일정한 크기의 힘을 수평 방향으로 작용하여 2초 동안 $20\,m$를 운동시켰다. 2초 동안 물체가 받은 충격량의 크기는 몇 $N{\cdot}s$인지 풀이 과정과 함께 구하시오.

112 정답률 35%

그림은 뜀틀을 넘어 착지하는 모습을 나타낸 것으로, 착지할 때 무릎을 구부리면 무릎에 가해지는 충격이 감소한다.

이처럼 (가) 무릎에 가해지는 충격이 감소하는 까닭을 쓰고, (나) 일상생활에서 이와 같은 원리로 설명할 수 있는 현상 2가지를 설명하시오.

04 역학적 에너지

꼭 알아야 할 핵심 개념
- ☑ 운동 에너지
- ☑ 일·운동 에너지 정리
- ☑ 퍼텐셜 에너지
- ☑ 역학적 에너지 보존 법칙

1 | 일과 에너지

1 일과 에너지

① **힘이 한 일**: 물체에 작용하는 힘의 크기와 힘의 방향으로 물체가 이동한 거리의 곱

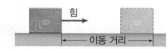

> 일=힘×이동 거리, $W = Fs$ (단위: J, N·m)

② **힘-이동 거리 그래프**: 그래프 아랫부분의 넓이는 힘이 한 일을 나타낸다.

③ **일과 에너지의 관계**: 물체에 일을 해 주면 해 준 일의 양만큼 물체의 에너지가 변한다.

➡ 일과 에너지는 서로 전환된다.

알짜힘의 방향과 물체의 이동 방향이 같으면 힘이 한 일은 (+)값을, 반대이면 힘이 한 일은 (−)값을 가진다.

2 운동 에너지(E_k) 운동하는 물체가 가지는 에너지

> 운동 에너지=$\frac{1}{2}$×질량×속력^2, $E_k = \frac{1}{2}mv^2$ (단위: J)
> 일의 단위와 같다.

일·운동 에너지 정리

마찰이 없는 수평면에서 v_1의 속도로 운동하던 질량 m인 수레에 손으로 알짜힘 F를 작용하여 거리 s만큼 이동시켰더니 수레의 속력이 v_2가 되었다.

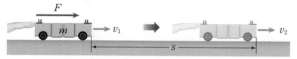

- 물체에 작용하는 알짜힘: $F = ma$
- 수레는 일정한 힘을 받아 등가속도 운동을 한다. ⋯ $2as = v_2{}^2 - v_1{}^2$
- 알짜힘이 한 일은 수레의 운동 에너지 변화량과 같다.

> $W = Fs = mas = m\left(\dfrac{v_2{}^2 - v_1{}^2}{2}\right) = \frac{1}{2}mv_2{}^2 - \frac{1}{2}mv_1{}^2 = \varDelta E_k$

3 퍼텐셜 에너지(E_p) 물체가 기준면으로부터의 위치에 따라 가지는 잠재적인 에너지

① **중력 퍼텐셜 에너지**: 중력이 작용하는 공간에서 기준면으로부터 어떤 높이에 있는 물체가 가지는 에너지

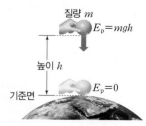

> 중력 퍼텐셜 에너지=질량×중력 가속도×높이
> $E_p = mgh$ (단위: J)

---

② **탄성 퍼텐셜 에너지**: 늘어나거나 압축된 용수철과 같이 변형된 물체가 가지는 에너지

- 탄성력의 크기 F는 용수철이 변형된 길이 x에 비례한다.
  ➡ $F = -kx$ (k: 용수철 상수) 탄성력의 방향이 용수철이 늘어난 방향과 반대임을 의미한다.

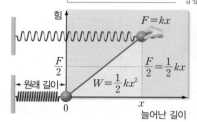
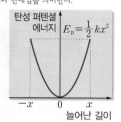

> 탄성 퍼텐셜 에너지=$\frac{1}{2}$×용수철 상수×변형된 길이^2
> $E_p = \frac{1}{2}kx^2$ (단위: J)

2 | 역학적 에너지 보존

1 역학적 에너지(E) 운동 에너지(E_k)+퍼텐셜 에너지(E_p)

2 역학적 에너지 보존 법칙 마찰이나 공기 저항이 없으면 물체의 역학적 에너지는 변하지 않고 일정하게 보존된다.

> $E = E_k + E_p =$ 일정

빈출 자료 ① 연직 위로 던져 올린 공의 역학적 에너지 보존

연직 위로 던져 올린 야구공의 운동 에너지와 중력 퍼텐셜 에너지의 합인 역학적 에너지는 일정하게 보존된다.

$$mgh = mgh_1 + \frac{1}{2}mv_1{}^2 = mgh_2 + \frac{1}{2}mv_2{}^2 = \frac{1}{2}mv^2 = \text{일정}$$

h에서의 중력 퍼텐셜 에너지 ～ 지면에서의 운동 에너지

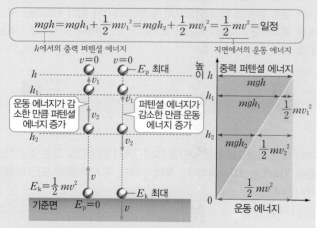

공이 올라갈 때	공이 내려올 때
중력에 대해 한 일=운동 에너지 감소량=중력 퍼텐셜 에너지 증가량	중력이 한 일=운동 에너지 증가량=중력 퍼텐셜 에너지 감소량

필수 유형 공기 저항이나 마찰이 없을 때 연직 위로 던져 올린 물체의 역학적 에너지 보존을 묻는 문제가 출제된다.

🔗 35쪽 130번

빈출 자료 ② 용수철에 매달린 물체의 역학적 에너지 보존

용수철에 매달린 물체의 운동 에너지와 탄성 퍼텐셜 에너지의 합인 역학적 에너지는 일정하게 보존된다.

$$\frac{1}{2}kA^2 = \frac{1}{2}kx_1^2 + \frac{1}{2}mv_1^2 = \frac{1}{2}kx_2^2 + \frac{1}{2}mv_2^2 = \frac{1}{2}mv^2 = 일정$$

길이 A에서의 탄성 퍼텐셜 에너지　　　　　지점 O에서의 운동 에너지

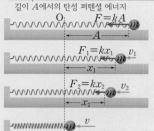
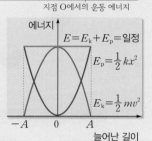

- 용수철이 최대로 늘어났을 때($x=A$): 탄성 퍼텐셜 에너지가 최대이고, 운동 에너지는 0이다.
- 용수철이 원래 길이로 돌아왔을 때($x=0$): 탄성 퍼텐셜 에너지가 0이고, 운동 에너지는 최대이다.

필수 유형 〉 공기 저항이나 마찰이 없을 때 용수철에 매달린 물체의 역학적 에너지 보존을 묻는 문제가 출제된다.

🔗 36쪽 133번

---

③ 역학적 에너지가 보존되지 않는 경우

┌ 역학적 에너지와 열에너지를 합한 전체 에너지는 보존된다.

1 역학적 에너지가 보존되지 않는 경우 마찰이나 공기 저항과 같이 운동을 방해하는 힘을 받으면 역학적 에너지가 보존되지 않는다. ➡ 마찰이나 공기 저항으로 인해 감소한 역학적 에너지는 열에너지로 전환된다. 마찰에 의한 열에너지는 다시 역학적 에너지로 전환되기 어렵다.

2 역학적 에너지가 보존되지 않는 예

① 마찰면에서 운동하는 물체: 물체는 정지하고, 마찰열이 발생한다. ➡ 마찰에 의해 감소한 물체의 역학적 에너지가 열에너지로 전환된다.

② 바닥에서 튀어 오르는 공: 공은 처음 떨어뜨린 높이보다 점점 낮게 튀어 오른다. ➡ 공의 역학적 에너지는 공과 바닥의 열에너지나 소리 에너지 등으로 전환된다.

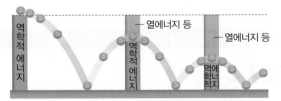

③ 용수철 진자의 운동

마찰이 없을 때 진자의 운동	마찰이 있을 때 진자의 운동
진자의 진폭이 변하지 않고, 진동을 멈추지 않는다. ⋯▶ 탄성 퍼텐셜 에너지와 운동 에너지가 서로 전환되면서 역학적 에너지가 보존된다.	진자의 진폭은 감소하고, 시간이 흐르면 진동이 멈춘다. ⋯▶ 역학적 에너지는 마찰력이 한 일에 의해 열에너지로 전환되어 보존되지 않는다.

[113~115] 다음은 일과 에너지에 대한 설명이다. (　　) 안에 들어갈 알맞은 말을 쓰시오.

113 물체에 일을 해 주면 해 준 일의 양만큼 물체의 에너지가 (　　　)하고, 물체가 일을 하면 한 일만큼 물체의 에너지가 (　　　)한다.

114 (　　　) 에너지는 물체의 질량과 속력의 제곱에 비례한다. (　　　) 에너지는 물체가 기준면으로부터의 위치에 따라 가지는 잠재적인 에너지이다.

115 역학적 에너지는 (　　　) 에너지와 (　　　) 에너지의 합으로, 물체가 운동할 때 마찰이나 공기의 저항이 없으면 역학적 에너지는 (　　　).

116 지면에 놓여 있는 질량 3 kg인 물체를 지면으로부터 7 m 높이로 이동시켰다. 이때 물체의 중력 퍼텐셜 에너지의 증가량은 몇 J인지 구하시오.(단, 중력 가속도는 10 m/s²이고, 공기 저항은 무시한다.)

[117~118] 높은 곳에서 가만히 놓아 낙하하는 물체에 대한 설명으로 옳은 것은 ○표, 옳지 않은 것은 ×표 하시오.

117 공기 저항이 없으면 운동 에너지는 증가하고, 중력 퍼텐셜 에너지는 일정하며, 역학적 에너지는 보존된다.
　　　　　　　　　　　　　　　　　　　　（　　）

118 공기 저항이 있으면 물체의 역학적 에너지의 일부는 열에너지로 전환된다.
　　　　　　　　　　　　　　　　　　　　（　　）

[119~122] 수평면에서 용수철에 매달려 진동하는 물체에 대한 설명으로 옳은 것은 ○표, 옳지 않은 것은 ×표 하시오.(단, 공기 저항과 마찰은 무시한다.)

119 진동 중심에서 속력이 가장 빠르고, 진동 중심에서 멀어질수록 큰 탄성력을 받는다.　　　　　　　（　　）

120 시간이 지남에 따라 진폭이 점점 감소한다.　（　　）

121 용수철이 최대로 늘어났을 때 운동 에너지는 0이다.
　　　　　　　　　　　　　　　　　　　　（　　）

122 용수철이 많이 압축될수록 탄성 퍼텐셜 에너지는 감소한다.　　　　　　　　　　　　　　　　（　　）

기출 분석 문제

» 바른답·알찬풀이 18쪽

1 | 일과 에너지

123

그림은 마찰이 없는 수평면에 정지해 있는 물체에 작용하는 알짜힘의 크기를 힘이 작용한 거리에 따라 나타낸 것이다.

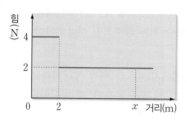

물체의 운동 에너지가 2 m 이동했을 때의 2배가 되는 거리 x는?

① 4 m ② 6 m ③ 8 m ④ 12 m ⑤ 16 m

124

다음은 일·운동 에너지 정리에 대한 설명이다.

그림과 같이 마찰이 없는 수평면에서 질량 m인 수레가 v_1의 속력으로 운동하고 있다. 수레가 운동하는 방향과 같은 방향으로 수레에 일정한 크기의 알짜힘 F를 작용하여 거리 s만큼 이동시켰더니 수레의 속도가 v_2가 되었다.

수레에 작용한 힘 F의 크기가 일정하므로 수레는 등가속도 운동을 한다. 수레의 가속도를 a라고 하면, $2as=($ ㉠ $)$이다.
사람이 수레에 한 일은 $W=Fs$이고 뉴턴 운동 제2법칙에서 $F=ma$이므로, $W=Fs=mas=\frac{1}{2}mv_2^2-\frac{1}{2}mv_1^2$이다.
즉, 알짜힘이 한 일은 물체의 (㉡)과/와 같다.

( ) 안에 들어갈 말 또는 수식을 옳게 짝 지은 것은?

	㉠	㉡
①	$v_1^2+v_2^2$	운동 에너지
②	$v_2^2-v_1^2$	중력 퍼텐셜 에너지
③	$v_2^2-v_1^2$	운동 에너지 변화량
④	$(v_2-v_1)^2$	중력 퍼텐셜 에너지
⑤	$(v_2-v_1)^2$	운동 에너지 변화량

125

그림은 물체 A, B가 지면으로부터 높이가 각각 $2h$, h인 지점에, 물체 C는 지면으로부터 높이가 h인 빗면상에 정지해 있는 모습을 나타낸 것이다. A, B, C의 질량은 각각 m, $2m$, m이다.

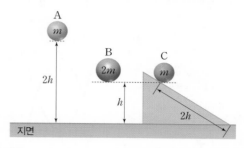

지면을 기준으로 할 때 A, B, C의 중력 퍼텐셜 에너지를 각각 E_A, E_B, E_C라고 할 때, $E_A : E_B : E_C$는?(단, 물체의 크기는 무시한다.)

① 1 : 1 : 1 ② 1 : 2 : 1 ③ 2 : 1 : 1
④ 2 : 1 : 2 ⑤ 2 : 2 : 1

126

오른쪽 그림은 용수철에 물체를 매달았을 때 용수철이 10 cm 늘어난 상태로 정지해 있는 모습을 나타낸 것으로, 이때 물체의 탄성 퍼텐셜 에너지는 16 J이다. 이 용수철을 원래 길이에서 20 cm 압축시켰을 때, 물체의 탄성 퍼텐셜 에너지는?(단, 공기 저항과 모든 마찰은 무시한다.)

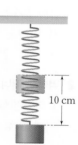

① 16 J ② 32 J ③ 48 J
④ 64 J ⑤ 80 J

2 | 역학적 에너지 보존

127 🖊 서술형

오른쪽 그림은 지면으로부터 높이가 40 m인 곳에서 질량 m인 물체를 가만히 놓는 모습을 나타낸 것이다. 물체의 운동 에너지와 중력 퍼텐셜 에너지가 같아질 때, 물체의 속력은 몇 m/s인지 풀이 과정과 함께 구하시오.(단, 중력 가속도는 10 m/s²이고, 공기 저항과 모든 마찰은 무시한다.)

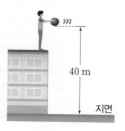

128

오른쪽 그림은 천을 스프링으로 연결한 구조의 놀이 기구를 타고 있는 미래의 모습을 나타낸 것이다. 미래는 t_0인 순간 공중에서 가만히 떨어져 t_1인 순간 놀이 기구에 닿기 시작하고, t_2인 순간 최하점에서 정지하였다. 미래의 운동에 대한 설명으로 옳은 것만을 [보기]에서 있는 대로 고른 것은?(단, 공기 저항과 충돌로 인한 에너지 손실은 없으며, 최하점에서 중력 퍼텐셜 에너지는 0이다.)

[보기]

ㄱ. t_0부터 t_1까지 운동 에너지는 증가한다.

ㄴ. 탄성 퍼텐셜 에너지는 t_2일 때 최댓값을 갖는다.

ㄷ. t_0일 때의 중력 퍼텐셜 에너지는 t_2일 때의 탄성 퍼텐셜 에너지와 같다.

① ㄱ   ② ㄷ   ③ ㄱ, ㄴ

④ ㄴ, ㄷ   ⑤ ㄱ, ㄴ, ㄷ

129

그림 (가)는 마찰이 없는 수평면 위에서 용수철 상수가 k인 용수철에 연결된 질량 $500\ \mathrm{g}$인 물체를 수평 방향으로 x만큼 잡아당긴 모습을, (나)는 (가)의 용수철에 작용한 힘과 용수철이 늘어난 길이 x의 관계를 나타낸 것이다.

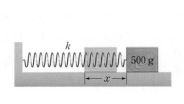

(가)   (나)

용수철의 운동에 대한 설명으로 옳은 것만을 [보기]에서 있는 대로 고른 것은?(단, 용수철의 질량과 모든 마찰은 무시한다.)

[보기]

ㄱ. $k = 50\ \mathrm{N/m}$이다.

ㄴ. $x = 0.2\ \mathrm{m}$일 때, 탄성 퍼텐셜 에너지는 $10\ \mathrm{J}$이다.

ㄷ. $x = 0.2\ \mathrm{m}$에서 용수철을 $0.2\ \mathrm{m}$만큼 더 늘이기 위해서는 최소 $3\ \mathrm{J}$의 일을 해 주어야 한다.

① ㄱ   ② ㄴ   ③ ㄱ, ㄷ

④ ㄴ, ㄷ   ⑤ ㄱ, ㄴ, ㄷ

130
필수 유형   32쪽 빈출 자료 ①

오른쪽 그림과 같이 지면으로부터 높이 h인 지점에서 물체를 속력 v로 연직 위로 던졌더니 물체가 지면으로부터 높이 $2h$인 지점까지 올라갔다가 내려왔다. 물체의 속력이 $\dfrac{1}{3}v$일 때 지면으로부터 물체의 높이는?(단, 물체의 크기와 공기 저항은 무시한다.)

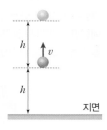

① $\dfrac{8}{9}h$ ② $\dfrac{9}{8}h$ ③ $\dfrac{4}{3}h$ ④ $\dfrac{5}{3}h$ ⑤ $\dfrac{17}{9}h$

131 서술형

그림은 야구 방망이에 맞은 야구공이 A 지점에서 출발하여 최고점 B를 지나, C 지점을 통과하여 운동하는 모습을 나타낸 것이다.

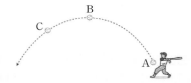

야구공이 A에서 B로 운동할 때와 B에서 C로 운동할 때 증가하는 에너지를 설명하시오.(단, 야구공의 크기와 공기 저항은 무시한다.)

132 수능기출 변형

오른쪽 그림과 같이 P점에 정지해 있던 놀이 기구가 Q점을 지날 때까지 중력만 작용하여 낙하하다가, Q를 지나는 순간부터는 중력과 함께 연직 방향의 일정한 힘 F가 함께 작용하여 바닥에 도달하는 순간 정지하였다. P, Q의 높이는 각각 $5h$, $2h$이며, 놀이 기구가 P에서 바닥에 도달할 때까지 걸린 시간은 5초이다. 이에 대한 설명으로 옳은 것만을 [보기]에서 있는 대로 고른 것은?(단, 중력 가속도는 $10\ \mathrm{m/s^2}$이고, 지면에서 중력 퍼텐셜 에너지는 0이며, 모든 마찰과 공기 저항은 무시한다.)

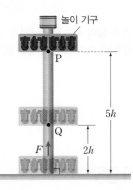

[보기]

ㄱ. P에서 놀이 기구의 중력 퍼텐셜 에너지는 지면에 도달할 때까지 F가 한 일과 같다.

ㄴ. F의 크기는 놀이 기구에 작용하는 중력의 크기의 3배이다.

ㄷ. $h = 15\ \mathrm{m}$이다.

① ㄴ   ② ㄷ   ③ ㄱ, ㄴ

④ ㄱ, ㄷ   ⑤ ㄱ, ㄴ, ㄷ

133

그림은 마찰이 없는 수평면에서 한쪽을 벽에 고정한 용수철에 물체를 매달고 A점까지 당겼다 놓았을 때, 물체가 O점을 중심으로 왕복 운동을 하는 모습을 나타낸 것이다. A와 O 사이의 거리는 0.3 m이다.

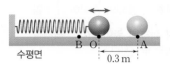

수평면
0.3 m

B점에서 물체의 속력이 O점에서의 $\frac{1}{3}$일 때, O에서 B까지의 거리는?(단, 물체의 크기, 용수철의 질량, 공기 저항은 무시한다.)

① $\frac{1}{5}$ m ② $\frac{\sqrt{2}}{5}$ m ③ $\frac{\sqrt{3}}{5}$ m ④ $\frac{2}{5}$ m ⑤ $\frac{\sqrt{3}}{3}$ m

134

그림과 같이 수평면에서 용수철 상수가 300 N/m인 용수철에 질량 2 kg인 물체를 접촉시켜 A점까지 20 cm 압축시켰다가 가만히 놓았더니 물체는 빗면을 따라 올라가 높이가 h인 B점에서 순간적으로 정지하였다.

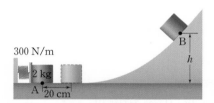

300 N/m
2 kg
A 20 cm
B
h

B의 높이 h는 몇 cm인지 구하시오.(단, 중력 가속도는 10 m/s²이고, 물체의 크기, 모든 마찰과 공기 저항은 무시한다.)

135

오른쪽 그림과 같이 물체 A, B가 용수철 상수가 200 N/m인 용수철과 실로 연결되어 정지해 있다. B의 질량은 3 kg이고 용수철이 늘어난 길이는 0.05 m이다. A에 연결된 용수철을 끊었을 때 A의 가속도의 크기는?(단, 중력 가속도는 10 m/s²이고, 용수철의 질량, 모든 마찰과 공기 저항은 무시한다.)

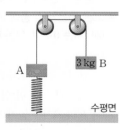

A
3 kg B
수평면

① 1 m/s² ② 2 m/s² ③ 3 m/s²
④ 5 m/s² ⑤ 10 m/s²

136

그림과 같이 질량이 서로 다른 물체 A, B를 실로 연결하여 경사각이 θ_1, $\theta_2(\theta_2 > \theta_1)$인 빗면 위에 가만히 올려놓았더니 A가 빗면을 따라 등가속도 직선 운동을 하며 내려갔다.

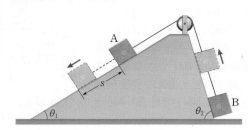

A
s
B
θ_1
θ_2

A가 s만큼 이동했을 때, 이에 대한 설명으로 옳은 것만을 [보기]에서 있는 대로 고른 것은?(단, 물체의 크기, 실의 질량, 마찰과 공기 저항은 무시한다.)

[보기]

ㄱ. A의 역학적 에너지는 감소한다.
ㄴ. A와 B의 운동 에너지는 동일하다.
ㄷ. A의 중력 퍼텐셜 에너지 감소량은 B의 중력 퍼텐셜 에너지 증가량과 같다.

① ㄱ ② ㄷ ③ ㄱ, ㄴ
④ ㄴ, ㄷ ⑤ ㄱ, ㄴ, ㄷ

137

그림은 반지름이 R인 고정된 반원형 그릇 내부의 P점에서 공이 v의 속력으로 그릇의 바닥을 향해 운동하는 모습을 나타낸 것이다. P의 높이는 그릇의 바닥으로부터 $\frac{R}{2}$이며, Q점은 반원형 그릇의 오른쪽 끝부분이다.

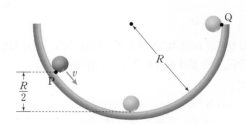

Q
R
$\frac{R}{2}$
P
v

공이 그릇을 벗어나지 않기 위한 v의 최댓값은?(단, 중력 가속도는 g이고, 공의 크기와 모든 마찰은 무시한다.)

① $\frac{1}{2}\sqrt{Rg}$ ② $\sqrt{\frac{Rg}{2}}$ ③ $\sqrt{Rg}$
④ $\sqrt{2Rg}$ ⑤ $2\sqrt{Rg}$

3 | 역학적 에너지가 보존되지 않는 경우

138

다음은 간이 공기 부상 궤도를 이용한 실험이다.

[실험 과정]

(가) 간이 공기 부상 궤도를 수평면에 장치한 뒤 공기 주입기를 눌러 용수철에 연결된 활차가 공기 중에 뜨게 한다.

(나) 활차를 용수철이 늘어나지 않았을 때의 위치(O점)에서 어느 정도 당겼다가 놓고 진동을 멈출 때까지 활차의 왕복 횟수를 측정한다.

(다) 공기를 주입하지 않고 활차가 궤도와 접촉한 상태로 과정 (나)를 반복한다.

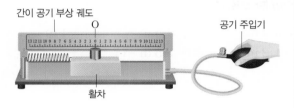

[실험 결과]

구분	공기를 주입할 때	공기를 주입하지 않을 때
왕복 횟수(회)	30	㉠

이에 대한 설명으로 옳은 것만을 [보기]에서 있는 대로 고른 것은?

[보기]
ㄱ. ㉠은 30보다 크다.
ㄴ. (다)에서 O점을 지날 때 활차의 속력은 왕복 횟수가 증가하더라도 변하지 않는다.
ㄷ. 활차의 역학적 에너지는 공기를 주입하지 않을 때가 공기를 주입할 때보다 빠르게 감소한다.

① ㄴ   ② ㄷ   ③ ㄱ, ㄴ   ④ ㄱ, ㄷ   ⑤ ㄱ, ㄴ, ㄷ

139

오른쪽 그림은 롤러코스터 레일 위의 무동력차가 동일 연직면상에 있는 점 A, B, C, D를 차례로 통과하는 모습을 나타낸 것이다. B와 D는 지면으로부터 높이가 같고, A와 D에서 무동력차의 속력이 같다. 무동력차의 역학적 에너지에 대한 설명으로 옳은 것만을 [보기]에서 있는 대로 고른 것은?

[보기]
ㄱ. 운동 에너지는 B와 C에서 같다.
ㄴ. 중력 퍼텐셜 에너지는 B와 D에서 같다.
ㄷ. 역학적 에너지는 C에서가 D에서보다 크다.

① ㄱ   ② ㄴ   ③ ㄷ   ④ ㄱ, ㄷ   ⑤ ㄴ, ㄷ

[140~141] 그림은 수평면으로부터 $10\ m$ 높이에서 가만히 놓은 테니스공이 바닥과 첫 번째 충돌을 한 뒤 튀어 오르는 최고 높이가 $8\ m$, 두 번째 충돌을 한 뒤 튀어 오르는 최고 높이가 $6\ m$로 감소하는 모습을 나타낸 것이다. 물음에 답하시오.(단, 중력 가속도는 $10\ m/s^2$이고, 물체의 크기와 공기 저항은 무시한다.)

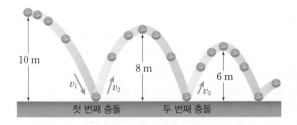

140

테니스공이 바닥과 첫 번째 충돌을 하기 직전의 속력을 v_1, 첫 번째 충돌 직후의 속력을 v_2, 두 번째 충돌 직후의 속력을 v_3이라 할 때, $v_1{}^2 : v_2{}^2 : v_3{}^2$을 구하시오.

141   서술형

테니스공이 튀어 오르는 높이가 감소하는 까닭을 설명하시오.

142

그림 (가)와 같이 질량이 $2\ kg$인 물체 A를 용수철 상수가 $100\ N/m$인 용수철에 연결한 후 물체 B를 A와 같은 높이가 되도록 실로 연결하여 잡고 있었다. 이때 용수철은 늘어나거나 줄어들지 않았다. 그림 (나)는 (가)에서 B를 서서히 놓았더니 A와 B의 높이차가 $0.2\ m$인 채로 정지해 있는 모습을 나타낸 것이다.

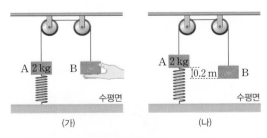

(가)와 (나)에서 용수철의 탄성 퍼텐셜 에너지 변화량을 E_1, B의 중력 퍼텐셜 에너지 변화량을 E_2라고 할 때, $E_1 : E_2$는?(단, 중력 가속도는 $10\ m/s^2$이고, 용수철의 질량과 모든 마찰은 무시한다.)

① 1 : 1   ② 1 : 2   ③ 1 : 3
④ 1 : 6   ⑤ 2 : 3

1등급 완성 문제

» 바른답·알찬풀이 21쪽

143 정답률 30% 수능모의평가기출 변형

오른쪽 그림은 P에서 가만히 놓은 질량 1 kg인 물체가 자유 낙하 하는 모습을 나타낸 것이다. 중력 퍼텐셜 에너지는 P에서가 R에서보다 200 J만큼 더 크고, Q에서가 S에서보다 400 J만큼 더 크다. 물체의 운동 에너지는 R에서가 Q에서의 4배이다. 물체에 대한 설명으로 옳은 것만을 [보기]에서 있는 대로 고른 것은?(단, 중력 가속도는 10 m/s²이고, 공기 저항은 무시한다.)

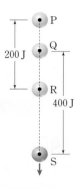

[보기]
ㄱ. Q에서 물체의 속력은 10 m/s이다.
ㄴ. P와 S 사이의 거리는 45 m이다.
ㄷ. Q에서 R까지의 중력 퍼텐셜 에너지 감소량은 Q에서 운동 에너지의 4배이다.

① ㄱ   ② ㄷ   ③ ㄱ, ㄴ
④ ㄴ, ㄷ   ⑤ ㄱ, ㄴ, ㄷ

144 정답률 25%

그림은 연직선상에서 운동하는 물체 A와 일정한 마찰력이 작용하는 빗면에서 운동하는 물체 B가 수평선 O를 같은 속력 v로 통과하는 모습을 나타낸 것이다. A는 수평선 Q까지, B는 수평선 P까지 올라갔다가 다시 내려온다. O로부터 높이는 P, Q가 각각 h, $3h$이고, O에서 P까지 운동하는 동안 A와 B의 운동 에너지 변화량은 같다.

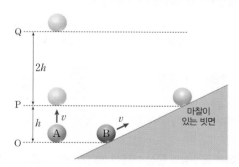

P에서 B의 역학적 에너지를 E_0이라고 할 때, Q에서 A의 역학적 에너지는?(단, 중력 퍼텐셜 에너지의 기준은 O이며, 물체의 크기와 공기 저항은 무시한다.)

① $2E_0$ ② $3E_0$ ③ $4E_0$ ④ $8E_0$ ⑤ $9E_0$

145 정답률 35%

그림과 같이 마찰이 없는 수평면으로부터 높이가 2 m인 빗면 위의 지점에서 질량 0.5 kg인 물체를 가만히 놓았더니, 물체가 빗면을 따라 내려와 마찰이 있는 구간 X를 지나 수평면에 놓인 용수철을 최대 0.2 m만큼 압축시켰다. 용수철의 용수철 상수는 300 N/m이다.

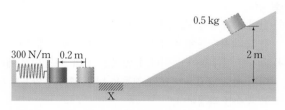

물체가 다시 X를 지나 빗면을 따라 올라가는 최대 높이는?(단, 중력 가속도는 10 m/s²이고, 물체의 크기와 공기 저항은 무시하며, 마찰은 X에서만 작용한다.)

① 0.4 m   ② 0.5 m   ③ 1 m
④ 1.2 m   ⑤ 1.5 m

146 정답률 30%

그림 (가)는 용수철을 천장에 매달고 질량이 2 kg인 물체를 매달았더니 용수철이 0.2 m만큼 늘어난 채로 정지한 모습을 나타낸 것이다. 그림 (나)는 (가)에서 물체를 x만큼 더 당겼다 놓았더니 물체가 연직 방향으로 왕복 운동하는 모습을 나타낸 것이다. (나)에서 용수철에 저장되는 탄성 퍼텐셜 에너지의 최솟값은 0.5 J이다.

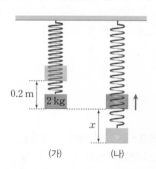

이에 대한 설명으로 옳은 것만을 [보기]에서 있는 대로 고른 것은?(단, 중력 가속도는 10 m/s²이고, 물체의 크기, 용수철의 질량, 공기 저항은 무시한다.)

[보기]
ㄱ. 용수철의 용수철 상수는 100 N/m이다.
ㄴ. $x=0.1$ m이다.
ㄷ. 물체의 속력의 최댓값은 $\frac{\sqrt{2}}{2}$ m/s이다.

① ㄱ   ② ㄴ   ③ ㄷ
④ ㄱ, ㄷ   ⑤ ㄱ, ㄴ, ㄷ

147 (정답률 25%) 수능모의평가기출 변형

그림과 같이 물체 A, B를 실로 연결하고 빗면의 P점에 A를 가만히 놓았더니 A, B가 함께 운동하다가 A가 Q점을 지나는 순간 실이 끊어졌다. 이후 A는 등가속도 직선 운동을 하여 R점을 지난다. A가 P에서 Q까지 운동하는 동안, A의 운동 에너지 증가량은 B의 중력 퍼텐셜 에너지 증가량의 $\frac{2}{3}$ 배이고, A의 운동 에너지는 R에서가 Q에서의 2배이다. $\overline{PQ}=3\overline{QR}$이다.

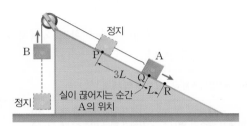

A, B의 질량을 각각 m_A, m_B라 할 때, $\frac{m_A}{m_B}$는?(단, 물체의 크기, 마찰과 공기 저항은 무시한다.)

① 1   ② $\frac{3}{2}$ ③ $\frac{5}{3}$ ④ 2   ⑤ $\frac{5}{2}$

148 (정답률 30%)

그림과 같이 높이가 $4h$인 수평면에서 두 물체 A와 B 사이에 용수철을 넣어 압축시켰다가 동시에 가만히 놓았더니, A는 언덕을 따라 높이가 $5h$인 지점에서 멈추었다. A, B의 질량은 각각 $2m$, m이다.

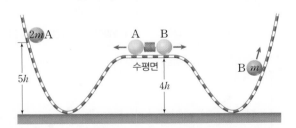

이에 대한 설명으로 옳은 것만을 [보기]에서 있는 대로 고른 것은?(단, 중력 가속도는 g이고, 물체의 크기, 공기 저항과 모든 마찰은 무시한다.)

[보기]
ㄱ. A와 B가 분리된 직후의 속력은 A가 B의 2배이다.
ㄴ. A와 B가 분리되기 전의 탄성 퍼텐셜 에너지는 $6mgh$이다.
ㄷ. A와 B가 분리된 후 B가 오른쪽 언덕을 따라 올라가는 최대 높이는 $8h$이다.

① ㄱ   ② ㄴ   ③ ㄷ   ④ ㄴ, ㄷ   ⑤ ㄱ, ㄴ, ㄷ

서술형 문제

[149~150] 그림은 수평면 위에서 질량 10 kg인 상자에 8 N의 일정한 크기의 힘을 작용하여 5 m 떨어진 P점과 Q점 사이를 상자가 2 m/s의 일정한 속력으로 운동하는 모습을 나타낸 것이다. 물음에 답하시오.

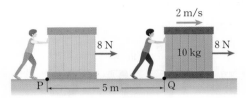

149 (정답률 35%)

상자가 P에서 Q까지 운동하는 동안 (가)상자의 역학적 에너지 변화량 ΔE와 (나)사람이 상자에 해 준 일 W를 각각 풀이 과정과 함께 구하시오.

150 (정답률 30%)

위 149에서 (가)와 (나)의 값을 비교하고, 그 까닭을 설명하시오.

151 (정답률 25%)

그림과 같이 질량 m인 물체를 수평면으로부터 높이 h인 곳에서 가만히 놓았더니, 수평면을 지나 높이 h'인 곳에 도달하여 정지하였다. 수평면의 점 A와 B 사이를 지날 때 물체에는 마찰력 f가 작용하여 $m\sqrt{\dfrac{gh}{2}}$의 충격량을 가하였다.

A와 B 사이를 지날 때 마찰력이 한 일은 B에서 물체의 역학적 에너지의 몇 배인지 풀이 과정과 함께 구하시오.(단, 중력 가속도는 g이고, 물체의 크기와 공기 저항은 무시하며, 마찰력은 A와 B 사이에서만 작용한다.)

05 열역학 법칙

1 | 열역학 제1법칙과 열기관

1 열기관 열을 일로 바꾸는 장치로, 열을 이용하여 피스톤을 움직여 동력을 얻는다.

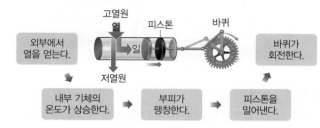

2 기체가 하는 일

입자가 모든 방향으로 운동하면서 용기 안쪽 면에 충돌할 때 기체가 용기에 압력을 가한다.

① 기체의 압력: 용기의 단위 면적당 기체가 용기를 미는 힘으로, 면적이 A인 물체에 크기가 F인 힘이 수직으로 작용할 때 압력 P는 다음과 같다.

$$P = \frac{F}{A} \text{ (단위: N/m}^2\text{, Pa)}$$
└─파스칼

② 기체가 하는 일: 기체가 압력 P를 유지하면서 부피가 $\Delta V(=A\Delta l)$만큼 늘어날 때, 기체가 피스톤에 한 일 W는 압력 P와 부피 변화량 ΔV의 곱과 같다.

$$W = F \times \Delta l = PA \times \Delta l = P\Delta V \text{ (단위: J)}$$

③ 기체의 부피 변화와 일 ─기체가 한 일은 압력-부피 그래프 아랫부분의 넓이와 같다.

기체의 부피가 팽창할 때	기체의 부피가 압축될 때
$W = P\Delta V$, $\Delta V > 0$, $W > 0$	$W = P\Delta V$, $\Delta V < 0$, $W < 0$
기체의 부피가 $V_1 \rightarrow V_2$로 팽창할 때 기체는 외부에 일을 한다.	기체의 부피가 $V_2 \rightarrow V_1$로 압축될 때 기체는 외부로부터 일을 받는다.
⋯▶ $W = P(V_2 - V_1)$ ─일의 부호는 양(+)	⋯▶ $W = P(V_1 - V_2)$ ─일의 부호는 음(−)

3 기체의 내부 에너지

① 기체의 내부 에너지: 기체 분자의 운동 에너지와 퍼텐셜 에너지의 총합 ➡ 분자 수가 많을수록, 절대 온도가 높을수록 크다.

② 이상 기체의 내부 에너지: 분자들의 운동 에너지의 총합과 같고, 절대 온도에 비례한다.

이상 기체는 분자 사이의 상호 작용이 없으므로 퍼텐셜 에너지가 0이다.

4 열역학 제1법칙

─물체가 외부와 물질 교환을 하지 않는 계

① 닫힌계에서 기체가 외부로부터 얻은 열 Q는 기체의 내부 에너지 증가량 ΔU와 기체가 외부에 한 일 W의 합과 같다.

$$Q = \Delta U + W$$

② 열역학 제1법칙은 열에너지와 역학적 에너지를 포함한 에너지 보존 법칙이다.

열역학 제1법칙에서 Q, ΔU, W의 부호

Q (기체가 흡수한 열)	• 기체가 열을 흡수할 때: $Q > 0$ • 기체가 열을 방출할 때: $Q < 0$
ΔU (내부 에너지 변화량)	• 기체의 온도가 올라갈 때: $\Delta U > 0$ • 기체의 온도가 내려올 때: $\Delta U < 0$
W (기체가 한 일)	• 기체의 부피가 증가할 때: $W > 0$ • 기체의 부피가 감소할 때: $W < 0$

빈출 자료 ① 열역학 과정

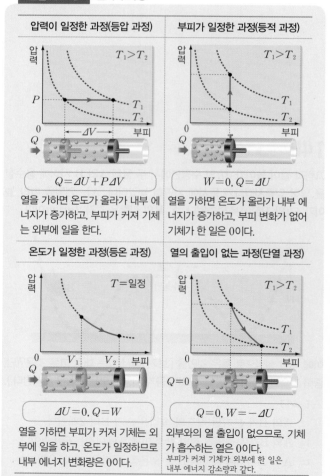

압력이 일정한 과정(등압 과정)	부피가 일정한 과정(등적 과정)
$Q = \Delta U + P\Delta V$	$W = 0$, $Q = \Delta U$
열을 가하면 온도가 올라가 내부 에너지가 증가하고, 부피가 커져 기체는 외부에 일을 한다.	열을 가하면 온도가 올라가 내부 에너지가 증가하고, 부피 변화가 없어 기체가 한 일은 0이다.
온도가 일정한 과정(등온 과정)	열의 출입이 없는 과정(단열 과정)
$\Delta U = 0$, $Q = W$	$Q = 0$, $W = -\Delta U$
열을 가하면 부피가 커져 기체는 외부에 일을 하고, 온도가 일정하므로 내부 에너지 변화량은 0이다.	외부와의 열 출입이 없으므로, 기체가 흡수하는 열은 0이다. 부피가 커져 기체가 외부에 한 일은 내부 에너지 감소량과 같다.

필수 유형 등압 과정, 등적 과정, 등온 과정, 단열 과정 등 열역학 과정에서 일과 에너지 관계를 묻는 문제가 출제된다.

📖 43쪽 165번

5 스털링 엔진 ~~등적 과정~~ 부피가 일정한 가열·냉각 과정과 온도가 일정한 팽창·압축 과정을 거치면서 외부에 일을 하는 열기관

~~등온 과정~~

2 | 열역학 제2법칙과 열효율

1 가역 과정과 비가역 과정
대부분의 자연 현상은 한쪽 방향으로만 진행하는 비가역 현상이다.

가역 과정	외부에 아무런 변화를 남기지 않고 스스로 원래 상태로 돌아갈 수 있는 과정 ···→ 마찰, 공기 저항, 전도 등에 의한 역학적 에너지의 손실이 없다.
비가역 과정	외부에 변화를 남기지 않고는 원래 상태로 돌아가지 못하는 과정

2 열효율
열기관에 공급된 열에너지 중 일로 전환되는 비율

빈출 자료 ② 열기관과 열효율

오른쪽 그림은 고열원에서 열을 공급받아 일을 하며 저열원으로 열을 방출하는 열기관으로, 공급된 열 Q_1에 대해 열기관이 한 일 W의 비율을 열기관의 열효율이라고 한다. 열효율은 항상 1보다 작다.

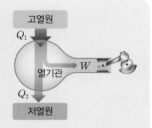

$$e = \frac{W}{Q_1} = \frac{Q_1 - Q_2}{Q_1} = 1 - \frac{Q_2}{Q_1}$$

❶ 열기관에 공급된 열 Q_1에 비해 방출하는 열 Q_2의 값이 작을수록 열효율이 높다.
❷ 흡수한 열에너지를 모두 역학적인 일로 바꾸는 열기관은 존재하지 않는다.

필수 유형 열기관에 공급된 열에너지 중 일로 전환되는 열기관의 열효율을 묻는 문제가 출제된다. ➡ 45쪽 175번

3 열역학 제2법칙
① 열효율이 1(=100 %)인 열기관은 존재하지 않는다.
② 모든 자연 현상은 무질서한 정도가 증가하는 방향으로 일어난다.
  ~~무질서도(엔트로피)~~
③ 두 물체가 접촉되어 있을 때 열은 온도가 높은 물체에서 온도가 낮은 물체로 자발적으로 이동한다. 반대로는 저절로 이동하지 않는다.

카르노 기관 ─ 가역 과정으로 이루어진 열기관 중에서 열효율이 가장 높다.
• 온도가 일정한 팽창·압축 과정과 열의 출입이 없는 팽창·압축 과정을 거치는 이상적인 열기관 ~~등온 과정~~ ~~단열 과정~~
• 열에너지와 온도 사이에는 $\frac{Q_1}{T_1} = \frac{Q_2}{T_2}$의 관계가 성립한다.

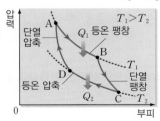

$$e_{카} = 1 - \frac{Q_2}{Q_1} = 1 - \frac{T_2}{T_1}$$
(고열원: T_1, 저열원: T_2)

• 열효율이 1이 되려면 T_1이 무한대가 되거나 T_2가 0이 되어야 하므로, 열효율이 100 %인 열기관은 존재하지 않는다.

개념 확인 문제 ▶▶ 바른답·알찬풀이 23쪽

[152~153] 다음은 내부 에너지에 대한 설명이다. (   ) 안에 들어갈 알맞은 말을 쓰시오.

152 기체의 내부 에너지는 분자 수가 (   ) 크다.

153 이상 기체의 내부 에너지는 분자들의 (   )의 총합과 같으며, (   )에 비례한다.

[154~156] 열역학 제1법칙에 대한 설명으로 옳은 것은 ○표, 옳지 않은 것은 ×표 하시오.

154 기체의 부피가 팽창할 때, 기체는 외부로부터 일을 받는다. (   )

155 기체의 온도가 올라갈 때, 내부 에너지는 증가한다. (   )

156 외부와의 열 출입이 없을 때, 기체가 외부에 한 일은 내부 에너지 감소량과 같다. (   )

157 열역학 과정과 특징을 옳게 연결하시오.(단, W는 기체가 한 일, Q는 기체가 흡수한 열, P는 기체의 압력, ΔU는 내부 에너지 변화량을 의미한다.)

(1) 등온 과정 •　　　　　• ㉠ $W = 0$
(2) 등적 과정 •　　　　　• ㉡ $Q = 0$
(3) 등압 과정 •　　　　　• ㉢ $P = $일정
(4) 단열 과정 •　　　　　• ㉣ $\Delta U = 0$

[158~160] 열기관과 열역학 제2법칙에 대한 설명으로 옳은 것은 ○표, 옳지 않은 것은 ×표 하시오.

158 열기관 중 열효율이 가장 높은 이상적인 열기관은 스털링 엔진이다. (   )

159 외부에 아무런 변화를 남기지 않고 스스로 원래 상태로 돌아갈 수 있는 과정을 가역 과정이라고 하며, 모든 자연 현상은 무질서도가 감소하는 방향으로 일어난다. (   )

160 흡수한 열에너지를 모두 역학적인 일로 바꾸는 열기관은 존재하지 않는다. (   )

기출 분석 문제

≫ 바른답·알찬풀이 24쪽

1 | 열역학 제1법칙과 열기관

161

다음은 수증기로 움직이는 스타이로폼 배를 만드는 실험이다.

[실험 과정]

(가) 스타이로폼을 잘라 배를 만들고, 구리관을 동그랗게 말아 스타이로폼에 끼운다.

(나) 스타이로폼에 끼운 구리관에 주사기로 물을 넣는다.

(다) 스타이로폼 배를 물이 담긴 수조에 띄우고, 구리관 아래에 양초를 놓아 불을 붙인다.

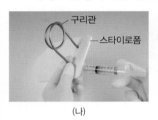
(나)

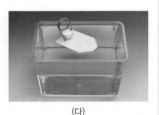
(다)

(다)에 대한 설명으로 옳은 것만을 [보기]에서 있는 대로 고른 것은?

[보기]

ㄱ. 스타이로폼 배는 일종의 열기관이다.

ㄴ. 촛불은 스타이로폼 배에 열을 공급한다.

ㄷ. 구리관 안의 물 분자의 운동 에너지가 증가한다.

① ㄱ   ② ㄷ   ③ ㄱ, ㄴ

④ ㄴ, ㄷ   ⑤ ㄱ, ㄴ, ㄷ

162

그림 (가)는 이상 기체가 피스톤의 단면적이 $0.2 \, \text{m}^2$인 실린더의 한쪽 면에 $10^5 \, \text{N/m}^2$의 일정한 압력을 가할 때 피스톤이 정지해 있는 모습을, (나)는 실린더에 Q의 열을 가할 때 기체의 압력이 일정하게 유지되면서 피스톤이 $0.5 \, \text{m}$ 밀려나는 모습을 나타낸 것이다.

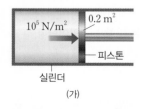
(가)

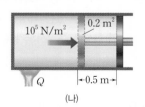
(나)

(나)에서 기체의 부피가 팽창하는 동안 내부 에너지가 $2400 \, \text{J}$만큼 증가하였다. 이때 기체에 가한 열 Q는 몇 J인지 구하시오.(단, 실린더와 피스톤 사이의 마찰은 무시한다.)

163

그림은 일정량의 이상 기체의 상태가 A → B를 따라 변할 때, 압력과 부피의 관계를 나타낸 것이다.

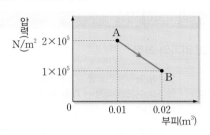

A → B 과정에서 기체가 외부에 한 일은?

① 1000 J   ② 1500 J   ③ 2000 J

④ 2500 J   ⑤ 3000 J

164

그림 (가)는 빈 삼각 플라스크에 풍선을 씌우고 수조에 넣은 후 뜨거운 물을 삼각 플라스크 주위에 부었을 때 풍선이 팽창한 채로 정지한 모습을, (나)는 (가)의 삼각 플라스크 주위에 얼음물을 부었을 때 풍선이 수축한 채로 정지한 모습을 나타낸 것이다.

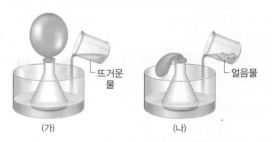
(가)   (나)

이에 대한 설명으로 옳은 것만을 [보기]에서 있는 대로 고른 것은?

[보기]

ㄱ. (가)와 (나)에서 기체 분자의 평균 운동 에너지는 같다.

ㄴ. (가)에서 삼각 플라스크 속의 기체의 압력은 대기압보다 크다.

ㄷ. (나)에서 삼각 플라스크 속 기체의 온도는 얼음물의 온도보다 낮다.

① ㄴ   ② ㄷ   ③ ㄱ, ㄴ

④ ㄱ, ㄷ   ⑤ ㄴ, ㄷ

[165~166] 그림 (가), (나)는 실린더에 들어 있는 같은 양의 이상 기체에 동일한 열량을 가하는 모습을 나타낸 것이다. (가)는 피스톤을 고정해 이상 기체의 부피를 일정하게 유지하였고, (나)는 피스톤이 자유롭게 움직이도록 하여 기체의 압력을 일정하게 유지하였다. 물음에 답하시오.(단, 외부로 손실되는 열은 없고, 실린더와 피스톤 사이의 마찰은 무시한다.)

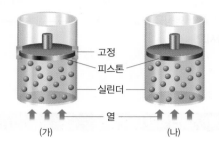

165

필수 유형 📄 40쪽 빈출 자료 ①

이에 대한 설명으로 옳은 것만을 [보기]에서 있는 대로 고른 것은?

【보기】
ㄱ. (가)에서 기체가 외부에 한 일은 0이다.
ㄴ. (나)에서 기체는 외부로부터 일을 받는다.
ㄷ. (나)에서 기체 분자의 평균 속력은 증가한다.

① ㄴ ② ㄷ ③ ㄱ, ㄴ
④ ㄱ, ㄷ ⑤ ㄱ, ㄴ, ㄷ

166 ✍서술형

(가), (나)에서 기체의 내부 에너지 변화량을 각각 $\Delta U_{(가)}$, $\Delta U_{(나)}$라고 할 때, $\Delta U_{(가)}$와 $\Delta U_{(나)}$의 대소 관계를 비교하고, 그 까닭을 열역학 법칙을 이용하여 설명하시오.

167

오른쪽 그림은 압력 P_1, 부피 V_0, 절대 온도 $2T$인 일정량의 이상 기체가 A 과정 또는 B 과정을 통해 상태가 변하는 것을 나타낸 것이다. 이에 대한 설명으로 옳은 것만을 [보기]에서 있는 대로 고른 것은?

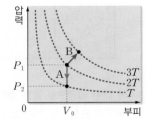

【보기】
ㄱ. A에서 기체가 한 일은 $V_0(P_1-P_2)$이다.
ㄴ. 기체에 출입한 열량은 A와 B가 같다.
ㄷ. 기체의 내부 에너지 변화량은 A와 B가 같다.

① ㄱ ② ㄷ ③ ㄱ, ㄴ
④ ㄴ, ㄷ ⑤ ㄱ, ㄴ, ㄷ

168 수능모의평가기출 변형

그림 (가)의 Ⅰ은 이상 기체가 들어 있는 단열된 실린더에 피스톤이 정지해 있는 모습을, Ⅱ는 Ⅰ에서 기체에 열을 서서히 가했을 때 기체가 팽창하여 피스톤이 정지한 모습을, Ⅲ은 Ⅱ에서 피스톤에 모래를 조금씩 올려 피스톤이 내려가 정지한 모습을 나타낸 것이다. Ⅰ과 Ⅲ에서 기체의 부피는 같다. 그림 (나)는 (가)의 기체 상태가 변할 때 압력과 부피의 관계를 나타낸 것이다. A, B, C는 각각 Ⅰ, Ⅱ, Ⅲ에서 기체의 상태 중 하나이다.

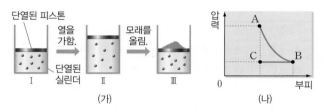

이에 대한 설명으로 옳은 것만을 [보기]에서 있는 대로 고른 것은?(단, 피스톤의 마찰은 무시한다.)

【보기】
ㄱ. Ⅰ → Ⅱ 과정에서 기체가 흡수한 열은 기체의 내부 에너지 변화량과 같다.
ㄴ. 기체의 절대 온도는 Ⅲ에서가 Ⅰ에서보다 높다.
ㄷ. Ⅲ은 C에 해당한다.

① ㄱ ② ㄴ ③ ㄷ
④ ㄱ, ㄴ ⑤ ㄴ, ㄷ

169 수능모의평가기출 변형

그림 (가)와 같이 단열된 실린더와 단열되지 않은 실린더에 각각 같은 양의 동일한 이상 기체 A, B가 들어 있고, 단면적이 같은 단열된 두 피스톤이 정지해 있다. 그림 (나)는 (가)에서 A에 열을 공급하였을 때 A, B의 절대 온도를 시간에 따라 나타낸 것이다. 시간 t_1, t_2일 때 피스톤은 정지해 있었다.

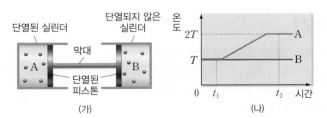

이에 대한 설명으로 옳은 것만을 [보기]에서 있는 대로 고른 것은?(단, 모든 마찰은 무시한다.)

【보기】
ㄱ. t_2일 때 기체의 부피는 A가 B보다 크다.
ㄴ. A의 압력은 t_2일 때가 t_1일 때의 2배이다.
ㄷ. B의 부피는 t_1일 때와 t_2일 때가 같다.

① ㄱ ② ㄷ ③ ㄱ, ㄴ
④ ㄱ, ㄷ ⑤ ㄴ, ㄷ

170

그림은 스털링 엔진이 작동할 때 기체의 상태가 A → B → C → D → A 순서로 순환하는 모습을 나타낸 것이고, 표는 각 과정에서 기체의 상태가 어떻게 변하는지 설명한 것이다.

과정	설명
A → B	가열된 공기가 팽창하여 피스톤을 밀어낸다.
B → C	저열원에 공기가 모이면서 기체가 냉각된다.
C → D	냉각된 공기가 수축하면서 피스톤이 내려온다.
D → A	고열원에 기체가 모이면서 기체가 가열된다.

이에 대한 설명으로 옳은 것만을 [보기]에서 있는 대로 고른 것은?

[보기]
ㄱ. A → B 과정에서 기체의 내부 에너지는 일정하다.
ㄴ. 기체의 온도는 B일 때가 D일 때보다 높다.
ㄷ. D → A 과정에서 기체의 압력은 증가한다.

① ㄱ   ② ㄴ   ③ ㄱ, ㄷ
④ ㄴ, ㄷ   ⑤ ㄱ, ㄴ, ㄷ

171

오른쪽 그림은 일정량의 이상 기체의 상태가 A → B → C → A로 순환하는 동안 기체의 압력과 부피를 나타낸 것이다. 이에 대한 설명으로 옳은 것만을 [보기]에서 있는 대로 고른 것은?

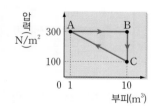

[보기]
ㄱ. 1회 순환 과정에서 기체가 한 일은 900 J이다.
ㄴ. 기체의 절대 온도는 B에서가 A에서의 10배이다.
ㄷ. 기체에 출입하는 열량은 A → B 과정에서가 B → C 과정에서보다 크다.

① ㄱ   ② ㄷ   ③ ㄱ, ㄴ
④ ㄴ, ㄷ   ⑤ ㄱ, ㄴ, ㄷ

172 ✏서술형

오른쪽 그림은 어떤 열기관 A가 작동할 때 내부 기체의 압력과 부피의 변화를 나타낸 것이다. 열기관은 1 → 2 → 3 → 4의 순서대로 작동한다. 과정 1과 3에서 기체의 온도는 각각 일정하다. 열기관 A의 명칭을 쓰고, 그 까닭을 설명하시오.

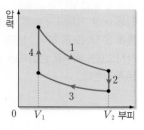

2 | 열역학 제2법칙과 열효율

173

외부와 단열되어 있는 밀폐된 상자 안에서 진자를 진동시켰더니, 충분한 시간이 지난 후 진자가 정지하였다. 진자의 운동에 대한 설명으로 옳은 것만을 [보기]에서 있는 대로 고른 것은?

[보기]
ㄱ. 가역 과정이다.
ㄴ. 진자의 역학적 에너지는 감소한다.
ㄷ. 진자를 둘러싸고 있는 공기 분자의 운동 에너지의 평균값은 증가한다.

① ㄱ   ② ㄷ   ③ ㄱ, ㄴ
④ ㄴ, ㄷ   ⑤ ㄱ, ㄴ, ㄷ

174

그림 (가)는 칸막이로 나뉜 상자의 한쪽에 이상 기체가 있고, 다른 쪽은 진공 상태인 모습을, (나)는 (가)의 칸막이에 구멍을 뚫은 모습을 나타낸 것이다.

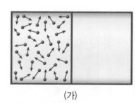 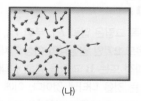

(가)   (나)

(나)에 대한 설명으로 옳은 것만을 [보기]에서 있는 대로 고른 것은? (단, 외부로 손실되는 열은 없다.)

[보기]
ㄱ. 기체의 압력은 증가한다.
ㄴ. 기체는 구멍을 통해 상자 전체로 퍼져 나간다.
ㄷ. (나)의 상태에서 저절로 (가)의 상태로 되돌아오지 않는다.

① ㄱ   ② ㄴ   ③ ㄷ
④ ㄴ, ㄷ   ⑤ ㄱ, ㄴ, ㄷ

175

필수 유형 ⚡ 41쪽 빈출 자료 ②

그림은 고열원으로부터 열을 공급받아 저열원으로 열을 방출하며 일을 하는 열기관을 나타낸 것이고, 표는 열기관 A, B에 공급한 열량, 방출한 열량, 열효율을 각각 나타낸 것이다.

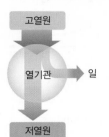

구분	A	B
공급한 열량(kJ)	400	500
방출한 열량(kJ)	(가)	350
열효율	0.4	(나)

이에 대한 설명으로 옳은 것만을 [보기]에서 있는 대로 고른 것은?

[보기]
ㄱ. (가)는 240이다.
ㄴ. 열효율은 A가 B보다 작다.
ㄷ. 열기관이 한 일은 A가 B보다 크다.

① ㄱ   ② ㄴ   ③ ㄱ, ㄷ
④ ㄴ, ㄷ   ⑤ ㄱ, ㄴ, ㄷ

176

수능모의평가기출 변형

그림은 어떤 열기관에서 일정량의 이상 기체의 상태가 $A \rightarrow B \rightarrow C \rightarrow D \rightarrow A$를 따라 순환하는 동안 기체의 압력과 부피를 나타낸 것이다. 표는 각 과정에서 기체에 출입하는 열량을 나타낸 것이다.

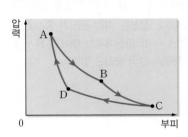

과정	기체에 출입하는 열량(J)
A → B	150
B → C	0
C → D	120
D → A	0

이 열기관의 열효율은?

① 0.1   ② 0.2   ③ 0.3   ④ 0.5   ⑤ 0.8

177

오른쪽 그림은 열효율이 0.4인 열기관 내부의 기체가 1회 순환하는 동안 고열원에서 Q_1의 열을 공급받아 저열원으로 Q_2의 열을 방출하는 모습을 나타낸 것이다. $Q_1 : Q_2$의 비를 구하시오.

178

✏️서술형 수능기출 변형

그림은 열효율이 0.3인 열기관에서 일정량의 이상 기체의 상태가 $A \rightarrow B \rightarrow C \rightarrow D \rightarrow A$를 따라 순환하는 동안 기체의 압력과 부피를 나타낸 것이다. 표는 1회 순환하는 동안 각 과정에서 기체에 출입한 열량을 나타낸 것이다.

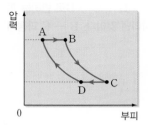

과정	열량(J)
A → B	㉠
B → C	0
C → D	140
D → A	0

㉠을 구하고, $A \rightarrow B$, $B \rightarrow C$ 과정에서 출입한 열량, 기체의 내부 에너지 변화와 기체가 한 일의 관계를 설명하시오.

179

오른쪽 그림은 어떤 열기관 내부의 이상 기체의 상태가 $A \rightarrow B \rightarrow C \rightarrow A$로 순환하는 과정을 나타낸 것이다. $C \rightarrow A$ 과정에서 기체는 외부로 $15P_0V_0$의 열을 방출한다. 1회 순환하는 동안 열기관에 공급된 열과 열효율을 옳게 짝 지은 것은?

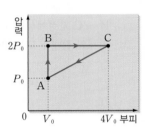

	열기관에 공급된 열	열효율
①	$15P_0V_0$	$\dfrac{1}{11}$
②	$16.5P_0V_0$	$\dfrac{1}{11}$
③	$15P_0V_0$	$\dfrac{1}{10}$
④	$16.5P_0V_0$	$\dfrac{1}{10}$
⑤	$18P_0V_0$	$\dfrac{1}{10}$

180

다음은 어떤 열기관에 대한 설명이다. (   ) 안에 들어갈 알맞은 말을 쓰시오.

(㉠)은/는 열효율이 가장 높은 이상적인 열기관이다. 열기관 내부의 기체가 고열원으로부터 열을 받아 등온 과정과 (㉡) 과정을 거쳐 순환하면서 외부에 일을 한다. (㉠)의 열효율은 고열원과 저열원의 온도 차가 클수록 (㉢).

1등급 완성 문제

» 바른답·알찬풀이 26쪽

181 <small>정답률 30%</small>

그림은 일정량의 이상 기체의 상태가 A → B → C → D로 변하는 과정에서 기체의 압력과 부피의 관계를 나타낸 것이다. B → C 과정에서 기체가 흡수한 열량은 Q이다.

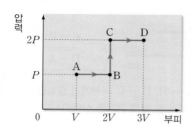

이에 대한 설명으로 옳은 것만을 [보기]에서 있는 대로 고른 것은?

[보기]
ㄱ. 기체가 외부에 한 일은 C → D 과정에서가 A → B 과정에서의 2배이다.
ㄴ. B → C 과정에서 기체의 내부 에너지 변화량은 Q이다.
ㄷ. 기체의 절대 온도는 D에서가 A에서의 4배이다.

① ㄱ   ② ㄷ   ③ ㄱ, ㄴ
④ ㄴ, ㄷ   ⑤ ㄱ, ㄴ, ㄷ

182 <small>정답률 25%</small> <small>수능기출 변형</small>

그림 (가)는 이상 기체 A가 들어 있는 단열된 실린더에서 피스톤이 정지해 있는 모습을, (나)는 (가)의 A에 열량 Q를 가하여 피스톤이 이동해 정지한 모습을, (다)는 (나)의 A에 일 W를 하여 피스톤을 이동시킨 후 고정한 모습을 나타낸 것이다. A의 압력은 (가) → (나) 과정에서 일정하고, A의 부피는 (가)에서와 (다)에서가 같다.

 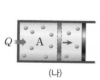 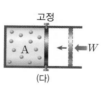

이에 대한 설명으로 옳은 것만을 [보기]에서 있는 대로 고른 것은?(단, 실린더와 피스톤 사이의 마찰은 무시한다.)

[보기]
ㄱ. (가) → (나) 과정에서 A의 내부 에너지는 변하지 않는다.
ㄴ. A의 온도는 (나)에서가 (다)에서보다 높다.
ㄷ. (나) → (다) 과정에서 A의 내부 에너지 변화량은 (가) → (나) 과정에서 A가 외부에 한 일보다 크다.

① ㄱ   ② ㄷ   ③ ㄱ, ㄴ
④ ㄴ, ㄷ   ⑤ ㄱ, ㄴ, ㄷ

183 <small>정답률 40%</small>

오른쪽 그림은 일정량의 단원자 분자 이상 기체의 상태가 A → B → C → D → A를 따라 변할 때, 압력과 부피의 관계를 나타낸 것이다. A → B, C → D 과정은 등온 과정이고, 그래프로 둘러싸인 부분의 넓이는 S이다. 이에 대한 설명으로 옳은 것만을 [보기]에서 있는 대로 고른 것은?

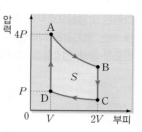

[보기]
ㄱ. 기체의 내부 에너지는 A에서가 C에서의 2배이다.
ㄴ. 기체의 압력은 B에서가 C에서의 4배이다.
ㄷ. 1회의 순환 과정에서 기체가 외부로부터 흡수한 열은 S이다.

① ㄱ   ② ㄴ   ③ ㄱ, ㄷ
④ ㄴ, ㄷ   ⑤ ㄱ, ㄴ, ㄷ

184 <small>정답률 40%</small>

그림은 일정량의 이상 기체의 상태가 A → B → C → A로 변할 때, 압력과 부피의 관계를 나타낸 것이다. 점선은 각각 온도가 T_1, T_2로 일정한 곡선이며, 기체가 한 일은 A → B 과정에서는 Q이고, B → C 과정에서는 $2Q$이다. B → C 과정에서 열의 출입은 없다.

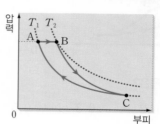

이에 대한 설명으로 옳은 것만을 [보기]에서 있는 대로 고른 것은?

[보기]
ㄱ. A → B 과정에서 기체가 흡수한 열은 $3Q$이다.
ㄴ. B → C 과정에서 기체의 내부 에너지 감소량은 $2Q$이다.
ㄷ. 열효율이 0.5인 경우 1회 순환 과정에서 기체가 한 일은 $1.5Q$이다.

① ㄱ   ② ㄴ   ③ ㄱ, ㄷ
④ ㄴ, ㄷ   ⑤ ㄱ, ㄴ, ㄷ

185 <u>정답률 30%</u>

그림 (가)는 한번 순환할 때마다 온도 T_1인 고열원에서 Q_1의 열을 흡수하고, 온도가 T_2인 저열원으로 Q_2의 열을 방출하면서 W의 일을 하는 어떤 열기관의 에너지 흐름을 나타낸 것이다. 그림 (나)는 (가)의 열기관 내부 기체의 상태가 $A \rightarrow B \rightarrow C \rightarrow D \rightarrow A$를 따라 변할 때, 압력과 부피의 관계를 나타낸 것이다. $A \rightarrow B$ 과정과 $C \rightarrow D$ 과정에서는 열의 출입이 없다.

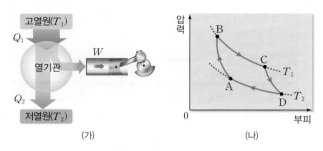

이에 대한 설명으로 옳은 것만을 [보기]에서 있는 대로 고른 것은?

[보기]
ㄱ. $A \rightarrow B$ 과정에서 기체가 받은 일은 $C \rightarrow D$ 과정에서 기체가 한 일과 같다.
ㄴ. $B \rightarrow C$ 과정에서 기체가 한 일은 Q_1이다.
ㄷ. $Q_1 T_2 = Q_2 T_1$이다.

① ㄱ   ② ㄷ   ③ ㄱ, ㄴ
④ ㄴ, ㄷ   ⑤ ㄱ, ㄴ, ㄷ

186 <u>정답률 25%</u>

오른쪽 그림은 열효율이 0.25인 열기관에서 일정량의 이상 기체의 상태가 $A \rightarrow B \rightarrow C \rightarrow A$를 따라 순환하는 동안 기체의 압력과 부피의 관계를 나타낸 것이다. $A \rightarrow B$ 과정은 등적 과정, $B \rightarrow C$ 과정은 등온 과정, $C \rightarrow A$ 과정은 등압 과정이다. 기체가 1회 순환하는 동안에 대한 설명으로 옳은 것만을 [보기]에서 있는 대로 고른 것은?

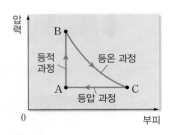

[보기]
ㄱ. $B \rightarrow C$ 과정에서 기체가 흡수한 열량은 0이다.
ㄴ. 기체가 방출한 열량은 기체가 한 일의 3배이다.
ㄷ. $A \rightarrow B$ 과정과 $C \rightarrow A$ 과정에서 기체에 출입한 열량은 같다.

① ㄱ   ② ㄴ   ③ ㄷ
④ ㄱ, ㄷ   ⑤ ㄴ, ㄷ

서술형 문제

187 <u>정답률 20%</u>

그림은 어떤 열기관에서 이상 기체의 상태가 $A \rightarrow B \rightarrow C \rightarrow A$로 변하는 과정에서 기체의 압력과 부피의 관계를 나타낸 것이다. $A \rightarrow B$ 과정은 등압 과정, $B \rightarrow C$ 과정은 단열 과정, $C \rightarrow A$ 과정은 등온 과정이다.

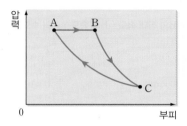

열역학 제1법칙을 적용하여 $A \rightarrow B$, $B \rightarrow C$, $C \rightarrow A$ 과정에서 기체에 출입한 열, 기체의 내부 에너지의 변화, 기체가 한 일을 각각 설명하시오.

188 <u>정답률 35%</u>

그림과 같이 물에 잉크를 떨어뜨리면 잉크 분자가 확산되어 물이 잉크색으로 변하며, 색이 변한 물이 다시 잉크와 물로 나누어지는 경우는 일어나지 않는다.

이와 같은 원리로 설명할 수 있는 현상의 예 2가지를 설명하시오.

189 <u>정답률 35%</u>

열역학 제2법칙을 나타내는 표현 2가지를 설명하시오.

06 특수 상대성 이론

꼭 알아야 할 핵심 개념
☑ 상대성 원리   ☑ 광속 불변 원리
☑ 동시성의 상대성
☑ 시간 지연   ☑ 길이 수축
☑ 질량 에너지 등가 원리

1 특수 상대성 이론

1 상대 속도   관찰자가 측정하는 물체의 속도로, 물체의 속도에서 관찰자의 속도를 빼서 구한다.

> A가 본 B의 상대 속도=B의 속도−A의 속도, $v_{AB}=v_B-v_A$

A가 본 B의 상대 속도
$(v_{AB}=v_B-v_A)$
$=20$ km/h-10 km/h
$=10$ km/h

B가 본 A의 상대 속도
$(v_{BA}=v_A-v_B)$
$=10$ km/h-20 km/h
$=-10$ km/h

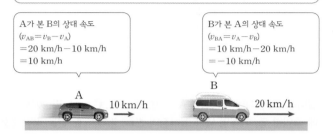

A   10 km/h   B   20 km/h

2 마이컬슨·몰리 실험   빛의 속력 차이로부터 에테르의 존재를 증명하기 위해 실행했던 실험
빛을 전파시킨다고 생각한 가상의 물질

마이컬슨·몰리 실험
- [가정] 지구 표면에 에테르가 한쪽 방향으로 흐르고 있고, 빛의 진행 방향이 변하면 빛의 속력이 달라질 것이다.
- [과정] 광원에서 나온 빛이 반투명 거울에 의해 수직으로 나뉘어져 진행한 후 반투명 거울로부터 같은 거리에 있는 두 거울 (가), (나)에서 반사되어 다시 반투명 거울을 통해 빛 검출기에 도달한다.

에테르   거울 (나)
반투명 거울
광원   거울 (가)
빛 검출기

① 실험 결과: 빛의 속력에 차이가 없어서 에테르의 존재를 확인할 수 없었다.
② 마이컬슨·몰리 실험에 대한 아인슈타인의 해석
- 에테르가 존재하지 않으므로 빛은 파동이지만 매질이 없어도 전달될 수 있다.
- 관찰자의 상대 운동에 따른 빛의 속력에는 차이가 없다.

3 특수 상대성 이론의 두 가지 가설

① 상대성 원리: 모든 관성 좌표계에서 물리 법칙은 동일하게 성립한다.   정지해 있거나 등속도 운동 하는 관찰자를 기준으로 정한 좌표계

등속도 운동을 하는 트럭 위에서 공을 연직 위로 던진 경우

트럭 위의 관찰자 A   지면에 정지해 있는 관찰자 B

$F=ma$ $F=ma$

- 트럭 위의 관찰자 A: 공이 연직 위로 올라갔다가 떨어지는 것으로 관찰한다. → A는 자신이 정지해 있는지 등속도 운동을 하는지 구별할 수 없다.
- 지면에 정지해 있는 관찰자 B: 공이 포물선 운동을 하는 것으로 관찰한다.
⋯→ A, B 모두 공의 운동을 $F=ma$로 설명한다.

② 광속 불변 원리: 모든 관성 좌표계에서 보았을 때, 진공 중에서 진행하는 빛의 속력은 관찰자나 광원의 속력에 관계없이 일정하다. $c=30$만 km/s$=3\times10^8$ m/s

달리는 기차에서 기차의 운동 방향으로 각각 화살과 레이저 빛을 쏜 경우

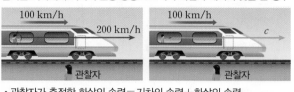

100 km/h   200 km/h   관찰자
100 km/h c 관찰자

- 관찰자가 측정한 화살의 속력=기차의 속력+화살의 속력
   $=100$ km/h$+200$ km/h
   $=300$ km/h
- 관찰자가 측정한 레이저 빛의 속력$=c$
⋯→ 빛의 속력은 관찰자나 광원의 속력에 관계없이 항상 c로 일정하다.

4 특수 상대성 이론의 결과

① 동시성의 상대성: 한 관성 좌표계에서 동시에 일어난 두 사건이 다른 관성 좌표계에서는 동시에 일어난 것이 아닐 수 있다.   특정한 시각에 어떤 위치에서 일어나는 일

빈출 자료①   동시성의 상대성 확인하기

빛의 속도에 가까운 속도로 날아가는 우주선의 가운데에 설치된 광원에서 불이 켜졌을 때, 빛이 광원으로부터 같은 거리에 있는 검출기 A, B에 동시에 도달했다.

우주선 안의 관찰자 S가 관측할 때

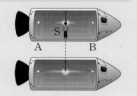

S   A   B

> 광원에서 출발한 빛은 A, B에 동시에 도달한다.

우주선 밖의 관찰자 S′가 관측할 때

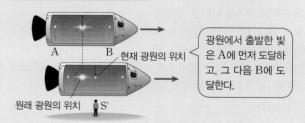

A   B   현재 광원의 위치
원래 광원의 위치   S′

> 광원에서 출발한 빛은 A에 먼저 도달하고, 그 다음 B에 도달한다.

결론
- S에게 동시인 사건이 S′에게는 동시가 아니다.
- 사건의 동시성은 절대적인 개념이 아니라 상대적인 개념이다.

필수 유형   한 관성 좌표계에서 동시에 일어난 두 사건이 다른 관성 좌표계에서 동시에 일어난 것이 아닐 수 있음을 설명할 수 있는지 묻는 문제가 출제된다.
🔗 51쪽 204번

② 시간 지연: 관성 좌표계의 관찰자가 상대적으로 운동하는 관찰자를 보았을 때, 상대편의 시간이 느리게 가는 현상
- 고유 시간: 관찰자가 보았을 때 한 장소에서 발생한 두 사건 사이의 시간 간격

빈출 자료 ② **시간 지연 현상** — 시간 지연은 우주선의 속도가 클수록 더 크게 나타난다.

빛의 속도 c에 가까운 속도 v로 날아가는 우주선 내부에 빛 시계가 장착되어 있을 때, 관찰자에 따라 시간이 다르게 측정된다.
- 우주선 안의 관찰자 S: 빛의 왕복 거리가 $2d$이므로, 고유 시간 $\Delta t_{고유}$ $= \dfrac{2d}{c}$ 이다. — 우주선 안에서 관측할 때 빛이 왕복하는 시간은 고유 시간이다.
- 우주선 밖의 관찰자 S′: 빛은 사선을 따라 올라갔다가 내려오므로 빛의 왕복 거리는 $2d'$이다. 따라서 빛의 왕복 시간 $\Delta t = \dfrac{2d'}{c}$에서 $2d < 2d'$이므로 $\Delta t_{고유} < \Delta t$이다.

결론 우주선 밖의 관찰자 S′가 측정한 우주선 안의 시간은 고유 시간보다 느리게 간다. ⋯ 시간 지연

필수 유형 관성 좌표계의 관찰자가 상대적으로 운동하는 관찰자를 보았을 때, 상대편의 시간이 느리게 가는 현상을 묻는 문제가 출제된다. **51쪽 205번**

③ 길이 수축: 관성 좌표계의 관찰자가 상대적으로 운동하는 물체를 보았을 때, 물체의 길이가 수축되어 보이는 현상
- 고유 길이: 관찰자가 보았을 때 정지 상태에 있는 물체의 길이 또는 관성 좌표계에 대해 고정된 두 지점 사이의 거리

길이 수축 현상 — 길이 수축은 물체의 운동 방향으로만 일어나며, 물체의 속력이 빠를수록 크게 나타난다.
빛의 속도 c에 가까운 속도 v로 날아가는 우주선이 지구에서 별까지 운동할 때, 관찰자에 따라 지구와 별 사이의 거리가 다르게 측정된다.

- 우주선 안의 관찰자 S: S가 측정한 시간은 고유 시간($\Delta t_{고유}$)이고, 우주선은 지구와 별에 대해 상대적으로 움직이므로 고유 길이가 아니다.
  ⋯ $L = v\Delta t_{고유}$
- 지구에 있는 관찰자 S′: 우주선이 지구에서 별까지 운동하는 데 걸린 시간은 Δt로 $\Delta t_{고유}$보다 길고, S′에 대해 상대적으로 정지해 있는 지구와 별 사이의 거리는 고유 길이이다.
  ⋯ $L_{고유} = L_0 = v\Delta t$

결론 지구와 별에 대해 상대적으로 운동하는 S가 측정한 거리 L은 상대적으로 정지해 있는 S′가 측정한 거리 L_0보다 짧다.
  ⋯ 길이 수축

빈출 자료 ③ **뮤온의 수명** — 뮤온은 강력한 에너지를 갖는 우주선이 지구 대기권에서 공기와 충돌할 때 발생한다.

지구 대기권에서 생성된 뮤온이 지표면에서 발견된다.

지표면에서 관측할 때	뮤온과 함께 움직이는 좌표계에서 관측할 때
뮤온 — 뮤온의 수명이 늘어난다. / v 빛의 속력 / H / 지표면	뮤온 — 지표면까지의 거리가 감소한다. / v / h
• 속력 v로 운동하는 뮤온의 수명 Δt가 길어진다. ⋯→ 시간 지연	• 공간의 거리가 짧아진다. 즉, $h < H$이다. ⋯→ 길이 수축
• 뮤온이 이동하는 거리는 $H = v\Delta t$이다.	• 뮤온이 고유 수명 Δt_0 동안 이동한 거리는 $h = v\Delta t_0$이다.
[해석] 뮤온의 수명이 늘어나기 때문에 뮤온이 지표면에 도달한다.	[해석] 뮤온이 발생한 지점에서 지표면까지의 거리가 줄어들기 때문에 뮤온이 지표면에 도달한다.

필수 유형 지구 대기권에서 생성된 뮤온이 지표면에서 발견되는 까닭을 묻는 문제가 출제된다. **53쪽 214번**

2 | 질량과 에너지

1 질량 에너지 등가 원리

① 상대론적 질량: 특수 상대성 이론에 따르면 같은 물체라도 관찰자에 대해 정지해 있을 때와 운동하고 있을 때 질량이 다르게 측정된다. — 물체의 속력이 빨라지면 물체의 질량도 증가한다.
② 질량 에너지 등가 원리: 질량과 에너지는 서로 전환될 수 있다.

$$E = mc^2 \ (c: \text{빛의 속력})$$

- 정지 에너지(E_0): 물체가 관찰자에 대해 정지해 있을 때 물체의 정지 질량(m_0)에 해당하는 에너지 → $E_0 = m_0 c^2$
- 질량 결손: 핵반응 후에 핵반응 전보다 줄어든 질량의 합으로, 핵반응 과정에서 질량이 Δm만큼 감소하면 $E = \Delta m c^2$만큼의 에너지를 방출한다.

2 핵융합과 핵분열 — 핵이 융합하거나 분열할 때 질량의 일부가 에너지로 변환된다.

핵융합	핵분열
2개 이상의 가벼운 원자핵이 결합하여 하나의 새로운 무거운 원자핵이 되는 과정	무거운 원자핵이 원래 원자핵보다 가벼운 원자핵들로 분열되는 과정
예 중성자와 양성자가 결합해서 헬륨 원자핵을 만든다.	예 무거운 우라늄 원자핵이 보다 가벼운 바륨과 크립톤, 중성자 등으로 쪼개진다.

태양에서의 핵융합 과정에서 질량 결손에 의해 발생한 에너지가 태양 에너지의 근원이다.

190 다음은 아인슈타인이 제시한 특수 상대성 이론의 가설에 대한 설명이다. ( ) 안에 들어갈 알맞은 말을 쓰시오.

> - (㉠) 원리: 모든 관성 좌표계에서 물리 법칙은 동일하게 성립한다.
> - (㉡) 원리: 진공 중에서 진행하는 빛의 속력은 관찰자나 광원의 속력에 관계없이 일정하다.

[191~194] 특수 상대성 이론에 대한 설명으로 옳은 것은 ○표, 옳지 않은 것은 ×표 하시오.

191 특수 상대성 이론은 비관성 좌표계에서 성립하는 이론이다. 　　　　　　　　　　　　　　　　　(　)

192 한 기준계에서 동시에 일어난 두 사건은 다른 기준계에서 볼 때도 반드시 동시에 일어난다. 　　　(　)

193 정지한 관찰자가 빛의 속도에 가까운 속도로 운동하는 관찰자를 보면 상대편의 시간이 느리게 가는 것으로 관측된다. 　　　　　　　　　　　　　　(　)

194 정지한 관찰자가 보았을 때, 빛의 속도에 가까운 속도로 움직이는 물체의 길이는 줄어든다. 　　(　)

195 관찰자에 따라 다르게 측정될 수 있는 물리량만을 [보기]에서 있는 대로 고르시오.

> ┌─【 보기 】─────────────────┐
> ㄱ. 시간　 ㄴ. 빛의 속력　 ㄷ. 질량　 ㄹ. 공간
> └─────────────────────────┘

196 핵반응에서 핵반응 후 질량의 총합이 반응 전보다 작아지는 것을 무엇이라고 하는지 쓰시오.

[197~198] (　) 안에 들어갈 알맞은 말을 고르시오.

197 핵반응 과정에서 질량수는 (보존되고, 보존되지 않고), 질량은 (보존된다, 보존되지 않는다).

198 태양의 중심부에서는 (수소, 헬륨) 원자핵들이 융합하여 (수소, 헬륨) 원자핵으로 변한다.

기출 분석 문제

1 | 특수 상대성 이론

[199~200] 그림과 같이 직선 도로에서 정지해 있는 철수에 대하여 두 자동차 A, B가 각각 20 km/h, 50 km/h의 속도로 달리고 있다. 물음에 답하시오.

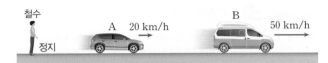

199

자동차 A에 타고 있는 관찰자가 측정한 (가)철수의 상대 속도의 크기와 (나)자동차 B의 상대 속도의 크기를 옳게 짝 지은 것은?

	(가)	(나)		(가)	(나)
①	0	20 km/h	②	0	30 km/h
③	20 km/h	30 km/h	④	20 km/h	50 km/h
⑤	20 km/h	70 km/h			

200 ✍ 서술형

자동차 A에서 전조등을 켜서 빛을 발생시켰을 때, 철수가 측정한 빛의 속력과 자동차 B에 타고 있는 관찰자가 측정한 빛의 속력을 구하고, 그 까닭을 설명하시오.(단, 빛의 속력은 3×10^8 m/s이다.)

201

오른쪽 그림은 마이컬슨·몰리 실험을 나타낸 것으로 거울 (가)는 에테르 흐름과 나란한 방향에 놓여 있고, 거울 (나)는 에테르 흐름과 수직인 방향에 놓여 있다. 반투명 거울로부터 (가), (나)까지의 거리는 l로 같다. 이 실험에 대한 설명으로 옳은 것만을 [보기]에서 있는 대로 고른 것은?

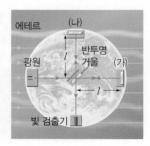

> ┌─【 보기 】─────────────────┐
> ㄱ. 에테르의 존재를 확인하기 위한 실험이다.
> ㄴ. 반투명 거울은 광원에서 출발한 빛의 경로를 둘로 나눈다.
> ㄷ. 실험 결과 (가)에서 반사된 빛과 (나)에서 반사된 빛은 빛 검출기에 동시에 도달한다.
> └─────────────────────────┘

① ㄱ　　　　　② ㄷ　　　　　③ ㄱ, ㄴ
④ ㄴ, ㄷ　　　　⑤ ㄱ, ㄴ, ㄷ

202

그림은 등속도 운동을 하는 트럭 위에서 미래가 공을 연직 위로 던져 올리는 모습을 지면에 정지해 있는 대한이가 관찰하는 모습을 나타낸 것이다.

이에 대한 설명으로 옳은 것만을 [보기]에서 있는 대로 고른 것은?

[보기]
ㄱ. 미래와 대한이의 좌표계는 모두 관성 좌표계이다.
ㄴ. 미래와 대한이는 공의 운동을 같은 물리 법칙으로 설명할
   수 있다.
ㄷ. 미래와 대한이는 모두 공이 연직 위로 올라갔다가 내려오
   는 것으로 관찰한다.

① ㄱ   ② ㄴ   ③ ㄷ
④ ㄱ, ㄴ   ⑤ ㄴ, ㄷ

203 수능모의평가기출 변형

그림과 같이 관찰자 A가 탄 우주선이 행성을 향해 가고 있다. 지구에 있는 관찰자 B가 측정할 때, 행성까지의 거리는 7광년이고, 우주선은 $0.7c$의 속력으로 등속도 운동한다. B는 A가 지구를 통과하는 순간 행성을 향해 빛 신호를 보낸다.

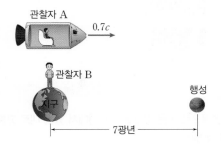

A가 관측할 때에 대한 설명으로 옳은 것만을 [보기]에서 있는 대로 고른 것은?(단, c는 빛의 속력이다.)

[보기]
ㄱ. B의 시간은 A의 시간보다 느리게 간다.
ㄴ. 빛의 속력은 c보다 느리고 $0.3c$보다 빠르다.
ㄷ. 빛이 지구에서 행성까지 가는 데 걸린 시간은 7년보다 짧다.

① ㄱ   ② ㄴ   ③ ㄱ, ㄴ
④ ㄱ, ㄷ   ⑤ ㄴ, ㄷ

204

필수 유형   48쪽 빈출 자료 ①

다음은 특수 상대성 이론에서 동시성의 상대성에 대한 사고 실험이다.

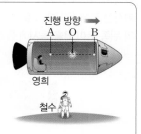

• 영희가 탄 우주선이 정지해 있는 철수에 대해 광속에 가깝게 등속도 운동을 한다.
• 영희가 측정한 광원 O에서 검출기 A, B까지의 거리는 같다.
• 우주선이 철수를 지나는 순간 광원에서 빛이 발생한다.

이에 대한 설명으로 옳은 것만을 [보기]에서 있는 대로 고른 것은?

[보기]
ㄱ. 영희의 좌표계에서 빛은 A, B에 동시에 도달한다.
ㄴ. 철수의 좌표계에서 빛은 A보다 B에 먼저 도달한다.
ㄷ. A와 B 사이의 거리는 영희의 좌표계보다 철수의 좌표계
   에서 짧다.

① ㄱ   ② ㄴ   ③ ㄱ, ㄷ
④ ㄴ, ㄷ   ⑤ ㄱ, ㄴ, ㄷ

205

필수 유형   49쪽 빈출 자료 ②

그림은 민지가 탄 우주선에서 빛이 바닥과 천장 사이를 왕복하는 모습을 우주선 밖의 정지해 있는 민수가 관찰하는 모습을 나타낸 것이다. 우주선은 민수에 대해 광속에 가까운 일정한 속력으로 직선 운동을 한다.

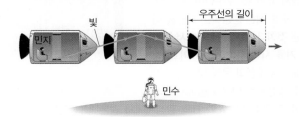

민수가 측정한 값이 민지가 측정한 값보다 큰 것만을 [보기]에서 있는 대로 고르시오.

[보기]
ㄱ. 빛의 속력
ㄴ. 우주선의 길이
ㄷ. 빛이 한 번 왕복할 때 이동한 거리
ㄹ. 빛의 왕복 시간

206

그림은 관찰자 C가 관측할 때, 관찰자 A와 B가 탄 우주선 X와 Y가 각각 $0.4c$, $0.8c$의 속력으로 운동하다가 우주선 앞쪽 끝이 고정된 기준선 P에 동시에 도달하는 모습을 나타낸 것이다. 잠시 후 X와 Y의 뒤쪽 끝이 P를 동시에 통과한다.

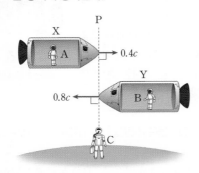

이에 대한 설명으로 옳은 것만을 [보기]에서 있는 대로 고른 것은?(단, c는 빛의 속력이다.)

[보기]
ㄱ. 우주선의 고유 길이는 Y가 X의 2배이다.
ㄴ. X의 길이는 B가 관측할 때가 C가 관측할 때보다 짧다.
ㄷ. A가 관측할 때 Y의 뒤쪽 끝과 X의 뒤쪽 끝이 P를 동시에 통과한다.

① ㄱ
② ㄷ
③ ㄱ, ㄴ
④ ㄴ, ㄷ
⑤ ㄱ, ㄴ, ㄷ

207 수능모의평가기출 변형

오른쪽 그림은 관찰자 A에 대해 관찰자 B가 탄 우주선이 $0.6c$의 속력으로 직선 운동하는 모습을 나타낸 것이다. B의 관성계에서 광원과 거울 사이의 거리는 L이고, 광원에서 우주선의 운동 방향과 수직으로 발생시킨 빛은 거울에서 반사되어 되돌아온다. A와 B의 관성계에서 같은 값을 갖는 물리량만을 [보기]에서 있는 대로 고른 것은?(단, c는 빛의 속력이다.)

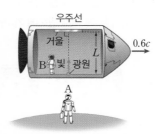

[보기]
ㄱ. 광원과 거울 사이의 거리
ㄴ. 광원에서 방출된 빛의 속력
ㄷ. 방출된 빛이 거울에 도달하는 데 걸린 시간

① ㄱ
② ㄷ
③ ㄱ, ㄴ
④ ㄴ, ㄷ
⑤ ㄱ, ㄴ, ㄷ

208

그림은 수평면에 정지해 있는 철수에 대해 우주선 A, B가 수평면의 점 P와 Q를 잇는 직선과 나란한 방향으로 각각 빛의 속력에 가까운 속력 v_A, v_B로 운동하는 모습을 나타낸 것이다. A와 B에는 영희와 민수가 각각 타고 있다. P와 Q 사이의 거리는 영희가 측정할 때가 민수가 측정할 때보다 크고, A와 B의 고유 길이는 같다.

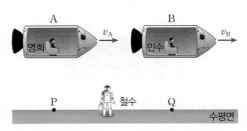

철수가 측정할 때, 이에 대한 설명으로 옳은 것만을 [보기]에서 있는 대로 고른 것은?

[보기]
ㄱ. $v_A < v_B$이다.
ㄴ. 우주선의 길이는 A가 B보다 길다.
ㄷ. 민수의 시간이 영희의 시간보다 느리게 간다.

① ㄱ
② ㄴ
③ ㄱ, ㄷ
④ ㄴ, ㄷ
⑤ ㄱ, ㄴ, ㄷ

209

그림과 같이 정지해 있는 영준이에 대해 성연이와 지수가 탄 우주선 A, B가 우주 공간상의 기준선 P를 지나 기준선 Q를 향해 각각 $0.9c$, $0.7c$의 일정한 속력으로 서로 나란하게 직선 운동을 하고 있다. P, Q는 영준이에 대해 정지해 있고, A, B의 고유 길이는 같다.

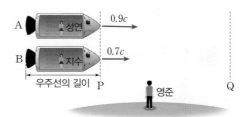

이에 대한 설명으로 옳은 것만을 [보기]에서 있는 대로 고른 것은?(단, c는 빛의 속력이다.)

[보기]
ㄱ. 영준이가 측정할 때, 우주선의 길이는 A가 B보다 짧다.
ㄴ. 영준이가 측정할 때, 성연이의 시간은 지수의 시간보다 빠르게 간다.
ㄷ. P와 Q 사이의 거리는 성연이가 측정할 때가 지수가 측정할 때보다 짧다.

① ㄱ
② ㄴ
③ ㄷ
④ ㄱ, ㄷ
⑤ ㄴ, ㄷ

[210~211] 그림은 정지해 있는 영희에 대해 우주선이 $-x$ 방향으로 $0.8c$의 일정한 속력으로 운동하는 모습을 나타낸 것이다. 우주선의 x 방향과 y 방향의 고유 길이는 각각 a_0, b_0이고, 영희가 측정한 우주선의 x 방향과 y 방향의 길이는 각각 a, b이다. 물음에 답하시오.(단, c는 빛의 속력이다.)

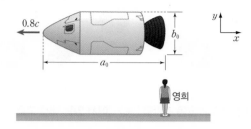

210

a와 a_0, b와 b_0의 크기를 등호 또는 부등호를 이용하여 비교하시오.

211 ✍️서술형

우주선의 속력만 $0.9c$로 바뀌었을 때, a, b의 길이 변화를 설명하시오.

212

오른쪽 그림과 같이 동민이가 탄 우주선이 빛의 속력에 가까운 속력 v로 지구에서 목성을 향해 운동하고 있다. 지구와 목성에 대해 상대적으로 정지해 있는 지민이가

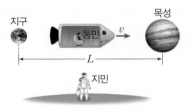

측정한 지구에서 목성까지의 거리는 L이고, 우주선이 지구에서 목성까지 가는 데 걸린 시간은 T이다. 동민이가 측정할 때, 이에 대한 설명으로 옳은 것만을 [보기]에서 있는 대로 고른 것은?

┌─[보기]─────────────────────
ㄱ. 지구와 목성 사이의 거리는 L보다 짧다.
ㄴ. 지구는 v의 속력으로 우주선으로부터 멀어진다.
ㄷ. 우주선이 지구와 스쳐 지나는 순간부터 목성과 만날 때까지 걸리는 시간은 T보다 길다.
└──────────────────────────

① ㄱ   ② ㄷ   ③ ㄱ, ㄴ
④ ㄴ, ㄷ   ⑤ ㄱ, ㄴ, ㄷ

213   수능모의평가기출 변형

그림과 같이 관찰자에 대해 우주선 A, B가 각각 $0.7c$, $0.9c$의 일정한 속력으로 운동한다. A, B에서는 각각 광원에서 방출된 빛이 검출기에 도달하고, 광원과 검출기 사이의 고유 길이는 같다.

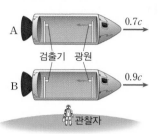

관찰자가 측정할 때에 대한 설명으로 옳은 것만을 [보기]에서 있는 대로 고른 것은?(단, c는 빛의 속력이고, 광원과 검출기는 운동 방향과 나란한 직선상에 있다.)

┌─[보기]─────────────────────
ㄱ. A, B에서 방출된 빛의 속력은 같다.
ㄴ. 광원과 검출기 사이의 거리는 A와 B에서 같다.
ㄷ. 광원에서 방출된 빛이 검출기에 먼저 도달하는 것은 B이다.
└──────────────────────────

① ㄱ   ② ㄴ   ③ ㄱ, ㄷ
④ ㄴ, ㄷ   ⑤ ㄱ, ㄴ, ㄷ

214   필수 유형 〉 🔗 49쪽 빈출 자료 ③

다음은 뮤온 입자의 수명에 대한 설명이다.

> 뮤온 입자는 우주에서 지구로 입사된 우주선(cosmic ray)이 대기권의 공기 분자와 충돌할 때 생긴다. 뮤온 입자는 빛의 속도에 가까운 속도로 낙하하지만 고유 수명이 $2.2~\mu s$에 불과하기 때문에, $0.6~km$ 정도의 거리만 이동할 수 있다. 그러나 약 $60~km$ 고도의 대기권에서 생성된 뮤온 입자가 실제로 지표면에서도 많이 발견된다. 어떻게 뮤온 입자는 소멸되지 않고 지표면까지 도달할 수 있을까?

이에 대한 설명으로 옳은 것만을 [보기]에서 있는 대로 고른 것은?

┌─[보기]─────────────────────
ㄱ. 지표면에 있는 관찰자가 측정할 때 뮤온의 수명은 $2.2~\mu s$보다 길다.
ㄴ. 뮤온과 함께 이동하는 좌표계에서 측정한 뮤온 발생 지점에서 지표면까지의 거리는 $60~km$보다 짧다.
ㄷ. 이 현상은 특수 상대성 이론으로 설명할 수 있다.
└──────────────────────────

① ㄱ   ② ㄴ   ③ ㄱ, ㄷ
④ ㄴ, ㄷ   ⑤ ㄱ, ㄴ, ㄷ

2 | 질량과 에너지

215

정지 질량이 10 g인 물체가 가지는 정지 에너지는?(단, 빛의 속력은 3×10^8 m/s이다.)

① 3×10^9 J ② 3×10^{12} J ③ 9×10^{14} J

④ 3×10^{15} J ⑤ 9×10^{16} J

216

그림은 상대론적 질량에 대해 학생 A, B, C가 대화하는 모습을 나타낸 것이다.

시간과 길이는 관찰자에 따라 달라지지만 질량은 관찰자와는 무관한 물체의 고유한 특징이야. — 학생 A

물체의 속력이 빛의 속력에 가까워지면 질량이 무한대로 커져. — 학생 B

질량과 에너지는 서로 전환될 수 있는 물리량이야. — 학생 C

제시한 내용이 옳은 학생만을 있는 대로 고른 것은?

① A ② B ③ A, C

④ B, C ⑤ A, B, C

217 수능모의평가기출 변형

다음은 핵융합 반응로에서 일어날 수 있는 수소 핵융합 반응식이다.

(가) $^2_1H + ^3_1H \longrightarrow ^4_2He + (\ ㉠ \ ) + 17.6$ MeV
(나) $^2_1H + ^2_1H \longrightarrow (\ ㉡ \ ) + (\ ㉠ \ ) + 3.27$ MeV

이에 대한 설명으로 옳은 것만을 [보기]에서 있는 대로 고른 것은?

[보기]
ㄱ. ㉠은 전기장 내에서 전기력을 받지 않는다.
ㄴ. ㉡의 질량수는 4이다.
ㄷ. 질량 결손은 (가)에서가 (나)에서보다 크다.

① ㄱ ② ㄴ ③ ㄷ

④ ㄱ, ㄷ ⑤ ㄱ, ㄴ, ㄷ

218

그림 (가), (나)는 각각 핵융합 반응과 핵분열 반응을 나타낸 것이다.

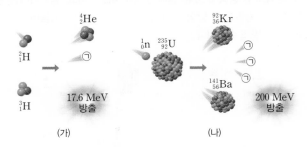

(가) ^2_1H, ^3_1H → ^4_2He + ㉠, 17.6 MeV 방출
(나) ^1_0n + $^{235}_{92}U$ → $^{92}_{36}Kr$ + ㉡ + ㉠ + $^{141}_{56}Ba$, 200 MeV 방출

이에 대한 설명으로 옳은 것만을 [보기]에서 있는 대로 고른 것은?

[보기]
ㄱ. ㉠은 양성자이다.
ㄴ. $^{235}_{92}U$의 중성자수는 92이다.
ㄷ. 질량 결손은 (나)에서가 (가)에서보다 크다.

① ㄱ ② ㄷ ③ ㄱ, ㄴ

④ ㄴ, ㄷ ⑤ ㄱ, ㄴ, ㄷ

219

다음은 에너지와 질량에 대한 설명이다.

(가) 힘이 물체에 해 준 일만큼 물체의 운동 에너지가 증가한다.
(나) 관찰자에 대한 물체의 속도가 빠를수록 물체의 질량이 커진다.
(다) 정지한 물체의 에너지는 질량에 관계없이 0이다.

(가)~(다) 중 <u>뉴턴 역학에서만 성립하는 설명(A)</u>과 <u>특수 상대성 이론에서만 성립하는 설명(B)</u>을 골라 옳게 짝 지은 것은?

	A	B
①	(가)	(나), (다)
②	(나)	(가), (다)
③	(다)	(가), (나)
④	(가), (다)	(나)
⑤	(나), (다)	(가)

[220~221] 그림 (가)는 서로 분리되어 정지해 있는 중성자 2개와 양성자 2개를, (나)는 헬륨 원자핵을 나타낸 것이다. 표는 양성자, 중성자, 헬륨 원자핵의 질량을 나타낸 것이다. 물음에 답하시오.

입자	질량
양성자	1.0073 u
중성자	1.0087 u
헬륨 원자핵	4.0015 u

220

(가)와 (나)의 질량을 등호 또는 부등호를 이용하여 비교하시오.

221

(가)와 (나)에 대한 설명으로 옳은 것만을 [보기]에서 있는 대로 고른 것은?

[보기]
ㄱ. 질량수의 합은 (가)에서와 (나)에서가 같다.
ㄴ. (가)에서 (나)로 바뀌는 과정에서 질량 결손이 발생한다.
ㄷ. (가)에서 (나)로 바뀌는 과정에서 에너지를 방출한다.

① ㄱ ② ㄴ ③ ㄱ, ㄷ ④ ㄴ, ㄷ ⑤ ㄱ, ㄴ, ㄷ

222 수능모의평가기출 변형

다음 (가)와 (나)는 ^4_2He 원자핵을 생성하며 에너지를 방출하는 두 가지 핵반응식이다. X는 어떤 원자핵이며, Y는 어떤 핵자이다. 표는 원자 번호와 질량수에 따른 원자핵의 질량을 나타낸 것이다.

(가) $2(\quad X \quad) \longrightarrow ^4_2\text{He}$
(나) $(\quad X \quad) + ^3_1\text{H} \longrightarrow ^4_2\text{He} + (\quad Y \quad)$

원자 번호	질량수	원자핵의 질량
1	1	M_1
	2	M_2
	3	M_3
2	3	M_4
	4	M_5

이에 대한 설명으로 옳은 것만을 [보기]에서 있는 대로 고른 것은?

[보기]
ㄱ. X의 질량수는 2이다.
ㄴ. Y는 중성자이다.
ㄷ. (나)에서 질량 결손은 $M_2 + M_3 - M_5$이다.

① ㄱ ② ㄷ ③ ㄱ, ㄴ ④ ㄴ, ㄷ ⑤ ㄱ, ㄴ, ㄷ

223 ✏️서술형

그림 (가)는 무거운 우라늄 원자핵이 바륨과 크립톤, 중성자 등으로 쪼개지는 핵분열 반응을, (나)는 중성자와 양성자가 결합하여 헬륨 원자핵이 만들어지는 핵융합 반응을 나타낸 것이다.

(가), (나)에서 반응 전후의 질량의 총합이 어떻게 달라지는지 비교하고, 그 까닭을 설명하시오.

224

다음은 우라늄의 핵반응식으로, ⓐ는 전하를 띠지 않는 입자이다.

$$^{235}_{92}\text{U} + (\quad ⓐ \quad) \longrightarrow ^{141}_{56}\text{Ba} + ^{92}_{⊙}\text{Kr} + 3(\quad ⓐ \quad) + \text{에너지}$$

이에 대한 설명으로 옳은 것만을 [보기]에서 있는 대로 고른 것은?

[보기]
ㄱ. ⓐ는 중성자이다.
ㄴ. ⊙은 36이다.
ㄷ. 태양의 중심부에서 일어나는 핵융합 반응이다.

① ㄴ ② ㄷ ③ ㄱ, ㄴ ④ ㄱ, ㄷ ⑤ ㄱ, ㄴ, ㄷ

225

그림은 원자력 발전소의 구조를 모식적으로 나타낸 것이다.

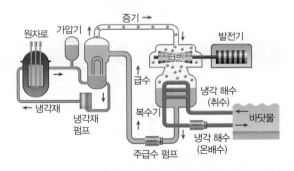

원자로에서 일어나는 일에 대한 설명으로 옳은 것만을 [보기]에서 있는 대로 고른 것은?

[보기]
ㄱ. 질량이 에너지로 변환된다.
ㄴ. 반응물의 질량 합과 생성물의 질량 합은 같다.
ㄷ. 반응물의 원자핵보다 무거운 원자핵이 생성된다.

① ㄱ ② ㄴ ③ ㄷ ④ ㄴ, ㄷ ⑤ ㄱ, ㄴ, ㄷ

1등급 완성 문제

» 바른답·알찬풀이 33쪽

226 (정답률 25%)

그림은 영희가 탄 우주선이 철수에 대해 $0.5c$로 등속도 운동 하는 모습을 나타낸 것이다. 광원 O에서 발생한 빛은 철수가 측정하였을 때 점 A, B에 동시에 도달하였다. 영희가 측정할 때 O에서 A, B까지의 거리는 각각 L_A, L_B이다.

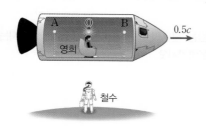

영희가 측정할 때, 이에 대한 설명으로 옳은 것만을 [보기]에서 있는 대로 고른 것은?(단, c는 빛의 속력이고, A, O, B는 동일 직선상에 있다.)

[보기]
ㄱ. $L_A > L_B$이다.
ㄴ. 철수의 시간은 자신의 시간보다 느리게 간다.
ㄷ. O에서 발생한 빛은 B보다 A에 먼저 도달한다.

① ㄱ ② ㄷ ③ ㄱ, ㄴ ④ ㄴ, ㄷ ⑤ ㄱ, ㄴ, ㄷ

227 (정답률 30%) 수능모의평가기출 변형

그림은 정지해 있는 수지에 대해 세희와 지호가 탄 우주선이 각각 $0.6c$, $0.9c$의 일정한 속력으로 동일 직선상에서 같은 방향으로 운동 하는 모습을 나타낸 것이다. 세희는 지호를 향해 레이저 광선을 쏘고 있고, 수지가 측정한 세희와 지호의 우주선의 길이는 같다. 세희가 탄 우주선의 고유 길이는 L_1이고, 지호가 탄 우주선의 고유 길이는 L_2이다.

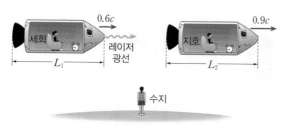

이에 대한 설명으로 옳은 것만을 [보기]에서 있는 대로 고른 것은?(단, c는 빛의 속력이다.)

[보기]
ㄱ. $L_1 > L_2$이다.
ㄴ. 지호가 측정할 때, 세희의 시간은 자신보다 느리게 간다.
ㄷ. 레이저 광선의 속력은 세희가 측정할 때와 지호가 측정할 때가 같다.

① ㄱ ② ㄴ ③ ㄷ ④ ㄴ, ㄷ ⑤ ㄱ, ㄴ, ㄷ

228 (정답률 25%)

그림과 같이 관찰자 A가 관측했을 때, 정지한 광원 O에서 동시에 방출된 빛이 각각 $+y$ 방향과 $+x$ 방향으로 진행하여 정지한 거울 P, Q에서 반사된 후 광원으로 동시에 되돌아온다. A가 탄 우주선은 관찰자 B에 대해 $0.6c$의 속력으로 $+x$ 방향으로 등속도 운동 하고 있다.

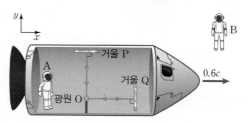

B가 관측할 때에 대한 설명으로 옳은 것만을 [보기]에서 있는 대로 고른 것은?(단, c는 빛의 속력이다.)

[보기]
ㄱ. 빛은 Q보다 P에 먼저 도달한다.
ㄴ. $\overline{OQ}$의 길이가 $\overline{OP}$의 길이보다 길다.
ㄷ. 빛이 Q에서 O까지 진행하는 데 걸린 시간은 P에서 O까지 진행하는 데 걸린 시간보다 짧다.

① ㄱ ② ㄷ ③ ㄱ, ㄴ
④ ㄱ, ㄷ ⑤ ㄴ, ㄷ

229 (정답률 30%) 수능기출 변형

오른쪽 그림과 같이 지표면에 정지해 있는 관찰자가 측정할 때, 지표면으로부터 높이 h인 곳에서 뮤온 A, B가 생성되어 각각 연직 방향의 일정한 속도 $0.8c$, $0.9c$로 지표면을 향해 움직인다. A, B 중 하나는 지표면에 도달하는 순간 붕괴하고, 다른 하나는 지표면에 도달하기 전에 붕괴한다. 정지 상태의 뮤온이 생성된 순간부터 붕괴하는 순간까지 걸리는 시간은 t_0이다. 이에 대한 설명으로 옳은 것만을 [보기]에서 있는 대로 고른 것은?(단, c는 빛의 속력이다.)

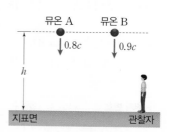

[보기]
ㄱ. 지표면에 도달하기 전에 붕괴하는 뮤온은 A이다.
ㄴ. 관찰자가 측정할 때, B가 생성된 순간부터 붕괴하는 순간까지 걸리는 시간은 t_0이다.
ㄷ. 관찰자가 측정할 때, h는 $0.9ct_0$이다.

① ㄱ ② ㄷ ③ ㄱ, ㄴ
④ ㄴ, ㄷ ⑤ ㄱ, ㄴ, ㄷ

230 (정답률 30%)

그림은 우주인 A가 관측할 때 P점에서 생성된 뮤온 입자가 광속에 가까운 속력 v로 시간 T 동안 등속 운동을 하여 검출기에 도달하는 순간 붕괴한 모습을 나타낸 것이다. P와 검출기는 A에 대해 정지해 있고, 뮤온이 생성되는 순간 A는 검출기를 향해 레이저 광선을 쏘았다.

뮤온의 관성계에서 관측할 때에 대한 설명으로 옳은 것만을 [보기]에서 있는 대로 고른 것은?

[보기]
ㄱ. 레이저 광선이 뮤온보다 먼저 검출기에 도달한다.
ㄴ. P와 검출기 사이의 거리는 A가 측정할 때보다 짧다.
ㄷ. 뮤온이 생성된 순간부터 붕괴할 때까지 걸린 시간은 A가 관측할 때보다 짧다.

① ㄱ   ② ㄷ   ③ ㄱ, ㄴ
④ ㄴ, ㄷ   ⑤ ㄱ, ㄴ, ㄷ

231 (정답률 35%)

다음은 각각 우라늄 원자핵과 수소 원자핵의 핵반응식 (가)와 (나)를 나타낸 것이다.

$$(가) \ {}^{235}_{92}U + (\ X\ ) \longrightarrow {}^{141}_{56}Ba + {}^{92}_{36}Kr + 3{}^{1}_{0}n$$
$$(나) \ {}^{2}_{1}H + {}^{3}_{1}H \longrightarrow {}^{4}_{2}He + (\ X\ )$$

이에 대한 설명으로 옳은 것만을 [보기]에서 있는 대로 고른 것은?

[보기]
ㄱ. X는 질량수와 원자 번호가 같은 입자이다.
ㄴ. (가)는 에너지를 흡수하고, (나)는 에너지를 방출한다.
ㄷ. (나)에서 핵반응 후 질량의 합은 핵반응 전 질량의 합보다 작다.

① ㄱ   ② ㄷ   ③ ㄱ, ㄴ
④ ㄴ, ㄷ   ⑤ ㄱ, ㄴ, ㄷ

서술형 문제

232 (정답률 25%)

그림은 관찰자 A가 관측할 때 광원에서 동시에 방출된 빛이 천장의 거울에 반사된 후 바닥에 고정된 검출기 P, Q에 동시에 도달하는 모습을 나타낸 것이다. 관찰자 B는 A에 대해 광속에 가까운 속력 v로 $\overline{PQ}$에 나란한 직선을 따라 등속 운동을 하는 우주선에 타고 있다.

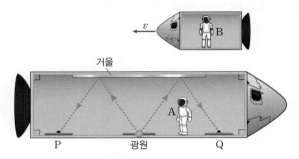

B가 관측할 때 광원에서 방출된 빛이 P, Q에 도달하는 순서를 빛의 이동 경로와 함께 설명하시오.

233 (정답률 35%)

다음은 뉴턴 역학에서 일과 에너지에 대한 설명이다.

마찰이 없는 수평면 위에 정지해 있는 물체에 힘을 가해 일을 해 주면, 물체에 가해 준 일만큼 물체의 운동 에너지가 증가한다. 물체의 질량은 변하지 않으므로 일을 해 줄수록 물체의 속력은 계속 증가한다.

특수 상대성 이론이 위 설명과 다른 점을 설명하시오.

234 (정답률 30%)

다음은 ${}^{4}_{2}He$ 원자핵을 생성하며 에너지를 방출하는 핵반응식이다. 표는 원자 번호와 질량수에 따른 원자핵의 질량을 나타낸 것이다. X와 Y는 표에 제시된 원자핵들 중 ${}^{4}_{2}He$이 아닌 서로 다른 원자핵이다.

$$2(\ X\ ) \longrightarrow 2(\ Y\ ) + {}^{4}_{2}He$$

원자 번호	1			2	
질량수	1	2	3	3	4
원자핵의 질량	M_1	M_2	M_3	M_4	M_5

핵반응식에서 X, Y를 알맞게 쓰고, 결손된 질량을 설명하시오.

실전 대비 평가 문제 ≫ 바른답·알찬풀이 35쪽

235

표는 물체의 운동을 분류하는 기준 Ⅰ, Ⅱ, Ⅲ을 나타낸 것이다. 그림은 물체의 운동을 벤다이어그램을 이용하여 분류한 것을 나타낸 것이다.

Ⅰ	속력이 일정하다.
Ⅱ	가속도 방향이 일정하다.
Ⅲ	운동 방향과 가속도 방향이 같다.

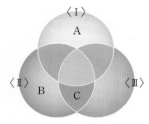

이에 대한 설명으로 옳은 것만을 [보기]에서 있는 대로 고른 것은?

【 보기 】
ㄱ. 등속 원운동 하는 대관람차의 운동은 A에 해당한다.
ㄴ. 포물선 운동 하는 공의 운동은 B에 해당한다.
ㄷ. 자유 낙하 하는 공의 운동은 C에 해당한다.

① ㄱ   ② ㄷ   ③ ㄱ, ㄴ
④ ㄴ, ㄷ   ⑤ ㄱ, ㄴ, ㄷ

236

그림 (가)는 자동차가 직선 운동을 하여 길이 800 m인 다리를 통과하는 모습을 나타낸 것이다. 자동차가 다리에 진입하는 순간의 속력은 20 m/s이다. 그림 (나)는 자동차가 다리를 통과하는 동안 가속도를 시간에 따라 나타낸 것이다. 자동차는 55초 만에 다리를 통과하였다.

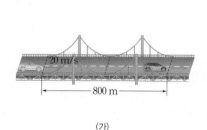
(가)

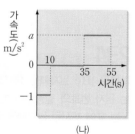
(나)

이에 대한 설명으로 옳은 것만을 [보기]에서 있는 대로 고른 것은?

【 보기 】
ㄱ. 0~10초 동안 자동차의 평균 속력은 20 m/s이다.
ㄴ. 다리를 통과한 순간 자동차의 속력은 30 m/s이다.
ㄷ. $a = 2$ m/s^{2}이다.

① ㄱ   ② ㄴ   ③ ㄱ, ㄷ   ④ ㄴ, ㄷ   ⑤ ㄱ, ㄴ, ㄷ

237

그림은 마찰이 없는 수평면에 정지해 있던 물체 A, B, C를 실 p, q로 연결한 후, 크기와 방향이 일정한 힘 F로 수평면과 나란한 방향으로 C를 당기는 모습을 나타낸 것이다. 힘을 작용한 지 1초일 때 p가 끊어지고 2초일 때 q가 끊어졌다. p가 끊어지기 전 A의 가속도의 크기는 5 m/s^{2}이다.

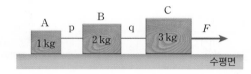

0초부터 3초까지 C의 이동 거리는?(단, 물체의 크기는 무시한다.)

① 12.0 m   ② 13.5 m   ③ 18.5 m
④ 26.5 m   ⑤ 30.0 m

238

그림 (가), (나)와 같이 질량이 각각 m, $3m$인 물체 A, B를 실과 도르래로 연결하여 운동시켰다. A의 가속도의 크기는 (가)에서가 (나)에서의 2배이다.

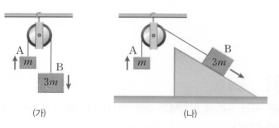
(가)   (나)

이에 대한 설명으로 옳은 것만을 [보기]에서 있는 대로 고른 것은?(단, 중력 가속도는 g이고, 실과 도르래의 질량, 모든 마찰과 공기 저항은 무시한다.)

【 보기 】
ㄱ. A에 작용하는 알짜힘의 크기는 (가)에서가 (나)에서의 2배이다.
ㄴ. 실이 A에 작용하는 힘과 A가 실에 작용하는 힘은 작용 반작용 관계이다.
ㄷ. 실이 B를 당기는 힘의 크기는 (가)에서가 (나)에서의 $\frac{5}{4}$배이다.

① ㄱ   ② ㄴ   ③ ㄱ, ㄴ
④ ㄱ, ㄷ   ⑤ ㄴ, ㄷ

239

그림 (가)는 저울 위에 놓인 물체 A, B가 정지해 있는 모습을, (나)는 (가)의 A에 크기가 F인 힘을 연직 방향으로 작용할 때, A, B가 정지해 있는 모습을 나타낸 것이다. A, B의 질량은 각각 m, $2m$이고, 저울에 측정된 힘의 크기는 (나)에서가 (가)에서의 2배이다.

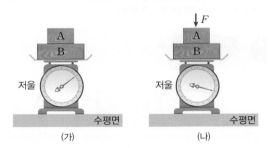

(가)   (나)

이에 대한 설명으로 옳은 것만을 [보기]에서 있는 대로 고른 것은?(단, 중력 가속도는 g이다.)

[보기]

ㄱ. $F = 3mg$이다.
ㄴ. B가 A에 작용하는 힘의 크기는 (나)에서가 (가)에서의 3배이다.
ㄷ. (가)에서 A에 작용하는 중력과 B가 A에 작용하는 힘은 작용 반작용 관계이다.

① ㄱ   ② ㄴ   ③ ㄷ
④ ㄴ, ㄷ   ⑤ ㄱ, ㄴ, ㄷ

240

그림 (가)는 마찰이 없는 수평면에서 물체 A가 정지해 있는 물체 B를 향해 운동하는 모습을, (나)는 A의 위치를 시간에 따라 나타낸 것이다. 충돌 후 운동 에너지는 B가 A의 2배이다.

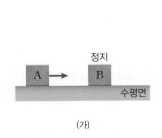

(가)

A, B의 질량을 각각 m_A, m_B라고 할 때, $m_A : m_B$는?(단, 물체의 크기는 무시한다.)

① 1 : 3   ② 1 : 4   ③ 2 : 3
④ 2 : 5   ⑤ 2 : 9

241

그림은 질량 m인 물체가 두 벽 P, Q 사이에서 마찰이 없는 수평면을 따라 운동하는 모습을 나타낸 것이다. 물체는 P에서 속력 v로 출발하여 P, Q 사이를 왕복 운동 한다. 표는 물체가 구간 A를 통과하는 데 걸린 시간을 측정한 것이다.

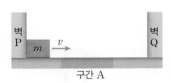

통과 순서	걸린 시간
첫 번째 통과	t
두 번째 통과	$2t$
세 번째 통과	$4t$

이에 대한 설명으로 옳은 것만을 [보기]에서 있는 대로 고른 것은?(단, 물체의 크기는 무시한다.)

[보기]

ㄱ. 두 번째 통과할 때 물체의 운동량의 크기는 $\frac{1}{2}mv$이다.
ㄴ. 물체와 충돌할 때 Q가 받는 충격량의 크기는 $\frac{1}{2}mv$이다.
ㄷ. 물체가 받는 충격량의 크기는 P와 충돌할 때가 Q와 충돌할 때의 2배이다.

① ㄱ   ② ㄷ   ③ ㄱ, ㄴ
④ ㄱ, ㄷ   ⑤ ㄴ, ㄷ

242

오른쪽 그림과 같이 기준면으로부터 높이 H인 지점에서 가만히 놓은 물체가 높이 h인 지점을 지나는 순간의 속력이 v이다. h인 지점에서 물체의 운동 에너지는 중력 퍼텐셜 에너지의 $\frac{3}{2}$배이다. 이에 대한 설명으로 옳은 것만을 [보기]에서 있는 대로 고른 것은?(단, 중력 가속도는 g이고, 모든 마찰과 공기 저항은 무시한다.)

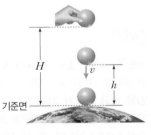

[보기]

ㄱ. $H = \frac{5}{2}h$이다.
ㄴ. $v = \sqrt{3gH}$이다.
ㄷ. 기준면으로부터 높이 $\frac{h}{2}$에서 물체의 속력은 $2gh$이다.

① ㄱ   ② ㄴ   ③ ㄱ, ㄷ
④ ㄴ, ㄷ   ⑤ ㄱ, ㄴ, ㄷ

243

그림 (가)는 2개의 피스톤에 의해 분리된 부분에 같은 양의 단원자 분자 이상 기체 A, B가 각각 들어 있고, 두 피스톤은 정지해 있는 모습을 나타낸 것으로, 기체의 부피는 B가 A보다 크다. 그림 (나)는 (가)에서 A에 열량 Q를 서서히 가했을 때 두 피스톤이 이동하여 정지한 모습을 나타낸 것이다.

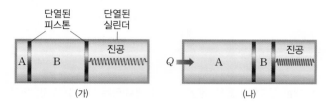

이에 대한 설명으로 옳은 것만을 [보기]에서 있는 대로 고른 것은?(단, 피스톤과 용수철의 질량, 모든 마찰은 무시한다.)

[보기]
ㄱ. (가)에서 절대 온도는 B가 A보다 높다.
ㄴ. (나)에서 Q는 A와 B의 내부 에너지 증가량의 합과 같다.
ㄷ. (나)에서 A가 B에 한 일은 용수철의 탄성 퍼텐셜 에너지 증가량과 같다.

① ㄱ   ② ㄷ   ③ ㄱ, ㄴ
④ ㄴ, ㄷ   ⑤ ㄱ, ㄴ, ㄷ

244

오른쪽 그림은 온도가 500 K인 고열원에서 1000 J의 열을 흡수하여 일을 하고 온도가 200 K인 저열원으로 열을 방출하는 열기관을 모식적으로 나타낸 것이다. 이 열기관이 최대의 열효율을 가질 때, 이에 대한 설명으로 옳은 것만을 [보기]에서 있는 대로 고른 것은?

[보기]
ㄱ. 열효율은 0.6이다.
ㄴ. 열기관이 한 일은 1000 J이다.
ㄷ. 저열원으로 방출되는 열은 400 J이다.

① ㄱ   ② ㄴ   ③ ㄱ, ㄷ
④ ㄴ, ㄷ   ⑤ ㄱ, ㄴ, ㄷ

245

그림은 정지해 있는 영희에 대해 철수가 탄 우주선이 0.6c의 일정한 속도로 운동하는 모습을 나타낸 것이다. 영희가 관찰할 때 정지해 있는 길이가 L인 상자의 양쪽 면에 있는 광원 A와 B에서 나온 빛은 서로 반대 방향으로 진행하고, 철수가 관측할 때 A, B에서 나온 빛은 동시에 각각 상자의 맞은쪽 면에 도달한다.

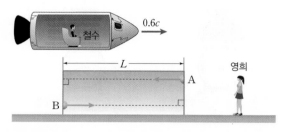

이에 대한 설명으로 옳은 것만을 [보기]에서 있는 대로 고른 것은?(단, c는 빛의 속력이다.)

[보기]
ㄱ. 철수가 관측할 때, 상자의 길이는 L보다 짧다.
ㄴ. 철수가 관측할 때, B에서 나온 빛의 속력은 c보다 작다.
ㄷ. 영희가 관측할 때, 빛은 B보다 A에서 먼저 나온다.

① ㄱ   ② ㄴ   ③ ㄱ, ㄷ
④ ㄴ, ㄷ   ⑤ ㄱ, ㄴ, ㄷ

246

다음은 핵반응에 대한 설명이다.

에너지를 생성하는 핵반응에는 질량수가 작은 원자핵이 융합하여 질량수가 큰 원자핵이 되는 (㉠)과/와 질량수가 큰 원자핵이 2개의 새로운 원자핵으로 쪼개지는 (㉡)이/가 있다. 두 핵반응에서는 모두 반응 전에 비해 반응 후에 ㉢질량의 총합이 감소한다.

이에 대한 설명으로 옳은 것만을 [보기]에서 있는 대로 고른 것은?

[보기]
ㄱ. ㉠은 핵분열이다.
ㄴ. ㉡은 원자력 발전소에서 에너지를 생산하는 데 이용한다.
ㄷ. ㉢에 의해 ㉠과 ㉡이 일어날 때 막대한 에너지를 흡수한다.

① ㄱ   ② ㄴ   ③ ㄱ, ㄷ
④ ㄴ, ㄷ   ⑤ ㄱ, ㄴ, ㄷ

247

그림과 같이 물체 A, B를 각각 빗면상의 P점과 수평면상의 Q점에서 동시에 출발시켰더니 각각 등가속도 직선 운동과 등속 직선 운동을 하다가 수평면에서 충돌하였다. A는 처음에 정지해 있었고 A가 운동한 빗면의 거리는 $2s$, 충돌하는 순간까지 A, B가 수평면을 이동한 거리는 각각 s, $4s$이다.

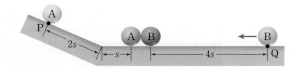

충돌하기 전 수평면에서 A, B의 속력을 각각 v_A, v_B라 할 때, $v_A : v_B$를 풀이 과정과 함께 구하시오.

248

오른쪽 그림은 물체 A와 실로 연결된 물체 B를 원래 길이가 L_0인 용수철과 수평면 위에서 연결하여 잡고 있는 모습을 나타낸 것이다. A, B의 질량은 같고, B를 가만히 놓아 용수철이 최대로 늘어났을 때 용수철의 길이는 L이다. B의 최대 속력을 주어진 물리량을 이용해 풀이 과정과 함께 구하시오.

249

그림 (가)는 마찰이 없는 수평면에서 $1 \, \text{m/s}$의 속도로 운동하던 질량이 $2 \, \text{kg}$인 수레에 손으로 알짜힘 F를 운동 방향과 같은 방향으로 작용하여, 수레가 s만큼 이동한 순간 속도가 $5 \, \text{m/s}$가 된 모습을 나타낸 것이다. 그림 (나)는 F의 크기를 거리에 따라 나타낸 것이다.

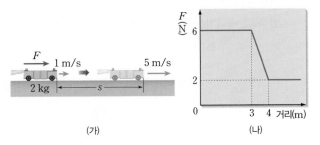

(가)   (나)

수레가 이동한 거리 s를 구하시오.

250

그림 (가)는 용수철 상수가 k인 용수철에 매달린 질량이 $500 \, \text{g}$인 물체가 마찰이 없는 수평면에 놓여 진동하고 있는 모습을 나타낸 것이다. 그림 (나)는 용수철이 원래 길이에서 변형된 길이 x에 따른 용수철의 탄성 퍼텐셜 에너지 E_p를 나타낸 것이다.

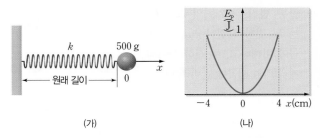

(가)   (나)

$x=0$일 때, 물체의 속력은 몇 m/s인지와 용수철의 용수철 상수 k는 몇 N/m인지 풀이 과정과 함께 구하시오.(단, 모든 마찰은 무시한다.)

251

오른쪽 그림은 일정량의 이상 기체의 상태가 A → B → C → D → A 과정을 따라 변할 때, 압력과 부피의 관계를 나타낸 것이다. A → B 과정과 C → D 과정에서는 열의 출입이 없고, B → C 과정과 D → A 과정에서는 온도가 일정하게 유지된다. $T_1 > T_2$이다. (가)기체가 외부에 일을 하는 과정과 (나)기체의 내부 에너지가 감소하는 과정을 찾아 쓰시오.

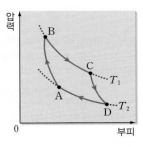

252

다음은 아인슈타인의 특수 상대성 이론과 관련된 설명이다.

> 맥스웰이 빛이 전자기파이며 진공에서 속력이 일정함을 밝힌 후 마이컬슨과 몰리는 빛을 전달하는 매질인 에테르를 검출하기 위해 에테르 흐름 속에서 빛의 속력이 다를 것이라는 가정을 세우고 실험을 하였다. 그러나 실험 결과 빛의 속력이 같게 나타나 에테르의 존재를 증명할 수 없었다. 아인슈타인은 이런 연구 결과로부터 빛은 매질이 필요 없음을 알고, 2가지 가정을 세워 특수 상대성 이론을 제안하였다.

밑 줄 친 2가지 가정을 각각 한 문장으로 설명하시오.

07 전자의 에너지 준위

꼭 알아야 할 핵심 개념
☑ 전기력
☑ 원자의 구조
☑ 스펙트럼
☑ 에너지 준위

1 │ 전기력과 원자

1 전기력 전하를 띤 물체 사이에 작용하는 힘

- **쿨롱 법칙**: 전기력의 크기(F)는 두 전하의 전하량(q_1, q_2)의 곱에 비례하고, 두 전하 사이의 거리(r)의 제곱에 반비례한다.

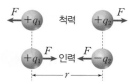

$$F=k\frac{q_1 q_2}{r^2}\ (\text{쿨롱 상수 } k=9.0\times10^9\ \text{N·m}^2/\text{C}^2)$$

2 원자 원자핵과 전자로 이루어져 있다.

① **전자의 발견**: 1887년 톰슨은 음극선에 대한 몇 가지 실험을 통해 음극선이 질량을 가지며, (−)전하를 띤 입자(전자)의 흐름임을 알아냈다.

전기장을 걸어 준 경우	자기장을 걸어 준 경우	바람개비를 놓은 경우
음극선이 전기장의 영향을 받아 (+)극 쪽으로 휘어진다. → 전기력 받음.	음극선이 자기장의 영향을 받아 위쪽으로 휘어진다. → 자기력 받음.	음극선이 지나는 길에 바람개비를 두면 바람개비가 회전한다.
┈→ (−)전하를 띤다.		┈→ 질량을 가진 입자

② **원자핵의 발견**: 1911년 러더퍼드는 알파(α) 입자 산란 실험을 통해 원자의 중심에 위치하고, 원자 질량의 대부분을 차지하면서 (+)전하를 띤 입자(원자핵)가 존재함을 알아냈다.

러더퍼드의 알파(α) 입자 산란 실험

그림은 얇은 금박에 작고 무거우며 (+)전하를 띤 알파(α) 입자를 입사시켰을 때 입자의 경로를 나타낸 것이다.

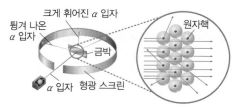

- **결과 1**: 대부분의 알파(α) 입자는 금박을 통과하여 직진한다.
  ┈→ 원자의 대부분은 빈 공간이다.
- **결과 2**: 소수의 알파(α) 입자가 큰 각도로 휘거나 튕겨 나온다.
  ┈→ 원자의 중심에 (+)전하를 띤 입자가 좁은 공간에 존재한다.

③ **원자의 구조**: (+)전하를 띤 원자핵과 (−)전하를 띤 전자로 구성되어 있으며, 원자핵과 전자 사이에 전기력(인력)이 작용하기 때문에 전자가 원자핵 주위를 벗어나지 않는다.

2 │ 스펙트럼과 원자의 에너지 준위

1 스펙트럼 빛이 파장에 따라 나누어져 나타나는 색의 띠로, 연속 스펙트럼과 선 스펙트럼이 있다.

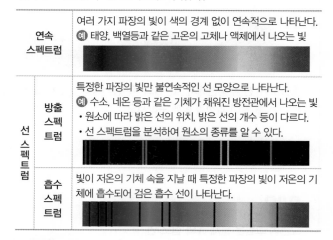

연속 스펙트럼	여러 가지 파장의 빛이 색의 경계 없이 연속적으로 나타난다. 예 태양, 백열등과 같은 고온의 고체나 액체에서 나오는 빛
선 스펙트럼 — 방출 스펙트럼	특정한 파장의 빛만 불연속적인 선 모양으로 나타난다. 예 수소, 네온 등과 같은 기체가 채워진 방전관에서 나오는 빛 • 원소에 따라 밝은 선의 위치, 밝은 선의 개수 등이 다르다. • 선 스펙트럼을 분석하여 원소의 종류를 알 수 있다.
선 스펙트럼 — 흡수 스펙트럼	빛이 저온의 기체 속을 지날 때 특정한 파장의 빛이 저온의 기체에 흡수되어 검은 흡수 선이 나타난다.

빈출 자료 ① 여러 가지 스펙트럼

그림은 여러 가지 스펙트럼의 모습을 나타낸 것이다.

- **백열등 관찰**: 백열등에서 방출되는 빛은 연속 스펙트럼을 나타낸다.
- **기체 방전관 관찰**: 선 스펙트럼을 나타내고, 원소마다 밝은 선의 위치가 다르다. (방출되는 빛의 파장이 불연속적이다.)
  ┈→ 다양한 스펙트럼을 분석하면 원소의 종류를 알 수 있다.

필수 유형 다양한 스펙트럼을 분석하여 스펙트럼의 특징과 원소의 종류를 알 수 있는지 묻는 문제가 출제된다. 🔗 65쪽 269번

2 보어 원자 모형

① **양자 조건**: 원자 속의 전자는 특정 궤도에서 원운동을 하고 있을 때 에너지를 방출하지 않고 안정한 상태로 존재한다.

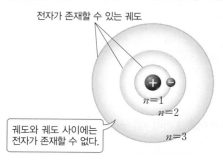

전자의 궤도	전자가 에너지를 방출하지 않고 안정한 상태로 존재하는 궤도를 양자수(n)로 나타내는데, 원자핵에서 가장 가까운 궤도부터 $n=1$, $n=2$, $n=3$, …으로 나타낸다.
에너지의 양자화	원자 속의 전자는 양자수에 해당하는 에너지 값만 가질 수 있다.
에너지 준위	• 원자 속의 전자가 가지는 에너지 값 또는 에너지 상태를 말한다. • 양자수 n의 값에 따라 불연속적인 값을 가지며, 양자수가 클수록 에너지 준위도 크다. • 가장 낮은 에너지 준위($n=1$)를 바닥상태라 하고, 바닥상태보다 높은 에너지 준위($n>1$)를 들뜬상태라고 한다.

가장 안정적인 상태

② **진동수 조건**: 전자가 안정한 궤도 사이를 이동할 때, 두 궤도의 에너지 차에 해당하는 빛을 방출하거나 흡수한다.

전자가 에너지를 흡수할 때	전자가 에너지를 방출할 때
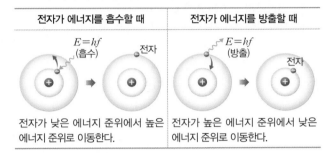 전자가 낮은 에너지 준위에서 높은 에너지 준위로 이동한다.	전자가 높은 에너지 준위에서 낮은 에너지 준위로 이동한다.

• 전자가 전이할 때 흡수하거나 방출하는 광자 1개의 에너지는 빛의 진동수 f에 비례한다.

광자의 에너지는 빛의 진동수가 클수록, 파장이 짧을수록 크다.

$$E=|E_n-E_m|=hf=h\frac{c}{\lambda} \ (h: \text{플랑크 상수}, c: \text{빛의 속력})$$

3 수소 원자의 에너지 준위 수소 원자에서 전자의 에너지 준위는 불연속적이며, 다음과 같다.

'−' 부호는 전자가 원자핵에 속박되어 있음을 의미한다.

$$E_n=-\frac{13.6}{n^2} \ \text{eV} \ (n=1, 2, 3, \cdots)$$

빈출 자료 ② 수소 원자의 에너지 준위와 선 스펙트럼

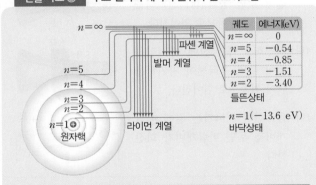

궤도	에너지(eV)
$n=\infty$	0
$n=5$	-0.54
$n=4$	-0.85
$n=3$	-1.51
$n=2$	-3.40

들뜬상태

$n=1(-13.6 \ \text{eV})$ 바닥상태

구분	라이먼 계열	발머 계열	파셴 계열
전자의 전이	$n\geq2 \rightarrow n=1$	$n\geq3 \rightarrow n=2$	$n\geq4 \rightarrow n=3$
방출되는 빛	자외선 영역	자외선, 가시광선 영역 (눈에 보임)	적외선 영역

• 에너지와 진동수 비교: 라이먼 계열＞발머 계열＞파셴 계열
• 파장 비교: 라이먼 계열＜발머 계열＜파셴 계열

필수 유형 수소 원자의 에너지 준위에서 광자의 에너지와 진동수, 파장을 비교하여 묻는 문제가 출제된다.

67쪽 277번

253 거리가 r만큼 떨어진 두 점전하 사이에 작용하는 전기력의 크기는 F이다. 두 점전하 사이의 거리가 $3r$만큼 떨어져 있을 때, 두 점전하 사이에 작용하는 전기력의 크기는 얼마인지 구하시오.

[254~256] 다음은 원자에 대한 설명이다. ( ) 안에 들어갈 알맞은 말을 쓰시오.

254 음극선이 전기장에 의해 (＋)극 쪽으로 휘어지는 것은 음극선이 ( )전하를 띠고 있기 때문이다.

255 러더퍼드는 알파(α) 입자 산란 실험을 통해 원자 질량의 대부분을 차지하며, ( )전하를 띤 입자가 존재함을 알아내었고, 이를 ( )(이)라고 하였다.

256 원자 안에 있는 전자는 원자핵과 전기적인 ( )에 의해 속박되어 있다.

[257~260] 스펙트럼과 원자의 에너지 준위에 대한 설명으로 옳은 것은 ○표, 옳지 않은 것은 ×표 하시오.

257 분광기를 이용해 백열등을 관찰하면 연속 스펙트럼이 보인다. ( )

258 수소 원자에서 전자의 에너지 상태 중 에너지가 가장 높은 상태를 바닥상태라고 한다. ( )

259 보어 원자 모형에서는 전자의 궤도나 에너지가 불연속적임을 가정하여 원자의 방출 또는 흡수 스펙트럼을 설명하였으며, 이를 통해 전자가 가질 수 있는 에너지가 양자화되어 있음을 알 수 있다. ( )

260 보어의 수소 원자 모형에서 전자가 양자수 $n=1$, 2, 3, 4 사이에서만 전이할 때 방출할 수 있는 스펙트럼에 나타나는 선의 개수는 3가지가 가능하다. ( )

[261~262] 오른쪽 그림은 수소 원자 내에서 전자의 전이 a, b, c를 나타낸 것이다. a, b, c에서 방출 또는 흡수하는 에너지는 각각 E_a, E_b, E_c이다. ( ) 안에 들어갈 알맞은 말을 고르시오.

261 전이 과정 a에서 전자는 에너지를 (흡수, 방출)한다.

262 광자의 에너지 E_b는 E_c보다 (크다, 작다).

기출 분석 문제

»» 바른답·알찬풀이 38쪽

1 | 전기력과 원자

263

그림은 전하량이 각각 $2Q$, Q인 두 금속구 A, B를 길이가 같은 실에 연결하여 한 곳에 매달았더니, 두 금속구가 연직 방향으로부터 각각 α, β의 각을 이루며 정지해 있는 모습을 나타낸 것이다.

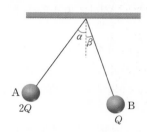

이에 대한 설명으로 옳은 것만을 [보기]에서 있는 대로 고른 것은?(단, $\alpha > \beta$이다.)

[보기]

ㄱ. A, B는 서로 다른 종류의 전하이다.

ㄴ. A가 B에 작용하는 전기력의 크기는 B가 A에 작용하는 전기력의 크기보다 작다.

ㄷ. B의 질량이 A의 질량보다 크다.

① ㄱ　　　　② ㄷ　　　　③ ㄱ, ㄴ

④ ㄴ, ㄷ　　　⑤ ㄱ, ㄴ, ㄷ

264 수능기출 변형

그림은 전하량이 각각 $+Q$, $-Q$, $+2Q$인 세 금속구 A, B, C가 일직선상에 고정되어 있는 모습을 나타낸 것이다. A와 B, B와 C 사이의 거리는 같다.

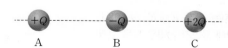

A, B, C에 작용하는 전기력의 방향을 옳게 짝 지은 것은?

	A	B	C		A	B	C
①	→	→	→	②	→	→	←
③	→	→	←	④	→	←	←
⑤	←						

265

그림은 점전하 A, B, C가 각각 $x=0$, $x=2d$, $x=3d$인 지점에 고정되어 있는 모습을 나타낸 것이다. A, B는 (+)전하이고, B에 작용하는 전기력은 0이다.

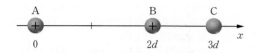

이에 대한 설명으로 옳은 것만을 [보기]에서 있는 대로 고른 것은?

[보기]

ㄱ. C는 (−)전하이다.

ㄴ. 전하량의 크기는 A가 C의 4배이다.

ㄷ. B가 C에 작용하는 전기력의 방향은 $+x$ 방향이다.

① ㄱ　　　　② ㄴ　　　　③ ㄱ, ㄷ

④ ㄴ, ㄷ　　　⑤ ㄱ, ㄴ, ㄷ

266

다음은 음극선의 성질을 알아보기 위하여 진공 방전관에 나타난 현상을 관찰한 결과이다.

(가) 직진하는 음극선에 높은 전압을 걸어 주면 음극선이 전기력을 받아 (+)극 쪽으로 휘어진다.	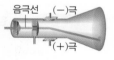
(나) 직진하는 음극선에 자기장을 걸어 주면 음극선이 자기력을 받아 위쪽으로 휘어진다.	
(다) 음극선이 지나가는 길에 바람 개비를 두면 바람개비가 회전한다.	

이 관찰 결과를 통해 알 수 있는 음극선의 성질만을 [보기]에서 있는 대로 고른 것은?

[보기]

ㄱ. (−)전하를 띤다.

ㄴ. (+)극에서 발생한다.

ㄷ. 질량을 가진 입자의 흐름이다.

① ㄱ　　　　② ㄴ　　　　③ ㄱ, ㄷ

④ ㄴ, ㄷ　　　⑤ ㄱ, ㄴ, ㄷ

267 수능모의평가기출 변형

그림은 러더퍼드의 알파(α) 입자 산란 실험에서 금박에 입사된 알파(α) 입자들이 산란되는 모습을 나타낸 것이다.

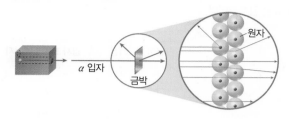

이 실험을 통해 알아낸 사실로 옳은 것만을 [보기]에서 있는 대로 고른 것은?

【 보기 】
ㄱ. 원자의 대부분은 빈 공간이다.
ㄴ. 알파(α) 입자는 전기적 반발력에 의해 산란되었다.
ㄷ. 원자의 중심부에는 (+)전하를 띤 입자가 존재한다.

① ㄱ   ② ㄴ   ③ ㄱ, ㄷ
④ ㄴ, ㄷ   ⑤ ㄱ, ㄴ, ㄷ

268

그림은 원자의 구조를 모식적으로 나타낸 것이다.

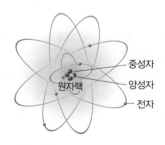

중성자
양성자
원자핵
전자

이에 대한 설명으로 옳은 것만을 [보기]에서 있는 대로 고른 것은?

【 보기 】
ㄱ. 원자 질량의 대부분은 전자가 차지한다.
ㄴ. 원자는 더 이상 쪼갤 수 없는 가장 작은 입자이다.
ㄷ. 원자핵과 전자 사이에는 전기적인 인력이 작용한다.

① ㄱ   ② ㄷ   ③ ㄱ, ㄴ
④ ㄴ, ㄷ   ⑤ ㄱ, ㄴ, ㄷ

---

2 | 스펙트럼과 원자의 에너지 준위

269

필수 유형   62쪽 빈출 자료 ①

다음은 백열전구와 기체 방전관에서 나온 빛을 분광기를 이용하여 관찰하는 실험이다.

[실험 과정]
(가) 백열전구에서 나온 빛을 간이 분광기로 관찰한다.
(나) 기체 방전관에서 나온 빛을 간이 분광기로 관찰한다.
(다) 과정 (가), (나)에서의 스펙트럼을 비교한다.

[실험 결과]

백열전구

기체 방전관

이에 대한 설명으로 옳은 것만을 [보기]에서 있는 대로 고른 것은?

【 보기 】
ㄱ. 백열전구는 가시광선 영역의 모든 파장의 빛을 방출한다.
ㄴ. 기체 방전관 안의 기체의 종류가 바뀌면 스펙트럼에서 밝은 선의 수와 위치가 달라진다.
ㄷ. 기체 방전관에서 나온 빛의 스펙트럼은 전자가 갖는 에너지 준위가 불연속적인 것을 나타낸다.

① ㄴ   ② ㄷ   ③ ㄱ, ㄴ
④ ㄱ, ㄷ   ⑤ ㄱ, ㄴ, ㄷ

270

그림은 수소와 헬륨 원자에서 방출되는 가시광선 영역의 선 스펙트럼 일부를 나타낸 것으로, b는 발머 계열에서 가장 파장이 긴 빛이다.

수소의 선 스펙트럼

헬륨의 선 스펙트럼

이에 대한 설명으로 옳은 것만을 [보기]에서 있는 대로 고른 것은?

【 보기 】
ㄱ. 광자 1개의 에너지는 b가 a보다 크다.
ㄴ. a는 전자가 $n=3$에서 $n=2$로 전이할 때 방출된다.
ㄷ. 수소와 헬륨 원자의 선 스펙트럼이 다른 까닭은 에너지 준위 사이의 간격이 서로 다르기 때문이다.

① ㄱ   ② ㄷ   ③ ㄱ, ㄴ
④ ㄴ, ㄷ   ⑤ ㄱ, ㄴ, ㄷ

271

그림은 원자 내의 전자가 갖는 에너지 준위를 계단에 비유하여 설명하는 모습을 나타낸 것이다.

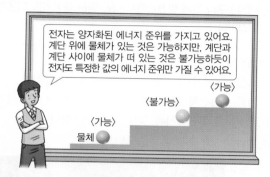

전자는 양자화된 에너지 준위를 가지고 있어요. 계단 위에 물체가 있는 것은 가능하지만, 계단과 계단 사이에 물체가 떠 있는 것은 불가능하듯이 전자도 특정한 값의 에너지 준위만 가질 수 있어요.

이에 대한 설명으로 옳은 것만을 [보기]에서 있는 대로 고른 것은?

[보기]

ㄱ. 전자의 에너지 준위는 불연속적이다.
ㄴ. 전자가 높은 에너지 준위로 전이하려면 에너지를 흡수해야 한다.
ㄷ. 전자가 낮은 에너지 준위로 전이할 때 방출되는 빛의 스펙트럼은 선 스펙트럼이다.

① ㄱ   ② ㄷ   ③ ㄱ, ㄴ
④ ㄴ, ㄷ   ⑤ ㄱ, ㄴ, ㄷ

272 수능기출 변형

오른쪽 그림은 보어의 수소 원자 모형을 나타낸 것으로, n은 양자수이다. 이에 대한 설명으로 옳은 것만을 [보기]에서 있는 대로 고른 것은?

[보기]

ㄱ. 전자의 에너지는 전자가 바닥상태에 있을 때 가장 크다.
ㄴ. 원자핵과 전자 사이에는 쿨롱 법칙을 따르는 힘이 작용한다.
ㄷ. 전자가 방출하는 빛의 진동수는 전자가 $n=3$인 궤도에서 $n=2$인 궤도로 전이할 때가 $n=2$인 궤도에서 $n=1$인 궤도로 전이할 때보다 크다.

① ㄱ   ② ㄴ   ③ ㄱ, ㄷ
④ ㄴ, ㄷ   ⑤ ㄱ, ㄴ, ㄷ

273

그림은 보어의 수소 원자 모형에서 전자의 전이 a, b, c를, 표는 a, b, c가 일어날 때 방출되는 빛의 파장과 광자 1개의 에너지를 나타낸 것이다. n은 양자수이다.

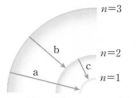

전이	파장	광자 1개의 에너지
a	λ_a	E_a
b	λ_b	E_b
c	λ_c	E_c

이에 대한 설명으로 옳은 것만을 [보기]에서 있는 대로 고른 것은?

[보기]

ㄱ. $\lambda_a > \lambda_c$이다.
ㄴ. $E_a = E_b + E_c$이다.
ㄷ. 전자의 에너지가 가장 많이 감소하는 전이 과정은 a이다.

① ㄱ   ② ㄴ   ③ ㄷ
④ ㄴ, ㄷ   ⑤ ㄱ, ㄴ, ㄷ

[274~275] 그림은 보어의 수소 원자 모형에서 수소 원자의 에너지 준위를 나타낸 것이다. 물음에 답하시오.(단, n은 양자수이다.)

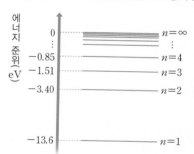

274

다음은 전자가 전이할 때 방출되는 빛에 대한 설명이다. ( ) 안에 들어갈 알맞은 말을 쓰시오.

전자가 전이할 때 파장이 가장 짧은 빛을 방출하는 경우는 $n=($ ㉠ $)$인 궤도에서 $n=($ ㉡ $)$인 궤도로 전이할 때이다.

275 🖋서술형

전자가 전이할 때 눈으로 관찰할 수 있는 전자기파를 방출하는 빛 중에서 최소 에너지를 가진 광자 1개의 에너지를 구하고, 그 까닭을 설명하시오.

276

그림은 수소 원자의 에너지 준위와 전자가 전이하면서 빛 a를 흡수한 후 b, c를 방출하는 모습을 나타낸 것이다. 빛 a, b, c의 진동수는 각각 f_a, f_b, f_c이다.

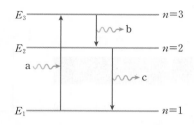

이에 대한 설명으로 옳은 것만을 [보기]에서 있는 대로 고른 것은?(단, h는 플랑크 상수이다.)

[보기]

ㄱ. $f_a = f_b + f_c$이다.

ㄴ. $f_c = \dfrac{E_2 - E_1}{h}$이다.

ㄷ. 광자 1개의 에너지는 c가 b보다 크다.

① ㄱ   ② ㄴ   ③ ㄱ, ㄷ

④ ㄴ, ㄷ   ⑤ ㄱ, ㄴ, ㄷ

277

필수 유형 ⌚ 63쪽 빈출 자료 ②

그림 (가)는 보어의 수소 원자 모형에서 양자수 n에 따른 에너지 준위와 전자의 전이 a, b를 나타낸 것이다. 그림 (나)는 가열된 수소 원자에서 전자가 $n=2$인 궤도로 전이할 때 방출되는 빛의 선 스펙트럼을 파장에 따라 나타낸 것이다.

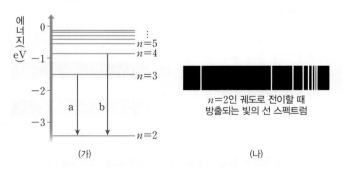

$n=2$인 궤도로 전이할 때
방출되는 빛의 선 스펙트럼

(가)   (나)

이에 대한 설명으로 옳은 것만을 [보기]에서 있는 대로 고른 것은?

[보기]

ㄱ. 방출되는 빛의 파장은 a에서가 b에서보다 길다.

ㄴ. (나)에서 방출되는 빛은 적외선, 가시광선 영역이다.

ㄷ. (나)에서 오른쪽으로 갈수록 방출되는 빛의 진동수가 작다.

① ㄱ   ② ㄴ   ③ ㄱ, ㄷ

④ ㄴ, ㄷ   ⑤ ㄱ, ㄴ, ㄷ

278

그림은 보어의 수소 원자 모형에서 양자수 n에 따른 전자의 궤도와 전자의 전이 a, b, c를 나타낸 것이다. a, b, c에서 흡수하거나 방출하는 빛의 파장은 각각 λ_a, λ_b, λ_c이며, n에 따른 에너지 준위는 E_n이다.

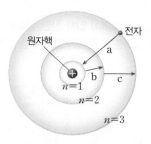

이에 대한 설명으로 옳은 것만을 [보기]에서 있는 대로 고른 것은?

[보기]

ㄱ. a에서 빛을 방출한다.

ㄴ. $\dfrac{1}{\lambda_a} = \dfrac{1}{\lambda_b} + \dfrac{1}{\lambda_c}$이다.

ㄷ. $\dfrac{\lambda_a}{\lambda_b} = \dfrac{E_3 - E_1}{E_3 - E_2}$이다.

① ㄱ   ② ㄷ   ③ ㄱ, ㄴ

④ ㄴ, ㄷ   ⑤ ㄱ, ㄴ, ㄷ

279 ✏️서술형

그림은 백열전구에서 방출된 빛을 저온의 수소 기체에 통과시켜 만든 발머 계열의 흡수 스펙트럼을 나타낸 것이다. a는 $n=2$에서 $n=3$으로 전이할 때 흡수한 광자에 의해 나타낸 선이다. 표는 양자수(n)에 따른 E_n을 나타낸 것이다.

양자수(n)	E_n(eV)
1	-13.6
2	-3.40
3	-1.51
4	-0.85

b를 만드는 전자의 전이 과정을 설명하고, 이때 흡수한 광자 1개의 에너지를 구하시오.

1등급 완성 문제

» 바른답·알찬풀이 **40**쪽

280 정답률 40%

그림 (가)는 러더퍼드의 알파(α) 입자 산란 실험을 모식적으로 나타낸 것이고, (나)는 형광 스크린에 감지된 입자 수를 산란각 θ에 따라 나타낸 것이다.

(가)

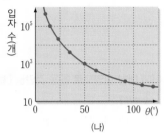

(나)

이에 대한 설명으로 옳은 것만을 [보기]에서 있는 대로 고른 것은?

[보기]

ㄱ. 알파(α) 입자를 산란시킨 입자는 (−)전하를 띤다.

ㄴ. 소수의 알파(α) 입자가 큰 각도로 산란되었음을 알 수 있다.

ㄷ. 실험을 통해 발견된 입자는 원자 대부분의 부피를 차지한다.

① ㄱ   ② ㄴ   ③ ㄱ, ㄷ   ④ ㄴ, ㄷ   ⑤ ㄱ, ㄴ, ㄷ

281 정답률 35% 수능기출 변형

그림 (가)는 분광기로 수소 기체 방전관에서 나온 빛, 저온 기체를 통과한 백열등 빛, 흰색이 표현된 컬러 LCD 화면에서 나오는 빛, 백열등에서 나오는 빛의 스펙트럼을 관찰하는 모습을 나타낸 것이고, (나)의 A, B, C, D는 (가)의 관찰 결과를 순서 없이 나타낸 것이다. 저온 기체관에는 한 종류의 기체만 들어 있고, 스펙트럼은 가시광선의 전체 영역을 나타낸다.

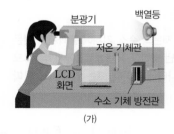

(가)

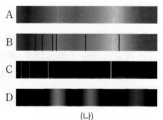

(나)

이에 대한 설명으로 옳은 것만을 [보기]에서 있는 대로 고른 것은?

[보기]

ㄱ. 저온 기체관에는 수소 기체가 들어 있다.

ㄴ. 백열등에서 나온 빛의 스펙트럼은 A이다.

ㄷ. LCD 화면에서 나온 빛의 스펙트럼은 D이다.

① ㄱ   ② ㄴ   ③ ㄷ   ④ ㄴ, ㄷ   ⑤ ㄱ, ㄴ, ㄷ

282 정답률 25%

그림 (가)는 수소 원자에서 나타난 선 스펙트럼의 일부분을 파장에 따라 나타낸 것이다. 그림 (나)는 보어의 수소 원자 모형에서 전자가 전이하면서 파장이 각각 λ_1, λ_2, λ_3인 빛을 방출하는 것을 나타낸 것이다. n은 양자수이다.

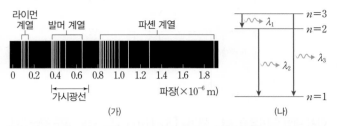

(가)   (나)

(나)에 대한 설명으로 옳은 것만을 [보기]에서 있는 대로 고른 것은?

[보기]

ㄱ. 파장이 λ_1인 빛은 (가)에서 가시광선 영역에 해당한다.

ㄴ. 광자 1개의 에너지는 파장이 λ_1인 빛이 파장이 λ_2인 빛보다 작다.

ㄷ. 파장이 λ_3인 빛은 (가)에서 파셴 계열에 있으며, 적외선 영역에 해당한다.

① ㄱ   ② ㄷ   ③ ㄱ, ㄴ

④ ㄱ, ㄷ   ⑤ ㄴ, ㄷ

283 정답률 30% 수능기출 변형

그림 (가)는 보어의 수소 원자 모형에서 양자수 n에 따른 에너지 준위와 전자의 전이 과정의 일부를 나타낸 것이다. 그림 (나)는 (가)에서 나타나는 방출과 흡수 스펙트럼을 파장에 따라 나타낸 것이다. 스펙트럼 b는 ㉠에 의해 나타난다.

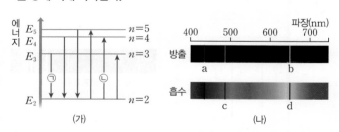

(가)   (나)

이에 대한 설명으로 옳은 것만을 [보기]에서 있는 대로 고른 것은?

[보기]

ㄱ. 방출 또는 흡수하는 광자 1개의 에너지는 a~d 중 a가 가장 크다.

ㄴ. b에서 방출하는 에너지와 d에서 흡수하는 에너지는 같다.

ㄷ. c는 ㉡에 의해 나타난 스펙트럼선이다.

① ㄱ   ② ㄴ   ③ ㄱ, ㄷ

④ ㄴ, ㄷ   ⑤ ㄱ, ㄴ, ㄷ

284 (정답률 35%)

그림은 보어의 수소 원자 모형에서 양자수 $n=1, 2, 3, 4$인 전자의 궤도 일부와 전자의 전이 a, b를 나타낸 것이다. 표는 양자수 n에 따른 원자핵과 전자 사이의 거리를 나타낸 것이다.

양자수	원자핵과 전자 사이의 거리
$n=2$	$4r$
$n=3$	$9r$

이에 대한 설명으로 옳은 것만을 [보기]에서 있는 대로 고른 것은?

[보기]
ㄱ. 방출되는 빛의 파장은 a에서가 b에서보다 길다.
ㄴ. 방출되는 광자 1개의 에너지는 a에서가 b에서보다 크다.
ㄷ. 전자가 원자핵으로부터 받는 전기력의 크기는 $n=3$일 때가 $n=2$일 때의 $\frac{16}{81}$ 배이다.

① ㄱ   ② ㄴ   ③ ㄷ
④ ㄴ, ㄷ   ⑤ ㄱ, ㄴ, ㄷ

285 (정답률 25%) ⭐신유형

그림 (가)는 보어의 수소 원자 모형에서 양자수 n에 따른 에너지 준위와 전자의 전이를 나타낸 것이다. a, b, c는 전자가 $n=3$인 궤도에서 $n=2$인 궤도로, $n=4$인 궤도에서 $n=2$인 궤도로, $n=4$인 궤도에서 $n=3$인 궤도로 각각 전이할 때 방출되는 빛이다. 그림 (나)는 (가)에서의 a, b, c를 같은 경로로 프리즘에 입사시켰을 때, 흰 종이에서 2개의 빛이 관찰된 모습을 나타낸 것이다. P, Q는 두 빛이 각각 관찰된 위치이다.

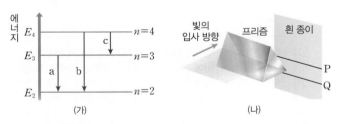

(가)   (나)

이에 대한 설명으로 옳은 것만을 [보기]에서 있는 대로 고른 것은?(단, 프리즘에서 빛은 파장이 짧을수록 더 크게 굴절된다.)

[보기]
ㄱ. P에서 관찰된 빛은 a이다.
ㄴ. 광자 1개당 에너지는 c가 a보다 크다.
ㄷ. Q에서 관찰된 빛은 a, b, c 중 진공에서 파장이 가장 짧은 빛이다.

① ㄱ   ② ㄴ   ③ ㄷ
④ ㄱ, ㄷ   ⑤ ㄱ, ㄴ, ㄷ

🎯 서술형 문제

286 (정답률 25%)

그림과 같이 x축상에 세 점전하 A, B, C가 서로 같은 간격으로 고정되어 있다. A, B, C의 전하량의 크기는 각각 Q, q, Q이고, $Q<q$이다. A, C에 작용하는 전기력의 크기는 각각 F_A, F_C이다.

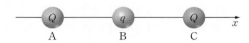

$F_A : F_C = 9 : 7$일 때, q는 Q의 몇 배인지 풀이 과정과 함께 구하시오.

287 (정답률 30%)

표는 보어의 수소 원자 모형에서 전자가 전이할 때 방출하는 빛의 일부를 나타낸 것이다. 양자수 $n=1$일 때 전자의 에너지 준위는 E_1이고, n에 따른 전자의 에너지 준위 $E_n = -\frac{E_1}{n^2}(E_1>0)$이다.

전이 전 양자수	전이 후 양자수	전이 과정에서 방출된 빛
3	2	a
2	1	b

b에서 방출된 빛의 진동수가 f_0일 때, a에서 방출된 빛의 진동수를 풀이 과정과 함께 구하시오.

288 (정답률 35%)

그림은 수소 원자의 에너지 준위와 수소 원자에서 발생하는 스펙트럼에 따른 빛을 파장별로 모아 계열을 표시한 것이다.

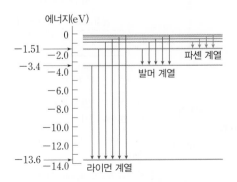

라이먼 계열에서 파장이 가장 짧은 빛과 가장 긴 빛의 파장을 각각 λ_1, λ_2라고 할 때, $\lambda_1 : \lambda_2$를 풀이 과정과 함께 구하시오.

08 에너지띠와 반도체

꼭 알아야 할 핵심 개념
- ☑ 전기 전도성
- ☑ 도체, 절연체, 반도체
- ☑ p형 반도체, n형 반도체
- ☑ 다이오드

1 에너지띠

1 고체 원자의 에너지 준위 고체는 기체와 달리 많은 수의 원자들이 매우 가까이 있어 인접한 원자들이 전자의 궤도에 영향을 주므로 파울리 배타 원리에 따라 전자의 에너지 준위가 미세한 차이로 나누어지게 된다. ─한 원자에서 같은 양자 상태에 2개 이상의 전자들이 함께 존재할 수 없다.

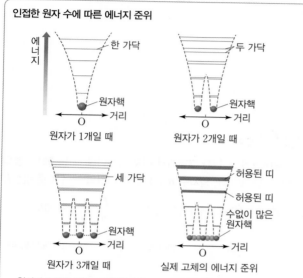

인접한 원자 수에 따른 에너지 준위

원자가 1개일 때 / 원자가 2개일 때 / 원자가 3개일 때 / 실제 고체의 에너지 준위

- 원자가 1개일 때는 기체 원자의 에너지 준위처럼 명확한 선으로 구분된다.
  기체는 원자 사이가 멀어 서로 영향을 주지 않으므로 같은 종류의 원자는 모두 전자의 에너지 준위 분포가 동일하다.
- 인접한 원자가 2개, 3개, …로 많아지면 전자의 에너지 준위가 겹치지 않도록 미세한 차를 두면서 존재한다.
- 고체처럼 인접한 원자의 수가 매우 많으면 에너지 준위가 거의 연속적인 띠 모양을 이루게 되는데, 이를 에너지띠라고 한다.

2 고체의 에너지띠 구조 에너지 준위가 매우 가깝게 존재하여 연속적인 띠 모양을 이룬다.

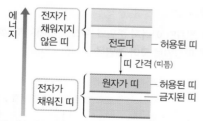

원자들은 낮은 에너지띠부터 전자를 우선적으로 채우며, 에너지가 높은 에너지띠는 전자가 없어 비어 있는 상태가 된다.

허용된 띠	원자가 띠	전자가 채워져 있는 에너지띠 중 원자가 전자가 차지하는 에너지띠
	전도띠	원자가 띠 바로 위에 있는 에너지띠로 전자가 없는 에너지띠
띠 간격(띠틈)		원자가 띠와 전도띠 사이에 전자가 존재할 수 없는 에너지 영역 → 고체의 전기 전도성을 결정하는 중요한 요인이다.

3 고체의 전기 전도성

① **전기 전도성**: 물질의 전기적인 성질을 나타내는 것으로, 전기가 통하는 정도이다. 전기 전도성에 따라 도체, 반도체, 절연체로 분류한다.

→ 전기 전도성을 정량적으로 나타내는 물리량을 전기 전도도라고 하며, 전기 전도도가 클수록 전류가 잘 흐른다.

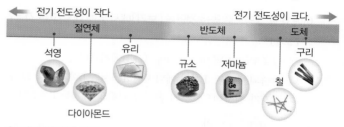

전기 전도성이 작다. ← → 전기 전도성이 크다.

절연체 / 반도체 / 도체

석영 / 유리 / 규소 / 저마늄 / 구리 / 다이아몬드 / 철

② **자유 전자와 양공**

자유 전자	원자가 띠에 있다가 전도띠로 전이된 전자로, 작은 에너지만 공급해 주어도 원자 사이를 옮겨 다닐 수 있다.
양공	전자가 전도띠로 전이함에 따라 원자가 띠에 생긴 구멍으로, (+)전하의 성질을 띤다.

전도띠 / 자유 전자 / 띠 간격 / 원자가 띠 / 양공

빈출 자료 ① **고체의 종류와 전기 전도성**

표는 여러 고체의 에너지띠 구조와 전기 전도성을 비교한 것이다.

도체	절연체(부도체)	반도체
전도띠 / 원자가 띠	전도띠 / 띠 간격 / 원자가 띠	전도띠 / 띠 간격 / 원자가 띠
원자가 띠와 전도띠 사이에 띠 간격이 없어 전자가 약간의 에너지만 흡수해도 전도띠로 이동하여 전류가 잘 흐른다.	원자가 띠와 전도띠 사이에 띠 간격이 매우 넓어 전도띠로 전자가 이동하기 어렵기 때문에 전류가 거의 흐르지 않는다.	원자가 띠와 전도띠 사이에 띠 간격이 좁아 적당한 에너지를 흡수하면 전자가 전도띠로 이동할 수 있어 전류가 흐를 수 있다.
전기 전도성이 크다.	전기 전도성이 매우 작다.	전기 전도성이 도체와 절연체의 중간 정도이다.
예 은, 구리, 알루미늄, 철 등	**예** 나무, 고무, 유리, 석영, 다이아몬드 등	**예** 규소, 저마늄 등

┌온도가 높아지면 원자들의 진동이 활발해져 자유 전자와 충돌 횟수가 증가하므로 비저항이 증가하여 전기 전도성이 작아진다.

┌온도가 높을수록 반도체의 전기 전도성이 커지는데, 그 까닭은 온도가 높을수록 원자가 띠에 있는 전자가 전도띠로 더 많이 전이하여 양공과 자유 전자가 많아지기 때문이다.

필수 유형 여러 고체의 에너지띠 구조에 따른 전기 전도성을 비교하여 묻는 문제가 출제된다.
🔎 72쪽 300번

1 반도체의 종류와 특징

① 순수 반도체(고유 반도체): 불순물이 섞이지 않은 반도체 <small>전류가 잘 흐르지 않는다.</small>

　예 원자가 전자가 4개인 규소(Si), 저마늄(Ge) 등

▲ 규소(Si)의 구조

② 불순물 반도체: 순수 반도체에 불순물을 첨가(도핑)한 반도체

　예 p형 반도체, n형 반도체 <small>불순물 첨가로 남는 전자나 양공이 생겨 전류가 잘 흐른다.</small>

빈출 자료②　p형 반도체와 n형 반도체

표는 p형 반도체와 n형 반도체의 특징을 비교한 것이다.

p형 반도체	n형 반도체
불순물은 원자가 전자가 3개인 원소 예 갈륨(Ga), 붕소(B), 인듐(In) 등	불순물은 원자가 전자가 5개인 원소 예 인(P), 비소(As), 안티모니(Sb) 등
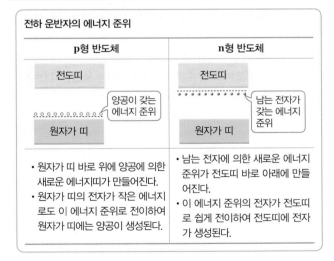	
원자가 전자가 4개인 규소(Si)에 원자가 전자가 3개인 인듐(In)을 첨가하면, 원자 사이의 결합에 전자 1개가 부족하게 되어 빈자리인 양공이 생긴다.	원자가 전자가 4개인 규소(Si)에 원자가 전자가 5개인 비소(As)를 첨가하면, 공유 결합에 참여하지 않고 남는 전자가 생긴다.
주로 양공이 전하 운반자의 역할을 한다.	주로 전자가 전하 운반자의 역할을 한다.

필수 유형 p형 반도체와 n형 반도체의 특징을 묻는 문제가 출제된다.

🔗 75쪽 313번

전하 운반자의 에너지 준위

p형 반도체	n형 반도체
전도띠 양공이 갖는 에너지 준위 원자가 띠	전도띠 남는 전자가 갖는 에너지 준위 원자가 띠
• 원자가 띠 바로 위에 양공에 의한 새로운 에너지띠가 만들어진다. • 원자가 띠의 전자가 작은 에너지로도 이 에너지 준위로 전이하여 원자가 띠에는 양공이 생성된다.	• 남는 전자에 의한 새로운 에너지 준위가 전도띠 바로 아래에 만들어진다. • 이 에너지 준위의 전자가 전도띠로 쉽게 전이하여 전도띠에 전자가 생성된다.

---

2 다이오드

① p-n 접합 다이오드: p형 반도체와 n형 반도체를 접합하여 만든 반도체 소자로, 전류를 한쪽 방향으로만 흐르게 하는 정류 작용을 한다.

(+) ▶|(−)

▲ p-n 접합 다이오드의 회로 기호

빈출 자료③　p-n 접합 다이오드의 연결

표는 p-n 접합 다이오드의 연결 방향을 비교한 것이다.

순방향 연결(순방향 바이어스)	역방향 연결(역방향 바이어스)
p형 반도체에 전원의 (+)극을, n형 반도체에 전원의 (−)극을 연결한다.	p형 반도체에 전원의 (−)극을, n형 반도체에 전원의 (+)극을 연결한다.
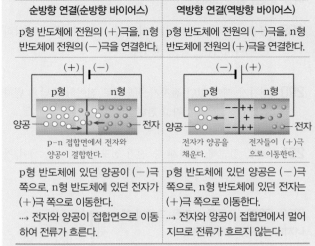	
p-n 접합면에서 전자와 양공이 결합한다.	전자가 양공을 채운다. / 전자들이 (+)극으로 이동한다.
p형 반도체에 있던 양공이 (−)극 쪽으로, n형 반도체에 있던 전자가 (+)극 쪽으로 이동한다. ┅→ 전자와 양공이 접합면으로 이동하여 전류가 흐른다.	p형 반도체에 있던 양공은 (−)극 쪽으로, n형 반도체에 있던 전자는 (+)극 쪽으로 이동한다. ┅→ 전자와 양공이 접합면에서 멀어지므로 전류가 흐르지 않는다.

필수 유형 p-n 접합 다이오드의 연결에 따른 원리와 작용을 묻는 문제가 출제된다.

🔗 76쪽 318번

---

② 다이오드의 정류 작용: 다이오드는 정류 작용을 이용하여 교류를 직류로 변환시킨다.

교류 입력　　　정류 회로　　　한쪽 방향으로만 흐르는 전류

• 입력 전압으로 교류를 걸어 주면 다이오드에서 p형 반도체에 (+)전압이 걸릴 때만 전류가 흐르기 때문에 한쪽으로만 걸리는 전압이 된다.

• 가정에는 교류가 공급되는데 가정에서 사용하는 전기 기구는 직류를 필요로 하는 경우가 대부분이므로 전기 기구의 내부에는 교류를 직류로 바꾸어 주는 장치가 들어 있다.

③ 다이오드의 이용

• 발광 다이오드(LED): 순방향 전압을 걸어 주면 전도띠에 있던 전자가 원자가 띠의 양공으로 전이하면서 띠 간격에 해당하는 만큼의 에너지를 가진 빛이 방출된다. ➡ 반도체의 띠 간격에 따라 방출되는 빛의 색깔이 달라진다.

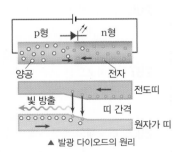

▲ 발광 다이오드의 원리

• 광 다이오드(Photo Diode): 빛을 비출 때 빛 신호를 전기 신호로 변환하는 반도체 소자이다.

➡ 광센서, 화재 감지기, 조도계, 광통신, 자동문, 리모컨 등에 이용된다.

기출 분석 문제

1 | 에너지띠

[289~291] 다음은 에너지띠에 대한 설명이다. ( ) 안에 들어갈 알맞은 말을 쓰시오.

289 전자가 채워져 있는 에너지띠 중 가장 바깥쪽에 해당하는 에너지띠는 ( )이다.

290 원자가 띠에 있던 전자가 전도띠로 전이하고 남은 빈자리를 ( )(이)라고 한다.

291 도체, 절연체, 반도체 중 전기 전도성은 ( )이/가 가장 크고, ( )이/가 가장 작다.

[292~293] 오른쪽 그림은 고체의 에너지띠 구조를 나타낸 것이다.

292 에너지 준위 영역 (가), (나), (다)의 명칭을 쓰시오.

293 ㉠원자의 가장 바깥쪽에 해당하는 전자(원자가 전자)가 차지하는 에너지띠와 ㉡전자가 존재할 수 없는 영역의 기호를 쓰시오.

[294~297] 반도체에 대한 설명으로 옳은 것은 ○표, 옳지 않은 것은 ×표 하시오.

294 순수 반도체를 도핑한 불순물 반도체는 순수 반도체에 비해 전기 전도성이 작다. ( )

295 p형 반도체에서는 주로 전자가 전하 운반자의 역할을 하며, n형 반도체에서는 주로 양공이 전하 운반자의 역할을 한다. ( )

296 p-n 접합 다이오드에서 p형 반도체에 (+)극을, n형 반도체에 (−)극을 연결하면 전류가 흐른다. ( )

297 다이오드는 교류를 직류로 바꾸는 작용을 한다. ( )

298 반도체의 종류와 특징을 옳게 연결하시오.
(1) 순수 반도체 •　　• ㉠ 규소(Si)만으로 이루어져 있다.
(2) p형 반도체 •　　• ㉡ 규소(Si)와 인(P)으로 이루어져 있다.
(3) n형 반도체 •　　• ㉢ 규소(Si)와 붕소(B)로 이루어져 있다.

299

원자에 속해 있는 전자들의 에너지 준위가 양자화되어 있다는 증거가 되는 것만을 [보기]에서 있는 대로 고른 것은?

┌─[보기]─────────────────────┐
ㄱ. 고온의 기체로부터 방출된 스펙트럼은 선 스펙트럼이다.
ㄴ. 온도가 낮은 기체에 빛을 통과시키면 검은 선이 나타난다.
ㄷ. 고체에는 이웃한 에너지띠 사이에 전자가 존재할 수 없는 영역이 있다.
└───────────────────────────┘

① ㄱ　　　　② ㄷ　　　　③ ㄱ, ㄴ
④ ㄴ, ㄷ　　　⑤ ㄱ, ㄴ, ㄷ

[300~301] 그림 (가)~(다)는 도체, 반도체, 절연체의 에너지띠 구조를 순서 없이 나타낸 것이다. 물음에 답하시오.

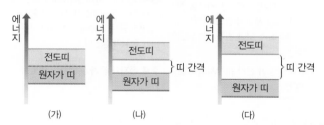

300
필수 유형 ⟋ 70쪽 빈출 자료 ①

이에 대한 설명으로 옳은 것만을 [보기]에서 있는 대로 고른 것은?

┌─[보기]─────────────────────┐
ㄱ. 전기 전도성이 가장 큰 물질은 (가)이다.
ㄴ. 전자가 전도띠로 전이하기가 가장 어려운 물질은 (나)이다.
ㄷ. (다)의 전자는 약간의 에너지만 흡수하여도 고체 안에서 자유롭게 이동할 수 있다.
└───────────────────────────┘

① ㄱ　　　　② ㄷ　　　　③ ㄱ, ㄴ
④ ㄴ, ㄷ　　　⑤ ㄱ, ㄴ, ㄷ

301 ✏ 서술형

위 그림과 같은 에너지띠 구조에서 전도띠와 띠 간격(띠틈)을 전자와 관련지어 설명하시오.

302

그림 (가), (나)는 구리 원자가 1개일 때와 구리 원자가 매우 많이 있을 때의 에너지 준위를 순서대로 나타낸 것이다. (나)의 A와 C는 허용된 띠이다.

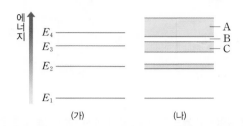

이에 대한 설명으로 옳은 것만을 [보기]에서 있는 대로 고른 것은?

[보기]

ㄱ. (가)는 기체 원자의 에너지 준위와 비슷하다.
ㄴ. (나)의 B는 띠 간격(띠틈)이다.
ㄷ. (나)의 C에 있던 전자가 A로 전이하기 위해서는 에너지를 흡수해야 한다.

① ㄱ   ② ㄷ   ③ ㄱ, ㄴ
④ ㄴ, ㄷ   ⑤ ㄱ, ㄴ, ㄷ

303

그림 (가)는 고체 원자들에 의한 에너지띠를 모형으로 나타낸 것이고, (나)는 고체 A, B의 전도띠와 원자가 띠의 간격을 상대적으로 나타낸 것이다.

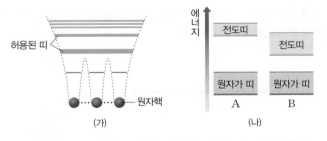

이에 대한 설명으로 옳은 것만을 [보기]에서 있는 대로 고른 것은?

[보기]

ㄱ. (가)에서 허용된 띠는 인접한 원자의 수가 많아짐에 따라 에너지 준위가 겹쳐져 형성된 것이다.
ㄴ. (나)에서 띠 간격에 존재하는 전자는 A가 B보다 많다.
ㄷ. (나)에서 띠 간격이 좁을수록 전자의 이동이 쉽다.

① ㄱ   ② ㄴ   ③ ㄷ
④ ㄱ, ㄷ   ⑤ ㄴ, ㄷ

304 수능기출 변형

그림은 고체 A의 에너지띠 구조를 절대 온도에 따라 나타낸 것이다. 색칠한 부분은 0 K에서 전자가 차 있는 에너지띠를 나타낸 것이다.

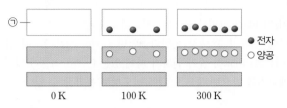

이에 대한 설명으로 옳은 것만을 [보기]에서 있는 대로 고른 것은?

[보기]

ㄱ. A는 도체이다.
ㄴ. ㉠은 전도띠이다.
ㄷ. 온도가 높을수록 A의 전기 전도성이 커진다.

① ㄱ   ② ㄴ   ③ ㄷ
④ ㄴ, ㄷ   ⑤ ㄱ, ㄴ, ㄷ

305

다음은 어떤 고체 물질에 대한 설명이다.

오른쪽 그림과 같이 전자가 모두 채워져 있는 원자가 띠와 전자가 채워져 있지 않은 전도띠 사이의 띠 간격(띠틈)이 절연체보다 비교적 좁아서 외부에서 에너지를 얻으면 전자가 전도띠로 올라가 전류를 잘 흐르게 할 수 있다.

이 고체 물질에 대한 설명으로 옳은 것만을 [보기]에서 있는 대로 고른 것은?

[보기]

ㄱ. 반도체이다.
ㄴ. 규소(Si)는 이 물질에 해당한다.
ㄷ. 띠 간격(띠틈)은 도체보다 좁다.

① ㄱ   ② ㄷ   ③ ㄱ, ㄴ
④ ㄴ, ㄷ   ⑤ ㄱ, ㄴ, ㄷ

306

다음은 고체의 전기적 성질에 대한 설명이다.

(㉠)은/는 띠 간격(띠틈)이 넓어서 원자가 띠의 (㉡) 이/가 띠 간격(띠틈)을 넘어 전도띠로 쉽게 이동할 수 없기 때문에 전류가 흐르지 못한다. 반면 (㉢)은/는 띠 간격 (띠틈)이 비교적 좁아 원자가 띠에 있는 (㉡)들이 열이나 에너지를 받으면 들뜨게 되어 전도띠로 올라갈 수 있다.

( ) 안에 들어갈 알맞은 말을 옳게 짝 지은 것은?

	㉠	㉡	㉢
①	도체	전자	반도체
②	반도체	양공	도체
③	반도체	전자	절연체
④	절연체	양공	반도체
⑤	절연체	전자	반도체

307

그림은 고체의 수많은 원자들이 매우 가깝게 위치하여 만들어 지는 에너지띠 구조를 나타낸 것이다.

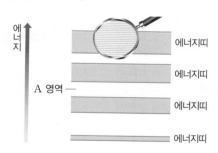

이에 대한 설명으로 옳은 것만을 [보기]에서 있는 대로 고른 것은?

[보기]
ㄱ. 에너지띠는 수많은 에너지 준위로 이루어져 있다.
ㄴ. 이웃한 에너지띠 사이가 좁아지면 A 영역에도 전자가 존재할 수 있다.
ㄷ. 에너지띠에 전자가 채워질 때는 에너지 준위가 낮은 아래부터 순서대로 전자가 채워진다.

① ㄴ   ② ㄷ   ③ ㄱ, ㄴ
④ ㄱ, ㄷ   ⑤ ㄱ, ㄴ, ㄷ

308 수능모의평가기출 변형

그림 (가), (나)는 반도체의 원자가 띠와 전도띠 사이에서 전자가 전이하는 과정을 나타낸 것이다. (나)에서는 에너지가 방출된다.

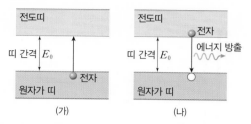

이에 대한 설명으로 옳은 것만을 [보기]에서 있는 대로 고른 것은?

[보기]
ㄱ. (가)에서 전자는 에너지를 흡수한다.
ㄴ. (나)에서 방출하는 에너지는 E_0보다 작다.
ㄷ. (나)에서 원자가 띠에 있는 전자의 에너지는 모두 같다.

① ㄱ   ② ㄴ   ③ ㄱ, ㄷ
④ ㄴ, ㄷ   ⑤ ㄱ, ㄴ, ㄷ

309

그림 (가)는 고체 A, 규소(Si), 고체 B의 전기 전도성을 상대적으로 나타낸 것이고, (나)는 규소의 에너지띠 구조를 나타낸 것이다. A와 B는 각각 도체와 절연체 중 하나이다.

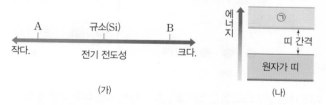

이에 대한 설명으로 옳은 것만을 [보기]에서 있는 대로 고른 것은?

[보기]
ㄱ. A는 도체이다.
ㄴ. (나)에서 ㉠은 전도띠이다.
ㄷ. B는 온도가 높아지면 전기 전도성이 커진다.

① ㄱ   ② ㄴ   ③ ㄱ, ㄷ
④ ㄴ, ㄷ   ⑤ ㄱ, ㄴ, ㄷ

310

그림은 규소와 다이아몬드의 에너지띠 구조를 나타낸 것이다.

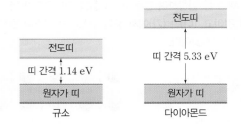

이에 대한 설명으로 옳은 것만을 [보기]에서 있는 대로 고른 것은?

[보기]
ㄱ. 전기 전도성은 규소가 다이아몬드보다 크다.
ㄴ. 원자가 띠에 있는 전자들의 에너지 준위는 모두 같다.
ㄷ. 다이아몬드의 원자가 띠에 있는 전자가 5 eV의 에너지를 흡수하면 전도띠로 이동할 수 있다.

① ㄱ   ② ㄴ   ③ ㄷ   ④ ㄱ, ㄷ   ⑤ ㄴ, ㄷ

311

다음은 상온에서 실시한 고체의 전기 전도성에 대한 실험이다.

[실험 과정]
(가) 그림과 같이 동일한 모양의 나무 막대와 규소(Si) 막대를 준비하고 회로를 구성한다.

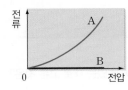

(나) 두 집게를 나무 막대의 양 끝 또는 규소 막대의 양 끝에 연결한 후, 전원의 전압을 증가시키면서 막대에 흐르는 전류를 측정한다.

[실험 결과]

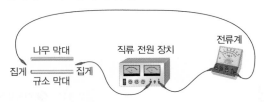

A, B는 나무 막대 또는 규소 막대에 연결했을 때의 결과이다.

이에 대한 설명으로 옳은 것만을 [보기]에서 있는 대로 고른 것은?

[보기]
ㄱ. 전기 전도성은 나무가 규소보다 크다.
ㄴ. A는 규소 막대를 연결했을 때의 결과이다.
ㄷ. 상온에서 전도띠로 전이한 전자의 수는 규소 막대에서가 나무 막대에서보다 많다.

① ㄱ   ② ㄴ   ③ ㄷ   ④ ㄴ, ㄷ   ⑤ ㄱ, ㄴ, ㄷ

312

다음은 반도체에 대한 설명이다.

어떠한 불순물도 섞이지 않은 반도체를 순수 반도체라고 한다. 순수 반도체에 불순물을 첨가하여 반도체의 전자나 양공의 수를 조절하는 것을 (㉠)(이)라고 한다. 순수 반도체에 원자가 전자가 ⓐ 3개인 불순물을 첨가하면 p형 반도체가 되고, 원자가 전자가 (㉡)개인 불순물을 첨가하면 n형 반도체가 된다.

이에 대한 설명으로 옳은 것만을 [보기]에서 있는 대로 고른 것은?

[보기]
ㄱ. ㉠은 도핑이다.
ㄴ. ㉡은 4개이다.
ㄷ. ⓐ에는 인(P), 비소(As) 등이 있다.

① ㄱ   ② ㄷ   ③ ㄱ, ㄴ
④ ㄴ, ㄷ   ⑤ ㄱ, ㄴ, ㄷ

313

필수 유형 ⟋ 71쪽 빈출 자료 ②

그림 (가), (나)는 원소 A, C로 이루어진 순수 반도체에 불순물 B, D를 넣어 만든 반도체를 나타낸 것이다. 색이 채워진 점은 전자를, 색이 비어 있는 점은 양공을 나타낸다.

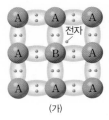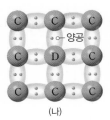

이에 대한 설명으로 옳은 것만을 [보기]에서 있는 대로 고른 것은?(단, A, B, C, D는 원소 기호와 무관하다.)

[보기]
ㄱ. A와 C 모두 원자가 전자는 4개이다.
ㄴ. 원자가 전자는 B가 D보다 많다.
ㄷ. (나)의 양공은 전류를 흐르지 못하게 한다.

① ㄱ   ② ㄷ   ③ ㄱ, ㄴ
④ ㄴ, ㄷ   ⑤ ㄱ, ㄴ, ㄷ

314 ✔서술형

그림은 반도체 A, B, C의 에너지띠 구조를 나타낸 것이다. A는 순수 반도체이고, B와 C는 불순물 반도체이다.

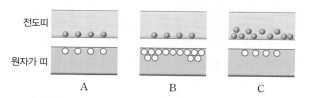

전도띠

원자가 띠

A   B   C

B, C의 반도체 종류를 근거를 들어 설명하고, B와 C를 접합하여 만든 전기 소자의 기능을 설명하시오.

315

그림은 p-n 접합 다이오드를 전원에 연결하였을 때 다이오드 내부의 양공과 전자가 이동하는 모습을 나타낸 것이다. p-n 접합면 근처에서 전자는 B에서 A로 이동한다.

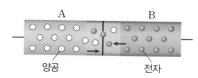

A   B

양공   전자

이에 대한 설명으로 옳은 것만을 [보기]에서 있는 대로 고른 것은?

[보기]
ㄱ. 다이오드에는 역방향 전압이 걸린 상태이다.
ㄴ. B는 n형 반도체이다.
ㄷ. A는 (+)극에, B는 (−)극에 연결되어 있다.

① ㄱ   ② ㄷ   ③ ㄱ, ㄴ
④ ㄴ, ㄷ   ⑤ ㄱ, ㄴ, ㄷ

316 ✔서술형

그림은 다이오드, 꼬마전구, 건전지의 회로 기호를 나타낸 것이다.

다이오드   꼬마전구   건전지

주어진 3가지 기호를 모두 이용하여 다이오드에 순방향 전압이 걸려 꼬마전구에 불이 켜진 상태의 회로도를 완성하시오.

317

그림 (가)는 규소(Si)에 불순물 a를 첨가한 반도체 X와 불순물 b를 첨가한 반도체 Y를 접합하여 만든 p-n 접합 다이오드가 연결된 회로를 나타낸 것이고, (나)는 (가)에서 Y를 구성하는 원소와 원자가 전자의 배열을 나타낸 것이다.

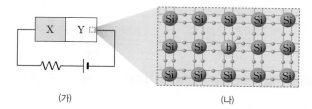

(가)   (나)

이에 대한 설명으로 옳은 것만을 [보기]에서 있는 대로 고른 것은?

[보기]
ㄱ. (가)에서 다이오드에는 순방향 전압이 걸려있다.
ㄴ. 원자가 전자는 a가 b보다 작다.
ㄷ. (가)에서 X 내부의 양공은 접합면에서 멀어진다.

① ㄱ   ② ㄷ   ③ ㄱ, ㄴ
④ ㄴ, ㄷ   ⑤ ㄱ, ㄴ, ㄷ

318   [필수 유형] ◢ 71쪽 빈출 자료 ③

그림 (가), (나)는 p-n 접합 다이오드에서 서로 반대 방향으로 전압을 걸어 주었을 때 양공과 전자의 이동 방향 및 분포를 나타낸 것이다.

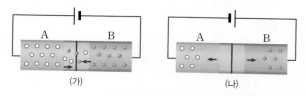

A   B   A   B

(가)   (나)

이에 대한 설명으로 옳은 것만을 [보기]에서 있는 대로 고른 것은?

[보기]
ㄱ. A는 p형 반도체이고, B는 n형 반도체이다.
ㄴ. (가)에서 시간이 지나면 전자와 양공은 접합면에서 멀어지는 쪽으로 이동한다.
ㄷ. (나)에서 시간이 지날수록 회로에 흐르는 전류의 세기는 증가한다.

① ㄱ   ② ㄷ   ③ ㄱ, ㄴ
④ ㄴ, ㄷ   ⑤ ㄱ, ㄴ, ㄷ

[319~320] 다음은 p-n 접합 다이오드의 특성을 알아보기 위한 실험이다. 물음에 답하시오.

[실험 과정]

(가) 그림과 같이 p-n 접합 다이오드 A와 B, 저항, 오실로스코프 I과 II, 스위치, 직류 전원, 교류 전원이 연결된 회로를 구성한다. X, Y는 각각 p형 반도체나 n형 반도체 중 하나이다.

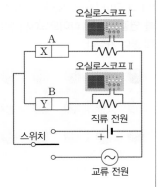

(나) 스위치를 직류 전원에 연결하여 I, II에 측정된 전압을 관찰한다.

(다) 스위치를 교류 전원에 연결하여 I, II에 측정된 전압을 관찰한다.

[실험 결과]

	오실로스코프 I	오실로스코프 II
(나)	전압 V_0, 0, $-V_0$ (시간)	전압 V_0, 0, $-V_0$ (시간)
(다)	전압 V_0, 0, $-V_0$ (시간)	㉠

319 수능기출 변형

이 실험에 대한 설명으로 옳은 것만을 [보기]에서 있는 대로 고른 것은?

[보기]

ㄱ. X는 p형 반도체이다.

ㄴ. (나)에서 A에는 순방향 전압이 걸려 있다.

ㄷ. (나)에서 Y의 전자는 p-n 접합면 쪽으로 이동한다.

① ㄱ ② ㄷ ③ ㄱ, ㄴ ④ ㄴ, ㄷ ⑤ ㄱ, ㄴ, ㄷ

320

㉠에 들어갈 그래프로 가장 적절한 것은?

① 전압 V_0, 0, $-V_0$ (시간)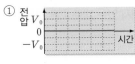

② 전압 V_0, 0, $-V_0$ (시간)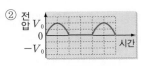

③ 전압 V_0, 0, $-V_0$ (시간)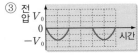

④ 전압 V_0, 0, $-V_0$ (시간)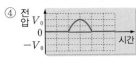

⑤ 전압 V_0, 0, $-V_0$ (시간)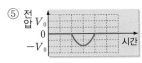

321 서술형

현재 발광 다이오드(LED)를 이용하여 각종 조명 장치나 빛의 효과를 이용한 장치를 만들어 사용하고 있다. 기존의 백열전구, 형광등과 같은 조명 장치에 비해 발광 다이오드(LED)를 이용한 조명 기구들을 이용할 때의 장점을 3가지 설명하시오.

322

오른쪽 그림과 같이 p-n 접합 다이오드, 꼬마전구 A~E를 이용하여 회로를 구성하였다. 이에 대한 설명으로 옳은 것만을 [보기]에서 있는 대로 고른 것은?

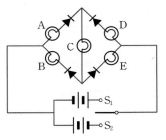

[보기]

ㄱ. 스위치를 S_1에 연결할 때 전류가 흐르는 전구는 3개이다.

ㄴ. 스위치를 S_2에 연결할 때 D에는 전류가 흐르지 않는다.

ㄷ. 스위치를 S_1 또는 S_2에 연결할 때 계속 전류가 흐르는 전구는 C이다.

① ㄱ ② ㄷ ③ ㄱ, ㄴ
④ ㄴ, ㄷ ⑤ ㄱ, ㄴ, ㄷ

323

그림 (가)는 p-n 접합 다이오드를 전지에 연결하여 전류가 흐를 때, 두 불순물 반도체 A, B에서 주요 전하 운반자인 ㉠과 ㉡이 움직이는 모습을 나타낸 것이다. 그림 (나)는 불순물 반도체의 에너지띠를 나타낸 것이다.

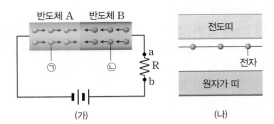

이에 대한 설명으로 옳은 것만을 [보기]에서 있는 대로 고른 것은?

[보기]

ㄱ. 저항에는 b → R → a 방향으로 전류가 흐른다.

ㄴ. ㉡의 에너지 준위는 ㉠의 에너지 준위보다 높다.

ㄷ. A, B 중 (나)와 같은 에너지띠를 만드는 반도체는 B이다.

① ㄱ ② ㄷ ③ ㄱ, ㄴ
④ ㄴ, ㄷ ⑤ ㄱ, ㄴ, ㄷ

324 (정답률 35%)

그림은 고체의 에너지띠 구조를 나타낸 것이고, 표는 물질 A, B, C의 띠 간격을 나타낸 것이다. A는 반도체이고, B와 C는 도체와 절연체 중 하나이다.

물질	띠 간격(eV)
A	E_0
B	(가)
C	$6E_0$

(그림: 전도띠 — 띠 간격 — 원자가 띠)

이에 대한 설명으로 옳은 것만을 [보기]에서 있는 대로 고른 것은?

[보기]

ㄱ. (가)는 E_0보다 작다.

ㄴ. 온도가 높을수록 A에서 양공의 수는 증가한다.

ㄷ. C의 전도띠에는 전자가 가득 채워져 있다.

① ㄱ   ② ㄷ   ③ ㄱ, ㄴ

④ ㄴ, ㄷ   ⑤ ㄱ, ㄴ, ㄷ

325 (정답률 40%)

오른쪽 그림은 발광 다이오드 (LED)에 전원을 연결하였을 때, 빛이 방출되는 원리를 모식적으로 나타낸 것이다. 이에 대한 설명으로 옳은 것만을 [보기]에서 있는 대로 고른 것은?

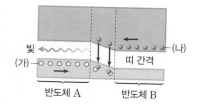

이에 대한 설명으로 옳은 것만을 [보기]에서 있는 대로 고른 것은?

[보기]

ㄱ. (가)는 양공, (나)는 전자이다.

ㄴ. 띠 간격이 넓을수록 방출되는 빛의 파장이 길다.

ㄷ. 반도체 A에는 (+)극을, B에는 (−)극을 연결해야 빛이 방출된다.

① ㄱ   ② ㄴ   ③ ㄱ, ㄷ

④ ㄴ, ㄷ   ⑤ ㄱ, ㄴ, ㄷ

326 (정답률 30%) 수능기출 변형

그림 (가)는 규소(Si)에 비소(As)를 첨가한 반도체 X와 규소(Si)에 붕소(B)를 첨가한 반도체 Y의 원자가 전자 배열을 나타낸 것이다. 그림 (나)와 같이 (가)의 X, Y를 이용하여 만든 다이오드에 저항과 전류계를 연결하고 광 다이오드에만 빛을 비추었더니 발광 다이오드(LED)에 불이 켜졌다.

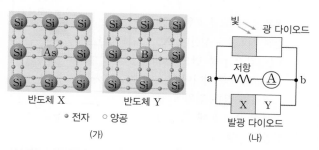

이에 대한 설명으로 옳은 것만을 [보기]에서 있는 대로 고른 것은?

[보기]

ㄱ. X는 n형 반도체이다.

ㄴ. 전류의 방향은 a → 저항 → b이다.

ㄷ. 광 다이오드에서는 빛에너지가 전기 에너지로 전환된다.

① ㄱ   ② ㄴ   ③ ㄷ

④ ㄱ, ㄷ   ⑤ ㄱ, ㄴ, ㄷ

327 (정답률 30%)

그림과 같이 저항, p−n 접합 다이오드, 직류 전원 장치로 구성된 회로에서 직선 도선 위에 나침반을 놓고 스위치를 연결하였더니 자침이 시계 방향으로 각 θ만큼 회전하였다. X, Y는 각각 p형 반도체와 n형 반도체 중 하나이다.

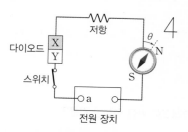

이에 대한 설명으로 옳은 것만을 [보기]에서 있는 대로 고른 것은?

[보기]

ㄱ. 전원 장치의 단자 a는 (+)극이다.

ㄴ. Y는 원자가 전자가 5개인 불순물로 도핑하여 만든다.

ㄷ. 회로에서 다이오드만 거꾸로 돌려 X를 a쪽에 연결하면 자침의 N극은 북서쪽을 가리킨다.

① ㄱ   ② ㄴ   ③ ㄱ, ㄴ

④ ㄱ, ㄷ   ⑤ ㄱ, ㄴ, ㄷ

328 (정답률 25%) 수능모의평가기출 변형

그림은 p-n 접합 다이오드 P와 Q, 저항, 전지를 이용하여 구성한 회로를 나타낸 것이다. A, B, C는 동일한 저항이며, X와 Y는 p형 반도체와 n형 반도체를 순서 없이 나타낸 것이다. A에는 화살표 방향으로 전류가 흐른다.

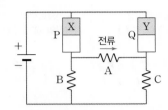

이에 대한 설명으로 옳은 것만을 [보기]에서 있는 대로 고른 것은?

[보기]
ㄱ. X는 p형 반도체이다.
ㄴ. 저항에 흐르는 전류의 세기는 A에서가 B에서보다 크다.
ㄷ. Y에 있는 전자는 접합면에서 멀어지는 방향으로 이동한다.

① ㄱ   ② ㄴ   ③ ㄷ
④ ㄱ, ㄷ   ⑤ ㄱ, ㄴ, ㄷ

329 (정답률 25%) ✪신유형

그림 (가)와 같이 p-n 접합 다이오드, 스위치 S_1, S_2, 전원 장치를 이용하여 회로를 구성하였다. A는 p형 반도체이다. 그림 (나)는 스위치를 S_1 또는 S_2에 연결할 때 회로에 흐르는 전류의 세기를 전원 장치의 전압에 따라 나타낸 것이다.

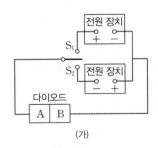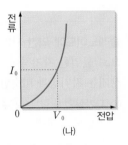

이에 대한 설명으로 옳은 것만을 [보기]에서 있는 대로 고른 것은?

[보기]
ㄱ. B는 원자가 전자가 5개인 원소로 도핑되어 있다.
ㄴ. (나)는 스위치를 S_2에 연결한 경우이다.
ㄷ. (나)에서 스위치를 다른 쪽에 연결하면 전압이 V_0일 때 전류의 값은 I_0보다 크다.

① ㄱ   ② ㄴ   ③ ㄷ
④ ㄱ, ㄷ   ⑤ ㄴ, ㄷ

🎓 서술형 문제

[330~331] 그림은 절연체와 도체의 에너지띠 구조를 나타낸 것이다. 물음에 답하시오.

330 (정답률 30%)

그림의 빈칸에 반도체의 에너지띠 구조를 그려 넣고, 그 구조의 특징을 간단히 설명하시오.

331 (정답률 30%)

순수 반도체의 경우 온도가 높아질수록 전기 전도성이 커지는데, 그 까닭을 반도체의 에너지띠 구조의 특징과 연관지어 설명하시오.

332 (정답률 25%)

그림과 같이 전압이 같은 두 전원 장치에 저항값이 같은 저항 R_1, R_2와 p-n 접합 다이오드를 연결하여 회로를 구성하였다. X와 Y는 p형 반도체와 n형 반도체를 순서 없이 나타낸 것이다. 점 c에 흐르는 전류의 세기는 스위치 S를 a에 연결했을 때가 b에 연결했을 때보다 크다.

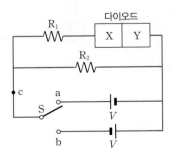

X와 Y가 p형 반도체나 n형 반도체 중 각각 어느 것인지 c에 흐르는 전류와 관련지어 설명하시오.

09 전류의 자기 작용

전류 주위에 놓은 나침반의 자침이 가리키는 방향은 전류에 의한 자기장과 지구 자기장을 합성한 방향이다.

1 자기장

자석과 같이 자성을 띤 물체 사이에 작용하는 힘

1 자기장 자석이나 전류 주위에 자기력이 작용하는 공간
  ① 자기장의 방향: 자기장 내의 한 점에 놓은 나침반 자침의 N극이 가리키는 방향이다.
  ② 자기장의 세기: 자석 주위의 자기장의 세기는 자극에 가까울수록 세고, 자극에서 멀어질수록 약해진다.

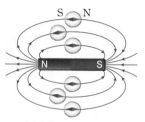

▲ 막대자석 주위의 자기장의 방향

▲ 자기장의 공간적 모양

2 자기력선 자기장 속에 놓은 나침반 자침의 N극이 가리키는 방향을 연속적으로 이어놓은 선
  ① 자석의 N극에서 나와 S극 쪽으로 들어가는 닫힌 곡선이다.
  ② 서로 교차하지 않고, 도중에 갈라지거나 끊어지지 않는다.
  ③ 자기력선상의 한 점에서 그은 접선 방향이 그 점에서 자기장의 방향이다.
  ④ 자기력선이 조밀할수록 자기장의 세기가 세다.

2 전류에 의한 자기장

1 직선 전류에 의한 자기장 직선 도선에 전류가 흐르면 도선의 주위에 도선을 중심으로 하는 동심원 모양의 자기장이 형성된다.
  ① 자기장의 방향: 오른손의 엄지손가락이 전류의 방향을 향하게 하고 나머지 네 손가락으로 도선을 감아쥘 때 네 손가락이 가리키는 방향 ➡ 오른손 법칙 또는 오른나사 법칙

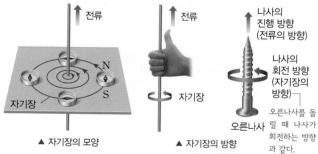

▲ 자기장의 모양   ▲ 자기장의 방향   오른나사를 돌릴 때 나사가 회전하는 방향과 같다.

  ② 자기장의 세기(B): 전류의 세기(I)에 비례하고, 도선으로부터 떨어진 거리(r)에 반비례한다.

$$B \propto \frac{I}{r}$$

빈출 자료 ① **직선 전류가 흐르는 도선이 만든 자기장**

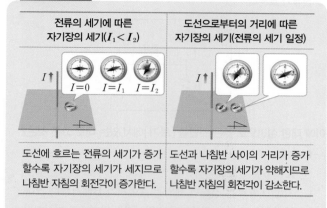

전류의 세기에 따른 자기장의 세기($I_1 < I_2$)	도선으로부터의 거리에 따른 자기장의 세기(전류의 세기 일정)
도선에 흐르는 전류의 세기가 증가할수록 자기장의 세기가 세지므로 나침반 자침의 회전각이 증가한다.	도선과 나침반 사이의 거리가 증가할수록 자기장의 세기가 약해지므로 나침반 자침의 회전각이 감소한다.

필수 유형 직선 전류에 의한 자기장에서 자기장의 세기에 영향을 주는 요인을 묻는 문제가 출제된다.
🔗 82쪽 344번

2 원형 전류에 의한 자기장 원형 도선의 중심에서는 직선 모양이고, 도선에 가까울수록 동심원 모양의 자기장이 형성된다.
  ① 자기장의 방향: 오른손으로 도선을 감아쥐고 엄지손가락이 전류의 방향을 향하게 할 때 네 손가락이 돌아가는 방향

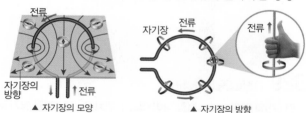

▲ 자기장의 모양   ▲ 자기장의 방향

  ② 원형 도선 중심에서 자기장의 세기(B): 전류의 세기(I)에 비례하고, 원형 도선의 반지름(r)에 반비례한다.

$$B \propto \frac{I}{r}$$

3 솔레노이드에 의한 자기장 내부에는 중심축에 나란한 방향으로 균일한 자기장이 형성되고, 외부에는 막대자석 주위에 생기는 자기장과 비슷한 모양의 자기장이 형성된다.
세기와 방향이 일정한 자기장
  ① 자기장의 방향: 오른손의 네 손가락이 전류의 방향을 가리키도록 감아쥘 때 엄지손가락이 가리키는 방향

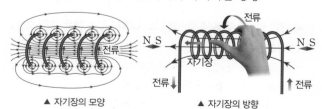

▲ 자기장의 모양   ▲ 자기장의 방향

  ② 솔레노이드 내부에서 자기장의 세기(B): 전류의 세기(I)에 비례하고, 단위길이당 코일의 감은 수(n)에 비례한다.

$$B \propto nI$$

3 전류에 의한 자기 작용의 이용

1 전자석 코일 내부에 철심을 넣은 것

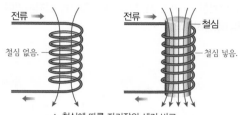

▲ 철심에 따른 자기장의 세기 비교

① 전자석의 특징

- 전류가 흐를 때만 자석이 된다.
- 전류의 방향을 바꾸어 전자석의 극을 바꿀 수 있다.
- 코일에 흐르는 전류의 세기와 코일의 감은 수로 전자석의 세기를 조절할 수 있다. ➡ 전자석의 세기는 코일에 흐르는 전류의 세기가 셀수록, 코일을 더 촘촘히 감을수록 세다.

② 전자석의 이용

전자석 기중기	스피커	자기 부상 열차
코일에 전류가 흐르게 하여 전자석을 만들고, 전자석에 고철이 붙도록 하여 고철을 옮긴다.	전류의 방향에 따라 자석에 의해 코일이 밀리거나 끌려 진동판이 진동하여 소리가 발생한다.	코일에 전류가 흐르면 전자석이 레일의 자석과 서로 밀거나 끌어당겨 열차가 뜨게 된다.

2 전동기 자석 사이에 들어 있는 코일에 전류가 흐를 때 코일이 자기력을 받아 회전하게 만든 장치이다. 무인 조정 비행기, 전동 휠 등에 이용된다.

전동기의 원리

- 원리: 전류가 흐르는 코일과 영구 자석 사이에 밀거나 끌어당기는 자기력이 작용하여 코일이 회전한다.

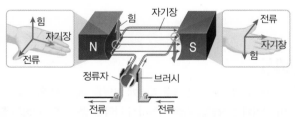

- 자기력의 크기: 자석의 세기가 셀수록, 코일에 흐르는 전류의 세기가 셀수록, 코일의 감은 수가 많을수록 코일이 큰 힘을 받는다.

3 전류의 자기 작용을 이용한 예

자기 공명 영상 장치(MRI)	하드 디스크(HDD)	토카막(Tokamak)
코일에 전류가 흐를 때 생기는 강한 자기장을 이용하여 직접 볼 수 없는 인체 내부의 영상을 얻어 질병 진단에 이용한다.	헤드의 코일에 전류가 흐를 때 생기는 자기장을 이용하여 플래터에 정보를 기록한다.	도넛 모양의 장치로 강한 자기장을 만들어 플라스마를 가두어 둔다.

[333~335] 다음은 자기장에 대한 설명이다. ( ) 안에 들어갈 알맞은 말을 쓰시오.

333 자기력이 미치는 공간을 (　　　)(이)라고 한다.

334 자기장의 방향은 나침반 자침의 (　　　)극이 가리키는 방향이다.

335 자기력선은 자석의 (　　　)극에서 나와 (　　　)극 쪽으로 향하며, 자기력선의 간격이 (　　　)수록 자기장의 세기가 세다.

[336~338] 전류에 의한 자기장에 대한 설명으로 옳은 것은 ○표, 옳지 않은 것은 ×표 하시오.

336 직선 전류에 의한 자기장의 세기는 도선에 흐르는 전류의 세기에 비례하고, 도선으로부터의 거리에 반비례한다.
(　　　)

337 직선 전류에 의한 자기장은 막대자석 주위의 자기장과 비슷한 모양으로 형성된다. (　　　)

338 원형 전류에 의한 자기장은 작은 직선 도선을 원형으로 연결한 것으로 생각하고 구할 수 있다. (　　　)

[339~340] 다음은 전자석의 세기를 더욱 세게 만드는 방법을 설명한 것이다. ( ) 안에 들어갈 알맞은 말을 고르시오.

339 코일에 흐르는 전류의 세기를 (약하게, 세게) 한다.

340 단위길이당 코일의 감은 수를 (줄인다, 늘린다).

341 전류의 자기 작용을 이용한 예를 [보기]에서 모두 골라 기호를 쓰시오.

[보기]
ㄱ. 토카막　　　　ㄴ. 전구
ㄷ. 하드 디스크　　ㄹ. 자기 공명 영상 장치

기출 분석 문제

» 바른답·알찬풀이 47쪽

1 | 자기장

342

자석 주위의 자기장을 자기력선을 이용하여 나타내려고 한다. 이때 자기력선에 대한 설명으로 옳지 않은 것은?

① 자기력선은 서로 만나거나 끊어지지 않는다.
② 자기력선은 자기장의 모양을 나타내는 선이다.
③ 자기력선은 N극에서 시작해서 S극에서 끝난다.
④ 자기력선의 간격이 넓을수록 자기장의 세기가 약하다.
⑤ 자기력선상의 한 점에서 그은 접선의 방향이 그 점에서의 자기장의 방향이다.

343

그림은 막대자석 주위의 자기력선을 나타낸 것이다.

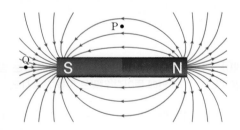

P, Q 지점에 나침반을 놓았을 때 나침반의 자침이 가리키는 방향을 가장 적절하게 나타낸 것끼리 옳게 짝 지은 것은?(단, 지구 자기장은 무시한다.)

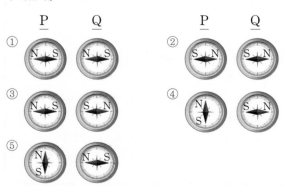

2 | 전류에 의한 자기장

[344~345] 그림과 같이 회전 원판에 놓인 자침과 나란하게 직선 도선을 설치한 후 가변 저항기의 저항값만을 변화시키며 실험을 하였다. 물음에 답하시오.

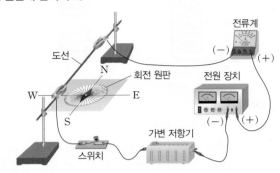

344

필수 유형 ❷ 80쪽 빈출 자료 ①

이 실험을 통해 알 수 있는 내용으로 옳은 것만을 [보기]에서 있는 대로 고른 것은?

[보기]

ㄱ. 전류가 세게 흐를수록 자기장의 세기가 세진다.
ㄴ. 자기장의 세기는 도선으로부터의 거리에 비례한다.
ㄷ. 전류가 세게 흐를수록 나침반의 자침이 회전하는 정도는 작아진다.

① ㄱ   ② ㄴ   ③ ㄷ
④ ㄴ, ㄷ   ⑤ ㄱ, ㄴ, ㄷ

345

스위치를 닫아 회로에 전류를 흐르게 하였을 때, 회전 원판에 놓은 자침이 가리키는 방향을 가장 적절하게 나타낸 것은?(단, 자침의 빨간색 부분이 N극이고, 지구 자기장까지 고려한다.)

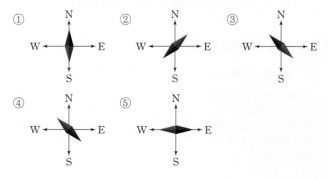

346 ✔서술형

오른쪽 그림과 같이 수평한 두 꺼운 종이에 구멍을 뚫어 직선 도선을 수직으로 꽂은 후, 도선 주위에 나침반을 놓고 직선 도선에 전류를 흘렸더니 나침반 자침의 N극이 θ만큼 회전하였다. θ의 크기를 더 크게 하는 방법 2가지를 설명하시오.

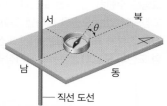

347

그림은 xy 평면에 놓인 가늘고 긴 직선 도선에 $+y$ 방향으로 전류가 흐르는 모습을 나타낸 것이고, 표는 xy 평면에 있는 점 P, Q, R에서 자기장의 세기를 나타낸 것이다.

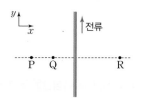

위치	자기장의 세기
P	$0.5B_0$
Q	B_0
R	$0.5B_0$

이에 대한 설명으로 옳은 것만을 [보기]에서 있는 대로 고른 것은?

[보기]
ㄱ. P에서 R까지의 거리는 P에서 Q까지 거리의 4배이다.
ㄴ. Q에서 자기장의 방향은 xy 평면에 수직으로 들어가는 방향이다.
ㄷ. 직선 도선을 y축과 평행하게 P로 옮기면 R에서 자기장의 세기는 $0.25B_0$가 된다.

① ㄱ   ② ㄴ   ③ ㄱ, ㄷ
④ ㄴ, ㄷ   ⑤ ㄱ, ㄴ, ㄷ

348 ★신유형

그림과 같이 동일한 세기의 전류가 흐르는 무한히 긴 직선 도선 4개를 정사각형의 꼭짓점에 배치하였을 때, 정사각형의 중심 O에서의 자기장의 세기가 가장 큰 것은?(단, ⊙는 종이면에서 수직으로 나오는 방향, ⊗는 종이면에 수직으로 들어가는 방향의 직선 전류를 의미한다.)

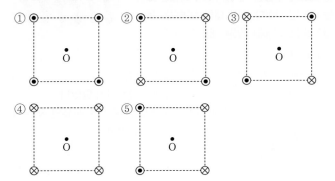

349 수능기출 변형

오른쪽 그림과 같이 xy 평면에서 무한히 긴 직선 도선 A, B가 y축과 나란하게 각각 $x=-d$, $x=2d$인 지점에 고정되어 있다. A에는 일정한 세기의 전류가 $+y$ 방향으로 흐르고, $x=0$인 지점에서 A, B에 흐르는 전류에 의한 자기장은 0이다. 이에 대한 설명으로 옳은 것만을 [보기]에서 있는 대로 고른 것은?

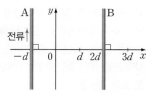

[보기]
ㄱ. B에 흐르는 전류의 방향은 $+y$ 방향이다.
ㄴ. 도선에 흐르는 전류의 세기는 A에서가 B에서의 2배이다.
ㄷ. $x=3d$에서 A, B에 흐르는 전류에 의한 자기장의 방향은 종이면에서 수직으로 나오는 방향이다.

① ㄱ   ② ㄴ   ③ ㄱ, ㄷ   ④ ㄴ, ㄷ   ⑤ ㄱ, ㄴ, ㄷ

350

그림은 무한히 긴 두 직선 도선 A, B가 종이면에 수직으로 고정되어 각각 전류가 흐를 때 P, Q에 놓인 나침반의 모습을 나타낸 것이다. A에는 종이면에서 수직으로 나오는 방향으로 전류가 흐르고, P는 A와 B의 중간에 위치한다.

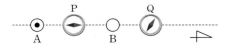

이에 대한 설명으로 옳은 것만을 [보기]에서 있는 대로 고른 것은?

[보기]
ㄱ. 도선에 흐르는 전류의 세기는 A에서가 B에서보다 작다.
ㄴ. B에는 종이면에서 수직으로 나오는 방향으로 전류가 흐른다.
ㄷ. Q에서 A, B에 흐르는 전류에 의한 자기장의 방향은 서쪽 방향이다.

① ㄱ   ② ㄴ   ③ ㄱ, ㄷ   ④ ㄴ, ㄷ   ⑤ ㄱ, ㄴ, ㄷ

351

오른쪽 그림은 xy 평면에 고정된 무한히 긴 직선 도선 A, B를 나타낸 것이다. A, B에 흐르는 전류의 세기는 각각 I, $2I$이고 A, B에 흐르는 전류의 방향은 각각 $+y$ 방향, $+x$ 방향이며, xy 평면상에 있는 P점에서 A에 의한 자기장의 세기는 B_0이다. P점, Q점에서 A, B에 의한 자기장의 세기를 각각 구하시오.

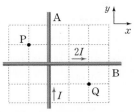

352

오른쪽 그림과 같이 종이면에 놓인 원형 도선에 시계 방향으로 전류가 흐르고 있다. O점은 원형 도선의 중심이다. 이에 대한 설명으로 옳은 것만을 [보기]에서 있는 대로 고른 것은?

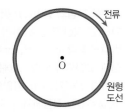

[보기]

ㄱ. 전류의 세기를 증가시키면 O에서 자기장의 세기가 세진다.
ㄴ. O에서 자기장의 방향은 종이면에 수직으로 들어가는 방향이다.
ㄷ. 전류의 방향을 반대로 하여도 O에서 자기장의 방향은 변하지 않는다.

① ㄱ   ② ㄷ   ③ ㄱ, ㄴ
④ ㄱ, ㄷ   ⑤ ㄴ, ㄷ

353

그림은 원형 도선을 수평면에 대해 수직으로 놓고 전류를 흘렸을 때, 원형 도선의 중심 O에 놓인 나침반의 모습을 나타낸 것이다.

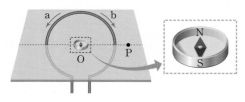

이에 대한 설명으로 옳은 것만을 [보기]에서 있는 대로 고른 것은?(단, 지구 자기장의 영향은 무시한다.)

[보기]

ㄱ. 원형 도선에 흐르는 전류의 방향은 b이다.
ㄴ. 나침반의 N극이 가리키는 방향은 O에서와 P에서가 같다.
ㄷ. 전류의 세기를 2배로 하면 O에서의 자기장의 세기도 2배가 된다.

① ㄱ   ② ㄷ   ③ ㄱ, ㄴ
④ ㄱ, ㄷ   ⑤ ㄱ, ㄴ, ㄷ

354 🖊서술형

그림은 무한히 긴 직선 도선과 원형 도선이 각각 y축, xy 평면상에 고정되어 있는 모습을 나타낸 것이다. 직선 도선과 원형 도선에는 일정한 전류가 흐른다. 표는 직선 도선에 흐르는 전류의 방향에 따른 원형 도선의 중심 O점에서의 자기장의 세기를 나타낸 것이다.

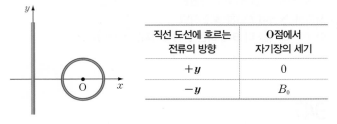

직선 도선에 흐르는 전류의 방향	O점에서 자기장의 세기
$+y$	0
$-y$	B_0

원형 도선에 흐르는 전류의 방향과 O점에서 원형 도선에 흐르는 전류에 의한 자기장의 세기를 풀이 과정과 함께 설명하시오.

355

그림과 같이 솔레노이드 주위의 세 지점 A, B, C에 나침반을 놓고 스위치를 닫았다.

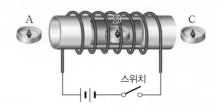

나침반 자침의 N극이 오른쪽 방향을 가리키는 지점만을 있는 대로 고른 것은?(단, B는 솔레노이드 내부에 위치한 지점이고, 지구 자기장의 영향은 무시한다.)

① A   ② B   ③ C
④ A, C   ⑤ A, B, C

356

오른쪽 그림은 솔레노이드 주위에 철가루를 고르게 뿌렸을 때 철가루가 배열된 모양을 나타낸 것이다. 이에 대한 설명으로 옳은 것만을 [보기]에서 있는 대로 고른 것은?

[보기]

ㄱ. 솔레노이드에는 전류가 흐르고 있다.
ㄴ. 솔레노이드의 외부에는 자기장이 형성되지 않았다.
ㄷ. 솔레노이드 내부의 철가루가 배열된 모양은 전류의 세기와 관계없이 항상 같은 모양으로 유지된다.

① ㄱ   ② ㄴ   ③ ㄱ, ㄷ   ④ ㄴ, ㄷ   ⑤ ㄱ, ㄴ, ㄷ

357

그림 (가), (나), (다)는 코일의 감은 수가 5회, 5회, 7회인 길이가 같은 솔레노이드에 전류가 각각 10 A, 20 A, 20 A가 흐르고 있는 모습을 나타낸 것이다.

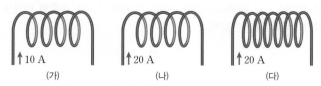

(가)   (나)   (다)

솔레노이드 내부에서 자기장의 세기가 센 것부터 순서대로 나열하시오.

358

다음은 전류가 흐르는 코일 주위에 형성되는 자기장에 대한 실험이다.

[실험 과정]
(가) 그림과 같이 코일의 중심축과 나침반의 동서를 연결하는 선을 일치시켜 회로를 구성한다.

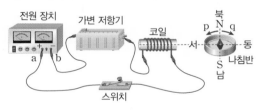

(나) 전원 장치의 전압을 일정하게 유지하며 스위치를 닫은 후 나침반 자침의 N극이 회전하는 방향과 각도를 관찰한다.
(다) 과정 (나)에서 가변 저항기의 저항값만을 증가시킨 후 나침반 자침의 N극이 회전하는 각도를 관찰한다.
(라) 과정 (나)에서 전원 장치에 연결된 집게 a, b의 위치를 바꾸어 연결한 후 나침반 자침의 N극이 회전하는 방향을 관찰한다.

이에 대한 설명으로 옳은 것만을 [보기]에서 있는 대로 고른 것은?(단, p, q는 나침반 자침의 N극이 회전하는 방향이다.)

[보기]
ㄱ. (나)에서 코일에 흐르는 전류에 의해 코일 내부에 형성되는 자기장의 방향은 동 → 서이다.
ㄴ. 나침반 자침의 N극이 회전하는 각도는 (다)에서가 (나)에서보다 크다.
ㄷ. (라)에서 나침반 자침의 N극이 회전하는 방향은 p이다.

① ㄱ   ② ㄷ   ③ ㄱ, ㄴ
④ ㄴ, ㄷ   ⑤ ㄱ, ㄴ, ㄷ

359

그림 (가)는 전자석 기중기, (나)는 스피커, (다)는 발광 다이오드(LED)를 나타낸 것이다.

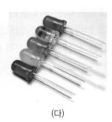

(가)   (나)   (다)

(가)~(다) 중 도선에 흐르는 전류에 의한 자기장을 활용하는 것만을 있는 대로 고른 것은?

① (가)   ② (나)   ③ (가), (나)
④ (나), (다)   ⑤ (가), (나), (다)

360 ⭐신유형

그림 (가)는 신체 내부의 영상을 얻는 데 사용되는 자기 공명 영상(MRI) 장치이며, 이 장치에서 원통 부분은 강한 자기장을 만드는 곳으로 (나)와 같은 구조를 갖는다.

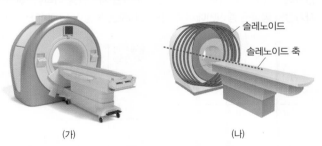

(가)   (나)

(나)의 솔레노이드에 전류가 흐르고 있을 때, 이에 대한 설명으로 옳은 것만을 [보기]에서 있는 대로 고른 것은?(단, 지구 자기장은 무시한다.)

[보기]
ㄱ. 솔레노이드에 흐르는 전류를 증가시키면 자기장의 세기가 증가한다.
ㄴ. 솔레노이드 축에 나침반을 놓으면 자침은 솔레노이드 축에 수직인 방향을 가리킨다.
ㄷ. 단위길이당 솔레노이드의 감은 수가 달라져도 전류의 세기가 같으면 내부의 자기장의 세기는 일정하다.

① ㄱ   ② ㄴ   ③ ㄱ, ㄷ
④ ㄴ, ㄷ   ⑤ ㄱ, ㄴ, ㄷ

1등급 완성 문제

>> 바른답·알찬풀이 50쪽

361 정답률 30%

그림은 나란하게 놓인 무한히 긴 직선 도선 P, Q에 각각 1 A와 2 A 의 전류가 같은 방향으로 흐르는 모습을 나타낸 것이다. P, Q는 A점, B점, C점과 같은 간격 r만큼 떨어져 종이면에 고정되어 있다.

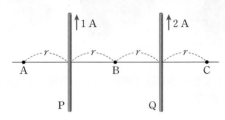

A, B, C에서 자기장의 세기를 각각 B_A, B_B, B_C라고 할 때, B_A : B_B : B_C로 옳은 것은?

① 1 : 1 : 1   ② 1 : 1 : 2   ③ 1 : 3 : 1
④ 5 : 3 : 7   ⑤ 6 : 5 : 4

362 정답률 30%

그림 (가)와 같이 x축에 수직으로 놓인 무한히 긴 직선 도선 P, Q, R 에 세기가 각각 $2I_0$, $4I_0$, I_0인 전류가 일정하게 흐른다. P, R는 고정되어 있고, P와 R에 흐르는 전류의 방향은 서로 반대이다. 그림 (나)는 Q를 $x=0$과 $x=d$ 사이의 위치에 놓을 때, Q의 위치에 따른 점 a에서의 P, Q, R에 흐르는 전류에 의한 자기장을 나타낸 것이다. 자기장의 방향은 종이면에서 수직으로 나오는 방향이 (+)이다.

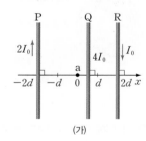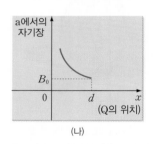

이에 대한 설명으로 옳은 것만을 [보기]에서 있는 대로 고른 것은?

[보기]
ㄱ. 전류의 방향은 P에서와 Q에서가 서로 같다.
ㄴ. a에서의 자기장이 0이 되는 Q의 위치는 $x=d$와 $x=2d$ 사이에 있다.
ㄷ. Q가 $x=d$에 있을 때 a에서 Q에 의한 자기장의 세기는 P에 의한 자기장의 세기의 $\frac{3}{5}$ 배이다.

① ㄱ   ② ㄷ   ③ ㄱ, ㄴ
④ ㄱ, ㄷ   ⑤ ㄱ, ㄴ, ㄷ

363 정답률 35%

그림 (가)와 같이 무한히 긴 직선 도선 P, Q가 xy 평면에 수직으로 고정되어 있고 a점, b점은 x축상에 있다. Q에 흐르는 전류의 방향은 xy 평면에 수직으로 들어가는 방향이고, a에서 전류에 의한 자기장의 방향은 $-y$ 방향이다. 그림 (나)는 P, Q에 흐르는 전류의 세기를 시간에 따라 나타낸 것이다.

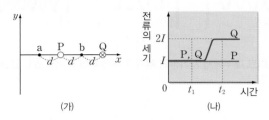

이에 대한 설명으로 옳은 것만을 [보기]에서 있는 대로 고른 것은?

[보기]
ㄱ. P에 흐르는 전류의 방향은 xy 평면에서 수직으로 나오는 방향이다.
ㄴ. a에서 전류에 의한 자기장의 세기는 t_1일 때와 t_2일 때가 같다.
ㄷ. t_1일 때 전류에 의한 자기장의 세기는 a에서가 b에서의 $\frac{3}{2}$ 배이다.

① ㄱ   ② ㄴ   ③ ㄷ   ④ ㄴ, ㄷ   ⑤ ㄱ, ㄴ, ㄷ

364 정답률 25%

그림과 같이 무한히 긴 직선 도선 P, Q를 각각 xy 평면의 x축과 y축에 나란하게 고정하고, 같은 평면에 원형 도선 R를 놓았다. P, Q, R에는 각각 방향과 세기가 일정한 전류가 흐르고, P에 흐르는 전류의 방향은 $+x$ 방향이다. 표는 R의 중심을 점 a, b, c로 했을 때 R의 중심에서 P, Q, R에 의한 자기장의 방향과 세기를 나타낸 것이다.

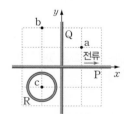

중심의 위치	자기장의 방향	자기장의 세기
a	⊙	B_0
b	⊙	$3B_0$
c	없음	0

⊙: xy 평면에서 수직으로 나오는 방향

이에 대한 설명으로 옳은 것만을 [보기]에서 있는 대로 고른 것은?

[보기]
ㄱ. Q에 흐르는 전류의 방향은 $-y$ 방향이다.
ㄴ. 도선에 흐르는 전류의 세기는 P가 Q보다 세다.
ㄷ. R에 의한 R의 중심 c에서의 자기장의 세기는 $2B_0$이다.

① ㄱ   ② ㄴ   ③ ㄷ   ④ ㄱ, ㄴ   ⑤ ㄱ, ㄴ, ㄷ

365 정답률 35% 수능모의평가기출 변형

그림과 같이 반지름 a인 원형 도선 A와 무한히 긴 직선 도선 B, C에 전류가 흐르고 있다. 종이면에 고정되어 있는 A, B, C에 흐르는 전류의 세기는 각각 I_0, I_0, I이고, A의 중심 P에서 자기장의 세기는 0이다.

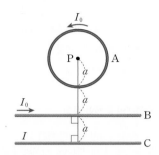

이에 대한 설명으로 옳은 것만을 [보기]에서 있는 대로 고른 것은?

─[보기]─
ㄱ. C에 흐르는 전류의 방향은 B에 흐르는 전류의 방향과 같다.
ㄴ. P에서 C에 흐르는 전류에 의한 자기장의 방향은 종이면에 수직으로 들어가는 방향이다.
ㄷ. C에 흐르는 전류의 방향이 반대가 되면 P에서 합성 자기장의 세기는 C에 흐르는 전류에 의한 자기장의 세기의 2배가 된다.

① ㄱ   ② ㄴ   ③ ㄷ
④ ㄴ, ㄷ   ⑤ ㄱ, ㄴ, ㄷ

366 정답률 40%

그림과 같이 길이가 같은 원통에 단위길이당 감은 수가 각각 N, $2N$인 두 솔레노이드 A, B를 가까이 놓았다. 두 솔레노이드에는 화살표 방향으로 각각 세기가 $4I$, I인 전류가 흐른다. P, Q는 A와 B의 중심축을 잇는 직선상의 점이다.

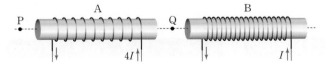

이에 대한 설명으로 옳은 것만을 [보기]에서 있는 대로 고른 것은?

─[보기]─
ㄱ. 자기장의 세기는 P에서가 Q에서보다 작다.
ㄴ. P에 나침반을 놓으면 자침의 N극은 오른쪽을 향한다.
ㄷ. 솔레노이드 내부의 자기장의 세기는 A가 B보다 크다.

① ㄱ   ② ㄴ   ③ ㄱ, ㄷ
④ ㄴ, ㄷ   ⑤ ㄱ, ㄴ, ㄷ

◆ 학교 시험 빈출 문제 중 내신 1등급을 결정하는 고난도 문제들을 수록하였습니다.

서술형 문제

[367~368] 그림은 xy 평면에 고정된 무한히 긴 직선 도선 A, B와 도선 A에 흐르는 전류 I를 나타낸 것이다. x축상의 P점, Q점, R점은 B에 흐르는 전류에 따라 자기장의 세기가 0이 되는 지점을 나타낸 것이다. 물음에 답하시오.

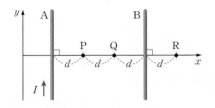

367 정답률 30%

B에 전류 I_1이 흐를 때 자기장이 0이 되는 점이 Q이다. 이때 I_1의 방향과 세기를 A에 흐르는 전류 I와 비교하여 설명하시오.

368 정답률 25%

B에 전류 I_2가 흐를 때 자기장이 0이 되는 점이 R이다. 이때 I_2의 방향과 세기를 367에서의 I_1과 비교하여 설명하시오.

369 정답률 40%

그림 (가)는 반지름이 2a인 원형 도선에 세기가 I인 전류가 화살표 방향으로 흐르고 있는 모습을 나타낸 것이다. 그림 (나)는 중심이 같고 반지름이 각각 a, 2a인 원형 도선에 세기가 I인 전류가 화살표와 같이 서로 반대 방향으로 흐르고 있는 모습을 나타낸 것이다. 점 P, Q는 각각 원형 도선의 중심이다.

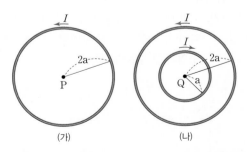

P에서 자기장의 세기가 B일 때, Q에서 자기장의 세기를 풀이 과정과 함께 구하시오.

10 물질의 자성

1 | 물질의 자성

1 자성과 원자 자석

① **자성**: 물질이 자석에 반응하는 성질로, 자성을 가지는 물체를 자성체라고 한다.

> **빈출 자료 ① 자성의 원인**
>
> 표는 전자의 스핀과 궤도 운동에 의해 자기장이 형성되는 원인을 설명한 것이다.
>
> | 스핀에 의한 자기장 | 궤도 운동에 의한 자기장 |
> | --- | --- |
> | 전자는 팽이처럼 도는 자전을 하는데, 전자의 자전은 (−)전하를 띠는 입자의 운동이다.
 ⋯› 스핀과 반대 방향의 전류에 의한 자기장을 형성함. | 원자 내 (−)전하를 띠는 전자는 원자핵을 중심으로 원 궤도를 따라 운동한다.
 ⋯› 원형 전류가 흐르는 것과 같은 효과로 자기장을 형성함. |
>
> → 전자는 (−)전하를 띠고 있으므로 전자의 궤도 운동 방향이 시계 반대 방향이면 전자의 궤도 운동에 의한 전류의 방향은 시계 방향이다.
>
> **필수 유형** 물체가 자성을 나타내는 원인을 전자의 운동으로 설명할 수 있는지 묻는 문제가 출제된다. ⟳ 89쪽 379번

② **원자 자석**: 전자의 궤도 운동과 스핀으로 자기장을 형성하여 원자가 자석의 역할을 한다.

- 대부분의 물질은 전자 스핀에 의한 자기장의 효과가 궤도 운동에 의한 자기장의 효과보다 크다.
- 전자들의 스핀 방향이 같으면 강한 자기장이 형성되고, 반대 방향이면 자기장이 상쇄되어 약해진다.

2 자기화(자화)

① **자기화**: 원자 자석이 외부 자기장에 의해 일정한 방향으로 정렬되는 현상

② **자기 구역**: 물질 내에서 자기장의 방향이 같은 원자들이 모여 있는 구역이다. 이웃한 자기 구역의 자기장 방향은 서로 다르며, 구역의 크기는 다양하다.

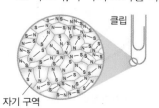
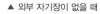

▲ 외부 자기장이 없을 때

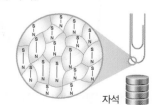

▲ 외부 자기장이 있을 때

3 물질의 자성

강자성	철과 같이 자석에 강하게 끌리는 성질
상자성	자석에 약하게 끌리는 성질
반자성	자석에 의해 밀리는 성질

> **빈출 자료 ② 자성체의 종류와 특징**
>
> ❶ **강자성체**: 외부 자기장을 가하면 물질의 자기 구역이 자기장의 방향으로 정렬한다. 외부 자기장이 제거되어도 자석의 효과를 오래 유지한다. 예 철, 니켈, 코발트 등
> ┌ 원자 내에 짝을 이루지 않은 전자들이 많다.
> └ 자기화된 상태를 오래 유지한다.
>
>
>
> 외부 자기장을 가하기 전 / 외부 자기장을 가했을 때 / 외부 자기장을 제거했을 때
>
> ❷ **상자성체**: 외부 자기장을 가하면 물질의 원자들이 자기장의 방향으로 약하게 정렬한다. 외부 자기장이 제거되면 자기화된 상태가 바로 사라진다. 예 알루미늄, 마그네슘, 종이, 산소 등
> ┌ 원자 내에 짝을 이루지 않은 전자들이 적다.
>
>
>
> 외부 자기장을 가하기 전 / 외부 자기장을 가했을 때 / 외부 자기장을 제거했을 때
>
> ❸ **반자성체**: 외부 자기장을 가하면 물질의 원자들이 자기장의 반대 방향으로 약하게 정렬한다. 외부 자기장이 제거되면 자기화된 상태가 바로 사라진다. 예 구리, 금, 유리, 물, 수소 등
>
>
>
> 외부 자기장을 가하기 전 / 외부 자기장을 가했을 때 / 외부 자기장을 제거했을 때
>
> 원자 내 전자들이 모두 짝을 이루어 전자의 운동에 의한 자기장이 완전히 상쇄된다.
>
> **필수 유형** 자성체를 구분하고, 그 특징을 설명할 수 있는지 묻는 문제가 출제된다. ⟳ 90쪽 383번

2 | 자성체의 이용

1 전자석
솔레노이드 내부에 강자성체를 넣은 전자석을 이용하면, 전류가 흐를 때 강자성체가 자기화되어 강한 자기장이 형성된다.

2 하드 디스크
강자성체인 산화 철이 입혀져 있는 플래터 표면을 자기화시켜 정보를 저장한다.

3 고무 자석
강자성체 분말을 고무에 섞어 만든 고무 자석은 메모지 고정, 냉장고 문, 광고 전단지 등에 사용된다.

자성 잉크: 액체 자석을 넣은 잉크를 사용한 지폐, MRI 조영제, 치료약, 페인트 등에 이용된다.

기출 분석 문제

1 | 물질의 자성

370 다음은 물질이 자성을 띠는 원인에 대한 설명이다. ( ) 안에 들어갈 알맞은 말을 쓰시오.

> 원자는 원자 내에 들어 있는 전자의 운동 때문에 자기장을 가질 수 있다. 물질이 반자성체와 같은 자성을 가지게 되는 까닭은 전자의 궤도 운동이 서로 (㉠)이거나 (㉡)이/가 서로 (㉠)인 전자가 모두 짝을 이루면 자기장이 서로 (㉢) 되기 때문이다.

[371~375] 물질의 자성에 대한 설명으로 옳은 것은 ○표, 옳지 않은 것은 ×표 하시오.

371 자성이 나타나는 주된 까닭은 원자핵의 운동 때문이다. ( )

372 스핀의 방향이 짝을 이루지 않는 전자들이 많을수록 자성이 강해진다. ( )

373 강자성체는 원자 내에 서로 반대 방향으로 회전하는 전자들의 짝이 많다. ( )

374 상자성체는 외부 자기장을 제거하면 자석의 효과가 사라진다. ( )

375 반자성체는 자석을 가까이 가져가면 밀려난다.( )

[376~378] 다음은 자성체의 이용 예를 설명한 것이다. ( ) 안에 들어갈 알맞은 말을 쓰시오.

376 ( )은/는 산화 철이 입혀진 플래터 표면을 자기화시켜 정보를 저장한다.

377 ( ) 분말을 고무에 섞어 만든 고무 자석은 메모지 고정, 냉장고 문, 광고 전단지 등에 사용된다.

378 솔레노이드 내부에 강자성체를 넣은 ( )을/를 이용하면, 전류가 흐를 때 강자성체가 자기화되어 강한 자기장이 형성된다.

379

필수 유형 ⊘ 88쪽 빈출 자료 ①

그림 (가), (나)는 각각 전자 스핀과 원자핵 주위를 도는 전자의 궤도 운동을 나타낸 것이다.

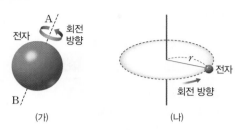

이에 대한 설명으로 옳은 것만을 [보기]에서 있는 대로 고른 것은?

[보기]
ㄱ. (가)와 (나)의 효과 때문에 대부분의 물질은 자성을 띤다.
ㄴ. (가)에서 전자 스핀에 의한 자기장은 A에서 B로 향하는 방향이다.
ㄷ. (나)에서 전자의 운동으로 인해 전자의 회전 방향과 같은 방향으로 전류가 흐르는 효과가 있다.

① ㄱ   ② ㄴ   ③ ㄷ   ④ ㄴ, ㄷ   ⑤ ㄱ, ㄴ, ㄷ

380 ✎서술형

원자핵 주위를 도는 전자의 운동이 자기장을 만드는 까닭을 설명하시오.

381

그림 (가)는 외부 자기장이 없을 때 클립 내부의 자기 구역의 배열을 나타낸 것이고, (나)는 클립에 자석을 가까이 했을 때 클립 내부의 자기 구역의 배열을 나타낸 것이다.

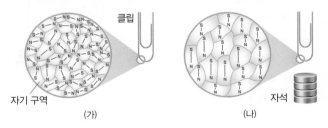

이에 대한 설명으로 옳은 것만을 [보기]에서 있는 대로 고른 것은?

[보기]
ㄱ. 클립은 강자성체이다.
ㄴ. (가)에서 클립은 자성을 띤다.
ㄷ. (나)에서 클립 내부의 원자 자석은 자석에 의한 자기장의 방향과 같은 방향으로 정렬한다.

① ㄱ   ② ㄴ   ③ ㄷ   ④ ㄱ, ㄷ   ⑤ ㄱ, ㄴ, ㄷ

◆ 학교 시험에서 출제율이 70% 이상인 문제들을 엄선하여 수록하였습니다.

382 수능모의평가기출 변형

그림 (가)와 같이 +y 방향의 균일한 자기장 영역에 놓인 자기화되지 않은 상자성체에 물체 A를 가까이 고정시켜 놓았더니 상자성체와 A에는 서로 당기는 자기력이 작용하였다. 그림 (나)는 (가)에서 균일한 자기장을 제거한 모습을 나타낸 것으로, 두 물체 사이에는 서로 당기는 힘이 작용한다.

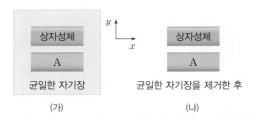

(가)   (나)

A에 대한 설명으로 옳은 것만을 [보기]에서 있는 대로 고른 것은?

[보기]
ㄱ. (가)에서 A는 위쪽이 N극, 아래쪽이 S극으로 자기화된다.
ㄴ. (나)에서 A는 자기화가 사라진 상태이다.
ㄷ. A는 반자성체이다.

① ㄱ   ② ㄷ   ③ ㄱ, ㄴ
④ ㄴ, ㄷ   ⑤ ㄱ, ㄴ, ㄷ

383

필수 유형 ✐ 88쪽 빈출 자료 ②

다음은 물체 A, B, C의 자성을 알아보기 위한 실험으로, A, B, C는 각각 강자성체, 상자성체, 반자성체를 순서 없이 나타낸 것이다.

[실험 과정]
(가) 그림과 같이 물체 A를 실로 매달고 강한 자석을 가까이 가져간다.
(나) 물체 B, C도 과정 (가)와 같이 실험한다.

[실험 결과]
• A는 자석에서 밀려난다.
• B는 자석에 강하게 끌려와 붙는다.
• C는 자석에 약하게 끌려온다.

이에 대한 설명으로 옳은 것만을 [보기]에서 있는 대로 고른 것은?

[보기]
ㄱ. A는 반자성체이다.
ㄴ. B는 외부 자기장과 반대 방향으로 자기화된다.
ㄷ. 강한 자석을 치워도 C의 자성은 오래 유지된다.

① ㄱ   ② ㄴ   ③ ㄱ, ㄷ
④ ㄴ, ㄷ   ⑤ ㄱ, ㄴ, ㄷ

384

그림과 같이 아크릴 관에 자석을 고정하여 전자저울 위에 놓고 무게를 측정한 후, 물체 A와 B를 각각 자석으로부터 같은 높이에 위치시켜 저울의 측정값을 읽고 표로 나타내었다. A와 B는 상자성 물체와 반자성 물체 중 하나이다.

물체	저울 측정값(N)
없음.	1.000
A	1.001
B	㉠

이에 대한 설명으로 옳은 것만을 [보기]에서 있는 대로 고른 것은?

[보기]
ㄱ. ㉠은 1.000보다 크다.
ㄴ. A와 자석 사이에는 서로 끌어당기는 자기력이 작용한다.
ㄷ. 자석에 가까이 할 때 B 내부의 원자 자석은 외부 자기장과 같은 방향으로 자기화된다.

① ㄱ   ② ㄴ   ③ ㄷ   ④ ㄴ, ㄷ   ⑤ ㄱ, ㄴ, ㄷ

2 | 자성체의 이용

385

오른쪽 그림은 자기화되어 있지 않은 물체 A를 자석 위에 올려놓았더니 A가 자석 위에 떠서 정지해 있는 모습을 나타낸 것이다. A는 강자성체, 상자성체, 반자성체 중 하나이다. 이에 대한 설명으로 옳은 것만을 [보기]에서 있는 대로 고른 것은?

[보기]
ㄱ. A에 작용하는 알짜힘은 0이다.
ㄴ. 하드 디스크의 정보 저장 물질은 A와 동일한 자기적 성질을 갖는다.
ㄷ. A는 원자 자석들이 외부 자기장의 방향과 같은 방향으로 자기화되는 성질이 있다.

① ㄱ   ② ㄴ   ③ ㄷ   ④ ㄴ, ㄷ   ⑤ ㄱ, ㄴ, ㄷ

386 ✐ 서술형

오른쪽 그림은 고철이 기중기의 전자석에 붙어 있는 모습을 나타낸 것으로, 기중기의 전자석을 만들 때 강자성체를 사용하였다. 그 까닭은 무엇인지 설명하시오.

1등급 완성 문제

>> 바른답·알찬풀이 53쪽

◆ 학교 시험 빈출 문제 중 내신 1등급을 결정하는 고난도 문제들을 수록하였습니다.

387 (정답률 35%)

오른쪽 그림은 균일한 자기장이 형성된 영역에 반자성체를 넣었을 때, 반자성체 내부의 원자 자석의 배열을 모식적으로 나타낸 것이다. 이에 대한 설명으로 옳은 것만을 [보기]에서 있는 대로 고른 것은?

반자성체

균일한 자기장

S N

[보기]

ㄱ. 균일한 자기장의 방향은 왼쪽이다.
ㄴ. 균일한 자기장을 제거하면 반자성체 내부 자기장이 그대로 유지된다.
ㄷ. 반자성체를 자석에 가까이 하면 서로 당기는 방향으로 자기력이 작용한다.

① ㄱ   ② ㄷ   ③ ㄱ, ㄴ   ④ ㄱ, ㄷ   ⑤ ㄴ, ㄷ

388 (정답률 30%)

다음은 각각 강자성체, 상자성체, 반자성체 중 하나이지만 자성을 알지 못하는 물체 A, B, C의 상온에서의 자성을 알아보기 위한 실험이다.

[실험 과정]

(가) 물체 A, B, C를 차례로 연직 방향의 강한 외부 자기장이 있는 영역에 넣어 자기화시킨다.
(나) 과정 (가)를 거친 A, B, C를 차례로 원형 도선에 통과시켜 전류의 발생 유무를 관찰한다.
(다) 과정 (가)를 거친 A와 B, B와 C, A와 C를 가까이 하여 물체 사이에 작용하는 자기력을 측정한다.

균일한 자기장

(가)   (나)   (다)

[실험 결과]

물체	전류의 발생 유무
A	×
B	○
C	×

물체	작용하는 자기력
A, B	인력
B, C	척력
A, C	없음

위 내용을 이용하여 A, B, C를 강자성체, 상자성체, 반자성체로 구분하시오.(단, (나), (다)는 외부 자기장이 없는 곳에서 수행하고, 지구 자기장의 효과는 무시한다.)

389 (정답률 25%) 수능모의평가기출 변형

그림과 같이 일정한 세기의 전류가 흐르고 있는 무한히 긴 직선 도선 A, B가 xy 평면상에 고정되어 있고 A에는 $-y$ 방향으로 전류가 흐른다. 자성체 P, Q는 x축상에 고정되어 있고 P, Q 중 하나는 상자성체, 다른 하나는 반자성체이다. 표는 B에 흐르는 전류의 방향에 따른 A, B가 만드는 자기장에 의한 P, Q의 자기화 방향을 나타낸 것이다.

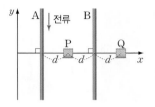

B의 전류 방향	자기화 방향	
	P	Q
$+y$	⊙	㉠
$-y$	없음.	⊗

⊙: 종이면에서 수직으로 나오는 방향
⊗: 종이면에 수직으로 들어가는 방향

이에 대한 설명으로 옳은 것만을 [보기]에서 있는 대로 고른 것은?

[보기]

ㄱ. Q는 반자성체이다.
ㄴ. ㉠은 종이면에 수직으로 들어가는 방향이다.
ㄷ. 도선에 흐르는 전류의 세기는 A와 B가 같다.

① ㄱ   ② ㄴ   ③ ㄷ   ④ ㄱ, ㄷ   ⑤ ㄱ, ㄴ, ㄷ

▨ 서술형 문제

390 (정답률 30%)

그림 (가)와 같이 자석 주위에 자기화되어 있지 않은 자성체 A, B를 놓았더니 자석으로부터 각각 화살표 방향으로 자기력을 받았다. 그림 (나)는 자석을 치운 후 A, B를 가까이 놓은 모습을 나타낸 것으로, B는 A로부터 자기력을 받는다.

A   N   S   B   A B

(가)   (나)

A, B의 자성체의 종류를 쓰고, 그 까닭을 설명하시오.

391 (정답률 35%)

그림은 하드 디스크의 구조를 나타낸 것이다.

플래터

헤드

헤드를 이용하여 플래터에 정보를 기록하는 원리와 기록한 정보가 지워지지 않고 저장되는 원리를 설명하시오.

11

전자기 유도

1 전자기 유도

1 전자기 유도

① 전자기 유도: 자석과 코일의 상대적인 운동에 의해 코일 내부를 지나는 자기장의 세기가 변할 때 코일에 전류가 유도되는 현상이다.

② 자기 선속: 자기장에 수직인 단면을 통과하는 자기력선의 다발로, 자기장의 세기(B)와 자기력선이 통과하는 면적(S)의 곱과 같다.
└ 단위: T(테슬라)

$$\Phi = BS \text{ (단위: Wb)}$$

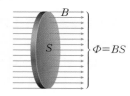

2 유도 전류   전자기 유도에 의해 코일에 흐르는 전류

① 유도 전류의 방향: 코일에 흐르는 유도 전류는 코일을 통과하는 자기 선속의 변화를 방해하는 방향으로 흐른다.

→ 렌츠 법칙

빈출 자료 ① 유도 전류의 방향

자석이 코일에 접근하면 코일에는 자석을 밀어내는 힘이 작용하도록 유도 전류가 흐르고, 자석이 코일에서 멀어지면 코일에는 자석을 잡아당기는 힘이 작용하도록 유도 전류가 흐른다.

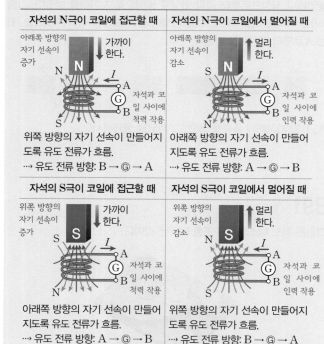

필수 유형 전자기 유도에 의해 코일에 전류가 흐를 때 유도 전류의 방향을 묻는 문제가 출제된다.
🔗 94쪽 403번

렌츠 법칙과 에너지 보존

자석과 코일의 상대적인 운동에 의해 코일에 유도 전류가 흐를 때 전기 에너지가 발생하므로 역학적 에너지는 감소한다.

• 자석이 코일에 접근할 때: 자석과 코일 사이에는 척력이 작용한다.

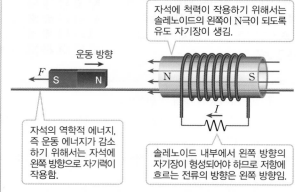

자석에 척력이 작용하기 위해서는 솔레노이드의 왼쪽이 N극이 되도록 유도 자기장이 생김.

자석의 역학적 에너지, 즉 운동 에너지가 감소하기 위해서는 자석에 왼쪽 방향으로 자기력이 작용함.

솔레노이드 내부에서 왼쪽 방향의 자기장이 형성되어야 하므로 저항에 흐르는 전류의 방향은 왼쪽 방향임.

• 자석이 코일에서 멀어질 때: 코일과 자석 사이에는 인력이 작용한다.

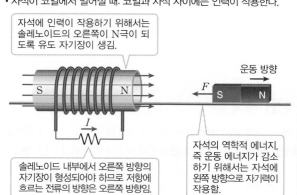

자석에 인력이 작용하기 위해서는 솔레노이드의 오른쪽이 N극이 되도록 유도 자기장이 생김.

솔레노이드 내부에서 오른쪽 방향의 자기장이 형성되어야 하므로 저항에 흐르는 전류의 방향은 오른쪽 방향임.

자석의 역학적 에너지, 즉 운동 에너지가 감소하기 위해서는 자석에 왼쪽 방향으로 자기력이 작용함.

빈출 자료 ② 균일한 자기장 영역을 통과하는 도선

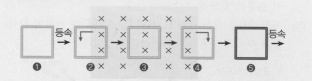

❶, ❺ 도선이 자기장 영역에 들어가기 전이나 빠져나온 후에는 도선 내부를 통과하는 자기 선속이 없으므로 유도 전류가 흐르지 않는다.
❷ 도선이 자기장 영역에 들어갈 때는 사각형 도선을 통과하는 자기 선속이 증가하므로 시계 반대 방향으로 유도 전류가 흐른다.
❸ 도선이 균일한 자기장 내에서 운동하는 동안은 도선을 통과하는 자기 선속이 일정하므로 유도 전류가 흐르지 않는다.
❹ 도선이 자기장 영역을 빠져나올 때는 도선을 통과하는 자기 선속이 감소하므로 시계 방향으로 유도 전류가 흐른다.
┉→ ❷, ❹에서 유도 전류의 방향은 서로 반대이다.
┉→ 도선에 유도되는 유도 기전력의 크기는 자기 선속의 시간적 변화율이 클수록 커진다. 즉, 유도 기전력의 크기는 자기장이 셀수록, 자기장 영역에서 운동하는 도선의 면적이 넓을수록, 도선의 속력이 빠를수록 커진다.

필수 유형 균일한 자기장 영역을 통과하는 도선에 유도되는 전류를 비교하여 묻는 문제가 출제된다.
🔗 96쪽 413번

② 유도 전류의 세기
- 유도 기전력: 코일을 통과하는 자기 선속이 변할 때 코일의 양단에 유도되는 전압 ➜ 유도 전류를 흐르게 하는 원인이다.
- 자석의 세기가 셀수록, 자석의 속력이 빠를수록, 코일의 감은 수가 많을수록 유도 전류의 세기가 세진다.
- 패러데이 법칙: 유도 기전력(V)은 코일을 통과하는 자기 선속($\varPhi$)의 시간(t)적 변화율에 비례하고, 코일의 감은 수(N)에 비례한다.

$$V = -N\frac{\varDelta\varPhi}{\varDelta t} = -N\frac{\varDelta(BS)}{\varDelta t} \quad \text{(단위: V)}$$
(−)부호는 렌츠 법칙을 의미한다.

2 | 전자기 유도의 이용

1 발전기 전자기 유도 현상을 이용하여 전류를 발생시키는 장치

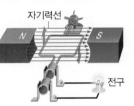
▲ 발전기의 구조

① 원리: 자석 사이에 놓인 코일을 회전시킬 때 코일면을 통과하는 자기 선속이 시간에 따라 변하면서 패러데이 법칙에 의해 코일에 유도 전류가 흐른다.
② 에너지 전환: 운동 에너지 ➜ 전기 에너지

발전기에서 발생하는 유도 전류
- 코일이 회전하면 코일면을 통과하는 자기 선속이 주기적으로 증가와 감소를 반복하며 유도 기전력이 발생하여 유도 전류가 흐른다.
- 코일에 흐르는 유도 전류의 세기와 방향은 주기적으로 변한다.

자기 선속이 통과하는 코일면

2 전자기 유도의 이용 예

금속 탐지기	마이크	자이로드롭	무선 충전기
전송 코일, 검출 코일	진동판, 코일, 영구 자석, 증폭기		전력 수신기(2차 코일), 충전 패드(1차 코일)
전송 코일에 흐르는 전류에 의한 자기장이 변하여 금속에 유도 전류가 흐르고, 유도 전류에 의한 자기장의 변화량을 검출 코일이 감지하여 금속을 탐지한다.	소리에 의해 진동판이 떨리면 진동판에 연결된 코일이 함께 떨리며 코일을 지나는 자기 선속이 변하게 되어 소리와 같은 진동수의 유도 전류가 흐른다.	자석이 들어 있는 좌석이 낙하할 때 금속으로 된 기둥에 유도 전류가 흘러 좌석의 운동을 방해하기 때문에 속력이 감소한다.	1차 코일에 전류가 흘러 자기장이 발생하고, 1차 코일의 자기장에 의해 2차 코일에 유도 전류가 발생하여 배터리가 충전된다.

[392~395] 다음은 전자기 유도에 대한 설명이다. ( ) 안에 들어갈 알맞은 말을 쓰시오.

392 코일과 자석의 상대적인 운동에 의해 코일에 전류가 흐르는 현상을 ( )(이)라고 한다.

393 유도 전류의 방향은 ( ) 법칙을 통해 구할 수 있으며, ( )의 변화를 방해하는 방향으로 흐른다.

394 시간당 자기 선속의 변화가 ( )수록 유도 기전력의 크기가 크며, 코일의 감은 수가 ( )수록 유도 전류의 세기가 세진다.

395 전자기 유도가 일어날 때 ( ) 에너지가 전기 에너지로 전환된다.

396 오른쪽 그림은 막대 자석의 S극을 코일 쪽으로 가까이 하는 모습을 나타낸 것이다. 검류계에 이와 같은 방향으로 유도 전류가 흐르는 경우를 [보기]에서 모두 골라 기호를 쓰시오.

[보기]
ㄱ. N극을 코일에 가까이 할 때
ㄴ. N극을 코일에서 멀리 할 때
ㄷ. S극을 코일에서 멀리 할 때

[397~399] 오른쪽 그림은 종이 면에 수직으로 들어가는 방향의 균일한 자기장 영역에 놓인 금속선의 양 끝을 일정한 속력으로 당겨 원형 부분 P의 반지름을 일정하게 감소시키는 모습을 나타낸 것이다. 이에 대한 설명으로 옳은 것은 ○표, 옳지 않은 것은 ×표 하시오.

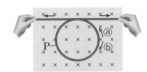

397 P를 통과하는 자기 선속은 증가한다. 　　　 ( )

398 P에 흐르는 유도 전류의 방향은 ⓑ 방향이다. ( )

399 P에 흐르는 유도 전류의 세기는 감소한다. 　 ( )

400 전자기 유도를 이용한 예를 [보기]에서 모두 골라 기호를 쓰시오.

[보기]
ㄱ. 마이크　　ㄴ. 전동기　　ㄷ. 스피커
ㄹ. 무선 충전기　ㅁ. 금속 탐지기

기출 분석 문제

>> 바른답·알찬풀이 55쪽

필수 유형 >> 92쪽 빈출 자료 ①

1 | 전자기 유도

401

그림은 검류계를 연결한 솔레노이드에 자석을 가까이 했다 멀리 하기를 반복하는 모습을 나타낸 것이다.

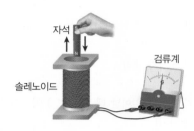

이에 대한 설명으로 옳은 것만을 [보기]에서 있는 대로 고른 것은?

─[보기]─
ㄱ. 자석을 빠르게 움직일수록 검류계 바늘의 회전각이 커진다.
ㄴ. 솔레노이드에 자석을 가까이 할 때 검류계의 바늘이 움직인다.
ㄷ. 솔레노이드에서 자석을 멀리 할 때는 검류계의 바늘이 움직이지 않는다.

① ㄱ   ② ㄴ   ③ ㄷ
④ ㄱ, ㄴ   ⑤ ㄴ, ㄷ

402

그림은 코일의 중심축상에 자석을 놓은 모습을 나타낸 것이다.

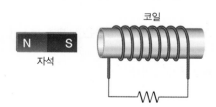

유도 전류가 흐르지 <u>않는</u> 경우는?

① 코일과 자석이 서로 멀어질 때
② 코일과 자석이 서로 가까워질 때
③ 정지해 있는 코일에 자석을 가까이 할 때
④ 정지해 있는 자석에 코일을 가까이 할 때
⑤ 코일과 자석이 일정한 거리를 유지하면서 같이 움직일 때

403

그림은 실에 매달려 있는 금속으로 된 원형 고리에 자석의 N극을 가까이 할 때 순간적으로 원형 고리가 뒤로 밀리는 모습을 나타낸 것이다.

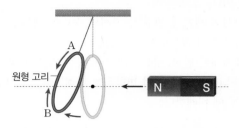

이에 대한 설명으로 옳은 것만을 [보기]에서 있는 대로 고른 것은?

─[보기]─
ㄱ. 원형 고리에는 A 방향으로 유도 전류가 흐른다.
ㄴ. 자석의 S극을 같은 방법으로 가까이 하면 원형 고리는 앞으로 끌려온다.
ㄷ. 자석의 N극을 가까이 하는 속력을 더 빠르게 하면 원형 고리가 뒤로 밀리는 정도가 커진다.

① ㄱ   ② ㄴ   ③ ㄷ
④ ㄱ, ㄷ   ⑤ ㄱ, ㄴ, ㄷ

404

그림과 같이 경사각이 θ만큼 기울어진 구리관의 위쪽에 자석을 놓아 운동시켰더니 구리관에 전류가 흘렀다.

이에 대한 설명으로 옳은 것만을 [보기]에서 있는 대로 고른 것은?(단, 모든 마찰과 공기 저항은 무시한다.)

─[보기]─
ㄱ. 구리관을 통과하는 동안 자석의 속력은 일정하게 증가한다.
ㄴ. 구리관에는 자석의 속력을 증가시키려는 방향으로 전류가 흐른다.
ㄷ. 경사각 θ만을 증가시키면 구리관에 흐르는 전류의 세기는 증가한다.

① ㄴ   ② ㄷ   ③ ㄱ, ㄴ
④ ㄱ, ㄷ   ⑤ ㄱ, ㄴ, ㄷ

405 ✔서술형

그림 (가)는 길이가 같은 속이 빈 관 A와 B를 같은 각으로 비스듬히 기울여 놓고 동일한 막대자석을 관에 넣을 때 막대자석이 미끄러져 내려가는 모습을 나타낸 것이다. 그림 (나)는 A, B에서 막대자석을 놓은 순간부터 지면에 닿는 순간까지 막대자석의 속도를 시간에 따라 나타낸 것이다. A, B는 플라스틱 관과 구리 관 중 하나이다.

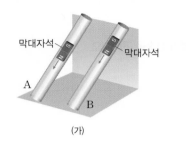
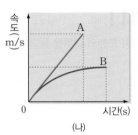

(가) (나)

A, B는 각각 어떤 관인지 (나)와 관련지어 설명하시오.(단, 모든 마찰과 공기 저항은 무시한다.)

406

오른쪽 그림은 원형 자석 B를 투명한 아크릴 관 바닥에 놓고 원형 자석 A를 떠 있도록 한 후, 아크릴 관 바깥쪽에서 원형 고리 도선을 아래 방향으로 운동시키는 모습을 나타낸 것이다. 원형 고리가 P를 지나는 순간 시계 반대 방향으로 유도 전류가 흐른다. P와 Q는 각각 A와 B의 바로 위에 있는 지점이다. 이에 대한 설명으로 옳은 것만을 [보기]에서 있는 대로 고른 것은?

【 보기 】
ㄱ. B의 윗면은 N극이다.
ㄴ. P에서 Q까지 통과하는 동안 원형 고리에 흐르는 전류의 방향은 2번 바뀐다.
ㄷ. A와 B 사이를 통과하는 동안 A가 원형 고리에 작용하는 힘의 방향과 B가 원형 고리에 작용하는 힘의 방향은 서로 같다.

① ㄱ   ② ㄴ   ③ ㄷ
④ ㄱ, ㄷ   ⑤ ㄱ, ㄴ, ㄷ

407 수능기출 변형

그림은 빗면을 따라 내려온 자석이 마찰이 없고 수평인 직선 레일을 따라 솔레노이드를 통과하는 모습을 나타낸 것이다. a, b는 고정된 솔레노이드의 중심에서 같은 거리만큼 떨어진 중심축상의 점이다.

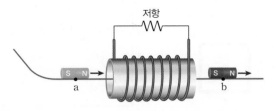

이에 대한 설명으로 옳은 것만을 [보기]에서 있는 대로 고른 것은?(단, 자석의 크기는 무시한다.)

【 보기 】
ㄱ. 저항에 흐르는 유도 전류의 방향은 자석이 a를 지날 때와 b를 지날 때가 서로 같다.
ㄴ. 저항에 흐르는 유도 전류의 세기는 자석이 a를 지날 때가 b를 지날 때보다 크다.
ㄷ. 솔레노이드에 의해 자석이 받는 자기력의 방향은 자석이 a를 지날 때와 b를 지날 때가 서로 반대 방향이다.

① ㄱ   ② ㄴ   ③ ㄷ
④ ㄱ, ㄴ   ⑤ ㄴ, ㄷ

408

그림 (가)와 같이 연직 위 방향의 균일한 자기장 영역에 자기화되어 있지 않은 물체를 올려놓았다. A는 물체의 윗면이다. 그림 (나)와 같이 (가)의 물체를 A가 솔레노이드 쪽으로 향하도록 하여 솔레노이드에 접근시키는 동안 검류계에 전류가 흘렀다.

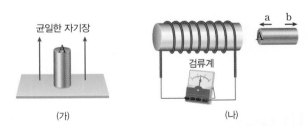

(가) (나)

이에 대한 설명으로 옳은 것만을 [보기]에서 있는 대로 고른 것은?

【 보기 】
ㄱ. 물체는 강자성체이다.
ㄴ. (가)에서 A는 N극으로 자기화된다.
ㄷ. (나)에서 물체를 a 방향으로 움직일 때와 b 방향으로 움직일 때 흐르는 전류의 방향은 같다.

① ㄱ   ② ㄷ   ③ ㄱ, ㄴ
④ ㄴ, ㄷ   ⑤ ㄱ, ㄴ, ㄷ

409

그림 (가)는 정사각형 도선이 종이면에서 수직으로 나오는 균일한 자기장 영역에 고정되어 있는 모습을 나타낸 것이고, (나)는 (가)의 자기장 영역의 자기장의 세기를 시간에 따라 나타낸 것이다.

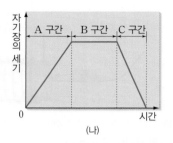

도선에 흐르는 유도 전류에 대한 설명으로 옳은 것만을 [보기]에서 있는 대로 고른 것은?(단, 도선의 전기 저항은 일정하다.)

[보기]
ㄱ. 유도 전류는 A, B, C 구간에서 모두 흐른다.
ㄴ. 유도 전류의 세기는 B 구간에서 가장 세다.
ㄷ. 유도 전류의 방향은 A 구간에서는 시계 방향이고, C 구간에서는 시계 반대 방향이다.

① ㄱ   ② ㄷ   ③ ㄱ, ㄴ
④ ㄱ, ㄷ   ⑤ ㄴ, ㄷ

410 ✔서술형

그림은 종이면에 수직으로 들어가는 균일한 자기장 영역을 정사각형 도선이 일정한 속력으로 통과하는 모습을 나타낸 것이다.

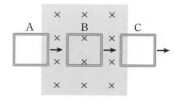

A, B, C에서 도선에 흐르는 유도 전류의 방향을 설명하시오.

[411~412] 오른쪽 그림은 내부의 면적이 4 m²이고, 저항이 10 Ω인 원형 도선이 세기가 5 T인 균일한 자기장 영역에 고정되어 있는 모습을 나타낸 것이다. 물음에 답하시오.

411

원형 도선의 내부를 통과하는 자기 선속을 구하시오.

412 ✔서술형

자기장의 세기가 점점 줄어들어 0.2초 후 2 T가 되었을 때, 원형 도선에 흐르는 전류의 세기를 풀이 과정과 함께 구하시오.

413   필수 유형 ✔ 92쪽 빈출 자료 ②

그림은 종이면에 수직으로 들어가는 방향의 균일한 자기장 영역 Ⅰ과 종이면에서 수직으로 나오는 방향의 균일한 자기장 영역 Ⅱ가 겹쳐진 곳을 자기장에 수직으로 놓인 정사각형 도선이 일정한 속력으로 운동하는 모습을 나타낸 것이다. A, B, C는 정사각형 도선의 어느 순간의 위치이다.

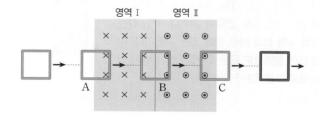

이에 대한 설명으로 옳은 것만을 [보기]에서 있는 대로 고른 것은?

[보기]
ㄱ. A에서 도선에 흐르는 전류의 방향은 시계 반대 방향이다.
ㄴ. B에서 유도 기전력의 크기는 0이다.
ㄷ. 도선에 흐르는 전류의 방향은 A에서와 C에서가 반대이다.

① ㄱ   ② ㄴ   ③ ㄱ, ㄴ
④ ㄱ, ㄷ   ⑤ ㄴ, ㄷ

414

그림과 같이 종이면에 수직으로 들어가는 방향의 균일한 자기장 영역에 저항이 연결된 ㄷ자형 도선을 종이면에 고정시켰다. 이 도선 위에 알루미늄 막대를 걸쳐 놓고 오른쪽으로 일정한 속도 v로 잡아당겼다.

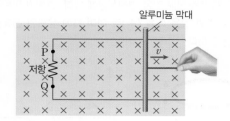

이에 대한 설명으로 옳은 것만을 [보기]에서 있는 대로 고른 것은?

【 보기 】
ㄱ. 유도 전류는 P→저항→Q 방향으로 흐른다.
ㄴ. 도선에 흐르는 유도 전류에 의한 자기장의 방향은 종이면에서 수직으로 나오는 방향이다.
ㄷ. 알루미늄 막대를 당기는 속도의 크기를 $2v$로 하면 도선에 흐르는 전류의 세기는 감소한다.

① ㄱ   ② ㄴ   ③ ㄱ, ㄴ
④ ㄱ, ㄷ   ⑤ ㄴ, ㄷ

---

2 | 전자기 유도의 이용

415

그림은 발전기의 구조를 나타낸 것으로, 직사각형 모양의 코일이 자석에 의한 자기장의 방향에 수직인 회전축을 중심으로 회전하는 모습을 나타낸 것이다. 자기장의 방향과 코일이 이루는 면 사이의 각은 θ이다.

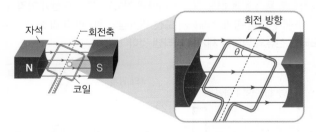

이에 대한 설명으로 옳은 것만을 [보기]에서 있는 대로 고른 것은?

【 보기 】
ㄱ. 코일의 운동 에너지가 전기 에너지로 전환된다.
ㄴ. 코일이 이루는 면을 통과하는 자기 선속은 $\theta=0$일 때가 최대이다.
ㄷ. θ가 $45°$에서 $200°$까지 변할 때 코일에 흐르는 전류의 방향은 2번 바뀐다.

① ㄱ   ② ㄴ   ③ ㄱ, ㄴ
④ ㄱ, ㄷ   ⑤ ㄴ, ㄷ

416

그림은 발광 킥보드의 바퀴가 회전할 때 발광 다이오드(LED)에 불이 켜지는 모습을 나타낸 것이다.

이에 대한 설명으로 옳은 것만을 [보기]에서 있는 대로 고른 것은?

【 보기 】
ㄱ. 전자기 유도를 이용한 장치이다.
ㄴ. 바퀴가 빨리 회전할수록 유도 기전력의 크기가 커진다.
ㄷ. 바퀴가 반대 방향으로 회전해도 발광 다이오드에 불이 켜진다.

① ㄱ   ② ㄴ   ③ ㄷ
④ ㄱ, ㄴ   ⑤ ㄱ, ㄴ, ㄷ

417 ✎서술형

다음은 우리 생활 주변에서 볼 수 있는 기구들과 작동 원리를 설명한 것이다.

전기 기타	금속 탐지기	교통 카드 판독기
기타 줄을 퉁길 때 스피커에서 소리가 난다.	탐지기가 금속 물체 주변을 지날 때 경고음이 울린다.	판독기에 카드를 가까이 할 때 저장되어 있는 정보를 읽는다.

이 기구들이 작동되기 위해 공통적으로 이용하는 전자기적 현상을 원리를 써서 설명하시오.

1등급 완성 문제

>> 바른답·알찬풀이 58쪽

418 （정답률 35%）

그림 (가)는 수평면에 원형 도선과 무한히 긴 직선 도선이 놓인 모습을 나타낸 것이다. 그림 (나)는 원형 도선의 중심 O에서 직선 도선에 따른 자기장의 세기를 시간에 따라 나타낸 것으로, t_0일 때 원형 도선에는 시계 반대 방향으로 직선 도선에 의한 유도 전류가 흐른다.

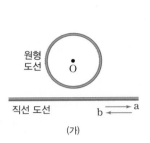
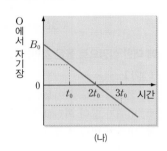

이에 대한 설명으로 옳은 것만을 [보기]에서 있는 대로 고른 것은?

[보기]

ㄱ. t_0일 때 직선 도선에는 a 방향으로 전류가 흐른다.

ㄴ. $2t_0$일 때 원형 도선에 흐르는 전류는 0이다.

ㄷ. 원형 도선에 흐르는 전류의 방향은 t_0일 때와 $3t_0$일 때가 서로 반대이다.

① ㄱ   ② ㄴ   ③ ㄷ

④ ㄱ, ㄷ   ⑤ ㄱ, ㄴ, ㄷ

419 （정답률 30%）

오른쪽 그림은 xy 평면에 $+y$ 방향으로 일정한 전류가 흐르는 무한히 긴 직선 도선이 고정되어 있고, 원형 도선 A, B가 각각 $+x$ 방향으로 속력 v_A, v_B로 운동하고 있는 순간을 나타낸 것이다. 직선 도선으로부터 A, B의 중심까지의 거리는 같다. 반지름은 A가 B보다 크고, A와 B에 직선 도선에 흐르는 전류에 의해 유도되는 기전력은 같다. 이에 대한 설명으로 옳은 것만을 [보기]에서 있는 대로 고른 것은?

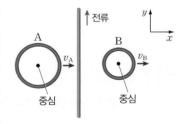

[보기]

ㄱ. $v_A > v_B$이다.

ㄴ. A, B에 흐르는 유도 전류의 방향은 서로 같다.

ㄷ. A를 $+y$ 방향으로 움직이면 A에는 시계 방향으로 유도 전류가 흐른다.

① ㄱ   ② ㄴ   ③ ㄷ

④ ㄱ, ㄷ   ⑤ ㄱ, ㄴ, ㄷ

420 （정답률 30%）

그림 (가)는 화살표 방향으로 전류가 흐르는 고정된 원형 도선 A 위에 A와 나란하게 원형 도선 B가 놓여 있는 모습을 나타낸 것으로, B는 연직 방향과 나란하게 위 또는 아래로만 움직일 수 있다. B가 움직이는 동안 A, B의 중심은 같은 연직선상에 있다. 그림 (나)는 전류가 흐르는 방향이 A와 같을 때를 (+)로 하여 B에 유도된 전류를 시간에 따라 나타낸 것이다.

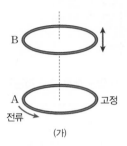
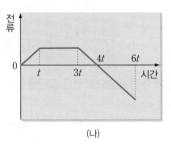

A에 흐르는 전류의 세기가 변하지 않을 때, 이에 대한 설명으로 옳은 것만을 [보기]에서 있는 대로 고른 것은?

[보기]

ㄱ. $0.5t$일 때, B는 위로 움직이고 있다.

ㄴ. $2t$일 때, B는 움직이지 않는다.

ㄷ. $5t$일 때, A와 B 사이에는 서로 끌어당기는 자기력이 작용한다.

① ㄱ   ② ㄷ   ③ ㄱ, ㄴ   ④ ㄴ, ㄷ   ⑤ ㄱ, ㄴ, ㄷ

421 （정답률 25%）

그림은 직사각형 도선이 균일한 자기장 영역 Ⅰ, Ⅱ, Ⅲ을 향해 $+x$ 방향으로 등속 운동 하는 모습을 나타낸 것이고, 표는 도선이 영역 Ⅰ, Ⅱ, Ⅲ을 완전히 통과할 때까지 도선 위 a점의 위치에 따라 도선에 유도되는 전류의 방향과 세기를 나타낸 것이다.

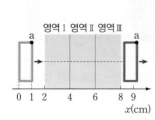

a의 위치	전류 방향	전류 세기
2 cm<a<3 cm	시계 반대	I
4 cm<a<5 cm	시계 반대	$2I$
6 cm<a<7 cm	시계	$4I$
8 cm<a<9 cm	㉠	·

이에 대한 설명으로 옳은 것만을 [보기]에서 있는 대로 고른 것은?

[보기]

ㄱ. Ⅰ, Ⅱ의 자기장의 방향은 같다.

ㄴ. Ⅰ, Ⅲ의 자기장 세기는 같다.

ㄷ. ㉠은 시계 반대 방향이다.

① ㄱ   ② ㄴ   ③ ㄱ, ㄷ   ④ ㄴ, ㄷ   ⑤ ㄱ, ㄴ, ㄷ

422 [정답률 30%] 수능모의평가기출 변형

그림과 같이 고정되어 있는 동일한 솔레노이드 A, B의 중심축에 마찰이 없는 레일이 있고 빗면을 내려온 자석이 수평인 레일 위의 **a점**, **b점**, **c점**을 지난다.

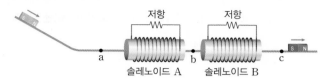

이에 대한 설명으로 옳은 것만을 [보기]에서 있는 대로 고른 것은? (단, A와 B 사이의 상호 작용은 무시한다.)

[보기]
ㄱ. 자석의 역학적 에너지는 a에서와 c에서가 같다.
ㄴ. A에 흐르는 전류의 최댓값은 B에 흐르는 전류의 최댓값보다 크다.
ㄷ. b에서 A가 자석에 작용하는 자기력의 방향과 B가 자석에 작용하는 자기력의 방향은 서로 같다.

① ㄱ   ② ㄷ   ③ ㄱ, ㄴ
④ ㄴ, ㄷ   ⑤ ㄱ, ㄴ, ㄷ

423 [정답률 35%] ⭐신유형

그림 (가)는 종이면에 수직으로 들어가는 방향의 자기장 영역 Ⅰ, Ⅱ에 반지름의 길이를 조절할 수 있는 원형 도선이 고정되어 있는 모습을 나타낸 것이다. 도선의 중심은 자기장 영역의 경계선상에 있다. 그림 (나)는 자기장 영역 Ⅰ, Ⅱ의 자기장의 세기를 시간에 따라 나타낸 것이다. 그림 (다)는 $3t$에서 $4t$까지 도선의 양 끝을 일정한 속력으로 당겨 반지름의 길이를 일정하게 감소시키는 모습을 나타낸 것으로, 매 순간 원형 도선의 중심은 Ⅰ, Ⅱ의 경계면에 있다.

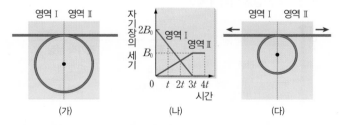

이에 대한 설명으로 옳은 것만을 [보기]에서 있는 대로 고른 것은?

[보기]
ㄱ. t일 때, 원형 도선에는 시계 방향으로 전류가 흐른다.
ㄴ. $2t$일 때, 원형 도선에는 전류가 흐르지 않는다.
ㄷ. $3t$에서 $4t$까지 원형 도선에 유도되는 기전력의 크기는 감소한다.

① ㄴ   ② ㄷ   ③ ㄱ, ㄴ
④ ㄱ, ㄷ   ⑤ ㄱ, ㄴ, ㄷ

🎋 서술형 문제

424 [정답률 30%]

그림 (가)는 사각형 금속 고리가 균일한 자기장 영역 Ⅰ, Ⅱ를 향해 $+x$ 방향으로 운동하는 모습을 나타낸 것이고, (나)는 고리가 등속도로 Ⅰ, Ⅱ를 완전히 통과할 때까지 고리에 유도되는 전류를 고리의 위치 x에 따라 나타낸 것이다. Ⅰ에서 자기장의 세기는 B이고, 고리에 시계 방향으로 흐르는 유도 전류를 (+)로 표시한다.

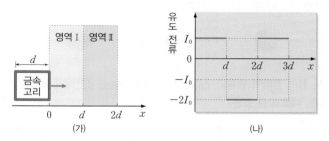

Ⅱ에서의 자기장의 방향과 세기를 설명하시오.

425 [정답률 35%]

오른쪽 그림은 종이면에 수직으로 들어가는 방향의 균일한 자기장 영역에서 고정된 원형 도선과 연결된 도체 막대가 중심점 O를 축으로 종이면상에서 시계 반대 방향으로 회전하는 어느 순간의 모습을 나타낸 것이다. 이 순간 **a**, **b**에 흐르는 전류의 방향을 쓰고, 그 까닭을 설명하시오.

426 [정답률 25%]

그림과 같이 질량이 같은 자석 A, B를 기준선으로부터 같은 높이에 고정된 구리로 만든 동일한 금속 고리 P, Q의 중심을 향해 기준선에서 연직 위로 v_0의 속력으로 던져 올렸더니 A, B가 금속 고리를 통과한 후 정지하였다. A, B가 정지한 높이는 기준선으로부터 각각 h_0, $2h_0$이고, 자석의 역학적 에너지 감소량은 A가 B의 2배이다.

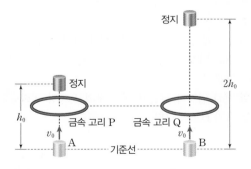

v_0을 풀이 과정과 함께 구하시오.(단, 중력 가속도는 g이다.)

실전 대비 평가 문제 ≫ 바른답·알찬풀이 61쪽

427

그림은 전하의 종류가 같은 두 전하 A, B가 x축상의 $-d$, d 지점에 놓여 있을 때, 원점 O에 놓인 (+)전하에 전기력 F가 $+x$ 방향으로 작용하는 모습을 나타낸 것이다.

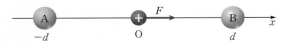

A, B의 전하의 종류와 전하량의 크기로 가능한 것만을 [보기]에서 있는 대로 고른 것은?

【 보기 】
ㄱ. A, B 모두 (+)전하이고, A, B의 전하량이 같은 경우
ㄴ. A, B 모두 (+)전하이고, A의 전하량이 B보다 큰 경우
ㄷ. A, B 모두 (−)전하이고, B의 전하량이 A보다 큰 경우

① ㄱ　　　② ㄴ　　　③ ㄱ, ㄷ
④ ㄴ, ㄷ　　　⑤ ㄱ, ㄴ, ㄷ

428

그림 (가)는 러더퍼드의 알파(α) 입자 산란 실험을 모식적으로 나타낸 것으로, 대부분의 알파(α) 입자는 금박을 통과할 때 진행 방향이 변하지 않지만 일부는 산란된다. 그림 (나)는 (가)에서 동일한 속도로 입사한 알파(α) 입자 A, B가 산란된 경로를 나타낸 것이다.

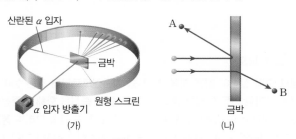

이 실험 결과에 대한 설명으로 옳은 것만을 [보기]에서 있는 대로 고른 것은?

【 보기 】
ㄱ. 원자 전체에 (+)전하가 균일하게 퍼져 있다.
ㄴ. 알파(α) 입자가 산란되는 까닭은 전자로부터 전기력을 받기 때문이다.
ㄷ. 알파(α) 입자가 산란될 때 입자의 운동량 변화량의 크기는 A가 B보다 크다.

① ㄱ　　　② ㄷ　　　③ ㄱ, ㄴ
④ ㄴ, ㄷ　　　⑤ ㄱ, ㄴ, ㄷ

429

그림 (가)는 보어의 수소 원자 모형에서 양자수 $n=1, 2, 3, 4$에 따른 에너지 준위 $E_n=-\dfrac{E_1}{n^2}$과 전자의 전이 과정의 일부를 나타낸 것이고, (나)는 (가)에서 나타난 가시광선 영역의 선 스펙트럼을 나타낸 것이다.

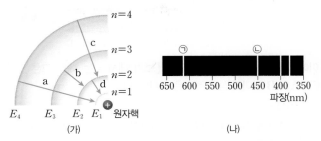

이에 대한 설명으로 옳은 것만을 [보기]에서 있는 대로 고른 것은?(단, h는 플랑크 상수이다.)

【 보기 】
ㄱ. ㉠은 a에 의해 나타나는 스펙트럼선이다.
ㄴ. ㉡에서 광자의 진동수는 $\dfrac{E_4-E_2}{h}$이다.
ㄷ. 방출된 광자 1개의 에너지는 c에서가 d에서보다 크다.

① ㄱ　　　② ㄴ　　　③ ㄱ, ㄷ
④ ㄴ, ㄷ　　　⑤ ㄱ, ㄴ, ㄷ

430

그림은 고체의 에너지띠 구조를 나타낸 것이고, 표는 규소와 다이아몬드의 전기적 성질을 나타낸 것이다.

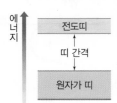

종류	전기적 성질
규소	반도체
다이아몬드	절연체

이에 대한 설명으로 옳은 것만을 [보기]에서 있는 대로 고른 것은?

【 보기 】
ㄱ. 띠 간격은 다이아몬드가 규소보다 크다.
ㄴ. 규소의 전도띠에는 전자가 완전히 채워져 있다.
ㄷ. 전도띠에 있는 전자가 원자가 띠로 이동할 때 에너지를 방출한다.

① ㄱ　　　② ㄴ　　　③ ㄱ, ㄷ
④ ㄴ, ㄷ　　　⑤ ㄱ, ㄴ, ㄷ

431

그림 (가), (나)와 같이 두 물질 A, B로 된 소자를 전지의 극의 방향을 바꾸어 연결한 후 스위치를 닫았을 때, (가)의 전구에는 불이 켜졌고, (나)의 전구에는 불이 켜지지 않았다.

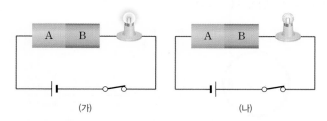

(가)   (나)

이에 대한 설명으로 옳은 것만을 [보기]에서 있는 대로 고른 것은?

[보기]
ㄱ. (가)는 순방향의 전압이 걸린 경우이다.
ㄴ. B의 주된 전하 운반자는 양공이다.
ㄷ. 이 전기 소자는 전류의 세기를 증폭시키는 역할을 한다.

① ㄱ   ② ㄴ   ③ ㄱ, ㄷ
④ ㄴ, ㄷ   ⑤ ㄱ, ㄴ, ㄷ

432

그림은 나란한 무한히 긴 두 개의 직선 도선에 각각 $2I$, I의 전류가 종이면에서 수직으로 나오는 방향으로 흐르는 모습을 나타낸 것이다.

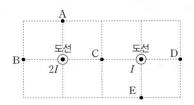

A~E 지점에 나침반을 놓을 때, 나침반 자침의 N극이 가리키는 방향이 같은 두 지점은?(단, 가로 세로의 모눈 간격은 모두 같고, 지구 자기장의 영향은 무시한다.)

① A, B   ② A, E   ③ B, C
④ C, D   ⑤ D, E

433

다음은 물질 A, B의 자성을 알아보는 실험이다.

[실험 과정]
오른쪽 그림과 같이 천장에 실로 매단 자석 가까이에 자기화되지 않은 A 또는 B를 천천히 가져갈 때 자석의 회전 방향을 관찰한다.

자석

A 또는 B

[실험 결과]
A를 가져갈 때 자석은 p 방향으로 회전하였고, B를 가져갈 때 자석은 q 방향으로 회전하였다.

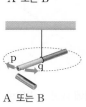

A 또는 B

이에 대한 설명으로 옳은 것만을 [보기]에서 있는 대로 고른 것은?

[보기]
ㄱ. A는 반자성체이다.
ㄴ. 자석과 B 사이에는 서로 미는 자기력이 작용한다.
ㄷ. B는 외부 자기장이 작용할 때 외부 자기장과 같은 방향으로 자기화된다.

① ㄱ   ② ㄴ   ③ ㄷ   ④ ㄱ, ㄷ   ⑤ ㄱ, ㄴ, ㄷ

434

그림 (가)와 같이 자기화되어 있지 않은 상자성 물체 A를 천장에 매단 후 A 아래에 직류 전원 장치가 연결된 솔레노이드를 놓았다. 그림 (나)는 (가)에서 직류 전원 장치를 저항으로 바꾼 후 실을 끊었을 때 A가 솔레노이드에 가까워지는 모습을 나타낸 것이다.

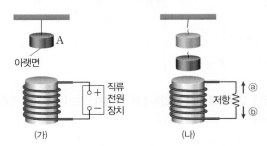

(가)   (나)

이에 대한 설명으로 옳은 것만을 [보기]에서 있는 대로 고른 것은?

[보기]
ㄱ. (가)에서 A의 아랫면은 S극으로 자기화되어 있다.
ㄴ. (나)에서 저항에 흐르는 전류의 방향은 ⓑ이다.
ㄷ. (가)와 (나)에서 솔레노이드가 A에 작용하는 자기력의 방향은 서로 반대이다.

① ㄱ   ② ㄴ   ③ ㄷ   ④ ㄴ, ㄷ   ⑤ ㄱ, ㄴ, ㄷ

435

그림 (가)는 빗면에 금속 고리를 고정하고, 빗면을 따라 운동하던 자석이 p점을 통과하여 q점에서 정지한 모습을 나타낸 것이다. 그림 (나)는 (가)에서 자석이 다시 빗면 아래로 운동하여 p점을 지나는 모습을 나타낸 것이다.

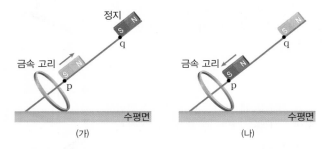

이에 대한 설명으로 옳은 것만을 [보기]에서 있는 대로 고른 것은?

[보기]
ㄱ. p점에서 자석의 속력은 (가)에서와 (나)에서가 같다.
ㄴ. 자석이 p점을 지날 때 자석에 작용하는 자기력의 방향은 (가)에서와 (나)에서가 서로 같다.
ㄷ. 자석이 p점을 지날 때 금속 고리에 유도되는 전류의 방향은 (가)에서와 (나)에서가 서로 반대이다.

① ㄱ   ② ㄴ   ③ ㄷ   ④ ㄱ, ㄷ   ⑤ ㄴ, ㄷ

436

그림은 xy 평면에서 d만큼 떨어져 고정되어 있는 무한히 긴 직선 도선 P, Q 사이에서 한 변의 길이가 $0.1d$인 정사각형 도선이 $+x$ 방향으로 등속도 운동 하는 모습을 나타낸 것이다. P, Q에 흐르는 전류의 세기는 I_0으로 같고, 전류의 방향은 $+y$ 방향으로 같으며, 점 a는 정사각형 도선의 중심이다. 표는 a의 위치를 시간에 따라 나타낸 것이다.

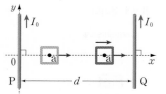

시간	t_0	$2t_0$	$3t_0$	$4t_0$
a의 위치	$0.2d$	$0.4d$	$0.6d$	$0.8d$

이에 대한 설명으로 옳은 것만을 [보기]에서 있는 대로 고른 것은?

[보기]
ㄱ. a가 $0.5d$에 있을 때, P, Q에 의한 자기장의 세기는 최대이다.
ㄴ. $t_0{\sim}2t_0$ 동안 정사각형 도선을 통과하는 자기 선속은 증가한다.
ㄷ. 정사각형 도선에 흐르는 전류의 방향은 $2t_0$일 때와 $4t_0$일 때가 같다.

① ㄱ   ② ㄷ   ③ ㄱ, ㄴ
④ ㄴ, ㄷ   ⑤ ㄱ, ㄴ, ㄷ

437

그림 (가)는 균일한 자기장이 형성되어 있는 공간에 원형 도선이 놓여 있는 모습을 나타낸 것이고, (나)는 (가)의 자기장 영역에서의 자기장 변화를 시간에 따라 나타낸 것이다. 자기장의 방향은 종이면에서 수직으로 나오는 방향이 (+)이다.

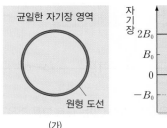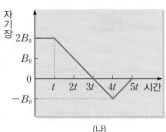

원형 도선에 흐르는 전류에 대한 설명으로 옳은 것만을 [보기]에서 있는 대로 고른 것은?

[보기]
ㄱ. $3t$일 때 유도 전류는 0이다.
ㄴ. 전류의 세기는 $2t$일 때가 $4.5t$일 때보다 작다.
ㄷ. 전류의 방향은 $2t$일 때와 $3.5t$일 때가 서로 같다.

① ㄱ   ② ㄷ   ③ ㄱ, ㄴ
④ ㄴ, ㄷ   ⑤ ㄱ, ㄴ, ㄷ

438

그림 (가)와 같이 종이면에 수직으로 들어가는 방향의 균일한 자기장 영역에 저항과 발광 다이오드(LED)가 연결된 회로가 고정되어 있다. X, Y는 p형 반도체와 n형 반도체를 순서 없이 나타낸 것이다. 그림 (나)는 (가)에서 자기장의 세기를 시간에 따라 나타낸 것이다. t_0일 때 LED에서는 빛이 방출되고 있다.

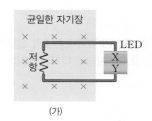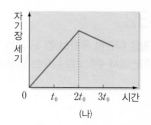

이에 대한 설명으로 옳은 것만을 [보기]에서 있는 대로 고른 것은?

[보기]
ㄱ. t_0일 때 유도 전류는 저항 → Y → X 방향으로 흐른다.
ㄴ. 유도 전류의 세기는 $1.5t_0$일 때와 t_0일 때가 같다.
ㄷ. $3t_0$일 때 LED에는 불이 켜지지 않는다.

① ㄱ   ② ㄷ   ③ ㄱ, ㄴ
④ ㄴ, ㄷ   ⑤ ㄱ, ㄴ, ㄷ

[439~440] 그림 (가), (나)는 어떤 반도체의 에너지띠 구조를 나타낸 것으로, (나)에서 이 반도체의 원자가 띠에 있던 입자 A는 전도띠로 이동하여 빈자리 B가 생겼다. 물음에 답하시오.

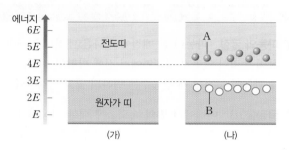

439

A, B는 각각 무엇인지 쓰시오.

440

반도체의 온도가 상대적으로 높은 경우는 (가), (나) 중 어느 것인지 쓰고, (가)와 (나)에서 이 반도체의 전기 전도성을 비교하시오.

441

그림은 xy 평면에 수직으로 고정된 두 직선 도선 A, B에 xy 평면에서 수직으로 나오는 방향으로 각각 전류 I, $3I$가 흐르는 모습을 나타낸 것이다. P점에서 A에 의한 자기장의 세기는 B_0이고, P점, Q점, R점은 두 직선 도선을 잇는 직선상의 점들이며, 도선으로부터 이웃한 점들 사이의 거리는 r로 같다.

P, Q, R에서 A, B에 의한 합성 자기장의 방향과 세기를 풀이 과정과 함께 구하시오.

[442~443] 다음은 솔레노이드에 흐르는 전류에 의한 자기장의 세기와 방향을 알아보기 위한 실험이다. 물음에 답하시오.

[실험 과정]
(가) 오른쪽 그림과 같이 실험 장치를 구성한다.

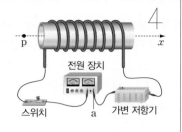

(나) x축상에 있는 p점에 나침반을 놓고 스위치를 닫은 후, 나침반 자침의 방향을 관찰한다.
(다) 전원 장치의 극을 바꾸고 스위치를 닫은 후, 가변 저항기의 저항값을 변화시키고 나침반 자침의 방향을 관찰한다.

[실험 결과]

과정	(나)	(다)
p에서 나침반 자침의 방향	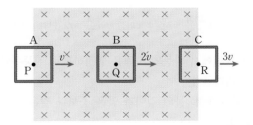	

442

전원 장치의 단자 a의 극을 쓰시오.

443

(나), (다)의 p에서 자기장의 방향과 세기를 비교하여 설명하시오.

444

그림은 동일한 재질과 크기의 사각 도선 A, B, C가 종이면에 수직으로 들어가는 방향으로 균일하게 형성된 자기장 영역을 자기장에 수직인 방향으로 통과하는 모습을 나타낸 것이다. A, B, C는 각각 v, $2v$, $3v$의 일정한 속력으로 운동한다.

A, B, C가 각각 P, Q, R를 통과하는 순간, 각 도선에 흐르는 유도 전류의 세기와 방향을 설명하시오.

12

파동과 전반사

꼭 알아야 할 핵심 개념
- ☑ 파동의 표시
- ☑ 굴절 법칙
- ☑ 전반사
- ☑ 광통신

1 | 파동의 성질

1 파동 공간이나 물질의 한 부분에서 발생한 진동이 시간의 흐름에 따라 퍼져 나가는 주기적인 현상 ⎡ 파동은 매질의 진동을 통해 에너지를 전달한다.⎤

① **파동의 전파**: 파동은 에너지와 정보를 전달하며, 이때 매질은 제자리에서 진동할 뿐 파동과 함께 이동하지 않는다.

② **파동의 종류** 매질의 진동 방향과 파동의 진행 방향에 따라 구분

횡파	종파
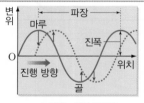 매질의 진동 방향 / 파동의 진행 방향	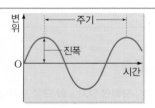 매질의 진동 방향 / 파동의 진행 방향 →
매질의 진동 방향과 파동의 진행 방향이 수직인 파동 **예** 줄의 진동, 지진파의 S파, 전자기파(빛)	매질의 진동 방향과 파동의 진행 방향이 나란한 파동 **예** 지진파의 P파, 음파, 초음파

2 파동의 표시

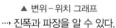

▲ 변위 – 위치 그래프
⋯▶ 진폭과 파장을 알 수 있다.

▲ 변위 – 시간 그래프
⋯▶ 진폭, 주기, 진동수를 알 수 있다.

마루	진동 중심에서 위쪽으로 매질이 가장 멀리 떨어진 지점
골	진동 중심에서 아래쪽으로 매질이 가장 멀리 떨어진 지점
파장(λ)	• 마루와 이웃한 마루 또는 골과 이웃한 골 사이의 거리 • 매질이 한 번 진동하는 동안 파동이 진행한 거리
진폭(A)	진동 중심에서 마루나 골까지 수직 거리로 매질의 최대 변위
주기(T)	매질의 한 점이 한 번 진동하는 데 걸리는 시간 [단위: s(초)]
진동수(f)	매질의 한 점이 1초 동안 진동하는 횟수로, 주기와 역수 관계 ⋯▶ 진동수 $= \dfrac{1}{주기}$ [단위: Hz(헤르츠)]

⎡ 매질의 상태 및 온도에 영향을 받음.

3 파동의 속력 파동은 한 주기 동안 한 파장만큼 진행한다.

$$속력 = \frac{파장}{주기} = 진동수 \times 파장, \quad v = \frac{\lambda}{T} = f\lambda \text{ (단위: m/s)}$$

① 같은 매질에서 파동의 속력은 일정하므로 진동수와 파장은 반비례한다.

② 물결파의 속력: 물의 깊이가 얕은 곳보다 깊은 곳에서 더 빠르다.

③ 음파의 속력: 고체 > 액체 > 기체 순이고, 공기 중에서는 온도가 높을수록 밀도가 낮아 매질 입자의 진행을 방해하는 정도가 작으므로 진행 속도가 빠르다.

2 | 파동의 굴절

1 파동의 굴절 파동이 한 매질에서 다른 매질로 진행할 때 파동의 속력이 달라져 경계면에서 진행 방향이 바뀌는 현상
➔ 파동이 굴절할 때 진동수는 변하지 않고 일정하다.

2 굴절률(n) 매질에서 빛의 속력 v에 대한 진공에서 빛의 속력 c의 비를 그 매질에서의 굴절률이라고 한다. ➔ $n = \dfrac{c}{v}$

3 굴절 법칙(스넬 법칙) 빛이 굴절률이 n_1인 매질 1에서 굴절률이 n_2인 매질 2로 입사할 때, 입사각 i와 굴절각 r, 속력 v, 파장 λ 사이의 관계는 다음과 같다.

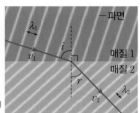

진동수와 주기는 파원에 의해 결정되므로 매질이 달라져 굴절이 일어나도 진동수와 주기는 변하지 않는다.

$$\frac{\sin i}{\sin r} = \frac{v_1}{v_2} = \frac{\lambda_1}{\lambda_2} = \frac{\dfrac{c}{n_1}}{\dfrac{c}{n_2}} = \frac{n_2}{n_1} = n_{12} \text{ 일정}$$

⎡ 매질 1에 대한 매질 2의 굴절률 n_{12}를 상대 굴절률이라고 한다.

빈출 자료 ① 여러 가지 매질에서 빛의 굴절

그림은 빛이 공기에서 각각 물, 유리, 다이아몬드로 동일한 입사각으로 입사하는 모습을 나타낸 것이다.(굴절률: 물 < 유리 < 다이아몬드)

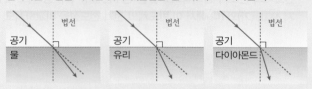

• 굴절하는 정도: 물 < 유리 < 다이아몬드
• 굴절각의 크기: 물 > 유리 > 다이아몬드
• 빛의 속력: 물 > 유리 > 다이아몬드

매질의 굴절률이 클수록 그 매질에서 빛의 속력이 느려지므로 빛이 굴절되는 정도가 커져 법선 쪽으로 더 많이 꺾인다.

필수 유형 여러 가지 매질에서 빛의 굴절에 대해 묻는 문제가 출제된다.

108쪽 461번

4 우리 주위의 굴절 현상 ⎡ 빛이 수면에서 굴절되어 눈에 들어올 때 우리는 빛이 직진한 것으로 인식한다.

① 강바닥이 실제보다 얕아 보인다. ⎡ 빛의 속력은 공기 중에서보다 렌즈에서 더 느리다.

② 볼록 렌즈는 빛을 모으고, 오목 렌즈는 빛을 퍼지게 한다.

③ 막대 자를 물에 담그면 물에 잠긴 부분의 눈금 간격이 좁게 보인다.

④ 신기루: 공기의 온도 변화에 따라 빛의 속력이 변하여 물체가 실제 위치가 아닌 곳에서 보인다.

▲ 사막에서 신기루

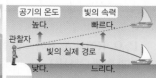

▲ 극지방에서 신기루

1 전반사 빛이 진행하다가 매질의 경계면에서 굴절하지 못하고 전부 반사하는 현상

① 임계각(i_c): 굴절각이 90°일 때의 입사각

② 굴절률과 임계각: 빛이 굴절률이 n인 매질에서 공기로 나올 때, 입사각이 임계각 i_c일 경우 굴절각이 90°이므로 $\sin i_c = \dfrac{1}{n}$이다.

③ 전반사 조건: 빛이 굴절률이 큰 매질에서 굴절률이 작은 매질로 입사해야 하고, 빛이 임계각보다 큰 입사각으로 입사해야 한다.

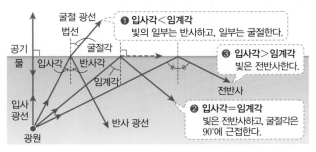

2 광섬유 빛을 전송시킬 수 있는 섬유 모양의 관

코어에 입사한 빛이 코어와 클래딩의 경계면에서 전반사하면서 진행 →
굴절률: 코어>클래딩

빈출 자료 ② 전반사와 광섬유

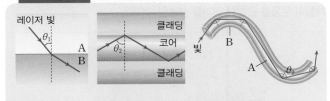

필수 유형 전반사의 원리를 이용한 광섬유에서 코어와 클래딩의 굴절률의 크기를 비교하는 문제가 출제된다. 🔗 109쪽 466번

3 광통신 음성, 영상 등과 같은 신호를 빛으로 전환한 후 광섬유를 통해 주고받는 통신 방식

광섬유는 단면적이 작고 가벼우며 재료가 되는 자원이 풍부하다

장점	단점
• 전송 거리가 길고 도청이 어렵다. • 외부의 전자기파에 의한 간섭이나 혼선이 없다. • 에너지의 손실이 적어 증폭기를 설치하는 구간이 구리도선을 이용한 전기 통신에 비해 길다.	• 연결 부위에 작은 먼지나 틈으로도 통신이 불가능해진다. • 광섬유는 매우 가늘어서 한번 끊어지면 연결하기 어렵다. • 전기도선을 사용한 통신에 비해 설치 및 관리 비용이 많이 든다.

[445~446] 다음은 파동에 대한 설명이다. (   ) 안에 들어갈 알맞은 말을 쓰시오.

445 한 곳에서 생긴 진동이 물질이나 공간을 따라 퍼져 나가는 현상을 (   )(이)라고 한다.

446 파동의 속력=$\dfrac{(\ ⊙\ )}{(\ ⓛ\ )}$=(⊙)×(ⓒ)

[447~448] 오른쪽 그림은 어떤 파동이 진행할 때 매질의 한 점이 시간에 따라 진동 방향으로 이동한 변위를 나타낸 것이다.

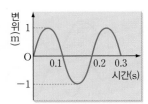

447 이 파동의 진폭과 진동수를 구하시오.

448 파동의 속력이 10 m/s라고 할 때, 이 파동의 파장은 몇 m인지 구하시오.

449 다음은 물결파의 굴절에 대한 설명이다. (   ) 안에 들어갈 알맞은 말을 고르시오.

> 물결파가 물의 깊이가 깊은 곳에서 얕은 곳으로 진행할 때 물결파의 속력은 ⊙(빨라, 느려)지고, 파장은 ⓛ(길어, 짧아)진다.

450 사막과 같은 곳에서 온도에 따라 빛의 속력이 변하여 물체가 실제 위치가 아닌 다른 곳에 있는 것처럼 보이는 현상을 무엇이라고 하는지 쓰시오.

[451~452] 전반사와 광통신에 대한 설명으로 옳은 것은 ○표, 옳지 <u>않은</u> 것은 ×표 하시오.

451 빛이 굴절률이 큰 매질에서 굴절률이 작은 매질로 입사하면 전반사가 일어날 수 있으며, 굴절각이 90°가 될 때의 입사각을 임계각이라고 한다. (   )

452 전반사는 입사각이 임계각보다 클 때 일어나고, 광섬유에서 굴절률은 클래딩이 코어보다 크다. (   )

기출 분석 문제

» 바른답·알찬풀이 64쪽

1 | 파동의 성질

453

그림 (가)와 (나)는 종류가 같은 줄의 한쪽 끝을 잡고 각각 천천히 흔들 때와 빠르게 흔들 때의 모습을 나타낸 것이고, (다)는 굵기가 굵은 줄과 가는 줄을 연결한 줄의 한쪽 끝을 잡고 흔들 때의 모습을 나타낸 것이다.

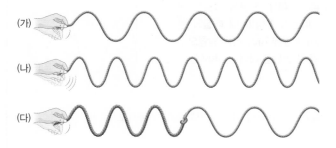

이에 대한 설명으로 옳은 것만을 [보기]에서 있는 대로 고른 것은?

[보기]

ㄱ. (가), (나), (다)에서 발생한 파동은 종파이다.
ㄴ. (가), (나)에서 파동의 속력이 일정할 때 진동수가 클수록 파장이 긴 것을 알 수 있다.
ㄷ. (다)에서 파동이 전파되는 속력은 굵은 줄에서가 가는 줄에서보다 작다.

① ㄱ   ② ㄷ   ③ ㄱ, ㄴ
④ ㄴ, ㄷ   ⑤ ㄱ, ㄴ, ㄷ

454

그림 (가)는 일정한 진동수로 진동하는 스피커 주변의 공기 입자 분포를 나타낸 것이고, (나)는 공기 입자의 압력을 스피커로부터 떨어진 거리에 따라 나타낸 것이다.

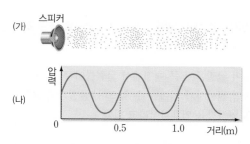

스피커에서 발생하는 음파의 진동수로 옳은 것은?(단, 음파의 속력은 340 m/s이다.).

① 170 Hz   ② 340 Hz   ③ 440 Hz
④ 510 Hz   ⑤ 680 Hz

455 서술형

그림 (가)는 오른쪽 방향으로 진행하는 횡파의 어느 순간의 변위를 위치에 따라 나타낸 것이고, (나)는 이 파동을 전달하는 매질의 어느 한 점에서 변위를 시간에 따라 나타낸 것이다.

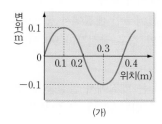 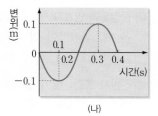

(가)   (나)

파동의 속력을 풀이 과정과 함께 구하시오.

456

다음은 수조에 물을 채운 후 수조의 한쪽 끝에서 나무 막대를 위아래로 흔들어 물결파를 만들어 보내는 모습과 물 위에 떠 있는 코르크 마개들의 운동을 관찰한 결과를 설명한 것이다.

[관찰 결과]

• 나무 막대를 흔들기 시작한 후 0.2초만에 나무 막대에서 10 cm 떨어진 코르크 마개가 진동하기 시작했다.
• 인접한 마루에 있는 두 코르크 마개 사이의 거리가 20 cm 였다.

이에 대한 설명으로 옳은 것만을 [보기]에서 있는 대로 고른 것은?

[보기]

ㄱ. 물결파의 속력은 0.5 m/s이다.
ㄴ. 물결파의 파장은 0.2 m이다.
ㄷ. 나무 막대를 흔든 진동수는 3 Hz이다.

① ㄱ   ② ㄴ   ③ ㄷ
④ ㄱ, ㄴ   ⑤ ㄴ, ㄷ

2 | 파동의 굴절

457

그림 (가)는 물결파 발생 장치에 유리판을 비스듬하게 설치한 모습을, (나)는 일정한 진동수로 물결파를 발생시킬 때 물결파의 파면을 관찰한 모습을 나타낸 것이다. 매질 1에서 물결파의 파면과 유리판이 이루는 각은 θ이다.

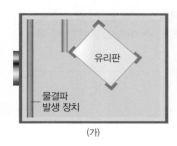 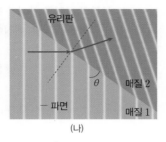

|(가)|(나)|

이에 대한 설명으로 옳은 것만을 [보기]에서 있는 대로 고른 것은?

[보기]

ㄱ. 속력은 매질 1에서가 매질 2에서보다 크다.
ㄴ. 매질 1에서 매질 2로 진행할 때 입사각이 굴절각보다 크다.
ㄷ. (나)에서 유리판을 회전시켜 θ를 증가시키면 매질 2에서 물결파의 주기가 감소한다.

① ㄱ   ② ㄴ   ③ ㄱ, ㄴ
④ ㄴ, ㄷ   ⑤ ㄱ, ㄴ, ㄷ

458 ◢ 서술형

그림은 물결파가 수심이 다른 매질 A, B의 경계면에서 굴절할 때 파면의 모습을 나타낸 것이다.

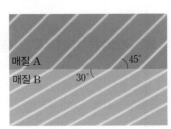

물결파가 수심이 깊은 곳에서 얕은 곳으로 진행할 때 입사각의 크기와 굴절각의 크기를 각각 쓰고, 매질 A, B에서 물결파의 속력을 각각 v_A, v_B라고 할 때, 속력의 비 $v_A : v_B$를 풀이 과정과 함께 구하시오.

459 ⭐신유형

그림은 파장과 진동수가 각각 λ, f인 빛이 매질 I에서 입사각 θ_1로 O점을 향하여 입사하여 매질 II에서 굴절각 θ_2로 굴절된 후 P점에 도달한 모습을 나타낸 것이다. I, II의 굴절률은 각각 n_I, n_{II}이며, $n_I < n_{II}$이다.

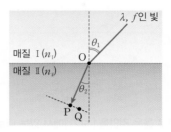

O점에서 굴절된 빛이 Q점에 도달하게 하는 방법으로 옳지 <u>않은</u> 것은?

① 빛의 진동수가 f보다 큰 빛을 사용한다.
② 빛의 파장이 λ보다 짧은 빛을 사용한다.
③ n_I을 증가시킨다.
④ n_{II}를 증가시킨다.
⑤ θ_1을 감소시킨다.

460

그림은 매질 A, B, C에서 진행하는 단색광의 경로를 나타낸 것이다. A, B의 경계면에서 입사각과 굴절각은 각각 θ_1, θ_2이고, B, C의 경계면에서 굴절각은 θ_3이다. $\theta_2 < \theta_1 < \theta_3$이다.

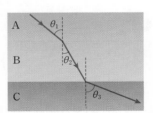

이에 대한 설명으로 옳은 것만을 [보기]에서 있는 대로 고른 것은?

[보기]

ㄱ. θ_1을 감소시키면 θ_3도 감소한다.
ㄴ. 단색광의 속력은 B에서가 C에서보다 빠르다.
ㄷ. A에 대한 B의 상대 굴절률은 C에 대한 B의 상대 굴절률보다 크다.

① ㄱ   ② ㄴ   ③ ㄷ
④ ㄱ, ㄴ   ⑤ ㄴ, ㄷ

461

필수 유형 ➡ 104쪽 빈출 자료 ①

그림은 파동 A와 B가 각각 공기와 물의 경계면에서 입사각 θ_0으로 입사한 후 물에서 유리로 진행하며 굴절하는 모습을 나타낸 것이다. A와 B는 각각 단색광과 소리 중 하나이다.

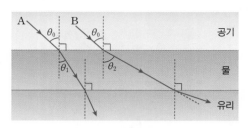

이에 대한 설명으로 옳은 것만을 [보기]에서 있는 대로 고른 것은?

[보기]
ㄱ. A는 소리이다.
ㄴ. A의 파장은 물에서가 유리에서보다 짧다.
ㄷ. B의 속력은 공기에서가 유리에서보다 느리다.

① ㄴ   ② ㄷ   ③ ㄱ, ㄷ
④ ㄴ, ㄷ   ⑤ ㄱ, ㄴ, ㄷ

462 수능모의평가기출 변형

그림 (가)는 물에서 유리로 진행하는 빛의 진행 방향을, (나)는 신기루가 보일 때 빛의 진행 방향을, (다)는 낮에 발생한 소리의 진행 방향을 나타낸 것이다.

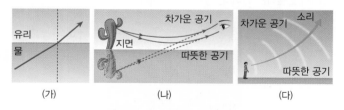

(가)   (나)   (다)

이에 대한 설명으로 옳은 것만을 [보기]에서 있는 대로 고른 것은?

[보기]
ㄱ. (가)에서 굴절률은 유리가 물보다 크다.
ㄴ. (나)에서 빛의 속력은 따뜻한 공기에서가 차가운 공기에서보다 크다.
ㄷ. (다)에서 소리의 속력은 차가운 공기에서가 따뜻한 공기에서보다 크다.

① ㄱ   ② ㄴ   ③ ㄱ, ㄴ
④ ㄱ, ㄷ   ⑤ ㄴ, ㄷ

463

빛의 전반사 현상에 대한 설명으로 옳은 것만을 [보기]에서 있는 대로 고른 것은?

[보기]
ㄱ. 입사각이 임계각보다 클 때 일어날 수 있다.
ㄴ. 두 물질의 굴절률 차이가 작을수록 임계각이 작아진다.
ㄷ. 빛이 굴절률이 작은 매질에서 큰 매질로 진행할 때 일어날 수 있다.

① ㄱ   ② ㄴ   ③ ㄱ, ㄷ
④ ㄴ, ㄷ   ⑤ ㄱ, ㄴ, ㄷ

464

그림은 매질 A, B의 경계면에 입사각 i로 입사한 단색광 P가 전반사하는 모습을 나타낸 것이다.

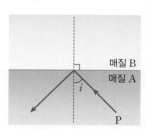

이에 대한 설명으로 옳은 것만을 [보기]에서 있는 대로 고른 것은?

[보기]
ㄱ. i가 증가하면 P는 전반사하지 않는다.
ㄴ. P의 속력은 A에서가 B에서보다 느리다.
ㄷ. P가 B에서 A로 입사각 i로 입사할 때 P는 전반사한다.

① ㄱ   ② ㄴ   ③ ㄷ
④ ㄴ, ㄷ   ⑤ ㄱ, ㄴ, ㄷ

465

그림은 광통신에 사용되는 광섬유에서 빛이 전반사하면서 진행하는 모습을 나타낸 것이다.

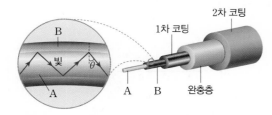

이에 대한 설명으로 옳은 것을 있는 대로 고르면? (정답 2개)

① 굴절률은 A가 B보다 작다.
② θ는 A와 B 사이의 임계각보다 크다.
③ 빛의 속력은 A에서가 B에서보다 빠르다.
④ A와 B의 굴절률 차이가 클수록 임계각이 작아진다.
⑤ A와 B의 경계면에서 빛이 반사될 때 에너지의 손실이 크다.

466 수능모의평가기출 변형 필수 유형 ✏ 105쪽 빈출 자료 ②

그림 (가)는 레이저 빛이 물질 A, B, C에서 진행하는 모습을 나타낸 것이고, (나)는 A, B, C 중에서 두 가지 물질로 만들어진 광섬유에서 (가)와 동일한 레이저 빛이 전반사하여 진행하는 모습을 나타낸 것이다.

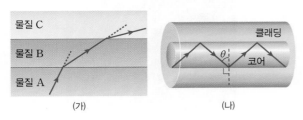

이에 대한 설명으로 옳은 것만을 [보기]에서 있는 대로 고른 것은?

【 보기 】
ㄱ. 굴절률은 A가 C보다 크다.
ㄴ. θ는 클래딩과 코어 사이의 임계각보다 작다.
ㄷ. 코어를 B로 만들었을 때 클래딩은 C로 만들어야 한다.

① ㄱ   ② ㄴ   ③ ㄱ, ㄷ
④ ㄴ, ㄷ   ⑤ ㄱ, ㄴ, ㄷ

467

광통신에 대한 설명으로 옳은 것만을 [보기]에서 있는 대로 고른 것은?

【 보기 】
ㄱ. 외부 전자기파의 영향을 받아 혼선되기 쉬우며 도청이 가능하다.
ㄴ. 광통신에서 신호를 멀리 보낼 때에는 중간에 광증폭기를 사용하여 빛 신호를 증폭한다.
ㄷ. 광통신은 음성, 영상 등의 정보를 빛 신호로 변환시킨 후 이를 전파에 실어 보내는 무선 통신 방식이다.

① ㄱ   ② ㄴ   ③ ㄱ, ㄷ
④ ㄴ, ㄷ   ⑤ ㄱ, ㄴ, ㄷ

468

다음은 광통신의 원리를 설명한 것이다.

그림과 같이 전화의 음성이나 텔레비전의 영상 정보가 레이저나 발광 다이오드에 입력된다. 발신기에서 방출된 빛 신호는 코어와 클래딩으로 구성된 광섬유에서 코어를 따라 손실 없이 진행하며, 수신기에서 발신기에서와 반대의 과정을 거쳐 음성 및 영상 정보를 수신하게 된다.

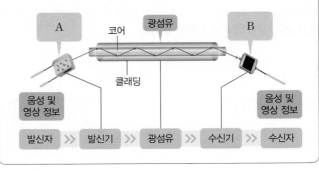

이에 대한 설명으로 옳은 것만을 [보기]에서 있는 대로 고른 것은?

【 보기 】
ㄱ. 광섬유를 따라 진행하는 빛은 전반사한다.
ㄴ. 전기 신호를 빛 신호로 변환하는 것은 B이다.
ㄷ. 광섬유의 코어는 클래딩보다 굴절률이 크다.

① ㄱ   ② ㄴ   ③ ㄱ, ㄴ
④ ㄱ, ㄷ   ⑤ ㄴ, ㄷ

1등급 완성 문제

»» 바른답·알찬풀이 66쪽

469 [정답률 25%] 수능기출 변형

그림 (가)는 진행하는 두 파동 A와 B의 어느 한 점의 변위를 시간에 따라 나타낸 것이고, (나)는 어느 순간에 A와 B 중 하나의 변위를 위치에 따라 나타낸 것이다. 파동의 진행 속력은 A가 B의 3배이다.

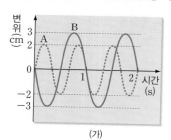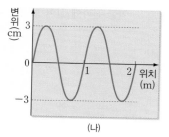

(가)   (나)

이에 대한 설명으로 옳은 것만을 [보기]에서 있는 대로 고른 것은?

[보기]
ㄱ. 파장은 A가 B의 2배이다.
ㄴ. 진동수는 A가 B의 2배이다.
ㄷ. A의 진행 속력은 3 m/s이다.

① ㄱ   ② ㄴ   ③ ㄱ, ㄷ
④ ㄴ, ㄷ   ⑤ ㄱ, ㄴ, ㄷ

470 [정답률 30%]

그림 (가)는 $t=0$일 때, 일정한 속력으로 x축과 나란하게 진행하는 파동의 변위 y를 위치 x에 따라 나타낸 것이다. 그림 (나)는 $x=1$ cm에서 y를 시간 t에 따라 나타낸 것이다.

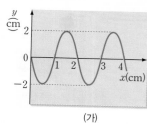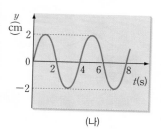

(가)   (나)

이에 대한 설명으로 옳은 것만을 [보기]에서 있는 대로 고른 것은?

[보기]
ㄱ. 파동의 진행 속력은 2 cm/s이다.
ㄴ. 파동의 진행 방향은 $-x$ 방향이다.
ㄷ. 2초일 때, $x=2$ cm에서 y는 0이다.

① ㄱ   ② ㄴ   ③ ㄱ, ㄷ
④ ㄴ, ㄷ   ⑤ ㄱ, ㄴ, ㄷ

471 [정답률 30%]

그림은 오른쪽 방향으로 진행하는 파동의 모습을 나타낸 것이다. 이 파동은 시간 $t=0$일 때 실선 파형이었고 1초 후에는 점선 파형이 되었다. P는 파동의 매질 위의 점이다.

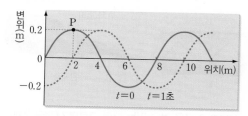

이 파동에 대한 설명으로 옳은 것만을 [보기]에서 있는 대로 고른 것은?

[보기]
ㄱ. 진동수는 4 Hz이다.
ㄴ. 진행 속력은 2 m/s이다.
ㄷ. $t=3$초일 때, P의 변위는 0이다.

① ㄱ   ② ㄴ   ③ ㄷ
④ ㄱ, ㄴ   ⑤ ㄴ, ㄷ

472 [정답률 30%]

그림은 물결파가 서로 다른 깊이의 물 A에서 B로 진행할 때 파면의 모습을 나타낸 것이다.

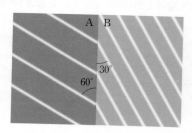

이에 대한 설명으로 옳은 것만을 [보기]에서 있는 대로 고른 것은?

[보기]
ㄱ. 물의 깊이는 A가 B보다 깊다.
ㄴ. 진동수는 A에서가 B에서보다 작다.
ㄷ. 파장은 A에서가 B에서의 $\sqrt{3}$ 배이다.

① ㄱ   ② ㄴ   ③ ㄱ, ㄴ
④ ㄱ, ㄷ   ⑤ ㄴ, ㄷ

473 （정답률 30%） 수능기출 변형

그림 (가)는 모눈종이 위에 반원형 물체를 놓고 공기 중에서 단색광 A를 중심 O에 비출 때의 진행 경로를 나타낸 것이다. 그림 (나)는 반원형 물체에서 공기 중으로 A를 입사각 45°로 O에 비추는 것을 나타낸 것이다.

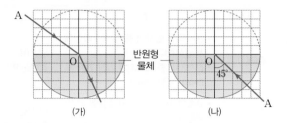

(가) (나) 반원형 물체

이에 대한 설명으로 옳은 것만을 [보기]에서 있는 대로 고른 것은?

【 보기 】
ㄱ. (나)에서 A는 O에서 전반사한다.
ㄴ. 공기에 대한 반원형 물체의 굴절률은 2이다.
ㄷ. A의 속력은 반원형 물체에서가 공기 중에서보다 빠르다.

① ㄱ   ② ㄴ   ③ ㄱ, ㄴ
④ ㄴ, ㄷ   ⑤ ㄱ, ㄴ, ㄷ

474 （정답률 25%）

그림은 공기 중에서 파장이 λ인 단색광을 직사각형 모양의 투명한 매질 P에 입사시켰을 때 점 a와 b를 지나 매질 Q로 입사한 후 점 c에 도달하는 모습을 나타낸 것이다.

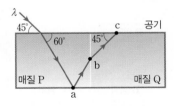

이에 대한 설명으로 옳은 것만을 [보기]에서 있는 대로 고른 것은?(단, 공기의 굴절률은 1이다.)

【 보기 】
ㄱ. P에 대한 Q의 상대 굴절률은 $\sqrt{\dfrac{3}{2}}$ 이다.
ㄴ. Q에서 빛의 파장은 $\sqrt{3}\lambda$이다.
ㄷ. c에서 빛은 전반사한다.

① ㄱ   ② ㄴ   ③ ㄷ
④ ㄱ, ㄷ   ⑤ ㄱ, ㄴ, ㄷ

서술형 문제

475 （정답률 30%）

그림은 오른쪽으로 진행하는 파동의 어느 한 순간의 변위를 위치에 따라 나타낸 것이다. P는 매질 위의 점이다.

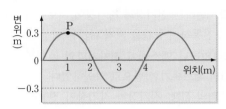

이 파동의 속력이 2 m/s일 때 3초 후 점 P의 변위가 몇 m인지 풀이 과정을 써서 구하시오.

476 （정답률 25%）

그림과 같이 공기와 액체의 경계면에서 연직 아래로 h인 지점에 잠겨 있는 광원에서 빛이 방출될 때, 광원 위 액체 표면에 지름이 h 이상인 원판을 놓았더니 빛이 공기 쪽으로 나오지 못하였다.

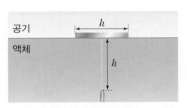

공기에 대한 액체의 굴절률을 풀이 과정을 써서 구하시오.(단, 공기의 굴절률은 1이고, 광원의 크기는 무시한다.)

477 （정답률 30%）

그림 (가)는 물질 A, B에서 레이저 빛이 진행하는 모습을 나타낸 것이고, (나)는 A, B로 만든 광섬유에서 (가)의 레이저 빛이 전반사하며 진행하는 모습을 나타낸 것이다.

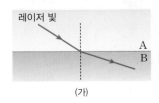 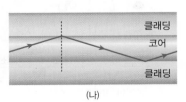

(가) (나)

(나)에서 코어로 적합한 물질은 A와 B 중 어느 것인지 고르고, 그 까닭을 설명하시오.

13 Ⅲ 파동과 정보 통신
전자기파

꼭 알아야 할 핵심 개념
- ☑ 전자기파의 진행
- ☑ 전자기파의 종류
- ☑ 전자기파의 특징

1 전자기파

1 전자기파 변하는 전기장과 자기장이 서로를 유도하면서 주기적으로 진동하여 공간을 퍼져 나가는 파동

① 발견: 1865년 맥스웰이 전자기파의 존재를 주장하였고, 1886년 헤르츠가 실험으로 확인하였다.

② 전자기파의 진행: 전기장과 자기장이 진동하는 방향에 대해 각각 수직 방향으로 진행한다. → 횡파

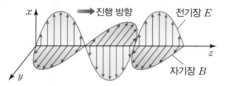

오른손의 네 손가락을 전기장이 진동하는 축에서 자기장이 진동하는 축으로 감아질 때 엄지손가락이 가리키는 방향이 전자기파의 진행 방향이다.

③ 속력: 진공에서 약 30만 km/s로 빛의 속력과 같다.

④ 특징: 반사, 굴절 등의 성질을 나타내며, 파동의 형태로 에너지를 전달한다. 또한 다른 파동과 달리 매질이 없어도 진행할 수 있다.

빈출 자료 ① 전자기파의 진행

❶ 전자기파의 전기장이 진동하는 면과 자기장이 진동하는 면은 서로 직각을 이룬다.
❷ 전자기파의 자기장이 y축과 나란하게 진동하므로 전기장의 진동 방향은 z축과 나란하다.
❸ a는 전자기파의 반파장이다.

필수 유형 전기장과 자기장이 진동하는 방향과 전자기파가 진행하는 방향의 관계를 묻는 문제가 출제된다. 📄 113쪽 488번

2 전자기파의 종류 파장(또는 진동수)에 따라 감마(γ)선, X선, 자외선, 가시광선, 적외선, 마이크로파, 라디오파로 구분

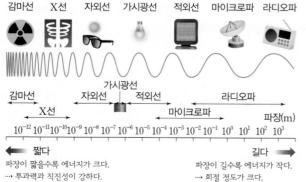

감마선 X선 자외선 가시광선 적외선 마이크로파 라디오파

감마선
X선
자외선 | 가시광선 | 적외선
마이크로파
라디오파
10^{-12} 10^{-11} 10^{-10} 10^{-9} 10^{-8} 10^{-7} 10^{-6} 10^{-5} 10^{-4} 10^{-3} 10^{-2} 10^{-1} 10^{0} 10^{1} 10^{2} 10^{3} 파장(m)

◀ 짧다   길다 ▶

파장이 짧을수록 에너지가 크다.
···→ 투과력과 직진성이 강하다.

파장이 길수록 에너지가 작다.
···→ 회절 정도가 크다.

2 전자기파의 특징과 이용

진공에서 전자기파의 속력은 파장에 관계없이 약 30만 km/s로 같다.

전자기파		특징	이용
짧다. ↑ 파장 ↓ 길다.	감마(γ)선	• 원자핵이 방사성 붕괴하는 과정에서 발생한다. • 전자기파 중 에너지가 가장 커서 투과력이 가장 강하다.	• 암 치료 • 감마선 망원경
	X선	• 고속의 전자가 금속에 충돌할 때 발생한다. • 투과력이 강하여 인체 내부 또는 물질 내부를 파악할 수 있다.	• 뼈 사진 • 물질의 특성 파악
	자외선	• 형광 물질에 흡수되면 가시광선을 방출한다. • 살균 작용을 한다.	• 식기 소독기 • 위조지폐 감별
	가시광선	• 사람의 눈으로 관찰할 수 있다. • 파장에 따라 다른 색으로 보인다.	• 영상 장치 • 광통신
	적외선	• 열을 내는 물체에서 발생한다. • 강한 열작용을 하여 열선이라고도 한다.	• 적외선 온도계 • 열화상 카메라
	전파 — 마이크로파	• 전기 기구에서 전자의 진동으로 발생한다. → 물 분자를 진동시켜 음식물을 가열한다. • 라디오파보다 많은 양의 정보 전달이 가능하다.	• 전자레인지 • 레이더 • 위성 통신
	전파 — 라디오파	• 도선 속에서 가속되는 전하에 의해 발생한다. • 마이크로파보다 넓은 방향으로 멀리까지 정보 전송이 가능하다.	• 라디오 • TV • 휴대 전화

빈출 자료 ② 전자기파의 종류와 이용

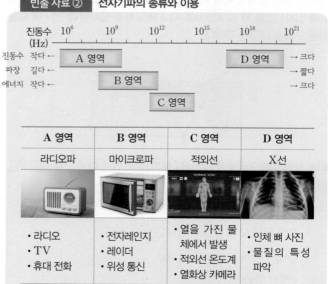

진동수 (Hz) 10^{6} 10^{9} 10^{12} 10^{15} 10^{18} 10^{21}

진동수 작다 ◀ A 영역 ▶ 크다
파장 길다 ◀ B 영역 ▶ 짧다
에너지 작다 ◀ C 영역 ▶ 크다
D 영역

A 영역	B 영역	C 영역	D 영역
라디오파	마이크로파	적외선	X선
• 라디오 • TV • 휴대 전화	• 전자레인지 • 레이더 • 위성 통신	• 열을 가진 물체에서 발생 • 적외선 온도계 • 열화상 카메라	• 인체 뼈 사진 • 물질의 특성 파악

필수 유형 전자기파의 종류에 따른 파장, 진동수 및 전자기파가 이용되는 예를 묻는 문제가 출제된다. 📄 114쪽 493번

[478~479] 그림은 +z 방향으로 진행하는 어떤 전자기파의 모습을 나타낸 것이다. ( ) 안에 들어갈 알맞은 말을 쓰시오.

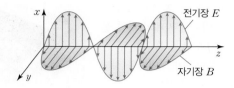

478 (㉠)은/는 전기장과 (㉡)(이)가 서로 (㉢)으로 진동하면서 진행하는 파동이며 횡파에 해당한다.

479 진공에서 전자기파의 속력은 (   )의 속력과 같다.

[480~481] 전자기파에 대한 설명으로 옳은 것은 ○표, 옳지 않은 것은 ×표 하시오.

480 전자기파는 에너지를 전달할 수 있으며 진동수가 클수록 에너지가 크다.   (   )

481 전자기파는 전기장의 세기가 최대일 때 자기장의 세기는 최소이다.   (   )

[482~485] 전자기파와 전자기파가 이용된 예를 옳게 연결하시오.

482 적외선 •   • ㉠ 항암 치료, 우주 관찰용 망원경

483 자외선 •   • ㉡ 리모컨, 적외선 온도계

484 가시광선 •   • ㉢ 영상 장치

485 감마(γ)선 •   • ㉣ 살균기, 위조지폐 감별

486 오른쪽 그림과 같이 인체 내부의 뼈 사진을 촬영하거나, 공항의 수하물 검색에 사용되는 전자기파는 무엇인지 쓰시오.

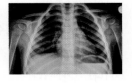

487

전자기파에 대한 설명으로 옳은 것을 있는 대로 고르면?(정답 2개)

① 종파이다.

② 매질이 없어도 전파할 수 있다.

③ 파장이 짧을수록 에너지가 작다.

④ 진공에서 전자기파의 속력은 파장에 반비례한다.

⑤ 전기장과 자기장의 진동 방향에 각각 수직인 방향으로 진행한다.

488
필수 유형 ⯈ 112쪽 빈출 자료 ①

그림은 −x 방향으로 진행하는 전자기파의 자기장이 y축과 나란하게 진동하는 모습을 나타낸 것이다. a는 자기장의 세기가 0인 이웃하는 두 지점 사이의 거리이다.

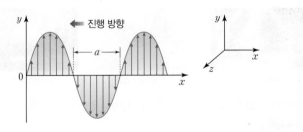

이에 대한 설명으로 옳은 것만을 [보기]에서 있는 대로 고른 것은?

[보기]

ㄱ. a는 전자기파의 파장이다.

ㄴ. 전기장의 진동 방향은 z축과 나란하다.

ㄷ. 자기장의 세기가 최대인 지점에서 전기장의 세기는 최대이다.

① ㄱ   ② ㄴ   ③ ㄷ

④ ㄴ, ㄷ   ⑤ ㄱ, ㄴ, ㄷ

2 | 전자기파의 특징과 이용

489

그림 (가)는 전자기파를 진동수에 따라 분류한 것이고, (나)는 공항에서 여행객들의 체온을 측정하는 모습을 나타낸 것이다.

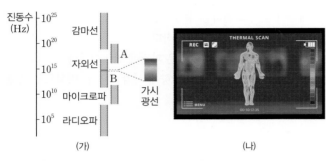

(가) (나)

이에 대한 설명으로 옳은 것만을 [보기]에서 있는 대로 고른 것은?

[보기]

ㄱ. (나)에서 사용하는 전자기파는 A에 속한다.
ㄴ. 파장은 (나)에서 사용하는 전자기파가 가시광선보다 길다.
ㄷ. (나)는 물질에 따라 전자기파의 투과율이 다른 것을 이용한다.

① ㄱ ② ㄴ ③ ㄱ, ㄷ
④ ㄴ, ㄷ ⑤ ㄱ, ㄴ, ㄷ

490

그림 (가)~(다)는 전자기파가 이용되는 예를 나타낸 것이다.

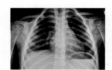   

(가) 뼈 사진 (나) 방사선 치료 (다) 라디오 방송

이에 대한 설명으로 옳은 것만을 [보기]에서 있는 대로 고른 것은?

[보기]

ㄱ. (가)에서 사용하는 전자기파는 원자핵이 붕괴되는 과정에서 발생한다.
ㄴ. 파장은 (가)에서 사용되는 전자기파가 (나)에서 사용되는 전자기파보다 길다.
ㄷ. 진공 중에서 속력은 (나)에서 사용되는 전자기파가 (다)에서 사용되는 전자기파보다 크다.

① ㄱ ② ㄴ ③ ㄱ, ㄷ
④ ㄴ, ㄷ ⑤ ㄱ, ㄴ, ㄷ

491 ✍서술형

다음은 위조지폐를 감별하는 원리를 설명한 것이다.

주변을 어둡게 한 후 지폐에 전자기파 A를 비추면 지폐의 형광 물질이 전자기파 A를 흡수한 후 가시광선을 방출하여 지폐마다 정해진 고유한 무늬가 보인다. 이러한 원리를 이용하여 위조지폐 여부를 확인할 수 있다.

전자기파 A가 무엇인지 쓰고, 위조지폐 감별 외에 전자기파 A가 이용되는 예를 한 가지 설명하시오.

492 ✍서술형

그림은 전자기파를 진동수에 따라 분류한 것이다.

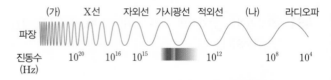

(가) X선 자외선 가시광선 적외선 (나) 라디오파

파장

진동수 10^{20} 10^{16} 10^{15} 10^{12} 10^8 10^4
(Hz)

(가)와 (나)에 해당하는 전자기파를 쓰고, 그 전자기파가 대표적으로 이용되는 예를 한가지씩 설명하시오.

493 필수 유형 ◆ 112쪽 빈출 자료 ②

그림 (가)~(다)는 전자기파가 이용되는 예를 나타낸 것이다.

(가) 식기 소독기 (나) 전자레인지 (다) 공항 수하물 검색

사용하는 전자기파의 진동수가 큰 것부터 순서대로 옳게 나열한 것은?

① (가) - (나) - (다) ② (가) - (다) - (나)
③ (나) - (가) - (다) ④ (다) - (가) - (나)
⑤ (다) - (나) - (가)

1등급 완성 문제

» 바른답·알찬풀이 **70**쪽

494 정답률 30% 수능모의평가기출 변형

그림은 진공에서 파동 A, B가 주기적으로 진동하며 $+z$ 방향으로 진행하는 전자기파를 나타낸 것이다.

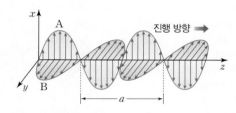

이에 대한 설명으로 옳은 것만을 [보기]에서 있는 대로 고른 것은?

【 보기 】
ㄱ. A는 전기장이다.
ㄴ. A와 B의 파장은 같다.
ㄷ. a값이 클수록 진공에서 전자기파의 속력은 크다.

① ㄱ   ② ㄷ   ③ ㄱ, ㄴ
④ ㄴ, ㄷ   ⑤ ㄱ, ㄴ, ㄷ

495 정답률 35% 수능모의평가기출 변형

그림은 전자기파를 파장에 따라 분류한 것이고, 표는 전자기파의 특징과 이용 분야를 나타낸 것이다.

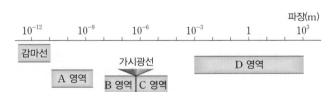

전자기파	특징과 이용 분야
(가)	형광 물질에 비추면 가시광선을 방출하여 위조지폐 감별에 이용된다.
(나)	열을 가진 물체에서 방출되며, 열화상 카메라에 사용된다.

이에 대한 설명으로 옳은 것만을 [보기]에서 있는 대로 고른 것은?

【 보기 】
ㄱ. (가)는 A 영역의 전자기파이다.
ㄴ. 파장은 (가)가 (나)보다 길다.
ㄷ. 진동수는 (나)가 D 영역의 전자기파보다 크다.

① ㄱ   ② ㄴ   ③ ㄷ
④ ㄱ, ㄷ   ⑤ ㄱ, ㄴ, ㄷ

496 정답률 30%

그림은 전자기파를 진동수에 따라 분류한 것이다.

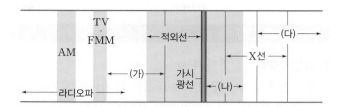

이에 대한 설명으로 옳은 것만을 [보기]에서 있는 대로 고른 것은?

【 보기 】
ㄱ. (가)는 AM, FM 방송용 전자기파보다 직진성이 강하다.
ㄴ. (나)는 자동차 과속 단속용 속도 측정기에 이용된다.
ㄷ. (다)는 에너지가 커서 살균이나 소독에 이용된다.

① ㄱ   ② ㄴ   ③ ㄷ
④ ㄱ, ㄷ   ⑤ ㄱ, ㄴ, ㄷ

서술형 문제

497 정답률 25%

그림 (가)는 몸에 직접 접촉하지 않아도 몸의 온도를 측정할 수 있는 온도계이고, (나)는 열화상 카메라 사진이다.

(가)   (나)

(가)와 (나)의 원리를 물체에서 방출되는 전자기파와 관련지어 설명하시오.

498 정답률 30%

다음은 세 가지 전자기파 (가)~(다)에 대한 설명이다.

(가) 고속의 전자가 금속에 충돌할 때 발생한다.
(나) 열을 내는 물체에서 발생하며, 리모컨에 이용된다.
(다) 통신에 주로 사용되며, 통신사마다 다른 주파수 영역을 사용하여 서로 영향을 주지 않도록 한다.

(가)~(다)를 파장이 긴 것부터 순서대로 나열하고, (가)가 이용되는 예를 한 가지만 설명하시오.

14 파동의 간섭

1 | 파동의 간섭

1 파동의 중첩 두 개의 파동이 만나서 모양이 변하는 현상

① 중첩 원리: 두 파동이 서로 중첩될 때 합쳐진 파동의 변위는 두 파동의 변위의 합($y=y_1+y_2$)과 같다. └─ 합성파

② 파동의 독립성: 두 파동이 중첩된 후 분리되면 각각의 파동은 중첩되기 전의 파형을 그대로 유지하면서 독립적으로 진행한다. 입자는 충돌하면 합쳐지거나 원래의 상태로 되돌아 가지 않지만, 파동은 원래 모습으로 되돌아간다.

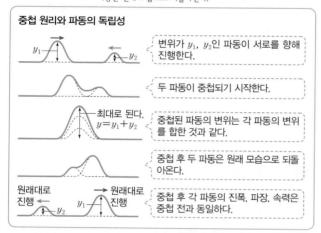

중첩 원리와 파동의 독립성

변위가 y_1, y_2인 파동이 서로를 향해 진행한다.

두 파동이 중첩되기 시작한다.

최대로 된다. $y=y_1+y_2$ 중첩된 파동의 변위는 각 파동의 변위를 합한 것과 같다.

중첩 후 두 파동은 원래 모습으로 되돌아온다.

원래대로 진행 ← / → 원래대로 진행 중첩 후 각 파동의 진폭, 파장, 속력은 중첩 전과 동일하다.

2 파동의 간섭 파동이 서로 중첩되어 진폭이 변하는 현상

보강 간섭	상쇄 간섭
두 파동이 같은 위상(마루와 마루, 골과 골)으로 만나서 합성파의 진폭이 커지는 간섭	두 파동이 반대 위상(마루와 골)으로 만나서 합성파의 진폭이 작아지는 간섭

(보강 간섭) 파동 1 / 파동 2 → 합성파 (같은 위상)

(상쇄 간섭) 파동 1 / 파동 2 → 합성파 (반대 위상)

3 물결파의 간섭 두 점파원에서 진동수와 진폭이 같은 물결파가 발생하면 두 물결파가 간섭하여 무늬가 나타난다.

보강 간섭	상쇄 간섭
마루 + 골 =	마루 + 골 =
• 마루와 마루, 골과 골이 중첩되어 진폭이 2배가 된다. • 수면의 높이가 크게 변하므로 밝기가 주기적으로 변한다.	• 마루와 골이 중첩되어 진폭이 0이 된다. • 수면의 높이가 일정하여 밝기의 변화가 없다. ···> 마디선

빈출 자료 ① **물결파의 간섭무늬**

위상과 진동수와 진폭이 같은 두 파원 S_1, S_2에서 물결파가 발생하면 두 물결파가 간섭하여 무늬가 나타난다.

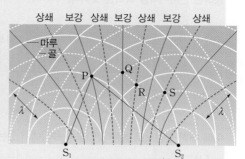

두 파원 S_1, S_2로부터 P까지의 거리의 차를 경로차라고 하며, 경로차에 따라 보강 간섭이 일어나기도 하고 상쇄 간섭이 일어나기도 한다.

상쇄 보강 상쇄 보강 상쇄 보강 상쇄 / 마루 / 골 / P Q R S / λ / λ / S_1 S_2

지점	P	Q	R	S
중첩하는 매질의 위상	마루+마루	골+골	골+마루	마루+골
수면	높낮이가 변함.		높낮이가 변하지 않음.	
무늬 밝기	밝고 어두운 무늬 반복		변함이 없음.	
간섭 종류	보강 간섭		상쇄 간섭	

❶ 보강 간섭의 조건: 두 파원 S_1, S_2로부터 경로차가 반파장의 짝수 배(또는 파장의 정수배)가 되는 곳에서 일어난다. $|\overline{S_1P}-\overline{S_2P}|=\frac{\lambda}{2}\cdot(2n)$

❷ 상쇄 간섭의 조건: 두 파원 S_1, S_2로부터의 경로차가 반파장의 홀수 배가 되는 곳에서 일어난다. $|\overline{S_1R}-\overline{S_2R}|=\frac{\lambda}{2}\cdot(2n+1)$

(필수 유형) 두 파동이 간섭하여 나타난 무늬를 보고 경로 차, 변위, 마디선의 수, 파장 등을 묻는 문제가 출제된다. 📱 120쪽 516번

4 소리의 간섭 두 소리가 만나면 간섭이 일어나므로 소리의 크기가 변한다.

두 스피커를 이용한 소리의 간섭 실험

음파 발생기에 연결된 스피커 S_1, S_2에서 세기와 진동수가 일정하고 위상이 같은 소리가 발생하도록 한 후, 기준선을 따라 마이크를 이동시키며 소리의 크기를 측정하면 소리의 간섭을 확인할 수 있다.

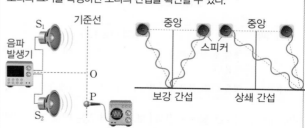

• 소리의 크기가 커지는 곳: S_1, S_2로부터 P까지의 경로차가 반파장의 짝수 배인 곳 ···> 보강 간섭

• 소리의 크기가 작아지는 곳: S_1, S_2로부터 P까지의 경로차가 반파장의 홀수 배인 곳 ···> 상쇄 간섭

구분	보강 간섭	상쇄 간섭
두 소리의 위상	같은 위상	반대 위상
두 스피커까지 경로차	반파장의 짝수 배	반파장의 홀수 배
합성파의 세기	소리가 커진다.	소리가 작아진다.

2 | 간섭의 이용

1 소음 제거 기술
소음이 상쇄 간섭하도록 마루와 골이 뒤집힌 소리를 발생시켜서 소음을 없애거나 줄인다.

소음의 파형   +   위상이 반대인 소리   ➡   소음이 제거됨

빈출 자료 ②   소음 제거 헤드폰

소음 제거 헤드폰은 외부 소음을 마이크로 감지한 뒤 소음과 진동수는 같지만 위상이 반대인 소리를 발생시켜 소음을 제거한다.

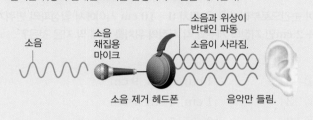

소음 / 소음 채집용 마이크 / 소음 제거 헤드폰 / 소음과 위상이 반대인 파동 / 소음이 사라짐. / 음악만 들림.

필수 유형 파동의 상쇄 간섭 현상을 이용한 소음 제거 기술을 묻는 문제가 출제된다.   121쪽 520번

2 빛의 간섭의 이용

① **지폐에서의 간섭**: 숫자를 보는 각도에 따라 보강 간섭이 되는 빛의 파장이 달라지기 때문에 색깔이 달라진다.

→ 지폐의 위조를 방지하기 위해 이용한다.

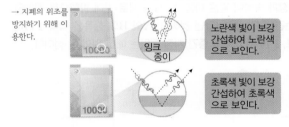

노란색 빛이 보강 간섭하여 노란색으로 보인다. / 잉크 종이

초록색 빛이 보강 간섭하여 초록색으로 보인다.

② **얇은 막에서의 간섭**
- 안경에서 반사되는 빛이 상쇄 간섭되도록 얇은 반사막을 코팅하면 반사되는 빛이 감소하여 안경을 투과하는 빛의 세기가 증가한다.

공기 / 코팅 / 렌즈

- 태양 전지에 얇은 반사 방지막을 코팅해 태양 전지에 도달하는 빛의 세기를 증가시킨다.

③ **CD, DVD에서 정보의 재생**: CD와 DVD 표면에 있는 돌기에서 빛이 보강 간섭 또는 상쇄 간섭을 일으켜 기록된 정보를 읽는다.

(가) 전자 현미경으로 본 DVD의 표면
0.74 μm

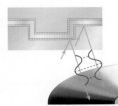
(나) DVD에서 정보를 읽을 때

[499~501] 다음은 파동의 간섭에 대한 설명이다. (　) 안에 들어갈 알맞은 말을 쓰시오.

499 (　) 원리: 두 파동이 만나 겹쳐질 때 합성파의 변위는 각 파동의 변위를 합한 것과 같다.

500 두 파동이 겹칠 때 서로 다른 파동에 영향을 주지 않고 본래 파동의 모양을 유지하는 성질을 파동의 (　)(이)라고 한다.

501 두 파동이 중첩될 때 합성파의 진폭이 커지는 간섭이 (　㉠　) 간섭, 합성파의 진폭이 작아지는 간섭이 (　㉡　) 간섭이다.

502 그림과 같이 진폭이 5 cm, 6 cm이고 위상이 같은 두 파동이 서로 반대 방향으로 진행하고 있다.

5 cm   6 cm

두 파동이 중첩했을 때 합성파의 진폭은 몇 cm인지 구하시오.

503 그림과 같이 진폭이 5 cm, 4 cm이고 위상이 반대인 두 파동이 서로 반대 방향으로 진행하고 있다.

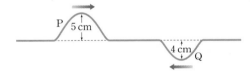
P   5 cm   4 cm   Q

두 파동이 중첩했을 때 합성파의 진폭은 몇 cm인지 구하시오.

[504~506] 두 파원에서 같은 위상으로 발생한 물결파에 의해 생기는 간섭 무늬에 대한 설명으로 옳은 것은 ○표, 옳지 않은 것은 ×표 하시오.

504 밝고 어두운 무늬가 반복되는 지점은 보강 간섭이 일어나는 지점이다. (　　)

505 수면이 잔잔하고 밝기의 변화가 없는 상쇄 간섭이 일어나는 지점을 연결한 선을 마디선이라고 한다. (　　)

506 보강 간섭이 일어나는 지점에서 두 파원까지의 경로차는 반파장의 홀수 배이다. (　　)

507 소음 제거 헤드폰에서 소음을 제거하기 위하여 이용하는 파동의 성질은 무엇인지 쓰시오.

III

기출 분석 문제

» 바른답·알찬풀이 72쪽

1 | 파동의 간섭

508

서로 마주 보고 진행하던 두 파동의 중첩 및 간섭에 대한 설명으로 옳은 것을 있는 대로 고르면? (정답 2개)

① 각 파동의 속력은 중첩이 끝났을 때가 중첩되기 전보다 작다.

② 중첩이 끝났을 때 각 파동의 위상이 반대로 바뀌어 진행한다.

③ 두 파동이 중첩되었을 때 합성파의 변위는 각 파동의 변위의 합과 같다.

④ 한 파동의 마루와 다른 파동의 마루가 중첩되는 경우 상쇄 간섭이 발생한다.

⑤ 각 파동은 중첩된 후에 중첩 전의 모양과 진행 방향을 그대로 유지하면서 진행한다.

509

그림은 연속적으로 발생하는 두 파동 A, B가 서로 반대 방향으로 진행하여 $t=0$인 순간 $x=2$ m인 지점에서 만나는 모습을 나타낸 것이다. A, B의 속력은 1 m/s로 같고, P, O, Q는 각각 매질 위의 점이다.

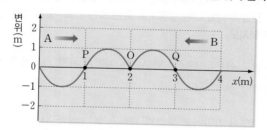

이에 대한 설명으로 옳은 것만을 [보기]에서 있는 대로 고른 것은?

[보기]
ㄱ. $t=0.5$ s일 때 P의 변위는 -1 m이다.
ㄴ. $t=1$ s일 때 P와 O의 변위는 서로 같다.
ㄷ. $t=1.5$ s일 때 Q의 변위는 0이다.

① ㄱ   ② ㄴ   ③ ㄱ, ㄴ
④ ㄱ, ㄷ   ⑤ ㄴ, ㄷ

510

그림은 연속적으로 발생하는 파동 P, Q가 각각 2 cm/s의 속력으로 서로 반대 방향으로 진행하는 어느 순간의 모습을 나타낸 것이다. P, Q의 진폭은 각각 2 cm, 4 cm이다.

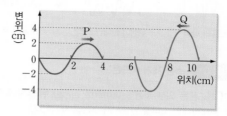

이 순간으로부터 4초 후 위치 0~10 cm 사이에서 합성파의 변위가 $+2$ cm인 지점의 개수와 각 지점의 위치를 옳게 짝 지은 것은?

	개수	위치
①	3	1 cm, 5 cm, 9 cm
②	3	1 cm, 4 cm, 7 cm
③	3	2 cm, 5 cm, 8 cm
④	4	2 cm, 4 cm, 6 cm, 8 cm
⑤	4	2 cm, 4.5 cm, 7 cm, 9.5 cm

511

그림은 파장과 속력이 같은 파동 A, B가 서로 반대 방향으로 진행하는 어느 순간의 모습을 나타낸 것이다. A와 B의 진폭은 각각 4 cm, 3 cm이고, P는 두 파동의 중간 지점에 있는 매질 위의 한 점이다.

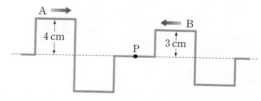

이 순간부터 P의 변위를 시간에 따라 나타낸 그래프로 적절한 것은?

① 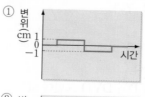   ②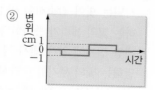

③ 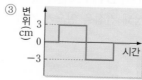   ④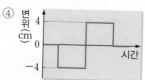

⑤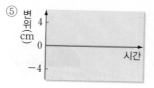

512

그림은 진폭이 같은 두 파동 A와 B가 서로 같은 속력으로 반대 방향으로 진행하다가 P점과 Q점 사이에서 중첩된 모습을 나타낸 것이다. 파장은 B가 A의 2배이다.

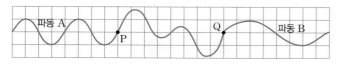

위의 순간으로부터 A의 한 주기만큼 시간이 지났을 때, P와 Q 사이에서 중첩된 파동의 모습을 가장 적절하게 나타낸 것은?

①  ②

③  ④

⑤ ————————————

513

오른쪽 그림은 수면상의 두 점파원 S_1과 S_2에서 진폭이 A로 같고 주기와 파장이 각각 같은 물결파가 발생하여 진행하는 어느 순간($t=0$)의 모습이다. 실선과 점선은 각각 물결파의 마루와 골이고, 점 P, Q, R는 평면상의 고정된 지점이다. P, Q, R에서 중첩된 수면파의 변위를 시간에 따라 나타낸 것으로 가장 적절한 것을 [보기]에서 골라 옳게 짝 지은 것은?

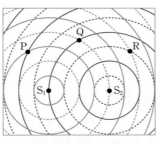

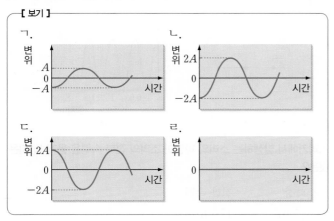

	P	Q	R			P	Q	R
①	ㄱ	ㄴ	ㄷ		②	ㄴ	ㄹ	ㄱ
③	ㄴ	ㄹ	ㄷ		④	ㄷ	ㄴ	ㄹ
⑤	ㄷ	ㄹ	ㄴ					

514

그림은 수면상의 두 점파원 S_1, S_2에서 같은 위상으로 발생시킨 두 물결파의 어느 순간의 모습을 모식적으로 나타낸 것이다. 실선과 점선은 각각 물결파의 마루와 골을 나타낸다. 물결파의 진폭과 진동수는 같으며, 두 물결파의 파장은 λ이다. 점 P는 S_1과 S_2로부터 일정한 거리만큼 떨어진 점이다.

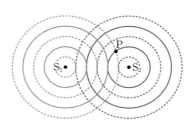

P에서 물결파의 진폭을 증가시키는 방법으로 옳은 것만을 [보기]에서 있는 대로 고른 것은?(단, S_1, S_2, P는 동일한 평면상의 점이다.)

[보기]
ㄱ. S_1, S_2에서 파원의 진동수만 2배로 증가시킨다.
ㄴ. S_2에서 진동을 멈추고 S_1에서만 물결파를 발생시킨다.
ㄷ. S_1에서 P까지의 거리는 그대로 하고, S_2에서 P까지의 거리만 $\frac{3}{2}\lambda$로 한다.

① ㄱ   ② ㄷ   ③ ㄱ, ㄴ
④ ㄴ, ㄷ   ⑤ ㄱ, ㄴ, ㄷ

515 서술형

그림은 두 점파원 S_1과 S_2에서 같은 위상으로 동일한 물결파를 발생시켰을 때 생긴 간섭무늬를 모식적으로 나타낸 것이다. 실선과 점선은 각각 물결파의 마루와 골을 나타낸다.

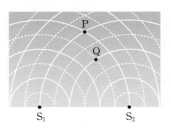

시간이 지남에 따라 두 점 P와 Q의 밝기 변화를 간섭과 관련지어 설명하시오.(단, P, Q는 S_1, S_2로부터 일정한 거리만큼 떨어진 점이다.)

516

필수 유형 🔗 116쪽 빈출 자료 ①

오른쪽 그림은 두 점파원 S_1, S_2에서 파장이 **10 cm**인 물결파를 같은 진폭과 같은 위상으로 발생시켰을 때 어느 순간 물결파의 모습을 모식적으로 나타낸 것이다. 실선과 점선은 각각 물결파의 마루

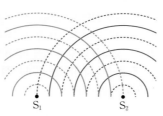

와 골을 나타내고, S_1, S_2 사이에서 나타난 마디선의 개수는 **6개**이다. 이에 대한 설명으로 옳은 것만을 [보기]에서 있는 대로 고른 것은?

[보기]

ㄱ. S_1과 S_2 사이의 거리는 20 cm이다.
ㄴ. 마디선이 있는 지점에서는 밝기가 주기적으로 변한다.
ㄷ. S_1, S_2으로부터 경로차가 15 cm인 지점에서는 상쇄 간섭이 일어난다.

① ㄱ   ② ㄴ   ③ ㄷ
④ ㄱ, ㄴ   ⑤ ㄴ, ㄷ

517

다음은 소리의 크기를 측정하는 실험이다.

그림과 같이 음파 발생기에 연결된 스피커 S_1과 S_2에서 진동수가 f로 일정한 소리가 발생할 때, 기준선을 따라 마이크를 이동시키며 소리의 크기를 측정하였더니 그래프와 같이 ⊙ 소리의 크기가 커졌다가 작아지는 것이 반복되었다.

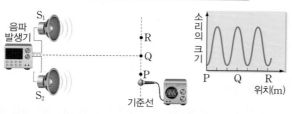

이에 대한 설명으로 옳은 것만을 [보기]에서 있는 대로 고른 것은?

[보기]

ㄱ. ⊙의 현상이 나타나는 것은 소리의 굴절 때문이다.
ㄴ. Q에서는 S_1과 S_2에서 발생한 소리가 같은 위상으로 중첩된다.
ㄷ. S_1과 S_2에서 R까지의 경로차는 음파 발생기에서 발생한 소리의 파장과 같다.

① ㄴ   ② ㄷ   ③ ㄱ, ㄴ
④ ㄱ, ㄷ   ⑤ ㄴ, ㄷ

518

그림과 같이 영희가 음파 발생기 S_1, S_2에서 발생하는 소리의 크기를 기준선 P를 따라 등속도 운동하며 측정하였다. S_1, S_2에서는 동일한 위상과 진동수의 소리가 발생한다. 중심 O는 S_1과 S_2로부터 떨어진 거리가 같은 지점이고, 두 음파 발생기 사이의 거리는 d이다.

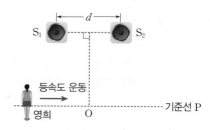

이에 대한 설명으로 옳은 것만을 [보기]에서 있는 대로 고른 것은?(단, 음파 발생기의 크기는 무시한다.)

[보기]

ㄱ. O에서는 보강 간섭이 일어난다.
ㄴ. 음파 발생기에서 발생하는 소리의 진동수만 2배로 하면 O에서는 상쇄 간섭이 일어난다.
ㄷ. 음파 발생기에서 발생하는 소리의 진동수만 크게 하면 소리의 크기가 최대인 지점과 이웃한 최소인 지점 사이의 거리가 길어진다.

① ㄱ   ② ㄷ   ③ ㄱ, ㄴ
④ ㄱ, ㄷ   ⑤ ㄴ, ㄷ

519

그림 (가)와 같이 2 m 떨어진 두 스피커 S_1, S_2에서 진동수가 **340Hz**로 동일한 소리를 같은 위상으로 발생시켰다. 그림 (나)는 S_1, S_2 사이를 직선으로 이동하면서 측정한 소리의 크기를 위치에 따라 나타낸 것이다.

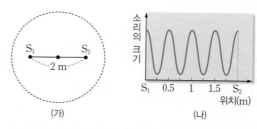

스피커에서 발생하는 소리의 파장과 소리의 전파 속력을 옳게 짝 지은 것은?

	파장	전파 속력
①	0.5 m	170 m/s
②	0.5 m	340 m/s
③	1 m	170 m/s
④	1 m	340 m/s
⑤	1 m	510 m/s

520

필수 유형 ⟩ ⟢ 117쪽 빈출 자료 ②

그림 (가)는 자동차 배기관에서, (나)는 소음 제거 헤드폰에서 각각 소음을 제거하는 원리를 모식적으로 나타낸 것이다.

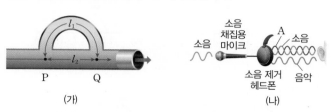

(가)   (나)

이에 대한 설명으로 옳은 것만을 [보기]에서 있는 대로 고른 것은?

[보기]
ㄱ. (가)와 (나) 모두 파동의 보강 간섭을 이용하는 예이다.
ㄴ. (가)에서 파장이 λ인 소음 파동이 P에서 Q까지 길이가 각각 l_1, l_2인 경로로 진행할 때, $l_1 - l_2 = \dfrac{\lambda}{2}$이면 소음 제거 효과가 나타난다.
ㄷ. (나)에서 헤드폰에서 생성한 파동 A의 위상이 채집한 소음 파동의 위상과 같을 때 소음 제거 효과가 크게 나타난다.

① ㄱ   ② ㄴ   ③ ㄱ, ㄴ
④ ㄱ, ㄷ   ⑤ ㄴ, ㄷ

521

수능모의평가기출 변형

다음은 파동의 성질을 활용하는 예를 나타낸 것이다.

(가) 돋보기	(나) 무반사 코팅 렌즈	(다) 악기의 울림통
	공기 / 코팅 / 렌즈	

(가)~(다) 중 파동이 간섭하여 파동의 세기가 증가하는 현상을 활용하는 예만을 있는 대로 고른 것은?

① (나)   ② (다)   ③ (가), (나)
④ (가), (다)   ⑤ (나), (다)

522

오른쪽 그림은 얇은 비누 막에 빛 P를 비추었을 때 무지개처럼 다양한 색깔이 보이는 모습을 나타낸 것이다. 이에 대한 설명으로 옳은 것만을 [보기]에서 있는 대로 고른 것은?

[보기]
ㄱ. P는 백색광이다.
ㄴ. 비누 막을 바라보는 각도에 따라 나타나는 색이 달라진다.
ㄷ. 물 위에 뜬 기름 막이 다양한 색으로 보이는 것도 이와 같은 원리이다.

① ㄴ   ② ㄷ   ③ ㄱ, ㄴ
④ ㄱ, ㄷ   ⑤ ㄱ, ㄴ, ㄷ

523

그림은 CD 표면에 파장이 λ로 동일한 레이저 빛 A, B, C, D를 비추는 모습을 나타낸 것이다. d는 랜드의 깊이이다. 표는 CD에서 반사된 빛이 감지기 P, Q에 도달할 때 감지기에 나타난 빛의 밝기를 나타낸 것이다.

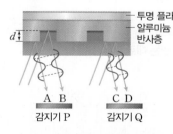

감지기	빛의 밝기
P	어둡게 나타남.
Q	밝게 나타남.

이에 대한 설명으로 옳은 것만을 [보기]에서 있는 대로 고른 것은?

[보기]
ㄱ. P에 도달한 A와 B의 경로차는 λ이다.
ㄴ. Q에서 C와 D는 보강 간섭을 한다.
ㄷ. d의 최솟값은 $\dfrac{1}{4}\lambda$이다.

① ㄱ   ② ㄴ   ③ ㄷ
④ ㄱ, ㄴ   ⑤ ㄴ, ㄷ

1등급 완성 문제

» 바른답·알찬풀이 75쪽

524 〔정답률 30%〕 수능모의평가기출 변형

그림은 연속적으로 발생하는 두 파동 A, B가 서로 반대 방향으로 진행할 때, $t=0$인 순간의 모습을 나타낸 것이다. A와 B의 진폭, 진동수와 속력은 서로 같고, 점 P는 $t=5$초일 때 처음으로 변위의 크기가 2 cm가 된다. 점 P, Q는 위치가 각각 $x=0.8$ m, 1.0 m인 점이다.

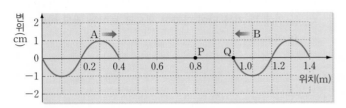

이에 대한 설명으로 옳은 것만을 [보기]에서 있는 대로 고른 것은?

[보기]
ㄱ. A, B의 주기는 4초이다.
ㄴ. A, B의 속력은 0.2 m/s이다.
ㄷ. $t=7$초일 때, Q의 변위는 2 cm이다.

① ㄱ
② ㄴ
③ ㄷ
④ ㄱ, ㄷ
⑤ ㄴ, ㄷ

525 〔정답률 25%〕

오른쪽 그림은 파장과 진폭이 같고 연속적으로 발생하는 두 파동 P, Q가 서로 반대 방향으로 진행할 때, 두 파동이 만나기 전 어느 순간의 모습을 나타낸 것이다. P와 Q의 속력은 같다. P, Q가 중첩되었을 때 합성파의 모습으로 옳은 것만을 [보기]에서 있는 대로 고른 것은?

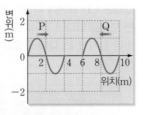

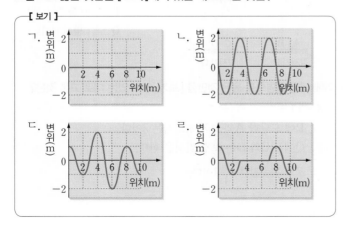

① ㄱ, ㄴ
② ㄱ, ㄷ
③ ㄴ, ㄷ
④ ㄴ, ㄹ
⑤ ㄷ, ㄹ

526 〔정답률 25%〕

그림 (가)는 연속적으로 발생하는 두 파동이 서로 반대 방향으로 이동하는 순간의 모습을 나타낸 것이고, (나)는 (가)로부터 1초 후의 파동의 모습을 나타낸 것이다.

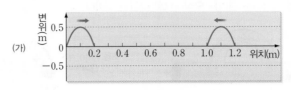

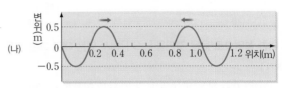

이에 대한 설명으로 옳은 것만을 [보기]에서 있는 대로 고른 것은?

[보기]
ㄱ. 두 파동의 진동수는 0.5 Hz이다.
ㄴ. (나)에서 2초가 지난 순간 위치가 0.5 m인 지점의 변위는 0이다.
ㄷ. (나)에서 3.5초가 지난 순간 위치가 0.1 m인 지점부터 1.1 m인 지점까지의 변위는 모두 0이다.

① ㄱ
② ㄷ
③ ㄱ, ㄴ
④ ㄴ, ㄷ
⑤ ㄱ, ㄴ, ㄷ

527 〔정답률 40%〕

그림 (가)는 물결파 투영 장치의 두 점파원 S_1과 S_2를 동일한 위상과 진동수로 진동시켰을 때 생긴 물결파의 파면을 나타낸 것이다. 물결파의 파장은 λ이며, 실선은 마루, 점선은 골이다. 그림 (나)는 (가)로부터 0.2초 후의 모습으로 (가)에서 마루였던 곳은 처음으로 골로, 골이었던 곳은 처음으로 마루로 바뀌었다. 점 P는 S_1과 S_2에서 일정한 거리에 있는 점이다.

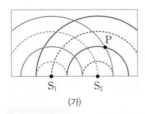
(가)

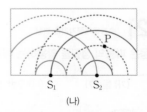
(나)

이에 대한 설명으로 옳은 것만을 [보기]에서 있는 대로 고른 것은?

[보기]
ㄱ. 물결파의 진동수는 5 Hz이다.
ㄴ. S_1과 S_2에서 P까지의 경로차는 λ이다.
ㄷ. S_1과 S_2 사이에서 마디선의 개수는 3개이다.

① ㄴ
② ㄷ
③ ㄱ, ㄴ
④ ㄴ, ㄷ
⑤ ㄱ, ㄴ, ㄷ

528 정답률 25%

오른쪽 그림은 동일한 소리가 발생하는 고정된 스피커 앞에서 직선으로 움직이면서 측정한 소리의 크기를 위치에 따라 나타낸 것이다. 중심 O는 두 스피커에서 거리가 같은 곳이고, P, Q는 소리의 크기가 0인 곳이다. Q는

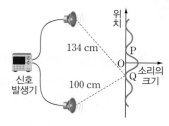

두 스피커에서의 거리가 각각 134 cm, 100 cm 떨어진 곳이다. 공기 중에서 소리의 전파 속력은 340 m/s이다. 이에 대한 설명으로 옳은 것만을 [보기]에서 있는 대로 고른 것은?

[보기]
ㄱ. 스피커에서 발생한 소리의 진동수는 500 Hz이다.
ㄴ. 소리의 진동수만 증가시키면 P와 Q 사이의 거리는 감소한다.
ㄷ. 두 스피커에서 P까지의 경로차는 스피커에서 발생한 소리의 파장과 같다.

① ㄱ   ② ㄴ   ③ ㄷ
④ ㄱ, ㄴ   ⑤ ㄴ, ㄷ

529 정답률 35%

그림은 10000원권 지폐의 '10000'이라는 숫자를 서로 다른 위치에서 바라보는 학생 A, B를 나타낸 것이다. A, B는 '10000'이라는 숫자를 각각 노란색, 초록색으로 관찰하였다.

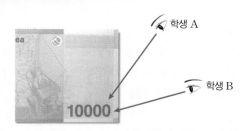

이에 대한 설명으로 옳은 것만을 [보기]에서 있는 대로 고른 것은?

[보기]
ㄱ. A에서 노란색 빛은 상쇄 간섭을 한다.
ㄴ. 지폐는 빛의 간섭을 이용하여 지폐의 위조를 방지한다.
ㄷ. 지폐를 바라보는 각도에 따라 잉크에서 회절하는 빛의 파장이 달라진다.

① ㄱ   ② ㄴ   ③ ㄷ
④ ㄱ, ㄴ   ⑤ ㄴ, ㄷ

🔖 서술형 문제

530 정답률 30%

그림은 $\frac{1}{2}$ Hz의 일정한 진동수로 연속적으로 발생하는 파동 A, B가 서로 반대 방향으로 진행할 때, 어느 한 순간($t=0$)의 모습을 나타낸 것이다. A와 B의 파장은 모두 20 cm이다.

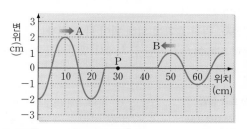

이 순간부터 점 P에서의 변위가 최대가 되는 순간까지 걸리는 시간과 P의 최대 변위를 각각 풀이 과정과 함께 구하시오.

531 정답률 35%

그림 (가)는 두 점파원 S_1, S_2에서 진폭과 파장이 같은 두 파동을 동일한 위상으로 발생시킨 후 어느 순간의 모습을, (나)는 (가)의 모습을 평면상에 모식적으로 나타낸 것이다. 실선과 점선은 각각 수면파의 마루와 골의 위치를, 점 p, q, r은 평면상에 고정된 지점을 나타낸 것이다.

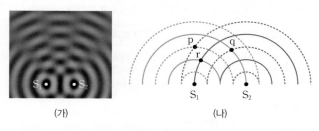

(나)의 점 p, q, r 중에서 (가)의 마디에 해당하는 지점의 기호를 있는 대로 쓰고, 그 까닭을 설명하시오.

532 정답률 30%

그림 (가)는 외부 소음 A를 감지하여 제거음 B를 발생시켜 소음을 제거하는 헤드폰을 착용한 모습을 나타낸 것이다. 그림 (나)는 헤드폰에서 소음이 제거될 때 A와 B의 파형을 모식적으로 나타낸 것이다.

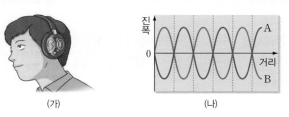

헤드폰에서 소음이 제거되는 원리를 설명하시오.

15 빛과 물질의 이중성

꼭 알아야 할 핵심 개념
- ☑ 빛의 이중성
- ☑ 광전 효과
- ☑ 광양자설
- ☑ 물질의 이중성
- ☑ 전자 현미경

1 빛의 이중성

1 광전 효과 금속 표면에 빛을 비출 때 금속 내부의 전자가 튀어 나오는 현상

① 광전자: 광전 효과에 의해 튀어 나온 전자

② 문턱 진동수(f_0): 어떤 금속에서 광전자를 방출시킬 수 있는 빛의 최소 진동수 _{금속의 종류에 따라 전자를 붙잡고 있는 에너지가 다르므로 문턱 진동수가 다르다.}

광전 효과 실험

음(−)전하로 대전된 동일한 검전기 위의 아연판에 각각 형광등과 자외선등을 비추고 금속박의 변화를 관찰한다.

검전기는 음(−)전하로 대전되어 금속박이 벌어져 있다.

① 아연판에 형광등을 비추면 금속박은 변함이 없지만, 자외선등을 비추면 금속박이 오므라든다. ➡ 자외선등을 비추면 아연판에서 전자가 튀어 나온다. _{가시광선 진동수 < 아연의 문턱 진동수 < 자외선의 진동수}

② 특정 진동수 이상의 빛을 금속 표면에 비추면 전자가 튀어 나오지만 특정 진동수 이하의 빛을 비추면 전자가 튀어 나오지 않는다.

빈출 자료 ① **광전 효과 실험 결과의 해설**

빛의 파동설로는 모순되는 부분을 입자설로 설명할 수 있다.

빛의 파동설로 예상	광전 효과 실험 결과	비교
빛의 세기만 충분히 세다면 빛의 진동수와 관계없이 광전자가 방출된다.	문턱 진동수보다 작은 진동수의 빛은 세기가 아무리 강해도 광전자가 튀어 나오지 않는다.	불일치
빛의 세기가 약하면 광전자가 튀어 나올 수 있을 만큼의 에너지가 공급되기 위해 어느 정도 시간이 필요하다.	문턱 진동수보다 큰 진동수의 빛은 세기가 약해도 광전자가 즉시 튀어 나온다.	불일치
빛의 세기가 셀수록 방출되는 광전자의 운동 에너지가 커야 한다.	광전자의 운동 에너지는 빛의 세기와는 관계가 없고, 빛의 진동수가 클수록 크다.	불일치
빛의 세기가 세면 더 많은 전자에게 에너지를 나누어 줄 수 있으므로 튀어 나오는 광전자의 수가 많아진다.	같은 진동수의 빛을 비추는 경우, 단위 시간당 튀어 나오는 광전자의 수는 빛의 세기에 비례한다.	일치

필수 유형 빛의 입자성을 이용하여 광전 효과 실험 결과를 해석하는 문제가 출제 된다. 🔗 126쪽 542번

2 광양자설 빛을 광자(광양자)라고 하는 입자들의 불연속적인 에너지 입자의 흐름으로 설명 _{광양자설에 의하면 광자 한 개의 에너지는 진동수가 클수록 크며 광자의 개수가 많을수록 빛의 세기가 세진다.}

_{광자의 에너지는 빛의 진동수가 클수록, 파장이 짧을수록 크다.}

$$E = hf = \frac{hc}{\lambda} \text{ (}h\text{: 플랑크 상수, } c\text{: 진공에서 빛의 속력)}$$

➡ 광자와 전자가 1 : 1로 충돌하여 에너지가 전달되며, 광자의 갯수가 많을수록 빛의 세기가 세다.

빈출 자료 ② **광양자설에 의한 광전 효과의 해석**

- 일함수(W): 금속 내부의 전자를 금속 밖으로 떼어 내는 데 필요한 최소한의 에너지로, 금속의 종류에 따라 다르다. _{광자의 진동수가 문턱 진동수와 같을 때 광자의 에너지는 금속의 일함수와 같다.}

$$W = hf_0 \text{ (}f_0\text{: 문턱 진동수)}$$

- 광전자의 최대 운동 에너지(E_k): 광자의 에너지(E)의 일부는 전자를 금속판에서 떼어 내는 일(W)로 전환되고, 나머지는 광전자의 운동 에너지로 전환된다.

$$E_k = E - W = hf - hf_0$$

_{광전자의 운동 에너지는 빛의 세기와는 무관하며, 빛의 진동수와 관련이 있다.}

- 광전류의 세기: 빛의 세기는 광자의 수에 비례하고, 빛의 세기가 셀수록 금속에 있는 더 많은 전자와 충돌하므로 금속에서 튀어 나오는 광전자의 수가 많아져 광전류의 세기가 증가한다.

빛의 세기 ∝ 광자의 수 ∝ 튀어 나오는 광전자의 수 ∝ 광전류의 세기

필수 유형 광자와 전자의 충돌을 통해 발생하는 광전 효과의 해석을 묻는 문제가 출제된다. 🔗 127쪽 546번

3 전하 결합 소자(CCD) 수백만 개의 광 다이오드가 규칙적으로 배열된 반도체 소자로, 광전 효과를 이용하여 빛 신호를 전기 신호로 전환한다. _{─ 디지털 카메라, CCTV, 블랙박스, 광학 스캐너 등에 이용됨.}

① CCD의 구조와 원리: CCD에 빛이 도달 ➡ 광전 효과에 의해 반도체 내에 전자─양공 쌍이 생성 ➡ 전자가 (+)극으로 이동하여 전극 아래쪽에 저장 ➡ 저장된 전자의 수는 입사한 빛의 세기에 비례 _{─CCD는 빛의 세기만을 측정하므로 흑백 영상만 얻을 수 있다. 따라서 색을 얻기 위해서는 컬러 필터를 같이 사용한다.}

② CCD에서 전자의 이동

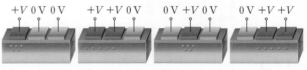

(가) +V의 전압이 걸린 왼쪽 전극 아래에 전자들이 쌓인다.

(나) 가운데 전극에 +V의 전압을 걸어 주면 두 전극에 전자들이 고루 퍼진다.

(다) 왼쪽 전극의 전압을 0으로 하면 가운데 전극 아래에 전자들이 쌓인다.

(라) 오른쪽 전극에 +V의 전압을 걸어 주면 두 전극에 전자들이 고루 퍼진다.

4 빛의 이중성 빛은 간섭, 회절 현상과 같은 파동성과 광전 효과와 같은 입자성을 모두 가지고 있다.

➡ 빛은 입자성과 파동성을 모두 가지고 있지만, 한 특성이 나타날 때 다른 특성은 나타나지 않는다.

2 | 물질의 이중성

1 물질의 이중성 1924년 드브로이는 빛이 입자와 파동의 성질을 모두 가지고 있듯이, 전자와 같은 입자도 파동의 성질을 나타낼 것이라고 주장하였다.

① **물질파(드브로이파):** 물질 입자가 파동성을 가질 때, 이 입자가 나타내는 파동

② **물질파 파장(드브로이 파장):** 질량 m인 입자가 속력 v로 운동할 때, 입자의 물질파 파장 λ는 다음과 같다.

$$\lambda = \frac{h}{mv} = \frac{h}{p} \quad (h: \text{플랑크 상수}) \ h = 6.63 \times 10^{-34} \text{ J·s}$$

└─ 물질파의 파장은 입자의 운동량(p)이 클수록 짧아진다.

2 물질파 확인 실험

① **데이비슨·거머 실험:** 니켈 표면에 전자선을 입사시켰을 때, 특정한 각도를 이루는 곳에서 전자가 가장 많이 검출되었다. ➡ 전자의 물질파가 반사되어 나올 때 특별한 각도에서 보강 간섭이 일어난다.(전자의 파동성 증명)

② **톰슨의 전자 회절 실험:** 얇은 알루미늄박에 X선과 파장이 비슷한 물질파 파장을 갖는 전자를 입사시키면 X선과 유사한 회절 무늬가 나타난다.(전자의 파동성 증명)

▲ X선의 회절　▲ 전자선의 회절

3 전자 현미경 전자의 물질파를 이용하여 만든 현미경으로, 전자의 물질파 파장이 가시광선의 파장보다 짧기 때문에 전자 현미경의 분해능이 빛을 이용한 광학 현미경보다 크다.

투과 전자 현미경(TEM)	주사 전자 현미경(SEM)
전자총 / 전자선 / 자기렌즈 / 시료 / 대물렌즈 / 투사 렌즈 / 스크린	전자총 / 전자선 / 자기렌즈 / 증폭기 / 화면 / 전자 검출기 / 시료
원리 시료를 투과한 전자선에 의한 물체의 상을 대물렌즈와 투사 렌즈로 확대하여 필름이나 형광판에 투사시켜 관찰한다.	**원리** 가속된 전자선을 시료의 표면에 차례대로 주사하고, 시료 표면에서 발생하는 전자를 검출하여 화면을 통해 영상을 관찰한다.
특징 전자선이 시료를 투과할 수 있도록 시료를 얇게 만들어야 하며, 시료의 평면 영상을 관찰할 수 있다.	**특징** 시료 표면을 전기 전도성이 좋은 물질로 얇게 코팅해야 하며, 시료 표면의 3차원적인 구조를 볼 수 있다.

현미경의 분해능은 시료를 관찰할 때 사용하는 파동의 파장이 짧을수록 우수하다. 분해능이 높을수록 인접한 두 상을 더 잘 구별할 수 있다.

---

533 그림과 같이 금속 표면에 빛을 비출 때 금속 내부에서 전자가 튀어 나오는 현상을 무엇이라고 하는지 쓰시오.

[534~535] 다음은 광전 효과에 대한 설명이다. ( ) 안에 들어갈 알맞은 말을 쓰시오.

534 광전 효과에 의해 튀어 나온 전자를 ( )(이)라고 한다.

535 (㉠)을/를 증가시키면 금속에서 튀어 나오는 광전자의 최대 운동 에너지가 커지고, (㉡)을/를 증가시키면 금속에서 튀어 나오는 광전자의 개수가 증가한다.

536 빛의 세기에 비례하는 전기 신호를 만들어 정보를 기록하는 장치를 무엇이라고 하는지 쓰시오.

[537~538] 빛과 물질의 이중성에 대한 설명으로 옳은 것은 ○표, 옳지 <u>않은</u> 것은 ×표 하시오.

537 입자의 운동량이 클수록 물질파의 파장은 길어지며, 전자 현미경은 전자의 파동성을 이용한 것이다. ( )

538 물질은 입자성과 파동성을 동시에 나타내기도 한다.
( )

[539~540] 다음은 현미경에 대한 설명이다. ( ) 안에 들어갈 알맞은 말을 쓰시오.

539 전자 현미경에서 사용하는 전자의 파장은 전자의 (㉠)을/를 증가시켜 광학 현미경에서 사용하는 (㉡)의 파장보다 짧게 만들어서 분해능을 높일 수 있다.

540 광학 현미경은 (㉠)(으)로 빛을 초점에 모으고, 전자 현미경은 (㉡)(으)로 전자선을 모은다. 이때 (㉡)에서는 (㉢)에 의해 전자의 진행 경로가 휘어진다.

기출 분석 문제

➤➤ 바른답·알찬풀이 77쪽

1 빛의 이중성

541
다음은 광전 효과에 대한 아인슈타인의 해석이다.

- 빛은 광자라고 하는 불연속적인 에너지 입자의 흐름이며, 광자의 에너지는 빛의 진동수에 비례한다.
- 금속 표면에 특정 진동수 이상의 빛을 비추면, 광자가 금속의 전자와 충돌하여 광전자가 즉시 튀어 나온다.

이에 대한 설명으로 옳은 것만을 [보기]에서 있는 대로 고른 것은?

[보기]
ㄱ. 광자의 수가 많을수록 빛의 세기가 세다.
ㄴ. 빛의 파장이 길수록 광자의 에너지는 작다.
ㄷ. 금속 표면에서 튀어 나온 광전자의 최대 운동 에너지는 충돌한 광자의 에너지와 같다.

① ㄱ   ② ㄷ   ③ ㄱ, ㄴ
④ ㄴ, ㄷ   ⑤ ㄱ, ㄴ, ㄷ

542
필수 유형 🔗 124쪽 빈출 자료 ①

그림 (가)는 검전기의 금속판에 진동수가 f_1인 빛 A를 비추었을 때 아무런 변화가 없는 모습을, (나)는 진동수가 f_2인 빛 B를 비추었을 때 금속박이 벌어진 모습을 나타낸 것이다.

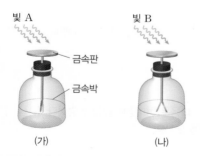

이에 대한 설명으로 옳은 것만을 [보기]에서 있는 대로 고른 것은?

[보기]
ㄱ. $f_1 > f_2$이다.
ㄴ. (가)에서 빛 A의 세기를 충분히 세게 하면 금속박이 벌어진다.
ㄷ. (나) 상태에서 (+)대전체를 금속판에 가까이 하면 금속박이 더 벌어진다.

① ㄱ   ② ㄴ   ③ ㄷ
④ ㄱ, ㄴ   ⑤ ㄴ, ㄷ

543
다음은 일상생활에서 빛과 관련된 현상이다.

(가) 지폐의 홀로그램 이미지는 빛을 비추는 각도에 따라 색깔과 문양이 달라진다.
(나) 안경에 반사 방지막 코팅을 하면 안경을 썼을 때 더 밝은 빛을 볼 수 있다.
(다) 디지털카메라에서는 CCD를 이용해 영상 정보를 저장한다.

빛의 입자성과 파동성에 관계되는 현상을 옳게 짝 지은 것은?

	입자성	파동성
①	(가)	(나), (다)
②	(나)	(가), (다)
③	(다)	(가), (나)
④	(가), (나)	(다)
⑤	(나), (다)	(가)

544
그림은 금속판에 빛을 비추었을 때 광전자가 튀어 나오는 광전 효과를 모식적으로 나타낸 것이다.

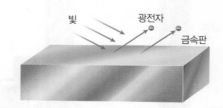

이에 대한 설명으로 옳은 것만을 [보기]에서 있는 대로 고른 것은?

[보기]
ㄱ. 빛의 파동성으로 설명할 수 있다.
ㄴ. 문턱 진동수보다 진동수가 큰 빛을 비추어야 광전자가 튀어 나온다.
ㄷ. 광전자가 튀어 나올 때 빛의 세기가 셀수록 튀어 나오는 광전자의 개수가 증가한다.

① ㄱ   ② ㄷ   ③ ㄱ, ㄴ
④ ㄴ, ㄷ   ⑤ ㄱ, ㄴ, ㄷ

545 수능모의평가기출 변형

그림은 보어의 수소 원자 모형에서 양자수 n에 따른 에너지 준위의 일부와 전자의 전이에서 방출되는 단색광 a, b, c, d를 나타낸 것이다. 표는 a, b, c, d를 광전관 P에 각각 비출 때 광전자의 방출 여부와 광전자의 최대 운동 에너지 E_{max}를 나타낸 것이다.

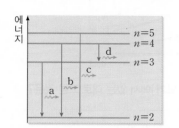

단색광	광전자의 방출 여부	E_{max}
a	방출 안 됨.	–
b	방출됨.	E_1
c	방출됨.	E_2
d	방출 안 됨.	–

이에 대한 설명으로 옳은 것만을 [보기]에서 있는 대로 고른 것은?

[보기]
ㄱ. $E_1 > E_2$이다.
ㄴ. b와 c를 동시에 비출 때 E_{max}는 E_2이다.
ㄷ. a와 d를 P에 동시에 비출 때 광전자가 방출된다.

① ㄱ   ② ㄴ   ③ ㄱ, ㄴ
④ ㄱ, ㄷ   ⑤ ㄴ, ㄷ

546 수능기출 변형

필수 유형 124쪽 빈출 자료 ②

오른쪽 그림은 광전 효과를 이용하여 빛을 검출하는 광전관을 나타낸 것이다. 금속판에 단색광 A를 비추었을 때에는 광전자가 튀어 나왔고, 단색광 B를 비추었을 때에는 광전자가 튀어 나오지 않았다. 이에 대한 설명으로 옳은 것만을 [보기]에서 있는 대로 고른 것은?

[보기]
ㄱ. 진동수는 A가 B보다 크다.
ㄴ. B의 세기를 증가시키면 광전자가 튀어 나온다.
ㄷ. A의 진동수가 클수록 튀어 나오는 광전자의 최대 운동 에너지가 커진다.

① ㄴ   ② ㄷ   ③ ㄱ, ㄴ
④ ㄱ, ㄷ   ⑤ ㄱ, ㄴ, ㄷ

547 신유형

그림은 빛을 비추면 멜로디가 나오는 장치의 구조를 나타낸 것이다.

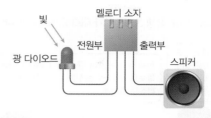

스피커에서 멜로디가 나올 때, 이에 대한 설명으로 옳은 것만을 [보기]에서 있는 대로 고른 것은?

[보기]
ㄱ. 광 다이오드는 반도체에서 일어나는 광전 효과를 이용한다.
ㄴ. 빛의 세기가 셀수록 스피커에서 나오는 소리의 크기가 커진다.
ㄷ. 광 다이오드에서 전류가 흐르는 현상은 빛의 입자성으로 설명할 수 있다.

① ㄱ   ② ㄷ   ③ ㄱ, ㄴ
④ ㄴ, ㄷ   ⑤ ㄱ, ㄴ, ㄷ

548

그림은 디지털카메라에서 전하 결합 소자(CCD)를 이용해 신호를 변환하는 과정을 나타낸 것이다.

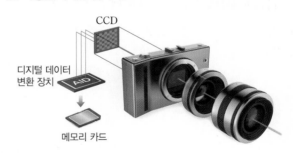

이에 대한 설명으로 옳지 않은 것은?

① 빛 신호를 전기 신호로 변환한다.
② 단위 면적당 화소 수가 많을수록 상이 선명해진다.
③ 각 화소는 보통 3개의 금속 전극으로 구성되어 있다.
④ 빛의 진동수에 따른 전기 신호의 차이를 이용해 빛의 색을 구별한다.
⑤ 전기 신호를 만드는 광전자의 수는 입사하는 빛의 세기가 셀수록 많아진다.

2 | 물질의 이중성

549

그림은 물질파에 대해 학생 A, B, C가 대화하는 모습을 나타낸 것이다.

속력이 같은 경우 전자의 물질파 파장은 야구공의 물질파 파장보다 짧아.

전자의 운동량이 증가할수록 전자의 물질파 파장은 증가해.

전자의 파동적 성질을 이용한 예로는 전자 현미경이 있어.

학생 A

학생 B

학생 C

제시한 내용이 옳은 학생만을 있는 대로 고른 것은?

① A   ② C   ③ A, B

④ B, C   ⑤ A, B, C

550

표는 입자 A와 B의 질량과 운동 에너지를 나타낸 것이다.

입자	질량	운동 에너지
A	m	E
B	$4m$	$2E$

A, B의 물질파 파장을 각각 λ_A, λ_B라 할 때, $\lambda_A : \lambda_B$는?

① $1 : 2$ ② $1 : 2\sqrt{2}$ ③ $2 : 1$

④ $2\sqrt{2} : 1$ ⑤ $4 : 1$

551

오른쪽 그림은 진공 상자 안에서 바닥면으로부터 높이 h에 정지해 있던 질량이 각각 $2m$, m인 입자 A, B가 중력에 의해 등가속도 직선 운동 하는 모습을 나타낸 것이다. 바닥면에 닿기 직전 A, B의 물질파 파장을 각각 λ_A, λ_B라고 할 때, $\lambda_A : \lambda_B$를 구하시오.

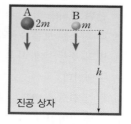

552

수능모의평가기출 변형

그림은 입자 A, B, C의 물질파 파장을 속력에 따라 나타낸 것이다.

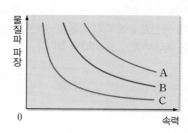

이에 대한 설명으로 옳은 것만을 [보기]에서 있는 대로 고른 것은?

[보기]

ㄱ. 질량은 A가 가장 크고, C가 가장 작다.

ㄴ. A, B의 운동량 크기가 같을 때, 속력은 A가 B보다 크다.

ㄷ. B, C의 물질파 파장이 같을 때, 운동 에너지는 B가 C보다 크다.

① ㄱ   ② ㄴ   ③ ㄷ

④ ㄱ, ㄴ   ⑤ ㄴ, ㄷ

553

그림은 속력 v인 전자를 금속박에 입사시켰을 때, 사진 건판에 나타난 무늬를 나타낸 것이다.

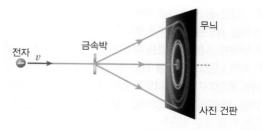

이에 대한 설명으로 옳은 것만을 [보기]에서 있는 대로 고른 것은?

[보기]

ㄱ. 무늬는 전자의 회절 무늬이다.

ㄴ. 전자의 파동성을 확인할 수 있다.

ㄷ. 전자의 속력이 v보다 커지면 물질파의 파장은 짧아진다.

① ㄱ   ② ㄴ   ③ ㄷ

④ ㄱ, ㄴ   ⑤ ㄱ, ㄴ, ㄷ

554

그림 (가)는 니켈 결정에 전자선을 입사시킨 후 입사한 전자선과 튀어 나온 전자가 이루는 각도가 θ인 곳에서 전자를 검출하는 데이비슨 · 거머 실험 장치를 모식적으로 나타낸 것이고, (나)는 검출기의 각도 θ에 따라 튀어 나온 전자의 수를 나타낸 것이다.

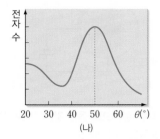

이에 대한 설명으로 옳은 것만을 [보기]에서 있는 대로 고른 것은?

[보기]
ㄱ. 전자의 속력이 감소하면 물질파 파장은 길어진다.
ㄴ. $\theta=50°$일 때 전자가 상쇄 간섭 조건을 만족한다.
ㄷ. 전자의 입자성을 증명하였다.

① ㄱ   ② ㄷ   ③ ㄱ, ㄴ
④ ㄴ, ㄷ   ⑤ ㄱ, ㄴ, ㄷ

555

다음은 주사 전자 현미경에 대한 설명이다.

주사 전자 현미경은 가속된 전자선을 시료 표면에 주사할 때 시료 표면에서 발생하는 전자를 검출하여 화면을 통해 영상을 관찰하는 장치로, 시료 표면의 (㉠)을/를 볼 수 있다. 이때, 전자총에서 가속된 전자의 속력이 (㉡) 전자의 물질파 파장이 짧아지므로, 더 작은 구조를 구분하여 관찰할 수 있다.

이에 대한 설명으로 옳은 것만을 [보기]에서 있는 대로 고른 것은?

[보기]
ㄱ. 자기장을 이용하여 전자선을 초점에 맞춘다.
ㄴ. '2차원 평면 영상'은 ㉠에 들어갈 말로 적합하다.
ㄷ. '빠를수록'은 ㉡에 들어갈 말로 적합하다.

① ㄱ   ② ㄷ   ③ ㄱ, ㄴ
④ ㄱ, ㄷ   ⑤ ㄴ, ㄷ

556

그림은 투과 전자 현미경의 구조를 나타낸 것이다.

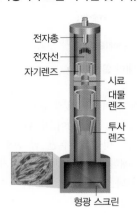

이에 대한 설명으로 옳은 것만을 [보기]에서 있는 대로 고른 것은?

[보기]
ㄱ. 전자의 파동성을 이용한다.
ㄴ. 전자의 운동 에너지가 클수록 분해능이 우수하다.
ㄷ. 시료의 표면을 전기 전도성이 좋은 물질로 코팅하여 관찰해야 한다.

① ㄱ   ② ㄴ   ③ ㄱ, ㄴ
④ ㄱ, ㄷ   ⑤ ㄴ, ㄷ

557 ✔서술형

그림 (가), (나)는 동일한 물체를 각각 광학 현미경과 전자 현미경으로 같은 배율로 관찰한 사진을 나타낸 것이다.

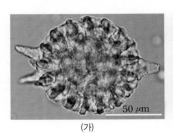

(가)   (나)

같은 배율임에도 전자 현미경으로 관찰할 때가 광학 현미경으로 관찰할 때보다 상이 선명하게 보이는 까닭을 설명하시오.

1등급 완성 문제

>> 바른답·알찬풀이 80쪽

558 정답률 40% 수능기출 변형

다음은 광전 효과에 대한 설명이다.

광전 효과는 금속에 비추는 빛의 (㉠)이/가 특정한 값 이상일 때 금속에서 (㉡)이/가 튀어 나오는 현상이다. (㉠)이/가 큰 빛을 비추면 금속에서 튀어 나오는 (㉡)의 운동 에너지가 증가하고, 세기가 큰 빛을 비추면 금속에서 튀어 나오는 (㉡)의 개수가 증가한다. 광전 효과는 빛의 (㉢)을/를 증명하는 중요한 현상이다.

이에 대한 설명으로 옳은 것만을 [보기]에서 있는 대로 고른 것은?

[보기]
ㄱ. ㉠은 진동수이다.
ㄴ. ㉡은 전기장 안에서 힘을 받는다.
ㄷ. 전자 현미경은 ㉢을 이용한 예이다.

① ㄱ   ② ㄴ   ③ ㄷ
④ ㄱ, ㄴ   ⑤ ㄱ, ㄷ

559 정답률 30% 수능모의평가기출 변형

표는 서로 다른 금속판 X, Y에 비춘 빛의 파장과 세기에 따라 방출되는 광전자의 수와 광전자의 최대 운동 에너지 E_{max}의 측정 결과를 나타낸 것이다.

금속판	빛의 파장	빛의 세기	방출되는 광전자의 수	E_{max}
X	㉠	I	방출되지 않음.	–
	λ	I	N	E
Y	λ	I	N	㉡
	λ	$2I$	㉢	$2E$

이에 대한 설명으로 옳은 것을 모두 고르면? (정답 2개)

① ㉠은 λ보다 크다.
② ㉡은 E이다.
③ ㉢은 N이다.
④ 문턱 진동수는 X가 Y보다 크다.
⑤ X에 파장이 λ인 빛의 세기를 $2I$로 하여 비출 때 방출되는 광전자의 최대 운동 에너지는 $2E$이다.

560 정답률 30% 수능기출 변형

그림 (가)는 문턱 진동수가 f_0인 금속판에 단색광을 비추며 광전류를 측정하는 장치를 나타낸 것이고, (나)는 금속판에 비추는 단색광 a, b, c의 세기와 진동수를 나타낸 것이다.

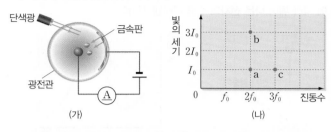

이에 대한 설명으로 옳은 것만을 [보기]에서 있는 대로 고른 것은?(단, h는 플랑크 상수이다.)

[보기]
ㄱ. b의 광자 1개의 에너지는 $2hf_0$이다.
ㄴ. a를 비출 때와 b를 비출 때 전류계에 흐르는 전류의 세기는 같다.
ㄷ. 단색광을 비출 때 튀어 나오는 광전자의 최대 운동 에너지는 c가 a의 3배이다.

① ㄱ   ② ㄴ   ③ ㄷ
④ ㄱ, ㄴ   ⑤ ㄴ, ㄷ

561 정답률 25%

그림은 영역 A에 속력 v_0으로 입사한 전자가 등가속도 직선 운동을 하여 L만큼 이동한 뒤 영역 A를 속력 $2v_0$으로 빠져나오는 모습을 나타낸 것이다. A에 입사하는 순간 전자의 물질파 파장은 λ이다.

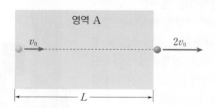

전자의 물질파 파장을 시간에 따라 나타낸 것으로 가장 적절한 것은?

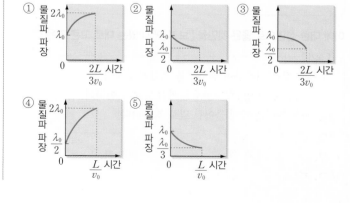

562 정답률 25%

그림은 문턱 진동수가 각각 f_0, $2f_0$인 금속판 A, B에 빛을 비출 때 방출되는 광전자의 물질파 파장의 최솟값 $\lambda_{최소}$를 금속판에 비춘 빛의 진동수에 따라 나타낸 것이다.

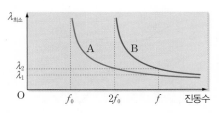

이에 대한 설명으로 옳은 것만을 [보기]에서 있는 대로 고른 것은?(단, h는 플랑크 상수이다.)

[보기]
ㄱ. $f = 3f_0$이다.
ㄴ. $\lambda_1 : \lambda_2 = 1 : 2$이다.
ㄷ. 물질파 파장이 λ_1인 광전자의 운동 에너지는 $2hf_0$이다.

① ㄱ   ② ㄴ   ③ ㄱ, ㄴ
④ ㄱ, ㄷ   ⑤ ㄴ, ㄷ

563 정답률 30% 수능모의평가기출 변형

오른쪽 표는 서로 다른 금속판 X, Y에 진동수가 각각 f, $2f$인 단색광 A, B를 비출 때 방출되는 광전자의 최대 운동 에너지 E_{max}를 나타낸 것이다.

단색광	진동수	E_{max}	
		X	Y
A	f	$2E_0$	$3E_0$
B	$2f$	$6E_0$	㉠

이에 대한 설명으로 옳은 것만을 [보기]에서 있는 대로 고른 것은?

[보기]
ㄱ. ㉠은 $7E_0$이다.
ㄴ. 문턱 진동수는 X가 Y보다 크다.
ㄷ. A와 B를 함께 X에 비출 때 방출되는 광전자의 최대 운동 에너지는 $8E_0$이다.

① ㄱ   ② ㄴ   ③ ㄱ, ㄴ
④ ㄴ, ㄷ   ⑤ ㄱ, ㄴ, ㄷ

📝 서술형 문제

564 정답률 25%

다음은 광전 효과의 실험 결과를 나타낸 것이다.

> [결과 1] 금속판에 금속의 문턱 진동수보다 진동수가 작은 빛을 비추면 빛의 세기가 아무리 강해도 광전자가 튀어 나오지 않는다.
> [결과 2] 금속의 문턱 진동수보다 진동수가 큰 빛은 세기가 아주 약한 빛에서도 광전자가 즉시 튀어 나온다.
> [결과 3] 금속판에서 튀어 나오는 광전자의 최대 운동 에너지는 빛의 세기와는 관계가 없고, 빛의 진동수가 클수록 크다.

위 실험 결과를 빛의 파동설로는 설명할 수 없는 까닭 3가지를 설명하시오.

565 정답률 30%

그림과 같이 질량이 0.15 kg인 야구공이 40 m/s의 속력으로 운동하고 있다.

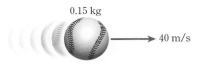

야구공의 물질파 파장을 구하고, 야구공이 파동성을 나타내지 않는 까닭을 설명하시오.(단, 플랑크 상수는 6.6×10^{-34} J·s이다.)

566 정답률 30% 수능모의평가기출 변형

그림은 속력 v로 등속도 운동을 하던 입자 A가 정지해 있던 입자 B와 충돌한 후 속력 $0.5v$로 등속도 운동을 하는 모습을 나타낸 것이다. A, B의 질량은 각각 $3m$, m이다.

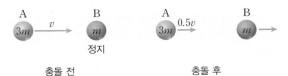

충돌 후 B의 속력을 구하고, 충돌 후 두 입자 A, B의 물질파 파장을 비교하여 설명하시오.(단, h는 플랑크 상수이다.)

실전 대비 평가 문제 ≫ 바른답·알찬풀이 83쪽

567

그림 (가)는 진행하는 두 파동 A와 B의 어느 한 점의 변위를 시간에 따라 나타낸 것이고, (나)는 어느 순간에 A와 B 중 하나의 변위를 위치에 따라 나타낸 것이다. 진행 속력은 A가 B의 2배이다.

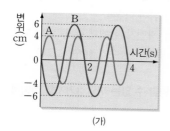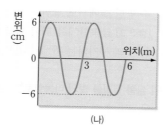

(가)   (나)

이에 대한 설명으로 옳은 것만을 [보기]에서 있는 대로 고른 것은?

[보기]
ㄱ. B의 파장은 3 m이다.
ㄴ. 진동수는 A가 B의 2배이다.
ㄷ. A의 진행 속력은 3 m/s이다.

① ㄱ   ② ㄴ   ③ ㄷ
④ ㄱ, ㄷ   ⑤ ㄱ, ㄴ, ㄷ

568

그림 (가)는 물에서 유리로 진행하는 단색광의 진행 방향을, (나)는 신기루가 보일 때의 빛의 진행 방향을 나타낸 것이다.

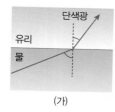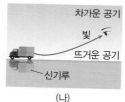

(가)   (나)

이에 대한 설명으로 옳은 것만을 [보기]에서 있는 대로 고른 것은?

[보기]
ㄱ. (가)에서 굴절률은 유리가 물보다 크다.
ㄴ. (가)에서 단색광의 파장은 유리에서가 물에서보다 길다.
ㄷ. (나)에서 빛의 속력은 뜨거운 공기에서가 차가운 공기에서보다 크다.

① ㄱ   ② ㄷ   ③ ㄱ, ㄷ
④ ㄴ, ㄷ   ⑤ ㄱ, ㄴ, ㄷ

569

그림은 공기 중에서 파장이 λ인 단색광을 물체에 입사시켰더니 점 p에서 전반사하여 점 q에 도달한 모습을 나타낸 것이다.

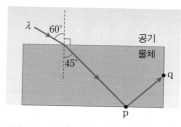

이에 대한 설명으로 옳은 것만을 [보기]에서 있는 대로 고른 것은?

[보기]
ㄱ. 물체에서 단색광의 파장은 $\sqrt{\dfrac{2}{3}}\,\lambda$이다.
ㄴ. q에서 공기로 진행하는 단색광의 굴절각은 $60°$이다.
ㄷ. 단색광의 진행 속력은 물체에서가 공기 중에서보다 작다.

① ㄱ   ② ㄷ   ③ ㄱ, ㄴ
④ ㄴ, ㄷ   ⑤ ㄱ, ㄴ, ㄷ

570

그림은 공기와 물질 X의 경계면에 단색광 A를 입사각 θ_0으로 입사시킬 때 A가 X와 Y의 경계면에서 전반사하여 Z와 X의 경계면에 있는 p점으로 입사하는 모습을 나타낸 것이다. θ_1은 X와 Y 사이의 임계각이고, 굴절률은 Z가 X보다 크다.

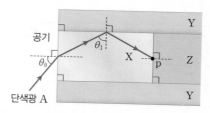

이에 대한 설명으로 옳은 것만을 [보기]에서 있는 대로 고른 것은?

[보기]
ㄱ. Z와 Y 사이의 임계각은 θ_1보다 크다.
ㄴ. A는 Z와 Y의 경계면에서 전반사한다.
ㄷ. θ_0보다 큰 입사각으로 A를 공기에서 X로 입사시키면 A는 X와 Y의 경계면에서 전반사하지 않는다.

① ㄱ   ② ㄷ   ③ ㄱ, ㄴ
④ ㄴ, ㄷ   ⑤ ㄱ, ㄴ, ㄷ

571

그림 (가)는 광섬유의 코어와 클래딩의 경계면에서 단색광이 전반사하여 진행하는 모습을 나타낸 것이고, (나)는 매질 A, B, C에서 진행하는 단색광의 경로를 나타낸 것이다. $\theta_2 > \theta_1 > \theta_3$이다.

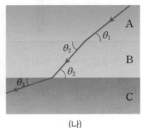

(가)　　　　　　　(나)

이에 대한 설명으로 옳은 것만을 [보기]에서 있는 대로 고른 것은?

[보기]
ㄱ. (가)에서 굴절률은 코어가 클래딩보다 크다.
ㄴ. (나)에서 굴절률은 C가 B보다 크다.
ㄷ. B로 코어를 만들었을 때, 임계각은 클래딩을 A로 만들었을 때가 C로 만들었을 때보다 크다.

① ㄱ　　　　　② ㄴ　　　　　③ ㄷ
④ ㄱ, ㄴ　　　　⑤ ㄱ, ㄷ

572

다음은 형광등과 파란색 발광 다이오드(LED)에서 사용하는 전자기파에 대하여 조사한 내용이다.

그림 (가)는 형광등의 구조를 나타낸 것이다. 양 끝에 있는 전극에서 방전이 일어날 때 수은에서 방출된 (㉠)이/가 형광등 내부에 발라놓은 형광 물질에 흡수되면 형광 물질에서 (㉡)이/가 방출된다. 그림 (나)는 발광 다이오드의 구조를 나타낸 것으로, 파란색 발광 다이오드(LED)에서 양공과 전자가 결합할 때 (㉢)이/가 방출된다.

(가)　　　　　　　(나)

이에 대한 설명으로 옳은 것만을 [보기]에서 있는 대로 고른 것은?

[보기]
ㄱ. ㉠은 자외선이다.
ㄴ. ㉡은 비접촉식 체온계에 사용된다.
ㄷ. 파장은 ㉠이 ㉢보다 길다.

① ㄱ　　　　　② ㄷ　　　　　③ ㄱ, ㄴ
④ ㄴ, ㄷ　　　　⑤ ㄱ, ㄴ, ㄷ

573

그림은 서로 반대 방향으로 진행하는 두 파동 A, B의 $t=0$초일 때의 모습을 나타낸 것이다. A, B의 진폭은 각각 1 m, 2 m이고, 속력은 5 m/s로 같다. 점 P, Q는 매질 위의 점이다.

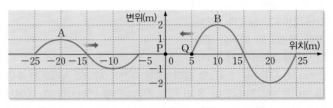

이에 대한 설명으로 옳은 것만을 [보기]에서 있는 대로 고른 것은?

[보기]
ㄱ. 진동수는 B가 A보다 크다.
ㄴ. $t=3$초일 때, Q의 변위의 크기는 1 m이다.
ㄷ. A, B가 중첩되는 동안 P의 최대 변위의 크기는 1 m이다.

① ㄱ　　　　　② ㄷ　　　　　③ ㄱ, ㄴ
④ ㄴ, ㄷ　　　　⑤ ㄱ, ㄴ, ㄷ

574

그림 (가)는 진폭이 1 cm, 속력이 2 cm/s로 같은 두 물결파가 진행하는 어느 순간의($t=0$) 모습을 나타낸 것이다. 실선과 점선은 각각 물결파의 마루와 골이고, 점 P, Q, R는 평면상의 고정된 지점이다. 그림 (나)는 P, Q, R 중 한 지점에서 중첩된 물결파의 변위를 시간에 따라 나타낸 것이다.

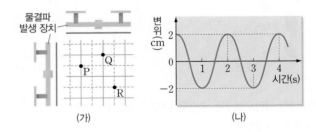

(가)　　　　　　　(나)

이에 대한 설명으로 옳은 것만을 [보기]에서 있는 대로 고른 것은?

[보기]
ㄱ. 두 물결파의 파장은 4 cm로 같다.
ㄴ. (나)는 P의 변위를 나타낸 것이다.
ㄷ. 3초일 때, R에서 중첩된 물결파의 변위는 2 cm이다.

① ㄱ　　　　　② ㄴ　　　　　③ ㄱ, ㄷ
④ ㄴ, ㄷ　　　　⑤ ㄱ, ㄴ, ㄷ

575

오른쪽 그림은 두 점파원 S_1, S_2에서 같은 진폭과 위상으로 발생시킨 두 물결파의 어느 순간의 모습을 모식적으로 나타낸 것이다. 실선과 점선은 각각 물결파의 마루와 골이다. 두 물결파의 진행 속력은 2 cm/s, 진동수는 1 Hz로 같다. 이때 시간이 지나도 A점에서 수면의 높이는 변하지 않았다. S_1과 S_2의 진동수만을 변화시킬 때, A에서 보강 간섭이 일어나는 진동수만을 [보기]에서 있는 대로 고른 것은? (단, S_1, S_2의 진동수는 서로 같다.)

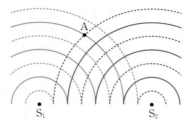

[보기]

ㄱ. 2 Hz ㄴ. $\dfrac{3}{2} \text{ Hz}$ ㄷ. 4 Hz

① ㄱ   ② ㄴ   ③ ㄱ, ㄴ
④ ㄱ, ㄷ   ⑤ ㄴ, ㄷ

576

그림 (가)는 철수가 같은 소리가 발생하는 두 스피커 앞에서 소리의 크기를 측정하는 모습을 나타낸 것으로, 철수는 두 스피커를 연결한 직선과 나란한 기준선 P를 따라 진행하며 점 O는 두 스피커로부터 떨어진 거리가 같은 지점이다. 그림 (나)는 철수가 측정한 소리의 크기를 위치에 따라 나타낸 것으로, A, B는 O와 이웃한 소리의 크기가 최대인 지점이다.

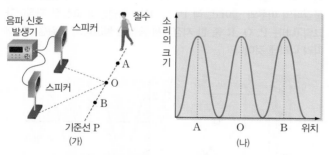

(가)   (나)

이에 대한 설명으로 옳은 것만을 [보기]에서 있는 대로 고른 것은?(단, 스피커의 크기는 무시한다.)

[보기]

ㄱ. A, O, B에서는 보강 간섭이 일어난다.
ㄴ. 두 스피커로부터의 경로차는 A에서와 B에서가 같다.
ㄷ. 소리의 진동수를 증가시키면 A와 O 사이의 거리는 증가한다.

① ㄱ   ② ㄷ   ③ ㄱ, ㄴ
④ ㄱ, ㄷ   ⑤ ㄴ, ㄷ

577

그림 (가)~(다)는 빛의 성질에 대한 실험을 나타낸 것이다.

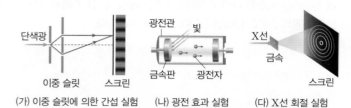

(가) 이중 슬릿에 의한 간섭 실험   (나) 광전 효과 실험   (다) X선 회절 실험

이에 대한 설명으로 옳은 것만을 [보기]에서 있는 대로 고른 것은?

[보기]

ㄱ. (가)는 빛의 입자성을 나타내는 실험이다.
ㄴ. 투과 전자 현미경은 (나)의 원리를 이용한다.
ㄷ. (다)의 회절 무늬는 빛의 파동성에 의해 나타난다.

① ㄱ   ② ㄷ   ③ ㄱ, ㄴ
④ ㄱ, ㄷ   ⑤ ㄴ, ㄷ

578

그림은 질량 m인 입자가 연직 방향으로 운동하는 모습을 나타낸 것이다. 높이차가 H인 기준선 A, B를 지날 때 입자의 물질파 파장은 각각 $2\lambda_0$, λ_0이다.

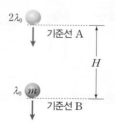

H는? (단, g는 중력 가속도이고, h는 플랑크 상수이며, 공기 저항은 무시한다.)

① $\dfrac{3h^2}{8m^2 g \lambda_0^2}$ ② $\dfrac{3h^2}{4mg\lambda_0}$ ③ $\dfrac{5h^2\lambda_0^2}{4m^2 g}$

④ $\dfrac{h^2}{m^2 g\lambda_0^2}$ ⑤ $\dfrac{3h^2 m^2 g}{8\lambda_0^2}$

579

그림 (가)는 단색광이 매질 A에서 B로 입사각 θ로 입사할 때 반사 광선과 굴절 광선의 경로를 나타낸 것이고, (나)는 (가)에서와 같은 단색광이 매질 C에서 B로 입사각 θ로 입사할 때 전반사하는 모습을 나타낸 것이다.

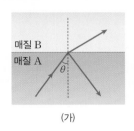
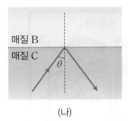

(가)   (나)

A, B, C의 굴절률을 비교하고, A를 코어로 사용한 광섬유의 클래딩으로 가능한 매질이 무엇인지 설명하시오.

580

그림은 파원 S_1, S_2에서 진동수와 진폭이 같은 물결파를 같은 위상으로 발생시킨 모습을 나타낸 것이다. 실선과 점선은 각각 물결파의 마루와 골이고, 점 A, B, C는 S_1과 S_2로부터 일정한 거리에 있는 점이다.

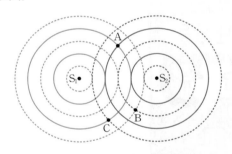

A, B, C에서 일어나는 간섭의 종류를 쓰시오.

581

오른쪽 표는 금속판 A, B에 진동수가 각각 f, $2f$인 단색광 X, Y 중 하나를 비출 때 방출되는 광전자의 최대 운동 에너지를 나타낸 것이다. A와 B의 문턱 진동수를 각각 f_A, f_B라 할 때 $\dfrac{f_A}{f_B}$ 를 풀이 과정과 함께 구하시오.

단색광	방출되는 광전자의 최대 운동 에너지	
	A	B
X	방출되지 않음.	E_0
Y	E_0	$3E_0$

582

그림 (가)는 질량이 m으로 같은 입자 A, B가 서로 마주보며 등속도 운동을 하는 모습을 나타낸 것이다. 충돌 전 A, B의 속력은 같다. 그림 (나)는 충돌 후 A, B가 서로 반대 방향으로 운동하는 모습을 나타낸 것으로, A의 속력은 충돌 전과 같다.

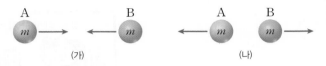

(가)   (나)

(가)에서 A의 물질파 파장이 λ일 때, (나)에서 A와 B의 운동 에너지의 합을 풀이 과정과 함께 구하시오.(단, 플랑크 상수는 h이다.)

583

다음은 현미경의 분해능에 대한 설명이다.

물체에서 나온 빛이 렌즈를 통과할 때, 회절에 의해 현미경으로 보고자 하는 작은 물체의 매우 가까운 거리의 두 점이 구분되지 않을 수 있다. 분해능은 서로 떨어져 있는 두 물체를 구별할 수 있는 능력을 의미한다.
그림 (가), (나)는 각각 광학 현미경과 전자 현미경으로 동일한 물체를 같은 배율로 관찰한 모습을 나타낸 것이다.

(가)   (나)

전자 현미경에서 사용하는 전자의 (㉠) 파장은 광학 현미경에서 사용하는 (㉡)의 파장보다 (㉢). 따라서 전자 현미경은 광학 현미경보다 분해능이 우수하기 때문에 광학 현미경으로 관찰할 수 없는 물체도 또렷하게 확대하여 관찰할 수 있다.

㉠~㉢에 알맞은 말을 쓰시오.

바른 자세 캠페인

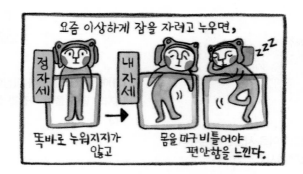

글 / 그림 우쿠쥐

기출 분석 문제집

1등급 만들기

물리학 I
583제

빠른답 체크
Speed Check

◀ 이곳을 열면 정답을 바로 확인할 수 있습니다.

1등급 만들기 물리학 I 583제

빠른답 체크
Speed Check

빠른답 체크 후 틀린 문제는
바른답 • 알찬풀이에서
꼭 확인하세요.

01 여러 가지 운동

001 ×	002 ○	003 ○	004 ○
005 2 m/s, 2 m/s		006 2 m/s, 0	
007 10π m/s, 20 m/s			
008 ㉠ 2 m/s, ㉡ 12 m, ㉢ 0			
009 속력, 운동 방향		010 속력과 운동 방향 모두	
011 ④	012 ②	013 ③	014 ③
015 해설 참조	016 ⑤	017 ②	
018 ①	019 ①	020 ③	
021 해설 참조	022 ③		
023 해설 참조	024 ②		
025 A: (가), B: (나), C: (다)		026 ③	
027 해설 참조	028 ⑤	029 ③	
030 ③	031 ①	032 ④	033 ①
034 ④	035 ⑤	036 해설 참조	
037 해설 참조	038 해설 참조		

02 뉴턴 운동 법칙

039 10 N, 오른쪽	040 ○	041 ○	
042 ×	043 3 m/s²	044 5 m/s²	045 ○
046 ×	047 ×	048 ③	049 ③
050 ④	051 ②	052 1 : 2	053 ③
054 ④	055 ⑤	056 해설 참조	
057 ③	058 ③	059 ○	
060 A: $\frac{5}{6}$ kg, C: 2 kg		061 ①	062 ④
063 해설 참조	064 ②	065 ③	
066 ②	067 ③	068 ④	069 ②
070 ③	071 ③	072 해설 참조	
073 해설 참조	074 해설 참조		
075 해설 참조			

03 운동량과 충격량

076 60000 kg·m/s		077 8 kg·m/s	
078 ○	079 ○	080 ×	081 ○
082 40 N·s		083 B	084 A
085 B	086 ③	087 ①	088 2 : 1
089 1.5 m/s		090 ①	
091 ㉠ 같다, ㉡ 같다, ㉢ $\frac{1}{2}$			092 ③
093 ③	094 ①	095 ①	096 ④
097 ②	098 ①	099 해설 참조	
100 ④	101 ④	102 ②	103 ②
104 ③	105 ①	106 ③	107 ②
108 ⑤	109 ⑤	110 해설 참조	
111 해설 참조		112 해설 참조	

04 역학적 에너지

113 증가, 감소		114 운동, 퍼텐셜	
115 운동, 퍼텐셜, 보존된다		116 210 J	
117 ×	118 ○	119 ○	120 ×
121 ○	122 ×	123 ②	124 ③
125 ⑤	126 ④	127 해설 참조	
128 ⑤	129 ③	130 ⑤	
131 해설 참조		132 ④	133 ②
134 30 cm		135 ④	136 ①
137 ③	138 ②	139 ⑤	
140 5 : 4 : 3		141 해설 참조	
142 ④	143 ③	144 ⑤	145 ①
146 ⑤	147 ③	148 ④	
149 해설 참조		150 해설 참조	
151 해설 참조			

05 열역학 법칙

152 많을수록		153 운동 에너지, 절대 온도	
154 ×	155 ○	156 ○	
157 (1) ㉣ (2) ㉠ (3) ㉢ (4) ㉡			158 ×
159 ×	160 ○	161 ⑤	
162 12400 J		163 ②	164 ①
165 ④	166 해설 참조	167 ②	
168 ②	169 ①	170 ⑤	171 ⑤
172 해설 참조		173 ④	174 ④
175 ③	176 ②	177 5 : 3	
178 해설 참조		179 ②	
180 ㉠ 카르노 기관, ㉡ 단열, ㉢ 크다			181 ③
182 ②	183 ④	184 ⑤	185 ⑤
186 ②	187 해설 참조		
188 해설 참조		189 해설 참조	

06 특수 상대성 이론

190 ㉠ 상대성, ㉡ 광속 불변			191 ×
192 ×	193 ○	194 ○	
195 ㄱ, ㄷ, ㄹ		196 질량 결손	
197 보존되고, 보존되지 않는다			
198 수소, 헬륨		199 ③	
200 해설 참조		201 ⑤	202 ④
203 ④	204 ③	205 ㄷ, ㄹ	206 ④
207 ②	208 ⑤	209 ④	
210 $a < a_0$, $b = b_0$		211 해설 참조	
212 ③	213 ③	214 ⑤	215 ③
216 ④	217 ②	218 ②	219 ④
220 (가)>(나)		221 ⑤	222 ③
223 해설 참조		224 ③	225 ①
226 ③	227 ④	228 ④	229 ①
230 ⑤	231 ②	232 해설 참조	
233 해설 참조		234 해설 참조	

기출 분석 문제집

1등급 만들기

① 핵심 개념 잡기
   시험 출제 원리를 꿰뚫는 핵심 개념을 잡는다!

② 1등급 도전하기
   선별한 고빈출 문제로 실전 감각을 키운다!

③ 1등급 달성하기
   응용 및 고난도 문제로 1등급 노하우를 터득한다!

1등급 만들기로, 실전에서 완벽한 1등급 달성!

- **국어** 문학, 독서
- **수학** 고등 수학(상), 고등 수학(하),
  수학 I, 수학 II, 확률과 통계, 미적분, 기하
- **사회** 통합사회, 한국사, 한국지리, 세계지리,
  생활과 윤리, 윤리와 사상, 사회·문화,
  정치와 법, 경제, 세계사, 동아시아사
- **과학** 통합과학, 물리학 I, 화학 I, 생명과학 I, 지구과학 I,
  물리학 II, 화학 II, 생명과학 II, 지구과학 II

기출 분석 문제집
1등급 만들기로 1등급 실력 예약!

● **개념 핵심 잡기** 시험 출제 원리를 꿰뚫는 개념의 핵심을 잡는다.

● **1등급 도전하기** 선별한 고빈출 기출 문제로 1등급에 도전한다.

● **1등급 완성하기** 응용 및 고난도 문제로 1등급 노하우를 터득한다.

완벽한 기출 문제 분석, 완벽한 시험 대비!

국어 문학, 독서

수학 고등 수학(상), 고등 수학(하), 수학Ⅰ, 수학Ⅱ, 확률과 통계, 미적분, 기하

사회 통합사회, 한국사, 한국지리, 세계지리, 생활과 윤리, 윤리와 사상, 사회·문화, 정치와 법, 경제, 세계사, 동아시아사

과학 통합과학, 물리학Ⅰ, 화학Ⅰ, 생명과학Ⅰ, 지구과학Ⅰ, 물리학Ⅱ, 화학Ⅱ, 생명과학Ⅱ, 지구과학Ⅱ

구성보기   문학   수학Ⅰ   한국지리   물리학Ⅰ

고등 도서안내

개념서

비주얼 개념서

룩 LOOK

이미지 연상으로 필수 개념을 쉽게 익히는
비주얼 개념서

국어   문법
영어   분석독해

내신 필수 개념서

 **올리드**

개념 학습과 유형 학습으로
내신 잡는 필수 개념서

사회   통합사회, 한국사, 한국지리, 사회·문화,
          생활과 윤리, 윤리와 사상
과학   통합과학, 물리학Ⅰ, 화학Ⅰ,
          생명과학Ⅰ, 지구과학Ⅰ

기본서

문학

손쉬운

작품 이해에서 문제 해결까지
손쉬운 비법을 담은 문학 입문서

현대 문학, 고전 문학

수학

수학중심

개념과 유형을 한 번에 잡는 강력한
개념 기본서

고등 수학(상), 고등 수학(하),
수학Ⅰ, 수학Ⅱ, 확률과 통계, 미적분, 기하

유형중심

체계적인 유형별 학습으로 실전에서 더욱 강력한
문제 기본서

고등 수학(상), 고등 수학(하),
수학Ⅰ, 수학Ⅱ, 확률과 통계, 미적분

1등급 만들기

물리학 I
583제

바른답·알찬풀이

Mirae N 에듀

바른답·알찬풀이

STUDY POINT

문제 핵심 파악하기
자세한 해설 속에서 문제의 핵심을 정확히 찾을 수
있습니다.

관련 자료 분석하기
자료 분석하기, 개념 더하기로 문제 해결의 접근법
을 알 수 있습니다.

서술형 완전 정복하기
STEP별 서술형 해결 전략으로 서술형을 완벽하게
정복할 수 있습니다.

1등급 만들기

물리학 I
583제

바른답·
알찬풀이

I 역학과 에너지

01 여러 가지 운동

개념 확인 문제　　　　　　　　　　9쪽

001 ×　　　　**002** ○　　　　**003** ○　　　　**004** ○
005 2 m/s, 2 m/s　　　　**006** 2 m/s, 0
007 10π m/s, 20 m/s　　　　**008** ㉠ 2 m/s, ㉡ 12 m, ㉢ 0
009 속력, 운동 방향　　　　**010** 속력과 운동 방향 모두

001
답 ×

변위는 크기와 방향이 있는 물리량이다.

002
답 ○

속도는 단위 시간 동안 물체의 변위로 나타내고, 속력은 단위 시간 동안 물체가 이동한 거리로 나타낸다.

003
답 ○

가속도가 0인 물체는 정지 또는 등속 직선 운동을 한다.

004
답 ○

물체가 운동 방향이 바뀌지 않고 직선 경로로 운동할 때 이동 거리와 변위의 크기가 같으므로 평균 속력과 평균 속도의 크기가 같다.

005
답 2 m/s, 2 m/s

물체가 이동한 거리와 물체의 변위가 같으므로 속력과 속도의 크기는 $\dfrac{10\ \text{m}}{5\ \text{s}}=2$ m/s이다.

006
답 2 m/s, 0

이동 거리가 20 m이므로 속력은 $\dfrac{20\ \text{m}}{10\ \text{s}}=2$ m/s이고, 변위가 0이므로 속도의 크기는 $\dfrac{0\ \text{m}}{5\ \text{s}}=0$이다.

007
답 10π m/s, 20 m/s

반지름이 100 m인 원형 도로를 반 바퀴 이동하였으므로 자동차가 이동한 거리는 100π m이고, 자동차의 변위는 200 m이다. 따라서 속력은 $\dfrac{100\pi\ \text{m}}{10\ \text{s}}=10\pi$ m/s이고, 속도의 크기는 $\dfrac{200\ \text{m}}{10\ \text{s}}=20$ m/s이다.

008
답 ㉠ 2 m/s, ㉡ 12 m, ㉢ 0

1초일 때 속력은 $\dfrac{6\ \text{m}}{3\ \text{s}}=2$ m/s이다. 일직선상에서 0초부터 3초까지 물체는 6 m 이동한 후 3초부터 6초까지 반대 방향으로 6 m 이동하였으므로 이동 거리는 6 m＋6 m＝12 m이다. 0초부터 6초까지 물체의 변위가 0이므로 물체의 속도의 크기는 0이다.

009
답 속력, 운동 방향

등속 원운동은 속력은 일정하고 운동 방향이 계속 변한다.

010
답 속력과 운동 방향 모두

진자 운동할 때 최고점에서 내려오는 동안 속력이 빨라지고, 최저점을 통과하면 속력이 감소하며, 운동 방향이 계속 변한다.

🔬 기출 분석 문제
10~13쪽

011 ④　　**012** ②　　**013** ③　　**014** ③　　**015** 해설 참조
016 ⑤　　**017** ②　　**018** ①　　**019** ①　　**020** ③
021 해설 참조　　　　**022** ③　　**023** 해설 참조　　　　**024** ②
025 A: (가), B: (나), C: (다)　　　　**026** ③　　**027** 해설 참조
028 ⑤　　**029** ③

011
답 ④

ㄴ. 속도의 크기는 변위의 크기를 걸린 시간으로 나눈 값이며, 방향은 변위의 방향과 같다.

ㄷ. P에서 Q까지 곡선 경로를 따라 이동하므로 이동 거리가 변위의 크기보다 크다.

오답 피하기 ㄱ. 가속도가 0인 물체는 등속 직선 운동을 한다. 육상 선수는 곡선 경로를 따라 운동하므로 가속도가 0이 아니다.

012
답 ②

ㄷ. 대권 항로는 둥근 지구 표면을 따라 이동하는 경로이므로 평균 속력이 평균 속도의 크기보다 크다.

오답 피하기 ㄱ. 곡선 경로를 따라 이동하므로 속도의 방향이 변한다.

ㄴ. A에서 B까지 곡선 경로를 따라 이동하며, 변위의 크기는 A에서 B까지 직선거리이므로 이동 거리는 변위의 크기보다 크다.

개념 더하기 대권 항로

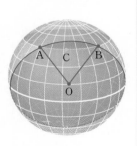

지표면에서 지구 중심을 중심으로 하는 호를 대권(big circle)이라고 하며, 지표면상의 두 지점 사이를 잇는 최단 거리는 이 호를 따라 측정한 거리이다. 그림에서 A와 B는 같은 위도에 있으므로 지도상의 직선 경로(지도를 펼쳤을 때 직선 경로)는 위선을 따라 이동하는 A → C → B 경로이다. 그러나 실제로는 지구가 둥글기 때문에 이 경로는 최단 경로가 아니다. 지구 중심 O를 중심으로 한 호 AB가 지표면을 따라 A에서 B로 이동하는 최단 경로이다. 비행기가 장거리 비행할 때 지도상의 직선 경로가 아니라 대권 항로를 따라 이동하는 것이 최단 거리로 이동하는 방법이 된다.

013
필수 유형
답 ③

자료 분석하기 이동 거리와 변위, 평균 속력과 평균 속도

· A → B, B → C에서는 등속 직선 운동을 한다.
· A → B → C에서는 운동 방향이 변한다.

ㄱ. A에서 B까지는 직선 운동을 하므로 이동 거리와 변위의 크기
가 같다.

ㄷ. 공은 마찰이 없는 수평면에서 운동하므로 B에서 C까지 등속 직
선 운동을 한다.

오답 피하기 ㄴ. A에서 C까지 이동 거리는 A에서 B까지의 거리와 B
에서 C까지의 거리의 합이고, 변위의 크기는 A에서 C까지 직선거리
이다. 따라서 A에서 C까지 평균 속력은 평균 속도의 크기보다 크다.

014
답 ③

대한이가 길이 50 m인 수영장을 3번 왕복하였으므로 이동 거리는
300 m이고, 제자리로 돌아왔기 때문에 위치의 변화가 없으므로 변
위는 0이다.

ㄱ. 대한이는 반대 방향으로 되돌아오는 운동, 즉 운동 방향이 변하
는 가속도 운동을 한다.

ㄷ. 평균 속력은 운동 도중의 속력 변화와 관계없이 전체 이동 거리
를 걸린 시간으로 나누어 구한다. 즉, 5분 동안 대한이의 평균 속력
$= \dfrac{300\ \text{m}}{300\ \text{s}} = 1\ \text{m/s}$이다.

오답 피하기 ㄴ. 5분 후, 대한이는 출발한 지점으로 다시 돌아왔기 때
문에 변위는 0이다.

015

물체는 빗면을 따라 올라가면서 속도가 일정하게 감소하는 운동을
하고, 가장 높은 위치까지 올라갔다가 내려오면서 속도가 일정하게
증가하는 운동을 한다. 즉, 물체가 빗면을 따라 올라가는 동안 가속
도와 속도의 방향이 반대이고, 빗면을 따라 내려오는 동안 가속도와
속도의 방향이 같다.

예시 답안 물체의 속도가 일정하게 감소하므로 가속도의 방향은 빗면과 나란하
게 아래 방향이고, 가속도는 $\dfrac{(0-12)\ \text{m/s}}{4\ \text{s}} = -3\ \text{m/s}^2$이므로 가속도의 크
기는 3 m/s²이다.

채점 기준	배점(%)
물체의 가속도의 방향과 크기를 풀이 과정과 함께 옳게 구한 경우	100
가속도의 크기만 옳게 쓴 경우	60
가속도의 방향만 옳게 쓴 경우	40

016
답 ⑤

자료 분석하기 물체의 위치와 속도

- 속도와 가속도의 방향이 같으면 속도의 크기가 증가하고, 속도와 가속도
의 방향이 반대이면 속도의 크기가 감소한다.
- 물체는 가속도가 일정한 직선 운동을 한다.

시간(s)	0	0.1	0.2	0.3
위치(m)	0	0.02	0.05	0.09
구간 거리(m)		0.02	0.03	0.04
속도(m/s)		0.2	0.3	⊙0.4
속도 차(m/s)			0.1	0.1
가속도(m/s²)			1	1

ㄱ. 물체는 0.2초부터 0.3초까지 0.04 m를 이동하므로, ⊙은 $\dfrac{0.04}{0.1}$
$= 0.4$(m/s)이다.

ㄴ. 같은 시간 동안 물체가 이동한 구간 거리가 증가하고 있으므로,
0초부터 0.3초까지 물체의 속력은 증가한다.

ㄷ. 0.2초일 때 물체의 속도가 증가하고 있으므로 가속도 방향은 물
체의 운동 방향과 같다.

017 [필수 유형]
답 ②

자료 분석하기 속도와 가속도 방향의 관계

평균 가속도는 정해진 시간 동안의 평균적인 가속도로, 전체 속도 변화량을
걸린 시간으로 나누어 구한다. 직선 도로를 달리는 자동차의 각 구간별 이동
시간은 같고, 이동한 시간을 t라고 하면 다음과 같이 나타낼 수 있다.

구간	속도와 가속도 방향의 관계
A 0 km/h, B 20 km/h	• 자동차의 속도가 일정하게 증가하므로 속도와 가속도의 방향이 같다. • 가속도 $= \dfrac{20-0}{t} = \dfrac{20}{t}$
B 20 km/h, C 30 km/h	• 자동차의 속도가 일정하게 증가하므로 속도와 가속도의 방향이 같다. • 가속도 $= \dfrac{30-20}{t} = \dfrac{10}{t}$
C 30 km/h, D 20 km/h	• 자동차의 속도가 일정하게 감소하므로 속도와 가속도의 방향이 반대이다. • 가속도 $= \dfrac{20-30}{t} = -\dfrac{10}{t}$
D 20 km/h, E 15 km/h	• 자동차의 속도가 일정하게 감소하므로 속도와 가속도의 방향이 반대이다. • 가속도 $= \dfrac{15-20}{t} = -\dfrac{5}{t}$

ㄷ. AC, CE 구간을 이동한 시간은 같으며, 이동한 시간을 $2t$라고 하
면 AC 구간에서 평균 가속도는 $\dfrac{30-0}{2t} = \dfrac{30}{2t}$이고, CE 구간에서
평균 가속도는 $\dfrac{15-30}{2t} = -\dfrac{15}{2t}$이므로, 평균 가속도의 크기는 AC
구간에서가 CE 구간에서의 2배이다.

오답 피하기 ㄱ. AB 구간의 속도 변화량은 20 km/h이고, BC 구간
의 속도 변화량은 10 km/h이다.

ㄴ. BC 구간에서 자동차의 속도는 증가하므로 가속도 방향은 운동
방향과 같고, CD 구간에서 자동차의 속도는 감소하므로 가속도 방
향은 운동 방향과 반대 방향이다. 즉, BC 구간에서와 CD 구간에서
가속도의 방향은 반대이다.

018
답 ①

ㄱ. 처음 자동차의 운동 방향을 (+)방향으로 하면 자동차의 가속도는
왼쪽 방향으로 5 m/s²이므로 $-5 = \dfrac{0-v}{5}$이다. 따라서 속도 $v =$
25 m/s이다.

오답 피하기 ㄴ. 가속도는 단위 시간 동안 속도의 변화량으로, 자동차의 가속도는 -5 m/s^2이므로 속도는 1초마다 5 m/s씩 감소한다. 따라서 자동차의 처음 속력이 25 m/s이므로, 1초 후에는 20 m/s, 2초 후에는 15 m/s가 된다.

ㄷ. 5초 동안 자동차의 속도는 일정하게 감소하므로, 가속도 방향은 속도의 방향(운동 방향)과 반대 방향이다.

개념 더하기 **가속도와 속도의 부호**

가속도와 속도의 부호가 같으면 속력이 증가하고, 가속도와 속도의 부호가 반대이면 속력이 감소한다.

가속도: (+)		가속도: (−)	
속도: (+)	속도: (−)	속도: (+)	속도: (−)
속력 증가	속력 감소	속력 감소	속력 증가

019
답 ①

ㄴ. 속도 – 시간 그래프에서 그래프의 기울기가 가속도이다. 1초일 때와 5초일 때 그래프의 기울기가 2.5 m/s^2으로 같다. 따라서 가속도의 크기는 같다.

오답 피하기 ㄱ. 속도 – 시간 그래프에서 그래프 아래의 넓이가 변위의 크기이다. 0초부터 6초까지 넓이가 20 m이므로 변위의 크기는 20 m이다.

ㄷ. 3초일 때 속도가 5 m/s로 일정하므로 가속도가 0이다. 운동 방향과 가속도 방향이 같으면 속력이 증가하고, 반대이면 속력이 감소한다.

020
답 ③

0~5초 동안 물체의 운동을 그래프로 나타내면 다음과 같다.

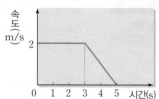

ㄱ. 3초부터 5초까지 이동 거리 $s = \dfrac{1}{2} \times 2 \times 2 = 2(\text{m})$이다.

ㄴ. 3초일 때 속력이 2 m/s이고, 5초일 때 정지하므로 가속도는 $\dfrac{0-2}{2} = -1(\text{m/s}^2)$이다. 따라서 가속도의 크기 a_0는 1 m/s^2이다.

오답 피하기 ㄷ. 속도의 크기가 감소하므로 운동 방향과 가속도 방향이 반대이다.

021

예시 답안 0~3초 동안 물체가 이동한 거리는 6 m이고, 3~5초 동안 물체는 -1 m/s^2의 가속도로 운동하므로 이동한 거리는 $2 \times 2 + \dfrac{1}{2} \times (-1) \times 2^2 = 2(\text{m})$이다. 5초 이후 물체가 이동한 거리는 $\dfrac{1}{2} \times (-1) \times (t_0 - 5)^2 = 8(\text{m})$이므로 $t_0 = 9$초이다.

채점 기준	배점(%)
t_0을 풀이 과정과 함께 옳게 구한 경우	100
풀이 과정 없이 t_0만 옳게 쓴 경우	40

022
답 ③

ㄷ. B는 한 방향으로 직선 운동을 하므로 이동 거리와 변위의 크기가 같고, 평균 속력과 평균 속도의 크기가 같다.

오답 피하기 ㄱ. 0~1초 동안 이동 거리와 1~2초 동안 이동 거리가 다르므로 등속 직선 운동이 아니다.

ㄴ. 0초부터 1초까지 창문상에서 이동 거리가 5 cm이므로 B의 실제 이동 거리는 $0.05 \times 20 = 1(\text{m})$이다.

023

속도 – 시간 그래프에서 그래프 아래의 넓이가 이동 거리이다.

예시 답안 10초 동안 A, B가 이동한 거리가 각각 30 m, 20 m이므로 d는 10 m이다.

채점 기준	배점(%)
A, B의 이동 거리를 구하여 d를 구한 경우	100
A, B의 이동 거리는 구하였으나 d를 구하지 못한 경우	30

024
답 ②

(가) 무빙워크가 일정한 빠르기로 직선 운동을 하므로 무빙워크를 타고 있는 사람의 운동은 속력과 운동 방향이 모두 일정한(A) 운동이다.

(나) 대관람차에 앉아 있는 사람은 일정한 빠르기로 원운동을 한다. 등속 원운동은 속력이 일정하고 운동 방향이 변하는(B) 운동이다.

(다) 스키를 타고 지그재그로 내려오는 사람은 속력과 운동 방향이 모두 변하는(D) 운동을 한다.

025
답 A: (가), B: (나), C: (다)

자료 분석하기 **운동의 분류**

(이미지)	(가) 자이로드롭: 속력이 일정하게 증가하는 운동 • 속력: 일정하게 증가한다. • 운동 방향: 일정하다.
(이미지)	(나) 대관람차(=등속 원운동): 속력은 일정하고 운동 방향만 변하는 운동 • 속력: 일정하다. • 운동 방향: 매 순간 원의 접선 방향이다.
(이미지)	(다) 바이킹(=진자 운동): 속력과 운동 방향이 모두 변하는 운동 • 속력: 진동의 중심 → 속력 최대, 양 끝 → 0 • 운동 방향: 매 순간 진자가 그리는 궤도의 접선 방향이다.

운동 방향이 변하지 않는 운동(A)은 자이로드롭이고, 운동 방향이 변하고 속력은 변하지 않는 운동(B)은 대관람차, 운동 방향과 속력이 모두 변하는 운동(C)은 바이킹이다.

026
답 ③

ㄷ. (다)의 바이킹은 내려올 때 속력이 증가하고 올라갈 때 속력이 감소하며, 운동 방향이 매 순간 변한다. 즉, 바이킹은 속력과 운동 방향이 계속 변하는 가속도 운동을 한다.

오답 피하기 ㄱ. (가)의 자이로드롭에 탄 사람은 아래 방향으로 속력이 증가하는 가속도 운동을 한다.

ㄴ. 등속 원운동을 하는 (나)의 대관람차는 매 순간 원의 중심 방향으로 일정한 크기의 힘을 받아 운동 방향이 연속적으로 변하므로 속도가 변하는 가속도 운동을 한다. 알짜힘이 0인 물체는 정지 또는 등속 직선 운동을 한다.

027

예시 답안 공통점은 (가)와 (나) 모두 운동 방향이 계속 변하는 운동이라는 점이다. 차이점은 (가)는 속력이 일정하고 (나)는 속력이 변하는 운동이라는 점이다.

채점 기준	배점(%)
공통점과 차이점을 모두 옳게 설명한 경우	100
공통점과 차이점 중 하나만 옳게 설명한 경우	50

028
답 ⑤

A. 경사각이 일정한 빗면을 내려오는 선수의 운동 방향과 가속도의 방향이 같아 선수는 속력이 일정하게 증가하는 운동을 한다.
B, C. 점프대를 떠난 순간부터 가장 높이 올라갈 때까지 선수의 속력은 감소하고, 가장 높이 올라간 순간부터 내려올 때까지 선수의 속력은 증가한다. 이때 선수의 운동 방향은 매 순간 포물선 궤도의 접선 방향이므로 운동 방향은 계속 변한다.

029 필수 유형
답 ③

자료 분석하기 가속도 운동

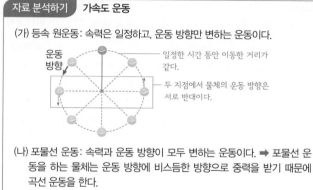

(가) 등속 원운동: 속력은 일정하고, 운동 방향만 변하는 운동이다.

- 운동 방향
- 일정한 시간 동안 이동한 거리가 같다.
- 두 지점에서 물체의 운동 방향은 서로 반대이다.

(나) 포물선 운동: 속력과 운동 방향이 모두 변하는 운동이다. ➡ 포물선 운동을 하는 물체는 운동 방향에 비스듬한 방향으로 중력을 받기 때문에 곡선 운동을 한다.

- 운동 방향
- 속력 감소
- 가속도의 방향은 연직 아래 방향으로, 속도의 방향과 나란하지 않다.
- 속력 증가

ㄱ. (가)에서 줄에 매단 공은 일정한 시간 동안 이동한 거리가 같으므로 속력이 일정하다.
ㄴ. (나)의 축구공은 수평 방향으로는 힘이 작용하지 않아 속력이 일정하고, 연직 방향으로는 중력이 작용하여 속력이 일정하게 감소하다가 증가하므로 공의 운동 방향과 속력이 모두 변하는 운동을 한다.
오답 피하기 ㄷ. (가)에서 공의 운동 방향은 매 순간 각 위치에서 원의 접선 방향이고, (나)에서 공의 운동 방향은 매 순간 포물선 궤도의 접선 방향이다. 따라서 (가)에서는 공의 운동 방향이 반대인 두 지점이 있지만, (나)에서는 공의 운동 방향이 반대인 두 지점이 나타나지 않는다.

1등급 완성 문제
14~15쪽

| 030 ③ | 031 ① | 032 ④ | 033 ① | 034 ④ | 035 ⑤ |
| 036 해설 참조 | | 037 해설 참조 | | 038 해설 참조 | |

030
답 ③

자료 분석하기 위치 – 시간 그래프 분석

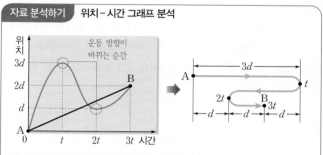

① 0부터 t까지 물체의 운동: 물체의 이동 거리와 변위의 크기는 $3d$로 같다.
② 0부터 $3t$까지 물체의 운동
- 이동 거리: $6d$
- 변위의 크기: $2d$
- 0부터 $3t$까지의 평균 속도: A점과 B점을 잇는 직선의 기울기 ➡ 운동하는 동안의 속도 변화는 고려하지 않는다.

ㄱ, ㄴ. 물체는 t일 때까지 (+)방향으로 $3d$만큼 이동한 후 방향을 바꾸어 (−)방향으로 $2d$만큼 이동하였다가 다시 (+)방향으로 이동하였다. 따라서 0부터 t까지 물체의 이동 거리는 $3d$이고, 0부터 $3t$까지 물체의 운동 방향은 2번 바뀐다.
오답 피하기 ㄷ. 0부터 $3t$까지 물체의 변위의 크기는 $2d$이므로, 평균 속도의 크기는 $\dfrac{2d}{3t}$이다.

031
답 ①

ㄱ. 연직 위로 던져 올린 공에는 일정한 크기의 중력이 작용한다. 따라서 공이 연직 위로 올라가는 동안(a → c) 공의 운동 방향과 가속도의 방향이 반대이므로 공은 속력이 일정하게 감소하는 운동을 한다.
오답 피하기 ㄴ. 공이 b에서 c까지 올라가는 동안과 c에서 d까지 내려오는 동안 가속도의 방향은 연직 아래 방향으로 같다.
ㄷ. 속력이 일정하게 증가하거나 감소하는 구간에서 물체의 평균 속도는 처음 속도와 나중 속도의 중간값과 같다. a에서 공의 속력은 b에서보다 크고, d에서 공의 속력은 e에서보다 작으므로 a에서 b까지 평균 속도의 크기는 d에서 e까지 평균 속도의 크기보다 크다.

032
답 ④

ㄱ. A는 20 m/s의 일정한 속력으로 직선 운동을 하여 200 m를 운동하므로 10초만에 Q에 도달한다.
ㄷ. B는 A와 같은 속력으로 Q를 지나므로, Q에 도달한 순간 B의 속력은 20 m/s이다. 10초 동안 B의 평균 속력은 $\dfrac{(10+20)\ \text{m/s}}{2}$ $=15$ m/s이고, 이동 거리는 15 m/s × 10 s = 150 m이다. 따라서 P에서 R까지의 거리 $L = 200+150 = 350(\text{m})$이다.
오답 피하기 ㄴ. B는 속력이 일정하게 증가하는 운동을 하므로 가속도의 방향은 운동 방향과 같다.

033

답 ①

ㄱ. A와 B는 모두 중력만 받아 운동하므로 가속도의 크기가 같다.

오답 피하기 ㄴ. 0.2초일 때 A와 B의 연직 방향 속력은 같지만 B는 수평 방향으로도 운동하므로 0.2초일 때 속력은 B가 A보다 크다.

ㄷ. B는 곡선 경로(포물선 경로)를 따라 운동하므로 0초부터 0.6초까지의 이동 거리는 변위의 크기보다 크다.

034

답 ④

ㄱ. 이동 거리는 A가 B보다 작으므로 평균 속력은 A가 B보다 작다.

ㄷ. A는 직선 운동을 하므로 이동 거리와 변위의 크기가 같다.

오답 피하기 ㄴ. A, B가 p에서 출발하여 q에 도달하므로 A, B의 변위의 크기는 같다.

035

답 ⑤

ㄱ. 위치 – 시간 그래프에서 기울기가 속도의 크기이다. 속도의 x성분과 y성분이 계속 변하므로 물체는 운동 방향이 계속 변하는 운동을 한다.

ㄴ. 0초부터 4초까지의 위치의 x성분이 같고 y성분도 같으므로 0초일 때와 4초일 때 변위는 0이다. 따라서 평균 속도는 0이다.

ㄷ. 물체의 위치는 0초일 때 (0, 1), 1초일 때 (1, 0), 2초일 때 (0, −1)이다. 물체는 곡선 경로를 따라 운동한다. 따라서 0초부터 2초까지 물체의 이동 거리는 변위의 크기보다 크다.

036

서술형 해결 전략

STEP 1 문제 포인트 파악
물체의 속도와 가속도 방향의 관계를 알아야 한다.

STEP 2 자료 파악
❶ 물체가 빗면을 따라 올라갈 때는?
→ 속도가 점점 감소하므로 가속도와 속도의 방향은 반대이다.
❷ 물체가 빗면을 따라 내려올 때는?
→ 속도가 점점 증가하므로 가속도와 속도의 방향은 같다.
❸ 0초부터 4초까지 물체의 속도 변화량은?
→ 4초 동안 5 m/s로 운동하던 물체가 반대 방향으로 3 m/s로 운동하였으므로 0~4초까지의 속도 변화량은 −8 m/s이다.

STEP 3 관련 개념 모으기
❶ 가속도 운동이란?
→ 물체의 속력이나 운동 방향이 변하는 운동, 즉 속도가 변하는 운동을 가속도 운동이라고 한다.
❷ 가속도의 크기는?
→ 물체의 속도가 시간에 따라 변하는 정도를 나타내는 양으로, 단위 시간 동안 속도의 변화량으로 나타낸다.

$$가속도 = \frac{속도\ 변화량}{걸린\ 시간} = \frac{나중\ 속도 - 처음\ 속도}{걸린\ 시간}$$

예시 답안 물체의 가속도 $= \dfrac{속도\ 변화량}{걸린\ 시간} = \dfrac{(-3-5)\ \text{m/s}}{4\ \text{s}} = -2\ \text{m/s}^2$이므로 가속도의 크기는 2 m/s²이다.

채점 기준	배점(%)
가속도의 크기와 풀이 과정을 모두 옳게 설명한 경우	100
가속도의 크기만 옳게 쓴 경우	40

037

서술형 해결 전략

STEP 1 문제 포인트 파악
물체의 운동을 속력과 운동 방향의 변화에 따라 분류하고, 그 예를 찾을 수 있어야 한다.

STEP 2 자료 파악

구분	(가)	(나)	(다)	(라)
속력 변화	○	○	×	×
운동 방향 변화	×	○	○	×
물체의 운동	가속도 운동 속력만 변하는 운동	포물선 운동, 진자 운동	등속 원운동	등속 직선 운동
예	연직 아래로 떨어지는 다이빙 선수, 운동장에서 굴러가다 멈추는 공 등	축구 선수가 비스듬히 찬 공, 놀이공원의 바이킹, 그네 등	회전하는 선풍기의 날개, 놀이공원의 대관람차 등	에스컬레이터, 컨베이어 등이 직선 구간을 움직일 때 등

STEP 3 관련 개념 모으기
❶ 속력과 운동 방향이 모두 일정한 물체의 운동은?
→ 물체는 등속 직선 운동을 하며, 등속 직선 운동을 하는 물체의 이동 거리는 시간에 비례하여 증가한다.
❷ 속력이나 운동 방향이 변하는 물체의 운동은?
→ 가속도 운동을 한다. 즉, 속력만 변하는 운동, 운동 방향만 변하는 운동, 속력과 운동 방향이 모두 변하는 운동을 한다.

예시 답안 (가) 연직 아래로 떨어지는 다이빙 선수, (나) 축구 선수가 비스듬히 찬 공, (다) 회전하는 선풍기의 날개, (라) 직선 구간을 움직이는 컨베이어 위의 물체

채점 기준	배점(%)
(가)~(라)에 해당하는 물체의 운동 예를 모두 옳게 설명한 경우	100
(가)~(라)에 해당하는 물체의 운동 예 중 3가지만 옳게 설명한 경우	70
(가)~(라)에 해당하는 물체의 운동 예 중 2가지만 옳게 설명한 경우	50
(가)~(라)에 해당하는 물체의 운동 예 중 1가지만 옳게 설명한 경우	20

038

서술형 해결 전략

STEP 1 문제 포인트 파악
그래프에서 물체의 운동 방향 변화와 속력 변화 여부를 판단할 수 있어야 한다.

STEP 2 관련 개념 모으기
❶ 속도 – 시간 그래프에서 속력의 변화를 파악한다.
→ v_x는 일정하지만 v_y는 일정하게 증가한다.
→ $v = \sqrt{v_x^2 + v_y^2}$ 이므로 물체의 속력(v)은 증가한다.
❷ 속도의 각 성분으로부터 운동 방향의 변화를 파악한다.
→ v_y는 일정하게 증가하므로 그림과 같이 전체 속도의 방향이 변한다.

예시 답안 물체의 x 방향 속력은 일정하지만 y 방향 속력이 계속 증가하므로 물체는 속력이 변하고 운동 방향도 변하는 운동을 한다.

채점 기준	배점(%)
속력과 운동 방향의 변화를 모두 옳게 설명한 경우	100
속력과 운동 방향 변화 중 한 가지만 옳게 설명한 경우	40

O2 뉴턴 운동 법칙

개념 확인 문제			17쪽
039 10 N, 오른쪽		**040** ○	**041** ○
042 ×	**043** 3 m/s²	**044** 5 m/s²	**045** ○
046 ×	**047** ×		

039
답 10 N, 오른쪽

물체에 작용하는 알짜힘의 크기는 20 N−10 N=10 N이고, 방향은 큰 힘의 방향과 같은 오른쪽 방향이다.

040
답 ○

뉴턴 운동 제1법칙인 관성 법칙으로 설명할 수 있다.

041
답 ○

뉴턴 운동 제1법칙인 관성 법칙으로 설명할 수 있다.

042
답 ×

뉴턴 운동 제3법칙인 작용 반작용 법칙으로 설명할 수 있다.

043
답 3 m/s²

$F=ma$에서 가속도 $a=\dfrac{F}{m}=\dfrac{12\,\text{N}}{4\,\text{kg}}=3\,\text{m/s}^2$이다.

044
답 5 m/s²

A, B의 가속도의 크기는 $\dfrac{40\,\text{N}}{(5+3)\,\text{kg}}=5\,\text{m/s}^2$이다.

045
답 ○

힘은 항상 두 물체 사이에서 주고받는 형태로 작용한다.

046
답 ×

작용 반작용 관계에 있는 두 힘은 서로 다른 두 물체에 작용하는 힘으로 합성할 수 없다.

047
답 ×

지구와 물체 사이에 작용하는 만유인력처럼 서로 접촉하지 않는 힘(만유인력, 전기력, 자기력 등)에도 작용 반작용 관계가 성립한다.

기출 분석 문제
18~21쪽

048 ③	**049** ③	**050** ④	**051** ②	**052** 1 : 2	**053** ③
054 ④	**055** ⑤	**056** 해설 참조		**057** ③	**058** ③
059 ③	**060** A: $\dfrac{5}{6}$ kg, C: 2 kg			**061** ①	**062** ④
063 해설 참조		**064** ②	**065** ③		

048
답 ③

A. 달리던 버스가 갑자기 멈출 때 버스의 운동 방향과 반대 방향으로 힘이 작용한다. 즉, 버스는 속력이 감소하는 가속도 운동을 한다.
B. 버스가 멈출 때 버스 안의 승객들에게는 앞으로 계속 운동하려는 운동 관성이 있어 앞으로 쏠린다.

오답 피하기 C. 달리던 버스가 갑자기 멈추면 승객들은 앞으로 계속 운동하려는 운동 관성 때문에 손잡이를 제대로 잡지 않으면 앞으로 넘어진다. 작용 반작용은 두 물체 사이에서 주고받는 형태로 작용한다.

049
답 ③

ㄱ. Ⅰ에서 물체가 등속 직선 운동을 하므로 물체의 가속도가 0이다. 따라서 물체에 작용하는 알짜힘은 0이다.
ㄴ. 일직선을 따라 운동하는 물체의 가속도가 일정하면 물체의 속력이 일정하게 증가한다. Ⅱ에서 물체의 속력이 일정하게 증가하므로 물체는 등가속도 운동을 한다.

오답 피하기 ㄷ. Ⅱ에서 물체의 속력이 일정하게 증가하므로 1초마다 이동 거리는 증가한다.

050
답 ④

ㄴ. 자동차가 갑자기 정지할 때 자동차의 속력은 점점 감소하므로, 가속도 방향은 자동차의 운동 방향과 반대이다.
ㄷ. 자동차가 갑자기 정지할 때 자동차는 정지했지만 흔들이는 계속 앞으로 운동하려는 운동 관성 때문에 상대적으로 무거운 흔들이의 아랫부분이 앞으로 움직이게 된다.

오답 피하기 ㄱ. 평소 상태일 때 흔들이는 가만히 정지해 있으므로 흔들이에 작용하는 알짜힘은 0이다.

051
답 ②

> **자료 분석하기** 가속도와 질량의 관계
>
> 그림과 같이 시간 t 간격으로 나눈 구간에서 수레가 이동한 거리(화살표의 길이)는 수레의 속력에 비례한다. 간격이 점점 넓어지고 있으므로 수레의 속력이 점점 빨라지고 있음을 알 수 있다.
>
>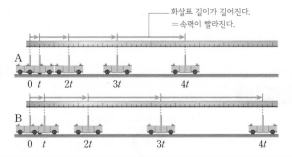
> 화살표 길이가 길어진다.
> =속력이 빨라진다.

ㄷ. t~$2t$ 동안 수레의 이동 거리는 A가 B보다 작으므로, 수레의 평균 속력은 A가 B보다 작다.

오답 피하기 ㄱ. 가속도 법칙에 의해 물체에 작용하는 알짜힘의 크기가 일정할 때 물체의 질량이 클수록 가속도의 크기는 작다. 0~4t 동안 수레의 속도 변화량은 A가 B보다 작으므로, 사용한 수레의 질량은 A가 B보다 크다.
ㄴ. 시간 t 간격으로 나눈 구간에서 A의 이동한 거리가 증가하므로 A의 속력은 증가한다.

052

• 결과 (1): 수레의 질량을 m이라고 하면, 수레만 움직일 때 수레와 추의 질량이 같으므로 가속도는 $a_1 = \dfrac{mg}{2m} = \dfrac{1}{2}g$이다.

• 결과 (2): 수레 위에 A를 올려놓았을 때 가속도는 $a_2 = \dfrac{mg}{2m + m_A}$ 이다. 실험 결과의 그래프에서 $a_2 = \dfrac{1}{3}g$이므로 $m_A = m$이다.

• 결과 (3): 수레 위에 B를 올려놓았을 때 가속도는 $a_3 = \dfrac{mg}{2m + m_B}$ 이다. 실험 결과의 그래프에서 $a_3 = \dfrac{1}{4}g$이므로 $m_B = 2m$이다.

053

답 ③

ㄱ. A, C의 질량을 각각 m, M이라고 하면, 가속도의 크기는 (가)에서가 (나)에서의 2배이므로 $\dfrac{F}{2m} = \dfrac{F}{m+M} \times 2$이다. 따라서 $M = 3m$이다.

ㄴ. (가)에서 B에 작용하는 알짜힘의 크기는 $F_B = \dfrac{F}{2m} \times m = \dfrac{F}{2}$ 이고, (나)에서 C에 작용하는 알짜힘의 크기 는 $F_C = \dfrac{F}{4m} \times 3m = \dfrac{3F}{4}$이다. 따라서 물체에 작용하는 알짜힘의 크기는 B가 C보다 작다.

오답 피하기 ㄷ. 실이 A에 작용하는 힘의 크기는 실이 B 또는 C에 작용하는 힘의 크기와 같다. (가)에서 실이 A에 작용하는 힘의 크기는 $\dfrac{F}{2}$이고, (나)에서 실이 A에 작용하는 힘의 크기는 $\dfrac{3F}{4}$이므로 (가) 에서가 (나)에서의 $\dfrac{2}{3}$배이다.

054

답 ④

속도 - 시간 그래프의 기울기는 가속도이다. 따라서 물체의 가속도의 크기는 F_1이 작용할 때 $\dfrac{3v}{t}$, F_2가 작용할 때 $\dfrac{v}{t}$이다. 물체의 질량이 일정할 때 물체에 작용하는 알짜힘의 크기는 가속도의 크기에 비례하므로 $F_1 : F_2 = 3 : 1$이다.

055

답 ⑤

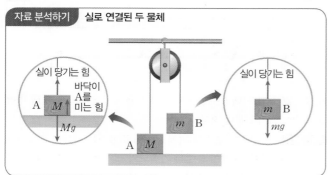

자료 분석하기 　실로 연결된 두 물체

ㄱ. A, B는 정지해 있으므로 A, B에 작용하는 알짜힘은 모두 0이다.

ㄴ. B에 작용하는 알짜힘은 0이므로, 실이 B를 당기는 힘의 크기는 B의 무게와 같은 mg이다.

ㄷ. 실이 B를 당기는 힘=실이 A를 당기는 힘$=mg$이므로, 바닥이 A를 미는 힘$=Mg-$실이 A를 당기는 힘$=Mg-mg$이다.

056

예시 답안 (가)와 (나)에서 가속도의 크기는 같다. (가)에서 B가 C에 작용하는 힘은 C에 작용하는 알짜힘이므로 $F_1 = \dfrac{F}{5m} \times 3m = \dfrac{3}{5}F$이고, (나)에서 B가 C에 작용하는 힘의 크기는 C가 B에 작용하는 힘의 크기와 같으므로 $F_2 = F - \dfrac{F}{5m} \times 3m = \dfrac{2}{5}F$이다. 따라서 $F_1 : F_2 = 3 : 2$이다.

채점 기준	배점(%)
F_1, F_2를 풀이 과정과 함께 구하여 $F_1 : F_2$를 옳게 비교한 경우	100
F_1, F_2 중 하나만 옳게 구한 경우	30

057 필수 유형

답 ③

자료 분석하기 　두 물체가 함께 운동

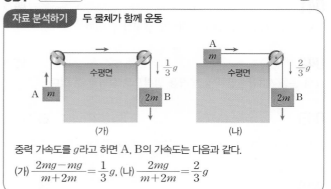

(가)　　　　　　　(나)

중력 가속도를 g라고 하면 A, B의 가속도는 다음과 같다.

(가) $\dfrac{2mg - mg}{m + 2m} = \dfrac{1}{3}g$, (나) $\dfrac{2mg}{m + 2m} = \dfrac{2}{3}g$

ㄱ. 중력 가속도를 g라고 하면 A, B의 가속도는 각각 (가)에서 $\dfrac{2mg - mg}{m + 2m} = \dfrac{1}{3}g$, (나)에서 $\dfrac{2mg}{m + 2m} = \dfrac{2}{3}g$이므로, A의 가속도의 크기는 (나)에서가 (가)에서의 2배이다.

ㄷ. 가속도를 a라고 하면 정지한 상태에서 t초가 지났을 때 이동한 거리 $s = \dfrac{1}{2}at^2$이므로 이동한 거리는 가속도의 크기에 비례한다. 따라서 t초 동안 B가 이동한 거리는 (나)에서가 (가)에서의 2배이다.

오답 피하기 ㄴ. $F = ma$에서 B에 작용하는 알짜힘은 각각 (가)에서가 $2m \times \dfrac{1}{3}g = \dfrac{2}{3}mg$, (나)에서가 $2m \times \dfrac{2}{3}g = \dfrac{4}{3}mg$이다. (가), (나)에서 실이 B를 당기는 힘을 각각 T, T'라고 하면 (가)에서 B에 작용하는 알짜힘은 $2mg - T = \dfrac{2}{3}mg$이고, (나)에서 B에 작용하는 알짜힘은 $2mg - T' = \dfrac{4}{3}mg$이다. 따라서 $T = \dfrac{4}{3}mg$, $T' = \dfrac{2}{3}mg$이다.

058

답 ③

ㄱ. 자동차가 등가속도 직선 운동을 하므로 같은 시간 동안 속력의 증가량이 같다. 자동차가 p에서 q까지 이동하는 데 걸린 시간을 t라고 하면 시간 t 동안 자동차의 속력은 v만큼 증가한다. q에서 r까지 자동차의 속력 증가량이 $2v$이므로 이동하는 데 걸린 시간은 $2t$이다.

ㄴ. q에서 속력이 $2v$, r에서 속력이 $4v$이고 자동차가 등가속도 직선 운동을 하므로 평균 속력은 $\dfrac{2v + 4v}{2} = 3v$이다.

오답피하기 ㄷ. q에서 r까지 평균 속력이 $3v$이고 걸린 시간이 $2t$이므로 $6vt=L$이다. p에서 q까지 평균 속력이 $\frac{3v}{2}$이고 걸린 시간이 t이므로 p에서 q까지 거리는 $\frac{3v}{2}\times t=\frac{L}{4}$이다.

059 답 ③

자료 분석하기   **가속도-시간 그래프 변환하기**

- 0~2초 동안 자동차의 속력은 매초 1 m/s씩 감소한다. 따라서 2초일 때 자동차의 속력은 2 m/s이다.
- 2~4초 동안 가속도는 0이므로 자동차는 2 m/s의 속력으로 등속 운동을 한다.
- 가속도-시간 그래프를 속도-시간 그래프로 변환하면 그림과 같다.

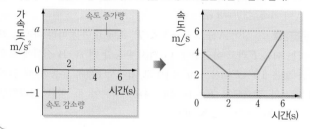

ㄱ. 0초부터 2초까지 가속도의 방향이 운동 방향과 반대 방향이므로 자동차의 속력은 감소한다.

ㄴ. 4초일 때 P에서 떨어진 거리, 즉, 자동차가 이동한 거리는 속도-시간 그래프 아래의 넓이이다. 즉 $\frac{1}{2}\times(4+2)\times2+2\times2=10(\text{m})$이다.

오답피하기 ㄷ. 4초부터 6초까지 속력이 2 m/s에서 6 m/s로 증가하였으므로, 가속도는 $\frac{(6-2)\text{ m/s}}{2\text{ s}}=2\text{ m/s}^2$이다.

060 답 A: $\frac{5}{6}$ kg, C: 2 kg

2초일 때 A와 B를 연결하고 있던 실이 끊어지면 B와 C만 실로 연결되어 움직인다. 2초부터 3초까지 B와 C가 실로 연결되어 움직일 때의 가속도는 (나) 그래프의 기울기와 같으므로 4 m/s²이다. C의 질량을 M이라고 하면, $4\text{ m/s}^2=\frac{M\times10\text{ m/s}^2}{3\text{ kg}+M}$에서 $M=2$ kg이다. 또, 0초부터 2초까지 A, B, C가 실로 연결된 채 움직일 때의 가속도는 2 m/s²이다.

A의 질량을 m이라고 하면, $2\text{ m/s}^2=\frac{(2\text{ kg}-m)\times10\text{ m/s}^2}{5\text{ kg}+m}$에서 $m=\frac{5}{6}$ kg이다.

061 답 ①

ㄱ. A, C의 질량을 각각 m, M이라고 하면 B가 정지해 있으므로 B에 빗면 아래쪽으로 작용하는 힘의 크기는 Mg이다. p를 끊었을 때 A의 가속도의 크기는 $\frac{Mg}{m+M}$이고, q를 끊었을 때 A의 가속도의 크기는 $\frac{Mg}{2m}$이다. $\frac{Mg}{m+M}=\frac{3}{2}\times\frac{Mg}{2m}$에서 $m=3M$이다.

오답피하기 ㄴ. p를 끊었을 때 B에 작용하는 알짜힘은 Mg이므로 B의 가속도의 크기는 $\frac{g}{3}$이고, A의 가속도의 크기는 $\frac{g}{4}$이므로 가속도의 크기는 B가 A의 $\frac{4}{3}$배이다.

ㄷ. A에 작용하는 알짜힘의 크기는 질량과 가속도의 곱이므로 A에 작용하는 알짜힘의 크기는 p를 끊었을 때가 q를 끊었을 때보다 크다.

062 답 ④

ㄱ. 실이 끊어진 후 A의 가속도는 중력 가속도 10 m/s²이다. 따라서 $\frac{-v}{0.5\text{ s}}=-10\text{ m/s}^2$에서 $v=5$ m/s이다.

ㄷ. B의 질량을 m이라고 할 때, 0초부터 2초까지 물체의 가속도는 $2.5=\frac{(m-3)\times10}{m+3}$에서 $m=5$ kg이다.

오답피하기 ㄴ. 0초부터 2초까지 A, B의 가속도는 (나) 그래프의 기울기와 같으므로 $\frac{5\text{ m/s}}{2\text{ s}}=2.5\text{ m/s}^2$이고, A에 작용하는 알짜힘은 $3\text{ kg}\times2.5\text{ m/s}^2=7.5$ N이다. A에 작용하는 힘은 실이 A를 당기는 힘 T와 A의 무게이므로, $T-30\text{ N}=7.5\text{ N}$에서 $T=37.5$ N이다.

063

예시답안 사과에는 지구가 사과에 작용하는 중력과 저울이 사과를 받치는 힘이 작용한다. 지구가 사과에 작용하는 중력의 반작용은 사과가 지구를 당기는 힘이고, 저울이 사과를 받치는 힘의 반작용은 사과가 저울을 누르는 힘이다.

채점 기준	배점(%)
힘 2가지와 각각의 반작용을 모두 옳게 설명한 경우	100
힘 2가지는 옳게 설명하였으나 반작용은 하나만 옳게 설명한 경우	80
힘 2가지만 옳게 설명한 경우	50
힘 1가지만 옳게 설명하고 반작용을 옳게 설명한 경우	50
힘 1가지만 옳게 설명한 경우	20

064 답 ②

서로 평형인 두 힘의 크기는 같고, 작용 반작용 관계에 있는 두 힘의 크기도 같다.

ㄷ. A가 용수철에 작용하는 힘과 벽이 용수철에 작용하는 힘은 서로 평형이므로 두 힘의 크기는 같다. 또, 벽이 용수철에 작용하는 힘과 용수철이 벽에 작용하는 힘은 작용 반작용 관계이므로 두 힘의 크기는 같다. 따라서 용수철이 벽에 작용하는 힘의 크기와 B에 작용하는 중력의 크기는 같다.

오답피하기 ㄱ. 용수철이 A에 작용하는 힘의 반작용은 A가 용수철에 작용하는 힘이다.

ㄴ. B에 작용하는 중력과 실이 B에 작용하는 힘은 서로 평형이므로 두 힘의 크기는 같다. 실이 B에 작용하는 힘의 크기는 실이 A에 작용하는 힘의 크기와 같다. 실이 A에 작용하는 힘과 용수철이 A에 작용하는 힘은 서로 평형이므로 두 힘의 크기는 같다. 용수철이 A에 작용하는 힘과 A가 용수철에 작용하는 힘은 작용 반작용 관계이므로 두 힘의 크기는 같다. 따라서 B에 작용하는 중력의 크기와 A가 용수철에 작용하는 힘의 크기는 같다.

065 필수 유형

답 ③

자료 분석하기 작용 반작용

수평면

- A가 B를 미는 힘과 B가 A를 미는 힘은 작용 반작용 관계이다.
- A와 B가 서로 손을 접촉하고 있는 동안 힘을 작용하는 시간은 같다.

ㄱ. A가 B를 미는 힘과 B가 A를 미는 힘은 작용 반작용 관계이므로 $F_A = F_B$이다.

ㄴ. 힘의 크기가 같으므로 질량이 큰 A의 가속도의 크기가 질량이 작은 B보다 작다.

오답 피하기 ㄷ. A와 B가 서로 손을 접촉하고 있는 동안 힘을 작용하므로 힘을 작용하는 시간은 A와 B가 같다.

1등급 완성 문제

22~23쪽

066 ② 067 ③ 068 ④ 069 ② 070 ③ 071 ③
072 해설 참조 073 해설 참조 074 해설 참조
075 해설 참조

066

답 ②

ㄷ. 추가 관성에 의해 앞쪽으로 기울어진 것이므로 자동차에 작용하는 알짜힘의 방향은 운동 방향과 반대인 뒤쪽이다.

오답 피하기 ㄱ. 자동차가 등속 직선 운동을 하면 추는 중력 방향인 연직 아래 방향으로 매달려야 한다. 추가 연직 방향에 대해 오른쪽으로 기울어 있으므로 추는 등속 직선 운동을 하지 않는다.

ㄴ. 추에는 중력과 실이 추에 작용하는 힘이 작용한다. 따라서 추에는 운동 방향과 반대 방향으로 알짜힘이 작용한다.

[실이 작용하는 힘 / 운동 방향 / 알짜힘 / 중력]

067

답 ③

자료 분석하기 도르래를 통해 함께 움직이는 물체의 운동

A가 p에서 q까지 운동할 때	A가 q에서 r까지 운동할 때
A에는 실이 당기는 힘 T와 빗면 아래 방향으로 힘 F가 작용한다.	A에는 빗면 아래 방향으로 힘 F만 작용한다.

ㄱ. A가 q에서 r까지 운동하는 동안 A에 작용하는 힘은 빗면을 따라 아래 방향으로 작용하므로, 가속도의 방향은 운동 방향과 반대이다.

ㄴ. A가 p를 통과하는 순간의 속력을 v_0, q를 통과하는 순간의 속력을 v라고 하면, $\frac{v_0+v}{2}=3$ m/s, $\frac{v}{2}=2$ m/s이다. 즉, $v=4$ m/s, $v_0=2$ m/s이다. p에서 q까지의 평균 속력은 3 m/s이고, p와 q 사이의 거리는 6 m이므로 p에서 q까지 운동하는 데 2초가 걸린다. 그동안 속력은 2 m/s 증가하므로 p에서 q까지 운동할 때 A의 가속도는 $\frac{2 \text{ m/s}}{2 \text{ s}}=1$ m/s²이다. 또, q에서 r까지의 평균 속력은 2 m/s이고, q와 r 사이의 거리는 2 m이므로 q에서 r까지 운동하는 데 1초가 걸린다. 그동안 속력은 4 m/s 감소하므로, q에서 r까지 운동할 때 A의 가속도는 -4 m/s²이다.

오답 피하기 ㄷ. 실이 A를 당기는 힘을 T, A에 빗면을 따라 아래로 작용하는 힘을 F라고 하면 p에서 q까지 운동할 때 A, B 전체에 작용하는 힘은 $10-F=(1+m)\times 1$이고, q에서 r까지 운동할 때 알짜힘은 F와 같으므로 $F=m\times 4=4m$이다. 이 두 식을 정리하면 $m=1.8$ kg, $F=7.2$ N이다.

068

답 ④

ㄱ. 중력 가속도를 g, B의 질량을 M이라고 하면, (가)에서 B의 가속도는 $\frac{(M-m)g}{M+m}$이고, B에 작용하는 알짜힘은 $\frac{M(M-m)g}{M+m}$이다. (나)에서 B의 가속도는 $\frac{(4m-M)g}{4m+M}$이고, B에 작용하는 알짜힘은 $\frac{M(4m-M)g}{4m+M}$이다. 두 힘의 크기는 같으므로 $\frac{M(M-m)g}{M+m}=\frac{M(4m-M)g}{4m+M}$이고, 이를 정리하면 $(M-m)(4m+M)=(M+m)(4m-M)$에서 $M=2m$이다.

ㄷ. (가), (나)에서 B에 작용하는 알짜힘의 크기가 같으므로, B의 가속도의 크기도 (가)에서와 (나)에서가 같다. 물체의 가속도의 크기가 같을 때 알짜힘의 크기는 질량에 비례하는데, 질량은 C가 A의 4배이므로 알짜힘의 크기도 C가 A의 4배이다.

오답 피하기 ㄴ. $M=2m$이므로 (가), (나)에서 B의 가속도는 각각 $\frac{(2m-m)g}{2m+m}=\frac{1}{3}g$, $\frac{(4m-2m)g}{2m+4m}=\frac{1}{3}g$이다. (가), (나)에서 실이 B를 당기는 힘을 각각 T_1, T_2라고 하면 (가) $2m\times\frac{1}{3}g=2mg-T_1$에서 $T_1=\frac{4}{3}mg$이고, (나) $2m\times\frac{1}{3}g=T_2-2mg$에서 $T_2=\frac{8}{3}mg$이다. 즉, 실이 B를 당기는 힘의 크기는 (나)에서가 (가)에서의 2배이다.

069

답 ②

(가)에서 p, q가 B를 당기는 힘의 크기는 각각 $3mg$, $4mg$이다. B가 정지해 있으므로 중력에 의해 빗면 아래 방향으로 B에 작용하는 힘은 $f=mg$이다. (나)에서 A에는 중력만 작용하므로 $a_A=g$이다. B와 C의 가속도는 $4mg-mg=(2m+4m)a_B$에서 $a_B=\frac{g}{2}$이다. 따라서 $a_A : a_B = 2 : 1$이다.

070

답 ③

자료 분석하기 빗면에서 물체의 운동

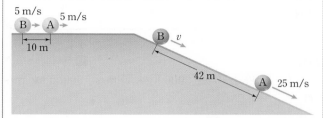

- A, B는 수평면에서 등속 직선 운동 하며 $s=vt$에서 A가 빗면에 도달한 지 2초만에 B가 빗면에 도달한다. 즉, A가 빗면에서 운동한 시간이 t초이면, B가 빗면에서 운동한 시간은 $(t-2)$초이다.

- 빗면에서 A와 B의 가속도를 a라 하고, A가 빗면에 들어선 후 t초가 지났을 때의 속력이 25 m/s라고 하면 $v=v_0+at$에서 $25=5+at\cdots$①, $v=5+a(t-2)\cdots$②이다.

- t초 동안 A, B의 이동 거리 s_1, s_2는 $s=v_0t+\dfrac{1}{2}at^2$을 이용하여 구하면 다음과 같다.

$s_1=5t+\dfrac{1}{2}at^2\cdots$③

$s_2=5(t-2)+\dfrac{1}{2}a(t-2)^2\cdots$④

$s_1-s_2=42$ m$\cdots$⑤

식 ⑤에 ③, ④를 대입하면 $42=10+2a(t-1)$이고, 이를 정리하면 $a(t-1)=16$이다. 이를 식 ①, ②와 연립하여 풀면 $a=4$ m/s^{2}이고 $t=5$초, $v=17$ m/s이다.

ㄱ. 빗면에서 A의 가속도의 크기 $a=4$ m/s^{2}이다.

ㄷ. 빗면에서 B의 속력 $v=17$ m/s이다.

오답 피하기 ㄴ. A가 빗면에서 운동한 시간 $t=5$초이므로, B가 빗면에서 운동한 시간은 $t-2$초$=3$초이다.

071

답 ③

자료 분석하기 물체에 작용하는 힘

(가), (나)에서 용수철이 A에 작용하는 힘의 크기를 각각 F_1, F_2라 하고, A, B 사이에 작용하는 자기력의 크기를 F_0, 바닥이 B를 받치는 힘의 크기를 N이라고 하면 A, B에 작용하는 힘은 그림과 같다.

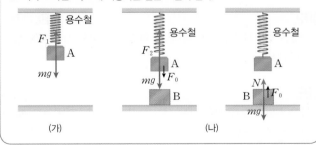

ㄱ. A가 B에 작용하는 힘과 B가 A에 작용하는 힘은 서로 작용 반작용 관계이므로 크기가 같다.

ㄷ. (가)에서 $F_1=mg$이고, (나)에서 용수철이 (가)에서보다 늘어난 상태로 정지하였으므로 $F_2>F_1$이다. 따라서 $F_2>mg$이다.

오답 피하기 ㄴ. (나)의 B에 작용하는 힘은 $mg=N+F_0$이므로 A가 B에 작용하는 힘의 크기 F_0은 B에 작용하는 중력의 크기보다 작거나 같다.

072

서술형 해결 전략

STEP 1 문제 포인트 파악

원형 관에서 운동하는 금속구에 작용하는 힘과 방향을 알아야 한다.

STEP 2 자료 파악

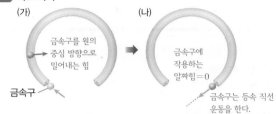

❶ 그림 (가)의 원형 관 속에서 금속구가 원운동을 하는 까닭은?

➡ 관 내부에서 벽이 금속구를 원의 중심 방향으로 밀어내는 힘이 작용하기 때문이다.

❷ 그림 (나)에서 금속구가 관을 빠져 나오는 순간 어떤 운동을 하는가?

➡ 금속구가 관을 빠져 나오는 순간 금속구에 작용하는 알짜힘은 0이므로 금속구는 등속 직선 운동을 한다.

STEP 3 관련 개념 모으기

❶ 원운동 하는 물체에 작용하는 힘은?

➡ 원의 중심 방향으로 일정한 힘이 계속 작용한다.

예시 답안 금속구는 관에서 나오는 순간 원의 접선 방향으로 등속 직선 운동을 할 것이다. 그 까닭은 관에서 나오는 금속구에 작용하는 알짜힘은 0이기 때문이다.

채점 기준	배점(%)
금속구의 운동 경로와 까닭을 모두 옳게 설명한 경우	100
금속구의 운동 경로만 옳게 예상한 경우	40

073

서술형 해결 전략

STEP 1 문제 포인트 파악

등가속도 직선 운동을 이용하여 운동 방정식을 풀 수 있어야 한다.

STEP 2 자료 파악

❶ 초기 조건을 파악한다.

➡ 처음 속력은 70 m/s, 나중 속력은 0, 가속도의 크기는 2 m/s^{2}이다.

❷ 주어진 상황에 적합한 운동 방정식을 선택한다.

➡ 처음 속력과 나중 속력, 가속도의 크기를 알고 있으므로 $2as=v^2-v_0^2$을 이용한다.

❸ 운동 방정식에 초기 조건을 대입하여 필요한 물리량을 구한다.

➡ $2\times(-2)\times s=0-70^2$에서 $s=1225$ m이다.

예시 답안 $2as=v^2-v_0^2$에서 $2\times(-2)\times s=0-70^2$이므로 $s=1225$ m이다.

채점 기준	배점(%)
풀이 과정과 답이 모두 옳은 경우	100
답만 옳은 경우	30

074

서술형 해결 전략

STEP 1 문제 포인트 파악

A와 B 사이에 작용하는 힘은 작용 반작용 관계임을 알아야 한다.

STEP 2 자료 파악

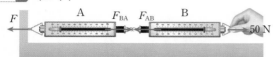

❶ A에 작용하는 힘은?

→ 벽이 당기는 힘 F와 B가 당기는 힘(F_{BA})이 있으며, 두 힘의 합력은 0 이다.($F = F_{BA}$)

❷ B에 작용하는 힘은?

→ A가 당기는 힘(F_{AB})과 손이 당기는 힘이 있으며, 두 힘의 합력은 0이 다.($F_{AB} = 50$ N)

❸ A와 B 사이에 작용하는 힘의 관계는?

→ F_{AB}, F_{BA}는 작용 반작용 관계이므로 $F_{AB} = F_{BA}$이다.

예시 답안 A와 B 사이에 작용하는 힘은 작용 반작용으로 같고, B에 작용하는 힘은 손이 당기는 힘과 같으므로 용수철저울 A, B의 눈금은 모두 50 N을 가리킨다.

채점 기준	배점(%)
A, B의 눈금을 쓰고, 그 까닭을 옳게 설명한 경우	100
A, B의 눈금만 옳게 쓴 경우	40

075

서술형 해결 전략

STEP 1 문제 포인트 파악

힘은 두 물체 사이의 상호 작용임을 알고, 한 물체에 작용하는 힘은 서로 더하거나 뺄 수 있음을 알아야 한다.

STEP 2 자료 파악

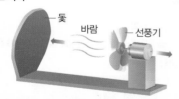

❶ 선풍기를 작동할 때 장난감 자동차에 작용하는 힘은?

→ 선풍기를 작동하면 선풍기의 바람이 돛을 미는 힘이 작용하고, 이 힘에 대한 반작용으로 돛이 선풍기를 미는 힘이 작용한다.

❷ 선풍기가 돛을 미는 힘과 돛이 선풍기를 미는 힘의 합력은?

→ 돛과 선풍기는 모두 장난감 차에 붙어 있으므로, 선풍기 바람이 돛을 미는 힘이나, 돛이 선풍기를 미는 힘은 모두 장난감 차에 작용하는 힘이 다. 따라서 두 힘의 합력은 0이다.

예시 답안 선풍기 바람이 돛을 미는 힘과 돛이 선풍기를 미는 힘은 작용 반작용 관계로 서로 크기는 같고 방향은 반대이다. 이때 두 힘은 모두 장난감 차에 작용하므로 서로 상쇄되어 합력이 0이 되므로, 장난감 차는 움직이지 않는다.

채점 기준	배점(%)
장난감 차에 작용하는 힘을 작용 반작용 관계를 이용하여 설명하고, 두 힘이 모두 장난감 차에 작용함을 설명한 뒤 장난감 차의 움직임을 옳게 예측한 경우	100
장난감 차의 움직임만 옳게 예측한 경우	30

○3 운동량과 충격량

개념 확인 문제			25쪽
076 60000 kg·m/s		**077** 8 kg·m/s	**078** ○
079 ○	**080** ×	**081** ○	**082** 40 N·s
083 B	**084** A	**085** B	

076

답 60000 kg·m/s

자동차의 운동량의 크기는 2000 kg $\times 30$ m/s $= 60000$ kg·m/s 이다.

077

답 8 kg·m/s

야구공의 운동량의 크기는 0.2 kg $\times \dfrac{144000 \text{ m}}{3600 \text{ s}} = 0.2$ kg $\times 40$ m/s $= 8$ kg·m/s이다.

078

답 ○

충격량의 단위 N·s $= (\text{kg·m/s}^2) \times \text{s} = \text{kg·m/s}$이므로, 운동량의 단위와 같다.

079

답 ○

물체가 운동 방향으로 힘을 받으면 물체의 운동량이 증가하고, 운동 반대 방향으로 힘을 받으면 물체의 운동량이 감소한다. 즉, 물체가 힘을 받으면 물체의 운동량이 변한다.

080

답 ×

힘 - 시간 그래프의 아랫부분의 넓이는 그래프의 형태와 관계없이 충격량을 나타낸다.

081

답 ○

물체가 충돌할 때 받는 충격량은 물체의 운동량의 변화량과 같다.

> 충격량=나중 운동량 - 처음 운동량=운동량의 변화량

082

답 40 N·s

충격량은 힘 - 시간 그래프 아랫부분의 넓이와 같으므로, 8 N $\times 5$ s $= 40$ N·s이다.

083

답 B

충격량이 일정할 때 힘을 받는 시간을 길게 하면 충격(충돌할 때 받는 힘)을 줄일 수 있다.

084

답 A

물체에 작용한 힘의 크기가 크거나 힘이 작용하는 시간이 길면 물체가 받는 충격량은 커진다.

085

답 B

충격량이 일정할 때 힘을 받는 시간을 길게 하면 충격(충돌할 때 받는 힘)을 줄일 수 있다.

086 ③	**087** ①	**088** 2 : 1	**089** 1.5 m/s	**090** ①
091 ㉠ 같다. ㉡ 같다. ㉢ $\frac{1}{2}$			**092** ③	**093** ③	**094** ①
095 ①	**096** ④	**097** ②	**098** ①	**099** 해설 참조
100 ④	**101** ④	**102** ②	**103** ②	

086
답 ③

③ 두 물체가 서로 충돌할 때, 작용 반작용 법칙에 의해 두 물체가 받는 힘의 크기가 같고 충돌 시간도 같아서 두 물체가 받는 충격량의 크기는 같다.

오답 피하기 ① 운동량은 질량과 속도의 곱이다. 따라서 정지해 있는 물체의 속도는 0이므로 운동량은 0이다.

② 두 물체의 질량이 같으면 속력이 빠를수록 운동량의 크기가 크다.

④ 운동량은 크기와 방향을 가지는 물리량이다. 따라서 운동량의 크기가 같더라도 방향이 다르면 운동량은 다르다.

⑤ 자동차가 벽과 충돌하여 정지할 때 자동차가 받는 충격량과 벽이 받는 충격량의 크기는 같다. 이때 자동차가 받는 충격량은 자동차의 운동량의 변화량과 같으며, 자동차는 벽과 충돌하여 정지하므로 충돌 직전 자동차의 속력이 클수록 운동량의 변화량이 커서 충격량이 크다.

087 [필수 유형]
답 ①

자료 분석하기 **물체의 충돌과 운동량 보존**
- A와 B가 충돌할 때 작용 반작용에 의해 크기가 같고, 방향이 반대인 힘이 작용한다.
- 충돌 과정에서 A의 운동량 변화량과 B의 운동량 변화량은 크기가 같고 방향이 반대이다.

ㄱ. 충돌 과정에서 작용 반작용 법칙에 따라 A가 B에 작용하는 힘의 크기와 B가 A에 작용하는 힘의 크기는 같고 방향은 반대이다.

오답 피하기 ㄴ. A와 B가 충돌한 후 A는 처음 운동 방향과 반대 방향으로 운동하므로 A의 운동량의 변화량은 $-mv-m \times 3v = -4mv$이다. 즉, 운동량 변화량의 크기는 $4mv$이다.

ㄷ. 운동량 보존 법칙으로부터 A와 B가 충돌할 때 A의 운동량 변화량과 B의 운동량 변화량의 크기는 같다. 따라서 충돌 후 B의 속력을 V라고 하면, $4mv = 2m \times V$에서 $V = 2v$이다.

088
답 2 : 1

우주선이 A, B 두 부분으로 분리되기 전과 후에 우주선의 운동량의 합이 보존된다. 따라서 $(m_A + m_B)v_0 = 0 + m_B \times 3v_0$에서 $m_A = 2m_B$이므로 $m_A : m_B = 2 : 1$이다.

089
답 1.5 m/s

(나)에서 A의 속력을 v라고 하면 운동량 보존 법칙에 의해 60 kg × 4 m/s + 50 kg × 2 m/s = 60 kg × v + 50 kg × 5 m/s이다. 이를 정리하면 A의 속력 v = 1.5 m/s이다.

개념 더하기 운동량 보존 법칙의 또 다른 의미

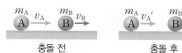

충돌 전　　　　　　충돌 후

- A의 운동량 변화량: $\Delta p_A = m_A(v_A' - v_A)$
- B의 운동량 변화량: $\Delta p_B = m_B(v_B' - v_B)$
- 운동량 보존 법칙으로부터 $\Delta p_A = -\Delta p_B$이므로 충돌 과정에서 A의 운동량 변화량과 B의 운동량 변화량은 크기가 같고 방향이 반대이다. 즉, 운동량이 보존된다는 것은 A와 B의 운동량 변화량의 총합이 0이라는 것을 의미한다.

090
답 ①

ㄱ. 우주인이 A를 민 후 우주인의 속도를 v_1, A의 속도를 v_2라고 하면 운동량 보존 법칙으로부터 $5mv_0 = (3m + m)v_1 + mv_2$이다. 또, 우주인이 B를 민 후 우주인의 속도가 $\frac{1}{3}v_0$이고, A, B의 속도가 같으므로 $5mv_0 = 3m \times \frac{1}{3}v_0 + 2mv_2$이다. 따라서 $v_2 = 2v_0$이다.

오답 피하기 ㄴ. $5mv_0 = (3m + m)v_1 + mv_2$에 $v_2 = 2v_0$을 대입하면 $v_1 = \frac{3}{4}v_0$이다.

ㄷ. O를 통과할 때 우주인과 B의 운동량의 크기는 각각 mv_0, $2mv_0$이므로 우주인이 B보다 작다.

091
답 ㉠ 같다. ㉡ 같다. ㉢ $\frac{1}{2}$

㉠ A, B가 서로에게 작용하는 힘은 작용 반작용 관계이므로, 크기가 같고 방향이 반대이다. 즉, A가 B를 미는 힘과 B가 A를 미는 힘의 크기는 같다.

㉡ A와 B가 받는 충격량은 운동량의 변화량과 같다. A와 B가 받는 충격량의 크기가 같으므로 A와 B의 운동량의 변화량의 크기도 같다.

㉢ A와 B는 정지 상태에서 운동하므로, 운동량의 변화량은 선수의 질량과 밀려나는 순간의 속력의 곱과 같다. A와 B의 운동량 변화량의 크기가 같으므로 질량이 A가 B의 2배라면 밀려나는 순간의 속력은 A가 B의 $\frac{1}{2}$배이다.

092
답 ③

ㄱ. 물체에 일정한 크기의 힘이 작용하므로 가속도의 크기는 일정하다. 물체의 속력이 v에서 0으로 변하는 데 시간 t_1이 걸렸으므로 0에서 v가 되는 데 걸리는 시간도 t_1이다. 따라서 $t_2 = 2t_1$이다.

ㄴ. 가속도의 크기가 $\frac{v}{t_1}$이므로 $F = \frac{mv}{t_1}$이다.

오답 피하기 ㄷ. 힘이 일정한 방향으로 작용하므로 t_2일 때 물체의 운동 방향은 왼쪽이다. 따라서 0초부터 t_2까지 물체의 운동량 변화량의 크기는 $\Delta p = -mv - mv = -2mv$에서 $2mv$이다.

093
답 ③

ㄱ. 0부터 t_1까지 스톤의 운동량이 0에서 mv만큼 변하므로, 운동량 변화량의 크기는 mv이다.

ㄴ. t_2일 때 스톤은 속도가 일정한 등속 직선 운동을 하므로 스톤에 작용하는 알짜힘은 0이다.

오답피하기 ㄷ. 영희가 스톤에 힘을 작용할 때 영희가 스톤에 작용하는 힘과 스톤이 영희에게 작용하는 힘은 작용 반작용의 관계에 있으므로 두 힘의 크기는 같고 방향은 반대이다. 충돌할 때 힘이 작용하는 시간도 서로 같으므로 영희가 스톤에 작용한 충격량의 크기와 스톤이 영희에게 작용한 충격량의 크기는 같다.

094
답 ①

ㄱ. 처음 P를 지나는 순간 물체의 속력은 $2v$이므로, 운동량의 크기는 $2mv$이다.

오답피하기 ㄴ. 물체가 충돌할 때 받은 충격량은 운동량의 변화량과 같다. 물체는 $2t$일 때 벽과 충돌하여 처음 운동 방향과 반대 방향으로 v의 속력으로 운동하므로, 벽과 충돌 전후 운동량의 변화량은 $m \times (-v) - m \times 2v = -3mv$이다. 따라서 물체가 벽으로부터 받은 충격량의 크기는 $3mv$이다.

ㄷ. 속도 – 시간 그래프 아랫부분의 넓이는 이동 거리를 나타낸다. 물체가 P를 지나는 순간부터 Q에 도달할 때까지 걸린 시간은 $2t$이고, 이동 거리는 $2v \times 2t = 4vt$이다. $2t$ 이후 다시 P에 도달하려면 $4vt$만큼 이동해야 하므로, 이때 걸린 시간을 T라고 하면 $vT = 4vt$에서 $T = 4t$이다. 따라서 물체는 $2t + 4t = 6t$일 때 다시 P를 지난다.

095
답 ①

ㄱ. 힘 – 시간 그래프에서 그래프 아랫부분의 넓이는 충격량이므로 0~4초 동안 물체가 받은 충격량은 $\frac{1}{2} \times 10\,\mathrm{N} \times 4\,\mathrm{s} = 20\,\mathrm{N \cdot s}$이다.

오답피하기 ㄴ. 0초부터 2초까지 물체가 받은 충격량은 $\frac{1}{2} \times 5\,\mathrm{N} \times 2\,\mathrm{s} = 5\,\mathrm{N \cdot s} = 5\,\mathrm{kg \cdot m/s}$이다. 물체의 나중 운동량은 물체의 처음 운동량에 충격량을 더한 값이므로, 2초일 때 물체의 운동량은 $2\,\mathrm{kg} \times 5\,\mathrm{m/s} + 5\,\mathrm{kg \cdot m/s} = 15\,\mathrm{kg \cdot m/s}$이다.

ㄷ. 4초일 때 물체의 속력을 v라 하면 $2\,\mathrm{kg} \times v = 2\,\mathrm{kg} \times 5\,\mathrm{m/s} + 20\,\mathrm{kg \cdot m/s}$에서 $v = 15\,\mathrm{m/s}$이다.

096
답 ④

자료 분석하기 물체가 받은 충격량

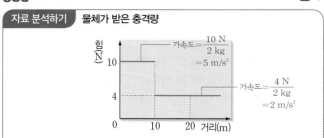

- 물체가 0에서 10 m까지 운동하는 데 걸린 시간을 t라고 하면 $10\,\mathrm{m} = \frac{1}{2} \times 5\,\mathrm{m/s^2} \times t^2$에서 $t = 2$초이다.
- $t = 2$초일 때 물체의 속력은 $5\,\mathrm{m/s^2} \times 2\,\mathrm{s} = 10\,\mathrm{m/s}$이고, 2초부터 3초까지 1초 동안 물체가 이동한 거리를 s라고 하면 $s = 10\,\mathrm{m/s} \times 1\,\mathrm{s} + \frac{1}{2} \times 2\,\mathrm{m/s^2} \times (1\,\mathrm{s})^2 = 11\,\mathrm{m}$이다. 즉, 3초일 때 물체에는 4 N의 힘이 작용한다.

ㄱ. 물체가 0에서 10 m까지 운동하는 동안 10 N의 일정한 힘을 2초 동안 받았으므로 물체가 받은 충격량은 $10\,\mathrm{N} \times 2\,\mathrm{s} = 20\,\mathrm{N \cdot s}$이다.

ㄷ. 물체는 $t = 0$초부터 $t = 2$초까지 10 N의 힘을 받고, $t = 2$초부터 $t = 3$초까지 4 N의 힘을 받는다. 따라서 $t = 3$초까지 물체가 받은 충격량의 크기는 24 N·s이므로, $t = 3$초일 때 물체의 속력은 12 m/s이다.

오답피하기 ㄴ. 물체가 10 m 운동하는 데 걸린 시간은 2초이고, 물체는 가속도 5 m/s²로 등가속도 직선 운동을 한다. 따라서 $t = 2$초일 때 물체의 속력은 $5\,\mathrm{m/s^2} \times 2\,\mathrm{s} = 10\,\mathrm{m/s}$이므로, 운동량은 $2\,\mathrm{kg} \times 10\,\mathrm{m/s} = 20\,\mathrm{kg \cdot m/s}$이다.

097
답 ②

자료 분석하기 운동량과 힘

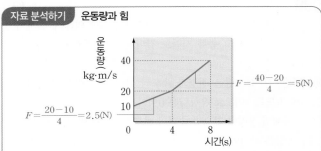

가속도가 일정할 때 힘의 크기는 $F = ma$로 구할 수 있다. 이때 $a = \frac{\Delta v}{\Delta t}$이므로 $F = \frac{m\Delta v}{\Delta t} = \frac{\Delta p}{\Delta t}$의 관계가 성립한다. 따라서 운동량 – 시간 그래프에서 기울기는 힘을 나타낸다.

ㄴ. 4초부터 8초까지 4초 동안 물체가 받은 충격량이 20 N·s이므로 힘의 크기는 5 N이다.

오답피하기 ㄱ. 물체의 질량을 m이라고 하면 $v = \frac{p}{m}$이므로 4초일 때와 8초일 때 물체의 속력은 각각 $\frac{20}{m}, \frac{40}{m}$이다. 따라서 물체의 속력은 8초일 때가 4초일 때의 2배이다.

ㄷ. 운동량의 변화량이 곧 충격량이므로 0초부터 4초까지 물체가 받은 충격량의 크기는 10 N·s이다.

098
답 ①

ㄱ. 0~$4t$ 동안 A, B에 작용한 충격량의 크기가 $6Ft$로 같으므로 0~$4t$ 동안 A, B의 운동량의 변화량의 크기는 같다. $4t$일 때 속력이 A가 B의 2배이므로 질량은 B가 A의 2배이다.

오답피하기 ㄴ. 0~$2t$ 동안 A, B에 작용한 충격량의 크기가 각각 $4Ft$, $2Ft$이므로 $2t$일 때 운동량의 크기는 A가 B의 2배이다.

ㄷ. 힘 – 시간 그래프에서 넓이가 충격량의 크기이므로 0~$4t$ 동안 A, B에 작용한 충격량의 크기는 $6Ft$로 같다. 그러나 $4t$일 때 A, B의 운동 방향이 반대 방향이므로 충격량의 방향이 서로 반대이다.

099

예시 답안 빨대의 길이가 길수록 구슬에 힘이 작용하는 시간이 길어져 구슬이 받는 충격량이 커지고, 충격량이 클수록 운동량의 변화량이 커져 구슬의 속력이 증가하므로 구슬이 더 멀리 날아간다.

채점 기준	배점(%)
구슬이 받는 충격량의 변화를 빨대의 길이에 따라 설명하고, 충격량에 따른 구슬의 속도 변화를 옳게 설명한 경우	100
빨대의 길이에 따른 구슬에 힘이 작용하는 시간의 변화만 설명한 경우	50

100
답 ④

ㄱ. A, B 모두 속력 v로 운동하다가 정지했으므로 운동량의 변화량은 같다.

ㄷ. 충격량은 충돌하는 동안 물체가 받은 평균 힘과 힘이 작용한 시간의 곱이다. 충격량이 같을 때 공과 글러브의 충돌 시간은 A가 B의 $\frac{1}{3}$배이므로, 공이 받는 평균 힘의 크기는 A가 B의 3배이다.

오답 피하기 ㄴ. 공이 받은 충격량은 공의 운동량 변화량과 같다. A, B의 운동량 변화량이 같으므로, A, B가 받은 충격량의 크기는 같다.

101 필수 유형
답 ④

자료 분석하기 평균 힘과 충돌 시간의 관계

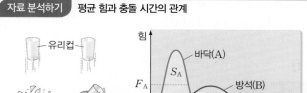

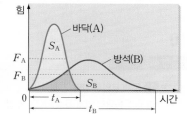

- 충돌 직전 두 유리컵의 질량과 속도가 같으므로 두 유리컵의 운동량은 같고, 충돌 후 두 유리컵은 정지하므로 두 유리컵의 운동량은 같다.
- 두 유리컵의 운동량의 변화량이 같으므로 충격량이 같다.
- 충격량이 같을 때 충돌 시간이 길어지면 유리컵이 받는 평균 힘의 크기는 작아진다.
- 단단한 바닥에 떨어진 유리컵은 깨지고, 푹신한 방석에 떨어진 유리컵은 깨지지 않는다.

A, B. 같은 높이에서 떨어진 두 유리컵은 모두 중력 가속도로 등가속도 운동을 하므로, 충돌 직전 두 유리컵의 속력이 같다. 따라서 질량과 속력이 같은 두 유리컵의 운동량은 같다.

오답 피하기 C. 두 유리컵은 모두 충돌 후 정지하므로 운동량의 변화량이 같아 충격량의 크기도 같다. 하지만 충돌 시간은 바닥에 떨어질 때가 방석에 떨어질 때보다 짧으므로, 유리컵이 받는 평균 힘의 크기는 바닥에 떨어질 때가 방석에 충돌할 때보다 커서 유리컵이 깨진다.

102
답 ②

ㄷ. 범퍼가 단단하여 찌그러지지 않은 채 멈추면 충돌 시간이 짧아져 탑승자에게 작용하는 평균 힘의 크기가 증가한다.

오답 피하기 ㄱ. 자동차가 받는 충격량의 크기는 운동량 변화량의 크기와 같다. 따라서 충돌 전 속력이 같다면 충돌 과정과 상관없이 자동차가 받는 충격량의 크기는 같다.

ㄴ. 자동차가 충돌할 때 범퍼가 찌그러지면 충돌 시간이 길어진다. 반대로 범퍼가 단단하여 찌그러지지 않으면 충돌 시간이 짧아져 탑승자에게 작용하는 평균 힘의 크기가 증가한다.

103
답 ②

ㄴ. B가 받은 충격량의 크기는 물체에 작용하는 평균 힘과 힘이 작용한 시간의 곱이다. 충격량의 크기는 (가)에서와 (나)에서 같고, 힘이 작용한 시간은 (나)에서가 (가)에서보다 짧으므로, 평균 힘의 크기는 (나)에서가 (가)에서보다 크다.

오답 피하기 ㄱ. (가), (나)에서 A의 운동량 변화량은 같으므로 A가 받은 충격량의 크기도 같다. A와 B가 충돌할 때 두 물체가 받는 힘의 크기는 작용 반작용 법칙에 의해 같고, 충돌 시간도 같아서 B가 받은 충격량의 크기는 A가 받은 충격량의 크기와 같다. 따라서 B가 받은 충격량의 크기도 (가)에서와 (나)에서가 같다.

ㄷ. (가)와 (나)에서 모두 A는 속력 v로 운동하다가 정지하였으므로 운동량 변화량은 같다.

1등급 완성 문제
30~31쪽

104 ③ **105** ① **106** ③ **107** ② **108** ⑤ **109** ⑤
110 해설 참조 **111** 해설 참조 **112** 해설 참조

104
답 ③

ㄱ. (나)에서 3 m/s의 속력으로 운동하는 A가 P를 지나 2초 후 정지해 있는 B와 충돌하므로, A가 이동한 거리는 3 m/s×2 s=6 m이다. 즉, P에서부터 정지해 있는 B까지의 거리는 6 m이다.

ㄴ. (나)에서 A는 충돌 후 속력이 음(−)이 되므로 운동 방향과 반대 방향으로 운동함을 알 수 있다.

오답 피하기 ㄷ. 충돌 전 A의 운동량은 6 kg·m/s, 충돌 후 A의 운동량은 −2 kg·m/s이므로 운동량 변화량은 −8 kg·m/s이다. B의 운동량 변화량은 A의 운동량 변화량과 크기는 같고 방향은 반대이므로 B의 운동량 변화량은 8 kg·m/s이다. 충돌 전 B는 정지해 있으므로, B의 질량을 m이라고 하면 $m \times 1$ m/s=8 kg·m/s에서 $m=8$ kg이다.

105
답 ①

자료 분석하기 물체가 분리되는 경우

정지해 있던 물체가 분리되는 경우 분리 후 물체의 속력은 질량에 반비례하고, 운동 방향은 서로 반대이다.

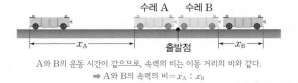

A와 B의 운동 시간이 같으므로, 속력의 비는 이동 거리의 비와 같다.
➡ A와 B의 속력의 비=$x_A : x_B$

ㄱ. 용수철이 늘어나는 동안 용수철을 통해 A가 B에 작용하는 힘은 B가 A에 작용하는 힘과 크기가 같고 방향은 반대이므로 충격량의 크기는 같다.

오답 피하기 ㄴ. (가)에서 $x_A > x_B$인 것은 분리 직후 A의 속력이 B의 속력보다 크기 때문이다. 왜냐하면 속력이 클수록 같은 시간 동안에 이동 거리가 더 크기 때문이다.

ㄷ. B에 추를 올려놓아서 수레의 무게가 무거워지면 속력이 느려지므로 x_B는 추를 올려놓은 경우가 올려놓지 않은 경우보다 작다.

106
답 ③

ㄱ. 0~4초 동안 B는 정지해 있었으므로 위치-시간 그래프에서 파란색 선이 B의 운동을 나타낸 것이고, 빨간색 선이 A의 운동을 나타낸 것이다. 4초일 때 A, B의 속력이 변하므로, A, B는 4초일 때 충돌한다.

ㄴ. 위치-시간 그래프의 기울기는 속력을 의미하므로, A의 충돌 전 속력은 $\dfrac{4\text{ m}}{4\text{ s}}=1\text{ m/s}$이고, 충돌 후 속력은 $\dfrac{2\text{ m}}{8\text{ s}}=\dfrac{1}{4}\text{ m/s}$이다.

B의 충돌 후 속력은 $\dfrac{4\text{ m}}{4\text{ s}}=1\text{ m/s}$이다. A, B의 질량을 각각 m, M이라고 할 때, 운동량 보존 법칙에 의해 $m\times1=m\times\dfrac{1}{4}+M\times1$에서 $m=\dfrac{4}{3}M$이다.

오답 피하기 ㄷ. 충돌 후 운동량의 크기는 A가 $\dfrac{1}{4}m=\dfrac{1}{3}M$이고 B가 M이므로, A가 B의 $\dfrac{1}{3}$배이다.

107
답 ②

ㄴ. A는 운동 방향이 일정하지만 속력이 감소하였으므로 운동 방향과 반대 방향으로 충격량을 받았고, B는 운동 방향이 반대 방향으로 바뀌었으므로 운동 방향과 반대 방향으로 충격량을 받았다. 따라서 X를 지나는 동안 A, B가 받은 충격량의 방향은 같다.

오답 피하기 ㄱ, ㄷ. A의 운동량 변화량은 $0.5mv-mv=-0.5mv$이고 B의 운동량 변화량은 $-0.5mv-mv=-1.5mv$이다. 따라서 B의 운동량 변화량의 크기는 $1.5mv$이고, X에서 받은 충격량의 크기는 B가 A의 3배이다.

108
답 ⑤

ㄱ. $t\sim3t$ 동안 B에는 같은 방향으로 힘이 작용하므로 B의 속력은 계속 증가한다.

ㄴ. 물체 A와 B가 충돌하는 동안 A에는 운동 반대 방향으로 힘이 작용한다. $t\sim3t$ 동안 A에 작용하는 힘의 크기는 감소하며, 방향은 운동 반대 방향이다. 따라서 $t\sim3t$ 동안 A의 운동량의 크기는 감소한다.

ㄷ. 힘-시간 그래프에서 그래프 아래의 넓이가 충격량의 크기이다. 따라서 물체 B가 받은 충격량의 크기는 $t\sim3t$ 동안이 $0\sim t$ 동안보다 크다.

109
답 ⑤

자료 분석하기 | 물체의 충돌

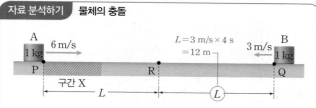

- 구간 X에서 A의 운동 방향과 반대 방향으로 일정한 크기의 힘이 작용하므로 A의 속력은 일정하게 감소한다.
- 구간 X에서 A의 평균 속력은 처음 속력과 나중 속력의 중간값과 같고, 이동 거리는 평균 속력과 걸린 시간의 곱과 같다.

ㄴ. A는 구간 X에서 운동 반대 방향으로 속도가 일정하게 감소하는 운동을 한다. A가 X를 벗어나는 순간의 속력을 v라고 하면, X의 길이는 $\dfrac{6+v}{2}\times2=6+v$이므로, P에서 R까지의 거리 $L=(6+v)+v\times2=12$에서 $v=2\text{ m/s}$이다. 따라서 X를 통과하는 동안 A의 가속도는 $\dfrac{2-6}{2}=-2(\text{m/s}^2)$이므로 작용하는 힘의 크기는 $1\text{ kg}\times2\text{ m/s}^2=2\text{ N}$, 충격량의 크기는 $2\text{ N}\times2\text{ s}=4\text{ N·s}$이다.

ㄷ. R에서 B와 충돌하기 직전 A의 운동량의 크기는 $1\text{ kg}\times2\text{ m/s}=2\text{ kg·m/s}$이고, B의 운동량의 크기는 $1\text{ kg}\times3\text{ m/s}=3\text{ kg·m/s}$이므로 A가 B보다 작다.

오답 피하기 ㄱ. 4초 동안 B는 3 m/s의 속력으로 L만큼 이동한다. 따라서 $L=3\text{ m/s}\times4\text{ s}=12\text{ m}$이다.

110

서술형 해결 전략

STEP 1 문제 포인트 파악
충돌 전과 후 운동량의 합과 운동 에너지의 합이 보존됨을 파악해야 한다.

STEP 2 관련 개념 모으기

❶ 충돌 전후 운동량 보존을 적용한다.
→ 충돌 후 A, B의 속력을 각각 v_A, v_B로 놓는다.
→ $mv=2mv_A+mv_B$ … ①
❷ 충돌 전후 운동 에너지의 합이 보존된다.
→ $\dfrac{1}{2}mv^2=\dfrac{1}{2}\times2mv_A^2+\dfrac{1}{2}mv_B^2$ … ②
→ ①과 ②를 연립하여 푼다.
→ 속력이 (−)가 되면 운동 방향이 반대이다.

충돌 과정에서 외부에서 힘이 작용하지 않으므로 운동량의 합이 보존된다. 또, 운동 에너지의 합이 보존된다고 하였으므로 충돌 후 A와 B의 운동 에너지의 합은 충돌 전 B의 운동 에너지와 같다.

예시 답안 충돌 후 A, B의 속력을 각각 v_A, v_B라고 하면 운동량이 보존되므로 $mv=2mv_A+mv_B$이고, 운동 에너지가 보존되므로 $\dfrac{1}{2}mv^2=\dfrac{1}{2}\times2mv_A^2+\dfrac{1}{2}mv_B^2$에서 $v_A=\dfrac{2}{3}v$, $v_B=-\dfrac{1}{3}v$이다. 따라서 A가 B에 작용하는 충격량의 크기는 $\dfrac{4}{3}mv$이고, 방향은 오른쪽 방향이다.

채점 기준	배점(%)
충격량의 크기와 방향을 풀이 과정과 함께 모두 옳게 구한 경우	100
충격량의 크기와 방향 중 1가지만 옳게 설명한 경우	50
충격량의 크기와 방향 중 하나의 답만 옳게 구한 경우	20

111

서술형 해결 전략

STEP 1 문제 포인트 파악
일정한 크기의 힘이 작용하는 물체는 등가속도 운동을 하는 것을 파악하고, 물체에 작용하는 힘의 크기를 구해 충격량을 구할 수 있어야 한다.

❶ 등가속도 직선 운동 하는 물체의 가속도는?

→ 처음 속도는 0, 걸린 시간은 2초, 이동 거리는 20 m이므로 등가속도 직선 운동 식 $s=v_0t+\frac{1}{2}at^2$에 대입하면, $20=\frac{1}{2}\times a\times 2^2$에서 $a=$ 10 m/s²이다.

❷ 물체에 작용하는 힘의 크기는?

→ 물체에 작용하는 힘(F)의 크기는 $F=ma=2$ kg$\times10$ m/s²$=20$ N 이다.

❸ 물체가 받은 충격량은?

→ 물체에 작용한 힘의 크기는 20 N이고 힘이 작용한 시간은 2초이다. 따라서 물체가 받은 충격량의 크기는 $I=F\varDelta t=20$ N$\times2$ s$=40$ N·s 이다.

STEP 3 관련 개념 모으기

❶ 등가속도 직선 운동이란?

→ 속력만 일정하게 증가하거나 감소하는 직선 운동을 말한다.

❷ 등가속도 직선 운동 공식은?

→ $v=v_0+at$, $s=v_0t+\frac{1}{2}at^2$, $2as=v^2-v_0^2$

(v_0: 처음 속도, v: 나중 속도, a: 가속도, t: 시간, s: 변위)

예시 답안 2초 동안 물체는 등가속도 운동을 하므로 가속도(a)는 $20=\frac{1}{2}\times a\times2^2$에서 $a=10$ m/s²이고, 물체에 작용하는 힘의 크기는 2 kg$\times10$ m/s²$=20$ N이다. 따라서 물체가 받은 충격량의 크기는 20 N$\times2$ s$=40$ N·s이다.

채점 기준	배점(%)
물체가 등가속도 운동 하는 것을 파악하고, 물체의 가속도를 구하여 물체에 작용하는 힘과 충격량의 크기를 옳게 구한 경우	100
충격량의 크기는 옳게 구했으나 계산 과정에 실수가 있는 경우	30

112

서술형 해결 전략

STEP 1 문제 포인트 파악

충격량이 일정할 때 힘이 작용하는 시간에 따라 작용하는 힘의 크기가 어떻게 변하는지 알아야 하며, 일상생활에서 충격을 감소시키는 예를 설명할 수 있어야 한다.

STEP 2 관련 개념 모으기

❶ 충돌할 때 받는 힘과 충돌 시간의 관계는?

→ 충격량이 같을 때 충돌 시간이 길수록 물체가 받는 힘이 작아진다.

❷ 충격을 줄이는 원리는?

→ 사람의 안전과 물체의 온전한 보전을 위해서 힘의 크기를 작게 하거나 힘을 받는 시간을 길게 한다.

❸ 일상생활에서 충격을 감소시키는 예는?

→ 운동 선수의 보호대, 자동차의 범퍼, 에어 매트, 에어백, 공기가 충전된 포장재 등

예시 답안 (가) 뜀틀을 넘어 착지할 때 무릎을 구부리면 힘을 받는 시간이 길어져 무릎에 가해지는 충격이 감소한다.

(나) 포수가 공을 받을 때 손을 뒤로 빼면서 받는다. / 권투 선수나 태권도 선수가 보호대를 착용한다.

채점 기준	배점(%)
(가) 무릎에 가해지는 충격이 감소하는 까닭과 (나) 일상생활에서 충격이 감소하는 현상 2가지를 모두 옳게 설명한 경우	100
(가)만 옳게 설명한 경우	50
(나)만 옳게 설명한 경우	50

04 역학적 에너지

개념 확인 문제			33쪽
113 증가, 감소	**114** 운동, 퍼텐셜	**115** 운동, 퍼텐셜, 보존된다	
116 210 J	**117** ×	**118** ○	**119** ○
120 ×	**121** ○	**122** ×	

113
답 증가, 감소

물체에 일을 해 주면 해 준 일의 양만큼 물체의 에너지가 증가하고, 물체가 외부에 일을 하면 한 일의 양만큼 물체의 에너지가 감소한다. 즉, 일과 에너지는 서로 전환된다.

114
답 운동, 퍼텐셜

운동 에너지는 운동하는 물체가 가지는 에너지로, 운동 에너지의 크기는 물체의 질량과 속력의 제곱에 비례한다. 퍼텐셜 에너지는 물체가 기준면으로부터의 위치에 따라 가지는 잠재적인 에너지이다. 중력 퍼텐셜 에너지와 탄성 퍼텐셜 에너지가 있다.

115
답 운동, 퍼텐셜, 보존된다

역학적 에너지는 운동 에너지와 퍼텐셜 에너지의 합이다. 물체가 운동할 때 마찰이나 공기 저항이 없으면 역학적 에너지는 보존되고, 마찰이나 공기의 저항이 작용하면 역학적 에너지는 보존되지 않고 감소한다.

116
답 210 J

지면을 기준면으로 하면 지면에 놓인 물체의 중력 퍼텐셜 에너지는 0 이고, 지면으로부터 7 m 높이로 이동시켰을 때 물체의 중력 퍼텐셜 에너지는 $mgh=3$ kg$\times10$ m/s²$\times7$ m$=210$ J이다. 따라서 물체의 중력 퍼텐셜 에너지 증가량은 210 J이다.

117
답 ×

공기 저항이 없으면 물체의 역학적 에너지는 일정하게 보존되므로 물체가 낙하할 때 중력 퍼텐셜 에너지의 감소량만큼 운동 에너지가 증가한다. 물체가 낙하할 때 물체의 높이가 감소하므로 중력 퍼텐셜 에너지는 감소한다.

118
답 ○

마찰이나 공기 저항과 같이 운동을 방해하는 힘을 받으면 역학적 에너지가 보존되지 않는다. 마찰이나 공기 저항으로 인해 감소한 역학적 에너지는 열에너지로 전환된다.

119
답 ○

용수철이 변형되지 않는 진동 중심에서는 탄성 퍼텐셜 에너지가 0 이므로 운동 에너지가 최대이며, 물체의 속력이 가장 빠르다. 물체에 작용하는 탄성력은 용수철이 변형된 길이가 클수록 크므로 물체가 진동 중심에서 멀어질수록 탄성력은 커지고 운동 에너지는 작아진다.

120
답 ✕

물체가 용수철에 매달려 진동할 때 공기 저항이나 마찰이 작용하지 않으면 역학적 에너지는 보존되므로 시간이 지나도 진폭은 일정하다.

121
답 ○

역학적 에너지는 보존되므로 용수철이 최대로 늘어나 탄성 퍼텐셜 에너지가 최대일 때 운동 에너지는 0이다.

122
답 ✕

탄성 퍼텐셜 에너지는 용수철의 변형된 길이가 클수록 크다. 따라서 용수철이 많이 압축되거나 많이 늘어날수록 탄성 퍼텐셜 에너지가 증가한다.

기출 분석 문제
34~37쪽

123 ②	124 ③	125 ⑤	126 ④	127 해설 참조
128 ⑤	129 ③	130 ⑤	131 해설 참조	132 ④
133 ②	134 30 cm		135 ②	136 ①	137 ③
138 ②	139 ⑤	140 5 : 4 : 3		141 해설 참조
142 ④				

123
답 ②

힘 - 거리 그래프에서 그래프 아래의 넓이는 힘이 물체에 한 일이다. 힘이 한 일만큼 물체의 운동 에너지가 증가한다. 0에서 2 m까지 힘이 한 일은 8 J이므로 물체의 운동 에너지는 8 J이다. 운동 에너지가 16 J이 되는 x는 $4 \times 2 + 2 \times (x-2) = 16$에서 $x = 6$ m이다.

124
답 ③

일·운동 에너지 정리에 의해 등가속도 운동을 하는 물체에 해 준 일의 양만큼 물체의 운동 에너지가 증가한다. 따라서 등가속도 운동 식 $2as = v_2^2 - v_1^2$이 성립하고, $W = Fs = mas = \frac{1}{2}mv_2^2 - \frac{1}{2}mv_1^2$에서 알짜힘이 한 일은 물체의 운동 에너지 변화량과 같다.

개념 더하기   일·운동 에너지 정리

속력 v_1로 운동하는 질량 m인 물체에 운동 방향으로 일정한 크기의 알짜힘 F가 작용하여 거리 s만큼 이동시켰을 때 물체의 속력이 v_2가 되었다.

- 물체의 가속도: $a = \dfrac{F}{m}$
- 등가속도 운동 식에 적용: $2as = v_2^2 - v_1^2$, $2 \times \dfrac{F}{m} \times s = v_2^2 - v_1^2$
- 힘 F가 한 일: $W = Fs = \dfrac{1}{2}mv_2^2 - \dfrac{1}{2}mv_1^2$
- ➡ 힘 F가 한 일 = 물체의 운동 에너지 변화량

125
답 ⑤

중력 퍼텐셜 에너지는 지면으로부터의 높이와 물체의 질량의 곱에 비례하므로 $E_A = mg(2h)$, $E_B = (2m)gh$, $E_C = mgh$이다. 따라서 $E_A : E_B : E_C = 2 : 2 : 1$이다.

126
답 ④

늘어나거나 압축된 용수철과 같이 변형된 물체가 가지는 에너지를 탄성 퍼텐셜 에너지라고 한다. 탄성력의 크기는 용수철이 변형된 길이에 비례한다. 용수철이 변형된 길이가 x일 때, 탄성 퍼텐셜 에너지 $E_p = \frac{1}{2}kx^2$이므로 $16 = \frac{1}{2} \times k \times (0.1 \text{ m})^2$에서 용수철의 용수철 상수 $k = 3200$ N/m이다. 이 용수철을 원래 길이에서 20 cm 압축시키면 탄성 퍼텐셜 에너지는 $\frac{1}{2}kx^2 = \frac{1}{2} \times 3200 \text{ N/m} \times (0.2 \text{ m})^2 = 64$ J이다.

127

자유 낙하 하는 물체의 역학적 에너지는 보존된다. 물체를 가만히 놓은 순간에는 중력 퍼텐셜 에너지만 있으므로 물체의 역학적 에너지는 $m \times 10 \text{ m/s}^2 \times 40 \text{ m} = 400m$ J이다.

예시 답안 물체의 운동 에너지와 중력 퍼텐셜 에너지가 같아질 때 운동 에너지와 중력 퍼텐셜 에너지는 $200m$ J로 같으므로, 이때 물체의 속력을 v라고 하면 $200m = \frac{1}{2}mv^2$에서 $v = 20$ m/s이다.

채점 기준	배점(%)
물체의 속력을 풀이 과정과 함께 옳게 구한 경우	100
물체의 속력은 옳게 구했지만 풀이 과정에 실수가 있는 경우	30

개념 더하기   자유 낙하 하는 물체의 에너지 전환

- 물체가 자유 낙하 하는 동안 높이가 감소하므로 중력 퍼텐셜 에너지가 감소하고, 속력이 빨라짐에 따라 운동 에너지는 증가한다.
- 운동 에너지와 중력 퍼텐셜 에너지의 합인 역학적 에너지는 일정하게 보존된다.

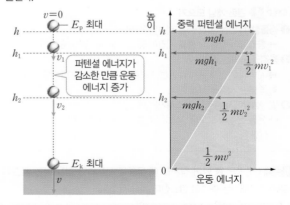

$$mgh = mgh_1 + \frac{1}{2}mv_1^2 = mgh_2 + \frac{1}{2}mv_2^2 = \frac{1}{2}mv^2$$

128
답 ⑤

ㄱ. t_0부터 t_1까지 미래는 중력만을 받아 낙하하므로 중력 퍼텐셜 에너지가 감소한 만큼 운동 에너지가 증가한다.

ㄴ. 탄성 퍼텐셜 에너지는 용수철이 변형된 길이가 최대일 때 최댓값을 갖는다. t_2일 때 놀이 기구가 최대로 늘어나 최하점에 위치하므로 탄성 퍼텐셜 에너지가 최대이다.

ㄷ. 미래가 운동하는 동안 역학적 에너지는 보존된다. t_0일 때는 중력 퍼텐셜 에너지만을, t_2일 때는 탄성 퍼텐셜 에너지만을 갖고 있으므로 다음과 같은 관계가 성립한다.

t_0일 때의 중력 퍼텐셜 에너지=t_2일 때의 탄성 퍼텐셜 에너지=역학적 에너지

129
답 ③

ㄱ. 용수철 상수는 단위길이당 작용하는 탄성력의 크기이므로, 힘─늘어난 길이 x 그래프의 기울기와 같다. 즉, 용수철 상수 $k = \dfrac{F}{x} = \dfrac{10\,\text{N}}{0.2\,\text{m}} = 50\,\text{N/m}$이다.

ㄷ. 용수철이 0.2 m 늘어난 상태에서 0.2 m만큼 더 늘이기 위해서는 탄성 퍼텐셜 에너지 증가량만큼의 일을 해 주어야 한다. 이때 탄성 퍼텐셜 에너지 증가량은 $\dfrac{1}{2} \times k \times \varDelta x^2 = \dfrac{1}{2} \times 50\,\text{N/m} \times [(0.4\,\text{m})^2 - (0.2\,\text{m})^2] = 3\,\text{J}$이다.

오답 피하기 ㄴ. 용수철이 늘어난 길이가 0.2 m일 때 탄성 퍼텐셜 에너지는 $\dfrac{1}{2}kx^2 = \dfrac{1}{2} \times 50\,\text{N/m} \times (0.2\,\text{m})^2 = 1\,\text{J}$이다.

개념 더하기 탄성 퍼텐셜 에너지

- 용수철 상수가 k인 용수철의 변형된 길이가 x일 때 탄성력 $F = -kx$이다.
- 탄성력의 크기는 용수철이 변형된 길이가 길수록 커지며, 방향은 용수철의 변형을 방해하는 방향으로 작용한다.
- 용수철의 길이가 x만큼 변형되었을 때 용수철에 매달린 물체의 탄성 퍼텐셜 에너지 $E_p = \dfrac{1}{2}kx^2$이다.

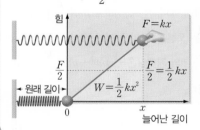 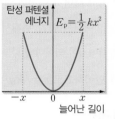

130
답 ⑤

지면으로부터 물체의 속력이 $\dfrac{1}{3}v$인 지점까지의 높이를 H라고 하면, 높이 h인 지점과 $2h$인 지점, 속력이 $\dfrac{1}{3}v$인 지점에서 물체의 역학적 에너지가 보존되므로 $\dfrac{1}{2}mv^2 + mgh = 2mgh = \dfrac{1}{2}m\left(\dfrac{1}{3}v\right)^2 + mgH$에서 $v^2 = 2gh$이고 $H = \dfrac{17}{9}h$이다.

131

예시 답안 야구공이 A에서 B로 올라갈 때 공의 높이가 높아지므로 중력에 의한 퍼텐셜 에너지가 증가하고, B에서 C로 내려갈 때 감소한 중력에 의한 퍼텐셜 에너지만큼 운동 에너지가 증가한다.

채점 기준	배점(%)
A에서 B로 운동할 때와 B에서 C로 운동할 때 증가하는 에너지를 모두 옳게 설명한 경우	100
A에서 B로 운동할 때와 B에서 C로 운동할 때 증가하는 에너지 중 하나만 옳게 설명한 경우	40

132
답 ④

자료 분석하기 놀이 기구의 시간에 따른 속도 그래프

- P에서 Q까지 운동하는 동안 놀이 기구에는 중력만 작용하므로 가속도는 10 m/s²이다.(단, 연직 아래 방향을 (+)로 한다.)
- 놀이 기구의 질량을 m이라고 하면, Q에서 바닥까지 운동하는 동안 놀이 기구에는 중력($10m$)과 $F(25m)$가 서로 반대 방향으로 작용하기 때문에 가속도는 -15 m/s²이다.
- P에서 출발하여 Q에 도달하는 시간을 T라고 하면, $0 \sim T$ 구간의 기울기는 $T \sim 5$초 구간의 기울기의 $\dfrac{2}{3}$이다. 즉, $T = 3$초이다.

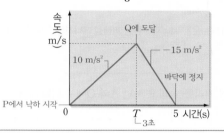

ㄱ. 외력 F가 작용하지 않는다면, P에서 놀이 기구의 중력 퍼텐셜 에너지가 바닥에 도달했을 때에는 운동 에너지로 모두 전환된다. 그런데 바닥에서 운동 에너지가 0인 까닭은 F가 놀이 기구가 떨어지는 방향과 반대 방향으로 한 일 때문이다. 따라서 P에서 놀이 기구의 중력 퍼텐셜 에너지는 F가 한 일과 같다.

ㄷ. 놀이 기구가 P에서 Q까지 운동하는 동안 중력만을 받으므로 가속도는 10 m/s²이다. Q에서 바닥까지 운동하는 동안 놀이 기구에는 중력($10m$)과 $F(25m)$가 서로 반대 방향으로 작용하기 때문에 알짜힘은 위로 $15m$이므로 가속도는 위로 15 m/s²이다. P에서 바닥까지 도달하는 데 걸린 시간은 총 5초이고, P에서 Q까지 도달하는 데 걸린 시간은 3초이다. 따라서 $3h = \dfrac{1}{2} \times 10\,\text{m/s}^2 \times (3\,\text{s})^2$에서 $h = 15\,\text{m}$이다.

오답 피하기 ㄴ. P에서 놀이 기구의 중력 퍼텐셜 에너지는 F가 한 일과 같으므로 $50mh = F \times 2h$에서 $F = 25m$이다. 즉, F의 크기는 놀이 기구에 작용하는 중력의 크기의 2.5배이다.

개념 더하기 일과 중력 퍼텐셜 에너지

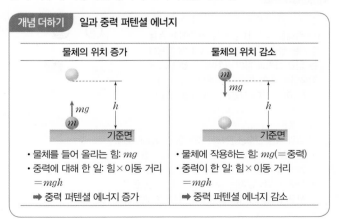

물체의 위치 증가	물체의 위치 감소
• 물체를 들어 올리는 힘: mg • 중력에 대해 한 일: 힘×이동 거리 $= mgh$ ➡ 중력 퍼텐셜 에너지 증가	• 물체에 작용하는 힘: $mg(=$중력) • 중력이 한 일: 힘×이동 거리 $= mgh$ ➡ 중력 퍼텐셜 에너지 감소

133 [필수 유형]

답 ②

자료 분석하기 용수철에 매달린 물체의 에너지

마찰이 없는 수평면에서 물체가 용수철에 매달려 진동할 때 물체의 운동 에너지와 용수철에 저장된 탄성 퍼텐셜 에너지의 합이 일정하게 보존된다.

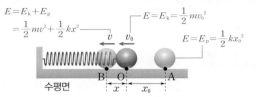

$E = E_k + E_p$

$= \frac{1}{2}mv^2 + \frac{1}{2}kx^2$

$E = E_k = \frac{1}{2}mv_0^2$

$E = E_p = \frac{1}{2}kx_0^2$

① 용수철이 최대로 늘어나거나 최대로 압축되면 모든 에너지가 탄성 퍼텐셜 에너지가 된다.

➡ $E = E_p = \frac{1}{2}kx_0^2$

② 물체가 평형 지점(용수철이 늘어난 길이가 0인 지점)을 지날 때는 모든 에너지가 운동 에너지가 된다.

➡ $E = E_k = \frac{1}{2}mv_0^2$

③ 임의의 점에서는 운동 에너지와 탄성 퍼텐셜 에너지를 모두 갖는다.

➡ $E = E_k + E_p = \frac{1}{2}mv^2 + \frac{1}{2}kx^2$

O에서 B까지의 거리를 x_B라고 하면 A와 O에서 역학적 에너지가 보존되므로 $\frac{1}{2}k \times 0.3^2 = \frac{1}{2}mv_0^2$에서 $v_0 = 0.3\sqrt{\frac{k}{m}}$이다. B에서 역학적 에너지 보존을 적용하면 $\frac{1}{2}k \times 0.3^2 = \frac{1}{2}m\left(\frac{1}{3}v_0\right)^2 + \frac{1}{2}kx_B^2$에서 $x_B = \frac{\sqrt{2}}{5}$ m이다.

134

답 30 cm

물체가 용수철에서 분리되는 순간부터 물체의 탄성 퍼텐셜 에너지는 운동 에너지로 전환되고, 운동 에너지는 다시 중력 퍼텐셜 에너지로 전환된다. 이 과정에서 역학적 에너지는 보존된다. A에서 물체의 탄성 퍼텐셜 에너지는 $\frac{1}{2}kx^2 = \frac{1}{2} \times 300$ N/m $\times (0.2$ m$)^2 = 6$ J이고, 역학적 에너지는 보존되므로 B에서 물체의 중력 퍼텐셜 에너지도 6 J이다. 따라서 6 J $= 2$ kg $\times 10$ m/s² $\times h$에서 $h = 0.3$ m $=$ 30 cm이다.

135

답 ②

자료 분석하기 힘의 평형과 작용 반작용

실이 A를 당기는 힘을 T, A, B에 작용하는 중력을 각각 W_A, W_B, 용수철이 A를 당기는 힘을 F_A라고 하면, A, B에 작용하는 힘을 그림과 같이 표현할 수 있다. A에 작용하는 힘이 평형을 이루므로 $T = W_A + F_A$이고, B에 작용하는 힘이 평형을 이루므로 $T = W_B$이다. 따라서 $W_A + F_A = W_B$이다.

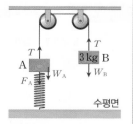

각 힘과 작용 반작용 관계에 있는 힘은 다음과 같다.

• 용수철이 A를 당기는 힘(F_A) ↔ A가 용수철을 당기는 힘
• 실이 A를 당기는 힘(T) ↔ A가 실을 당기는 힘
• 지구가 A를 당기는 힘(W_A) ↔ A가 지구를 당기는 힘
• 지구가 B를 당기는 힘(W_B) ↔ B가 지구를 당기는 힘

A의 질량을 m이라고 하면 A에 작용하는 힘이 평형을 이루므로 A에 작용하는 중력과 탄성력의 합의 크기가 B에 작용하는 중력의 크기와 같다. $10m + 200 \times 0.05 = 30$에서 $m = 2$ kg이다. A에 연결된 용수철을 끊었을 때 A의 가속도의 크기를 a라고 하면 $a = \frac{30 - 20}{2 + 3} = 2$(m/s²)이다.

136

답 ①

자료 분석하기 역학적 에너지 보존

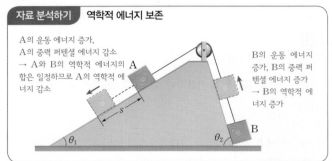

A의 운동 에너지 증가,
A의 중력 퍼텐셜 에너지 감소
→ A와 B의 역학적 에너지의 합은 일정하므로 A의 역학적 에너지 감소

B의 운동 에너지 증가, B의 중력 퍼텐셜 에너지 증가
→ B의 역학적 에너지 증가

ㄱ. B의 운동 에너지와 중력 퍼텐셜 에너지는 모두 증가하므로, B의 역학적 에너지는 증가한다. A와 B의 역학적 에너지의 합은 일정하게 보존되므로 A의 역학적 에너지는 감소한다.

오답 피하기 ㄴ. A와 B는 실로 연결되어 매 순간 같은 속력으로 운동한다. 하지만 A와 B의 질량이 서로 다르므로, A와 B의 운동 에너지는 서로 다르다.

ㄷ. A의 중력 퍼텐셜 에너지 감소량은 B의 중력 퍼텐셜 에너지 증가량과 A와 B의 운동 에너지 증가량의 합과 같다.

137

답 ③

반원형 그릇 내부에서 공의 역학적 에너지는 보존된다. 공의 질량을 m이라고 하면, P에서의 역학적 에너지는 $\frac{1}{2}mv^2 + mg\left(\frac{R}{2}\right)$이고, 그릇을 벗어나지 않기 위해서는 오른쪽 끝인 높이가 R인 지점에서 공의 속력이 0이 되어야 한다. 즉, v의 최댓값은 $\frac{1}{2}mv^2 + mg\left(\frac{R}{2}\right) = mgR$를 만족하므로 $v = \sqrt{Rg}$이다.

138

답 ②

자료 분석하기 간이 공기 부상 궤도

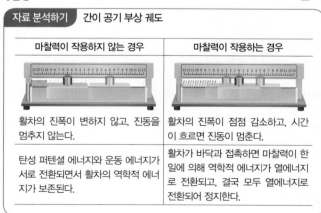

마찰력이 작용하지 않는 경우	마찰력이 작용하는 경우
활차의 진폭이 변하지 않고, 진동을 멈추지 않는다.	활차의 진폭이 점점 감소하고, 시간이 흐르면 진동이 멈춘다.
탄성 퍼텐셜 에너지와 운동 에너지가 서로 전환되면서 활차의 역학적 에너지가 보존된다.	활차가 바닥과 접촉하면 마찰력이 한 일에 의해 역학적 에너지가 열에너지로 전환되고, 결국 모두 열에너지로 전환되어 정지한다.

ㄷ. 공기를 주입하지 않은 경우가 공기를 주입한 경우보다 활차의 역학적 에너지가 빠르게 감소한다.

오답 피하기 ㄱ. 공기를 주입하지 않은 경우가 공기를 주입한 경우보다 역학적 에너지가 빠르게 감소하므로, (다)에서 활차의 왕복 횟수 ⊙은 30보다 작다.

ㄴ. (다)에서 활차의 왕복 횟수가 증가함에 따라 역학적 에너지가 감소한다. O에서는 역학적 에너지가 모두 운동 에너지의 형태이므로, O에서 활차의 속력은 왕복 횟수가 증가함에 따라 느려진다.

139
답 ⑤

ㄴ. B와 D의 높이가 같으므로 중력 퍼텐셜 에너지는 같다.

ㄷ. 무동력차가 레일 위에서 운동하는 동안 역학적 에너지가 감소하므로 역학적 에너지는 C에서가 D에서보다 크다.

오답 피하기 ㄱ. 무동력차의 속력이 A와 D에서 같으므로 무동력차가 레일 위에서 운동하는 동안 역학적 에너지가 감소한다. 무동력차가 B에서 C로 운동하는 동안 중력 퍼텐셜 에너지의 일부는 운동 에너지로 전환되고 일부는 손실된다. 따라서 무동력차의 운동 에너지는 C에서가 B에서보다 크다. 만약 B와 C에서 무동력차의 운동 에너지가 같다면 무동력차는 D를 통과할 수 없다.

140
답 5 : 4 : 3

테니스공이 바닥과 충돌하기 전까지는 중력에 의해서만 운동하므로 역학적 에너지가 보존된다. 테니스공의 최대 높이를 h, 바닥에서의 속력을 v라 하면, $mgh = \frac{1}{2}mv^2$이 성립하여 $v^2 = 2gh$가 된다. 따라서 $v_1^2 : v_2^2 : v_3^2 = 5 : 4 : 3$으로 충돌하기 전 공의 최대 높이의 비와 같다.

141

예시 답안 테니스공이 바닥과 충돌할 때 테니스공의 역학적 에너지의 일부가 열에너지로 전환되기 때문에 다시 역학적 에너지로 전환되기 어렵다. 따라서 테니스공이 처음 낙하하기 시작한 높이까지 올라가지 못한다.

채점 기준	배점(%)
역학적 에너지가 열에너지로 전환된다고 설명한 경우	100
역학적 에너지가 감소한다고만 설명한 경우	30

142
답 ④

(나)에서 A와 B의 높이차가 0.2 m이므로 용수철은 0.1 m 늘어난다. B의 질량을 m이라고 하면 (나)에서 A에 작용하는 힘이 평형을 이루므로 $2 \times 10 + 100 \times 0.1 = 10m$에서 $m = 3$ kg이다. 따라서 $E_1 = \frac{1}{2} \times 100 \times 0.1^2 = 0.5$(J)이고 $E_2 = 3 \times 10 \times 0.1 = 3$(J)이므로 $E_1 : E_2 = 1 : 6$이다.

개념 더하기 역학적 에너지 보존과 힘

(가)에서 (나)로 되려면 B에 작용하는 힘이 평형을 이루도록 B를 손으로 잡고 서서히 움직여야 한다. 즉, B에 손으로 힘을 작용해야 한다. 이때 손으로 B에 작용하는 힘의 방향과 B의 운동 방향이 반대이므로 이 힘은 (−)의 일을 한다. 그만큼 A와 B로 이루어진 계의 역학적 에너지가 감소한다. 역학적 에너지가 보존되려면 중력, 탄성력, 전기력 등의 힘만 작용해야 하며, 이런 힘을 보존력이라고 한다.

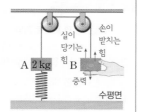

1등급 완성 문제
38~39쪽

| 143 ③ | 144 ⑤ | 145 ① | 146 ⑤ | 147 ④ | 148 ④ |
| 149 해설 참조 | | 150 해설 참조 | | 151 해설 참조 | |

143
답 ③

자료 분석하기 역학적 에너지 보존

마찰이나 공기 저항이 없으면 물체의 역학적 에너지는 변하지 않고 일정하게 보존된다.

구분	위치	운동 에너지	중력 퍼텐셜 에너지	역학적 에너지
P	P	0	450 J	450 J
Q	Q	50 J (4배)	400 J	450 J (+200 J)
R	R	200 J	250 J (+400 J)	450 J
S (기준면)	S	450 J	0	450 J

(200 J, 400 J 표시)

ㄱ. R에서 물체의 운동 에너지는 P에서 R까지 이동하는 동안 감소한 중력 퍼텐셜 에너지 200 J과 같다. R에서의 운동 에너지는 Q에서의 4배이므로, Q에서의 운동 에너지는 50 J이다. 따라서 $50 \text{ J} = \frac{1}{2} \times 1 \text{ kg} \times v_Q^2$에서 Q에서 물체의 속력 $v_Q = 10$ m/s이다.

ㄴ. Q에서 물체의 중력 퍼텐셜 에너지는 400 J이고, 역학적 에너지는 450 J이다. P에서는 운동 에너지가 0이므로 중력 퍼텐셜 에너지는 450 J이다. 역학적 에너지는 보존되므로 P와 S 사이의 거리를 h라 하면 $1 \text{ kg} \times 10 \text{ m/s}^2 \times h = 450 \text{ J}$에서 $h = 45$ m이다.

오답 피하기 ㄷ. R에서 물체의 운동 에너지는 200 J이므로 중력 퍼텐셜 에너지는 250 J이고, Q에서의 중력 퍼텐셜 에너지는 400 J이다. 따라서 Q에서 R까지 물체의 중력 퍼텐셜 에너지 감소량은 150 J이고, Q에서 물체의 운동 에너지는 50 J이다.

144
답 ⑤

A, B의 질량을 각각 m_A, m_B라고 하면, O와 Q에서 A의 역학적 에너지가 보존되므로 $\frac{1}{2}m_A v^2 = 3m_A gh$이다. P에서 A의 속력을 v_A라 하면 $\frac{1}{2}m_A v_A^2 + m_A gh = \frac{1}{2}m_A v^2$에서 $v_A = \sqrt{\frac{2}{3}}v$이다. O에서 P까지 운동하는 동안 A와 B의 운동 에너지 변화량이 같으므로 $\frac{1}{2}m_A\left(v^2 - \frac{2}{3}v^2\right) = \frac{1}{2}m_B v^2$에서 $m_A = 3m_B$이다. P에서 B의 역학적 에너지 $E_0 = m_B gh = \frac{1}{3}m_A gh$이고, Q에서 A의 역학적 에너지는 $E = 3m_A gh = 9E_0$이다.

145

답 ①

수평면을 기준면으로 하면 물체가 빗면 위의 2 m 높이에 있을 때 중력 퍼텐셜 에너지는 $mgh = 0.5$ kg $\times 10$ m/s$^2 \times 2$ m $= 10$ J이다. 물체가 용수철을 최대로 압축시킨 길이가 0.2 m이므로, 이때 탄성 퍼텐셜 에너지는 $\frac{1}{2}kx^2 = \frac{1}{2} \times 300$ N/m $\times (0.2$ m$)^2 = 6$ J이다. 즉, 물체가 X를 지날 때 마찰력이 한 일에 의해 물체의 역학적 에너지가 4 J만큼 감소하였다. 물체가 다시 X를 지나면 역학적 에너지가 2 J이 되므로, 빗면을 따라 올라가는 최대 높이를 h라 할 때, 2 J $= 0.5$ kg $\times 10$ m/s$^2 \times h$에서 $h = 0.4$ m이다.

146

답 ⑤

ㄱ. 용수철이 0.2 m 늘어났을 때 물체에 작용하는 힘이 평형을 이루므로 물체에 작용하는 탄성력과 중력의 크기가 같다. $0.2k = 20$에서 $k = 100$ N/m이다.

ㄴ. 물체를 x만큼 당겼다 놓았을 때 탄성 퍼텐셜 에너지가 최소가 되는 순간은 용수철이 $0.2 - x$ 만큼 늘어난 순간이다. 따라서 $\frac{1}{2} \times 100 \times (0.2 - x)^2 = 0.5$에서 $x = 0.1$ m이다.

ㄷ. 물체의 속력이 최대가 되는 때는 물체가 평형점을 통과할 때이다. 이때 물체의 역학적 에너지가 보존되므로 $\frac{1}{2} \times 2 \times v^2 + \frac{1}{2} \times 100 \times 0.2^2 + 2 \times 10 \times 0.1 = \frac{1}{2} \times 100 \times 0.3^2$에서 $v = \frac{\sqrt{2}}{2}$ m/s이다.

147

답 ④

A가 P점에서 Q점까지 운동하는 구간을 구간 Ⅰ, A가 Q점에서 R점까지 운동하는 구간을 구간 Ⅱ라고 하자. Ⅰ에서는 A와 B가 함께 운동하므로 매 순간 두 물체의 속력은 동일하고, A와 B의 역학적 에너지의 총합은 일정하게 보존된다. 물체가 P에서 Q까지 이동하는 동안 내려간 연직 높이를 $3h$, Q에서 A의 속력을 v_Q라 하고 역학적 에너지 보존 법칙을 적용하면 $\frac{1}{2}m_A v_Q^2 - 3m_A gh + 3m_B gL + \frac{1}{2}m_B v_Q^2 = 0$ …①이고, A의 운동 에너지 증가량은 B의 중력 퍼텐셜 에너지 증가량의 $\frac{2}{3}$배이므로, $\frac{1}{2}m_A v_Q^2 = \frac{2}{3} \times 3m_B gL$ …②이다.

Ⅱ에서는 A와 B가 분리되었으므로 A, B의 역학적 에너지가 각각 일정하게 보존된다. A에 대하여 역학적 에너지 보존 법칙을 적용하면 $\frac{1}{2}m_A v_Q^2 + m_A gh = \frac{1}{2}m_A v_R^2$ …③이고, A의 운동 에너지는 R에서가 Q에서의 2배이므로 $\frac{1}{2}m_A v_R^2 = 2 \times \frac{1}{2}m_A v_Q^2$ …④이다.

식 ②~④를 식 ①에 대입하여 정리하면,

$2m_B gL - 3 \times 2m_B gL + 3m_B gL + 2m_B gL \times \frac{m_B}{m_A} = 0$에서 $\frac{m_A}{m_B} = 2$이다.

148

답 ④

ㄴ. A와 B가 분리되기 전의 탄성 퍼텐셜 에너지는 분리된 직후 두 물체의 운동 에너지의 합과 같다.

따라서 $\frac{1}{2} \times 2mv_A^2 + \frac{1}{2}mv_B^2 = 2mgh + 4mgh = 6mgh$이다.

ㄷ. A, B가 분리된 후 역학적 에너지는 각각 보존된다.

$2m \times g \times 4h + \frac{1}{2} \times 2m \times v_A^2 = 2m \times g \times 5h$에서 $v_A = \sqrt{2gh}$이다.

$v_B = 2v_A = \sqrt{8gh}$이므로, $m \times g \times 4h + \frac{1}{2} \times m \times v_B^2 = 8mgh$이다.

따라서 B가 오른쪽 언덕을 따라 올라가는 최대 높이는 $8h$이다.

오답 피하기 ㄱ. A와 B가 분리되기 전후의 운동량의 총합은 보존되므로, $0 = 2mv_A - mv_B$에서 $v_B = 2v_A$이다. 즉, A와 B의 운동 방향은 반대이고, 속력은 B가 A의 2배이다.

149

서술형 해결 전략

STEP 1 문제 포인트 파악

일·운동 에너지 정리에 의해 물체에 작용한 알짜힘이 한 일은 물체의 운동 에너지 변화량과 같음을 알아야 한다.

STEP 2 자료 파악

❶ P와 Q에서 상자의 운동 에너지 변화량과 중력 퍼텐셜 에너지 변화량은?
→ 상자의 속력은 일정하므로 운동 에너지 변화량은 0이고, 높이의 변화가 없으므로 중력 퍼텐셜 에너지 변화량은 0이다.

❷ 사람이 상자에 해 준 일은?
→ 상자에 작용한 힘과 이동 거리의 곱이다.

STEP 3 관련 개념 모으기

❶ 역학적 에너지란?
→ 역학적 에너지는 운동 에너지와 퍼텐셜 에너지의 합이다. 물체의 질량이 m, 속력이 v일 때 운동 에너지는 $\frac{1}{2}mv^2$이고, 질량이 m인 물체가 기준면에 대한 높이가 h인 위치에 있을 때 중력 퍼텐셜 에너지는 mgh이다.

❷ 일과 에너지의 관계는?
→ 외부에서 물체에 일을 해 주면 그 크기만큼 역학적 에너지가 증가하고, 물체가 외부에 일을 하면 그 크기만큼 역학적 에너지가 감소한다.

❸ 일·운동 에너지 정리란?
→ 물체에 작용하는 알짜힘이 한 일은 물체의 운동 에너지 변화량과 같다.

예시 답안 (가) 수평면에서 운동하는 상자의 중력 퍼텐셜 에너지 변화량은 0이고, P와 Q에서 상자의 속력은 일정하므로 상자의 운동 에너지 변화량도 0이다. 따라서 상자의 역학적 에너지 변화량 $\Delta E = 0$이다.

(나) 사람이 상자에 해 준 일은 상자에 작용한 힘과 이동 거리의 곱이므로 $W = 8$ N $\times 5$ m $= 40$ J이다.

채점 기준	배점(%)
(가), (나)를 모두 옳게 구한 경우	100
(가)와 (나) 중 1가지만 옳게 구한 경우	50

150

서술형 해결 전략

STEP 1 문제 포인트 파악

외부에서 물체에 일을 해 줄 때 물체의 속력이 일정한 까닭은 마찰로 인해 역학적 에너지가 열에너지로 전환되기 때문임을 알아야 한다.

STEP 2 관련 개념 모으기

❶ 역학적 에너지가 보존되지 않는 경우는?
→ 물체가 마찰이나 공기 저항을 함께 받으며 운동하는 경우 역학적 에너지가 보존되지 않는다. 이때 역학적 에너지는 마찰이나 공기 저항에 의해 열에너지로 전환된다.

❷ 역학적 에너지가 보존되지 않는 예는?

➡ • 진자 운동을 하던 그네가 멈출 때
• 야구 선수가 슬라이딩하여 정지할 때
• 낙하하는 스카이다이버의 속력이 일정할 때
• 튀어 오르는 공의 최고 높이가 바닥에 부딪치면서 점점 낮아질 때

마찰이 있을 때 역학적 에너지가 열에너지로 전환된다.

예시 답안 (가)<(나)이다. 상자가 이동할 때 상자와 바닥 사이의 마찰에 의해 역학적 에너지가 열에너지로 전환되기 때문에 사람이 해 준 일만큼 역학적 에 너지가 증가하지 못한다.

채점 기준	배점(%)
(가)와 (나)의 값을 옳게 비교하고, 그 까닭을 옳게 설명한 경우	100
(가)와 (나)의 값을 옳게 비교하였지만, 그 까닭에 대한 설명이 충분하지 못한 경우	40

151

서술형 해결 전략

STEP 1 문제 포인트 파악
역학적 에너지가 보존되지 않는 경우와 충격량이 운동량의 변화량과 같음을 알아야 한다.

STEP 2 자료 파악

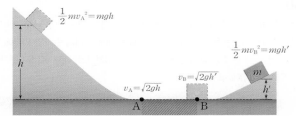

❶ 수평면을 기준면으로 할 때 기준면에서 물체의 중력 퍼텐셜 에너지는?
➡ 물체의 중력 퍼텐셜 에너지는 0이다.
❷ 물체가 A와 B를 지날 때 운동 에너지의 변화는?
➡ 마찰력이 한 일만큼 물체의 운동 에너지가 감소한다.
❸ 물체가 받은 충격량과 물체의 운동량의 변화량 사이의 관계는?
➡ 충격량=운동량의 변화량=나중 운동량−처음 운동량

예시 답안 A와 B 사이를 지날 때 물체가 받은 충격량은 물체의 운동량의 변화량과 같으므로, $mv_B-mv_A=-m\sqrt{\dfrac{gh}{2}}$ 이다. A와 B 사이를 제외한 곳에서는 역학적 에너지가 보존되므로, A에서 물체의 운동 에너지는 $\dfrac{1}{2}mv_A{}^2=mgh$ 이고, B에서 물체의 운동 에너지는 $\dfrac{1}{2}mv_B{}^2=mgh'$ 이다. 따라서 $m\sqrt{2gh'}-m\sqrt{2gh}=-m\sqrt{\dfrac{gh}{2}}$ 에서 $\dfrac{h}{h'}=4$ 이다. B에서 물체의 역학적 에너지는 $\dfrac{1}{2}mv_B{}^2=mgh'=\dfrac{1}{4}mgh$ 이고, A와 B 사이를 지날 때 마찰력이 한 일은 역학적 에너지 감소량과 같은 $\dfrac{3}{4}mgh$ 이다. 따라서 마찰력이 한 일은 B에서 물체의 역학적 에너지의 3배이다.

채점 기준	배점(%)
A와 B 사이를 지날 때 마찰력이 한 일과 B에서 물체의 역학적 에너지를 구한 후 옳게 설명한 경우	100
A와 B 사이를 지날 때 마찰력이 한 일이나 B에서 물체의 역학적 에너지 중 하나만 구한 경우	35

개념 확인 문제			41쪽
152 많을수록	**153** 운동 에너지, 절대 온도		**154** ×
155 ○	**156** ○	**157** (1) ㉣ (2) ㉠ (3) ㉢ (4) ㉡	
158 ×	**159** ×	**160** ○	

152
답 많을수록

기체의 내부 에너지는 기체 분자들의 운동 에너지와 퍼텐셜 에너지의 총합으로 분자 수가 많을수록, 절대 온도가 높을수록 크다.

153
답 운동 에너지, 절대 온도

기체의 내부 에너지는 기체 분자들의 운동 에너지와 퍼텐셜 에너지의 총합이지만, 이상 기체는 분자들 사이의 상호 작용이 없는 기체로, 기체 분자의 크기와 분자들 사이에 작용하는 힘을 무시할 수 있으므로 퍼텐셜 에너지가 0이다.

154
답 ×

기체의 부피가 팽창할 때 기체는 외부에 일을 하고, 부피가 압축될 때 기체는 외부로부터 일을 받는다.

155
답 ○

기체의 내부 에너지는 절대 온도가 높을수록 크다.

156
답 ○

외부와의 열 출입이 없을 때 기체가 외부에 한 일은 내부 에너지 감소량과 같다.

157
답 (1) ㉣ (2) ㉠ (3) ㉢ (4) ㉡

(1) 내부 에너지는 온도가 높을수록 증가하므로, 온도가 변하지 않는 등온 과정에서 $\varDelta U=0$ 이다.
(2) 기체가 한 일은 압력과 부피 변화의 곱이므로, 부피가 변하지 않는 등적 과정에서 $W=0$ 이다.
(3) 압력이 일정한 등압 과정에서 $P=$ 일정이다.
(4) 기체가 외부로부터 열을 흡수하지도 방출하지도 않는 단열 과정에서 $Q=0$ 이다.

158
답 ×

카르노 기관은 이론적으로 만든 이상적인 열기관으로, 열기관의 최대 효율을 나타낸다.

159
답 ×

열역학 제2법칙에 의해 모든 자연 현상은 무질서도가 증가하는 방향으로 일어난다.

160
답 ○

열효율이 100 %인 열기관은 존재하지 않으므로, 흡수한 열에너지를 모두 역학적인 일로 바꾸는 열기관은 존재하지 않는다.

161 ⑤	**162** 12400 J	**163** ②	**164** ①	**165** ④
166 해설 참조	**167** ②	**168** ②	**169** ①	**170** ⑤
171 ⑤	**172** 해설 참조	**173** ④	**174** ④	**175** ③
176 ②	**177** 5 : 3	**178** 해설 참조		**179** ②
180 ㉠ 카르노 기관, ㉡ 단열, ㉢ 크다				

161
답 ⑤

ㄱ. 열기관은 열을 일로 바꾸는 장치로, 열을 이용하여 동력을 얻는다. 실험에서 스타이로폼 배는 열을 흡수하여 일을 하므로 열기관으로 볼 수 있다.

ㄴ, ㄷ. (다)에서 촛불은 스타이로폼 배에 열을 공급한다. 촛불이 구리관을 가열할 때 구리관 안의 물은 온도가 올라가므로 물 분자의 운동 에너지는 증가한다.

162
답 12400 J

열역학 제1법칙에 따르면 기체에 가한 열(Q)은 기체가 한 일(W)과 기체의 내부 에너지 변화량(ΔU)의 합과 같으며, 기체가 피스톤에 한 일 $W = P\Delta V = P \times A\Delta l$이다. 따라서 기체에 가한 열 $Q = W + \Delta U = 10000\,J + 2400\,J = 12400\,J$이다.

163
답 ②

기체의 부피가 팽창할 때 기체는 외부에 일을 하며, 압력 − 부피 그래프 아랫부분의 넓이는 기체가 한 일을 의미한다. 따라서 기체가 한 일 $W = \frac{1}{2} \times (2+1) \times 10^5\,N/m^2 \times 0.01\,m^3 = 1500\,J$이다.

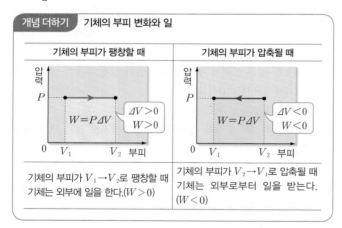

개념 더하기 기체의 부피 변화와 일

기체의 부피가 팽창할 때	기체의 부피가 압축될 때
기체의 부피가 $V_1 \rightarrow V_2$로 팽창할 때 기체는 외부에 일을 한다.($W > 0$)	기체의 부피가 $V_2 \rightarrow V_1$로 압축될 때 기체는 외부로부터 일을 받는다.($W < 0$)

164
답 ①

ㄴ. (가)에서 삼각 플라스크 속의 기체의 압력은 풍선의 탄성에 의한 압력과 대기압의 합과 같다.

오답 피하기 ㄱ. 기체의 온도는 (가)에서가 (나)에서보다 높다. 따라서 기체 분자의 평균 운동 에너지는 (가)에서가 (나)에서보다 크다.

ㄷ. (나)에서 삼각 플라스크 속 기체와 얼음물이 열평형을 이루므로 삼각 플라스크 속의 온도와 얼음물의 온도는 같다.

165 필수 유형
답 ④

자료 분석하기 열역학 과정

(가)는 부피가 일정한 등적 과정이다.
(나)는 압력이 일정한 등압 과정이다.

고정, 피스톤, 실린더, 열, (가), (나)

• (가)의 부피가 변하지 않으므로 외부에 일을 하지 않는다. ➡ 가한 열은 모두 내부 에너지 변화에 쓰인다.
• (나)의 부피가 증가하므로 외부에 일을 한다. ➡ 가한 열이 내부 에너지 증가와 외부에 일을 하는 데 쓰인다.

ㄱ. (가)에서 실린더에 열을 가하면 기체의 온도가 올라가 내부 에너지는 증가하고, 부피 변화가 없어 기체가 외부에 한 일은 0이다.

ㄷ. (나)에서 기체의 온도가 올라가 내부 에너지가 증가하므로, 기체 분자의 평균 속력은 증가한다.

오답 피하기 ㄴ. (나)에서 실린더에 열을 가하면 기체의 온도가 올라가 내부 에너지는 증가하고, 부피가 팽창하여 기체는 외부에 일을 한다.

166

예시 답안 $\Delta U_{(가)} > \Delta U_{(나)}$, (가)는 등적 과정으로 가한 열은 모두 내부 에너지 증가에 쓰이고, (나)는 등압 과정으로 가한 열은 내부 에너지 증가와 외부에 일을 하는 데 쓰인다. (가), (나)에 공급한 열량은 동일하므로, 내부 에너지 변화량은 (가)에서가 (나)에서보다 크다.

채점 기준	배점(%)
$\Delta U_{(가)}$와 $\Delta U_{(나)}$의 대소 관계를 옳게 비교하고, 그 까닭을 열역학 법칙을 이용하여 옳게 설명한 경우	100
$\Delta U_{(가)}$와 $\Delta U_{(나)}$의 대소 관계만 옳게 비교한 경우	40

167
답 ②

자료 분석하기 등온 곡선과 열 출입

• A 과정에서 기체의 온도가 $2T \rightarrow T$로 내려가므로 내부 에너지가 감소한다. 이때 기체의 부피 변화가 없으므로 기체가 한 일은 0이다. 따라서 기체는 열을 방출하고, 방출한 열량 $Q = \Delta U$이다.
• B 과정에서 기체의 온도가 $2T \rightarrow 3T$로 증가하므로 내부 에너지가 증가한다. 기체의 부피도 증가하므로 기체는 외부에 일을 한다. 따라서 기체는 열을 흡수하고, 흡수한 열량 $Q = \Delta U + W$이다.

(압력, P_1, P_2, $3T$, $2T$, T, V_0, 부피, B, A)

ㄷ. 내부 에너지는 절대 온도에 비례한다. A, B에서 절대 온도 변화량이 T로 같으므로 기체의 내부 에너지 변화량은 A와 B가 같다.

오답 피하기 ㄱ. 기체의 부피가 변하지 않으므로 기체가 한 일은 0이다.

ㄴ. 기체에 출입한 열량은 내부 에너지 변화량과 기체가 한 일의 합이다. 즉, $Q = \Delta U + W$이다. A, B에서 내부 에너지 변화량은 같지만 B에서는 기체가 한 일만큼 더 많은 열을 흡수해야 한다. 따라서 기체에 출입한 열량은 B가 A보다 크다.

168 답 ②

ㄴ. Ⅰ→Ⅱ 과정에서 기체는 등압 팽창하고, Ⅱ→Ⅲ 과정에서 기체는 단열 압축한다. 따라서 기체의 절대 온도는 Ⅲ에서가 Ⅰ에서보다 높다.

오답 피하기 ㄱ. Ⅰ→Ⅱ 과정에서 기체의 압력은 일정하고 부피가 증가하므로 기체의 내부 에너지가 증가하고 기체가 외부에 일을 한다. 따라서 기체가 흡수한 열은 내부 에너지 변화량과 기체가 한 일의 합과 같다.

ㄷ. Ⅰ→Ⅱ에서 기체의 압력이 일정하고 부피만 증가하므로 기체의 상태는 C→B로 변하고, Ⅱ→Ⅲ에서 압력은 증가하고 부피는 감소하므로 기체의 상태는 B→A로 변한다. 따라서 Ⅲ은 A에 해당한다.

169 답 ①

ㄱ. t_2일 때 A, B의 압력은 같고 A의 절대 온도가 B의 절대 온도보다 높으므로 기체의 부피는 A가 B보다 크다.

오답 피하기 ㄴ. 보일-샤를 법칙에서 $\frac{PV}{T}$는 일정하다. A의 절대 온도는 t_2일 때가 t_1일 때의 2배인데, 부피가 증가하므로 A의 압력은 t_2일 때가 t_1일 때의 2배가 되지 않는다.

ㄷ. A의 부피가 증가하므로 B의 부피는 감소한다. 따라서 B의 부피는 t_1일 때가 t_2일 때보다 크다.

170 답 ⑤

자료 분석하기 스털링 엔진의 열역학 과정

- 스털링 엔진은 열에너지를 역학적인 일로 바꾸는 열기관이다.
- 한번 순환하는 동안 그래프의 색칠한 부분의 넓이는 열기관이 한 일이다.

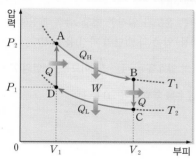

열역학 과정	기체가 흡수한 열(Q)	기체가 한 일(W)	내부 에너지 변화량($\varDelta U$)
A→B (등온 팽창)	흡수	외부에 일을 한다.	0
B→C (등적 과정)	방출	0	감소($Q=\varDelta U$)
C→D (등온 압축)	방출	외부로부터 일을 받는다.	0
D→A (등적 과정)	흡수	0	증가($Q=\varDelta U$)

ㄱ. A→B 과정은 등온 팽창 과정으로, 온도가 일정하므로 기체의 내부 에너지 변화량은 0이다.

ㄴ. B→C 과정은 등적 과정으로 기체의 부피는 일정하지만 열을 방출하여 온도가 내려가고, C→D 과정은 등온 압축 과정으로 온도가 일정하다. 따라서 기체의 온도는 B일 때가 D일 때보다 높다.

ㄷ. D→A 과정은 등적 과정으로, 기체의 부피는 일정하지만 열을 흡수하여 온도가 올라간다. 따라서 기체의 압력은 증가한다.

171 답 ⑤

ㄱ. 열기관의 1회 순환 과정에서 기체가 한 일은 그래프 내부의 넓이에 해당한다. 따라서 기체가 한 일은 900 J이다.

ㄴ. 기체의 절대 온도는 압력과 부피의 곱에 비례하므로 B에서가 A에서의 10배이다.

ㄷ. A→B 과정에서 기체가 흡수한 열량은 기체의 내부 에너지 증가량과 기체가 한 일의 합이고, B→C 과정에서 기체가 방출한 열량은 기체의 내부 에너지 감소량과 같다. 기체의 절대 온도는 A→B 과정에서가 B→C 과정에서보다 크게 변하므로 내부 에너지 변화량은 A→B 과정에서가 B→C 과정에서보다 크다. 또, A→B 과정에서 기체는 외부에 일을 한다. 따라서 기체에 출입하는 열량은 A→B 과정에서가 B→C 과정에서보다 크다.

172

기체가 외부에 일을 하는 구간은 기체의 부피가 증가하는 구간이다. 과정 1은 부피가 증가하므로 기체는 외부에 일을 하지만, 과정 3은 부피가 감소하므로 기체는 외부로부터 일을 받는다.

예시 답안 스털링 엔진, 열기관 A는 부피가 일정한 가열·냉각 과정(등적 과정)과 온도가 일정한 팽창·압축 과정(등온 과정)을 거치면서 외부에 일을 하는 열기관이므로 스털링 엔진이다.

채점 기준	배점(%)
A의 명칭을 쓰고, 그 까닭을 옳게 설명한 경우	100
A의 명칭만 쓴 경우	30

173 답 ④

ㄴ. 진자가 멈추면 진자가 처음에 가지고 있던 역학적 에너지는 공기 분자들과의 충돌로 인해 공기 분자에 전달되어 점점 감소한다.

ㄷ. 상자가 단열되어 외부로 빠져나가는 에너지가 없으므로, 진자의 역학적 에너지는 감소하고, 진자를 둘러싸고 있는 공기 분자의 운동 에너지의 평균값은 증가한다.

오답 피하기 ㄱ. 멈춘 진자가 스스로 다시 움직여 처음과 같은 상태가 될 수는 없으므로 비가역 과정이다.

174 답 ④

ㄴ. 모든 자연 현상은 무질서도가 증가하는 방향으로 일어난다. 따라서 기체는 구멍을 통해 상자 전체로 퍼져 나간다.

ㄷ. (나)에서 기체가 확산된 후 다시 (가)와 같은 상태로 스스로 되돌아가지 않는다. 즉, 비가역 과정이다.

오답 피하기 ㄱ. 기체가 팽창하므로 압력은 감소한다.

175 필수 유형 답 ③

자료 분석하기 열기관과 열효율

열기관이 고열원으로부터 공급받은 열을 Q_1, 저열원으로 방출하는 열을 Q_2라고 할 때, 열효율 $e=\dfrac{W}{Q_1}=\dfrac{Q_1-Q_2}{Q_1}$이다.

ㄱ, ㄷ. 열기관의 열효율은 열기관에 공급된 열에너지 중 일로 전환되는 비율이다. 따라서 A의 열효율 $0.4 = \dfrac{W_A}{400 \text{ kJ}}$에서 $W_A = 160 \text{ kJ}$이다. 열기관은 고열원에 공급한 열량에서 저열원으로 방출한 열량을 뺀 만큼 외부에 일을 하므로, A가 방출한 열량 (가)=공급한 열량－열기관이 한 일=400 kJ－160 kJ=240 kJ이다. B가 한 일은 500 kJ－350 kJ=150 kJ이다.

오답 피하기 ㄴ. B의 열효율 (나)=$\dfrac{150 \text{ kJ}}{500 \text{ kJ}}=0.3$이다. 따라서 열효율은 A가 B보다 크다.

176
답 ②

열기관은 A→B 과정에서 열을 흡수하고 C→D 과정에서 열을 방출한다. 이때 두 열량의 차가 1회 순환 과정에서 열기관이 한 일이다.
따라서 열기관의 열효율 $e = \dfrac{150-120}{150}=0.2$이다.

개념 더하기 **등온 과정과 단열 과정**

① 등온 팽창: 기체의 내부 에너지는 일정($\varDelta U=0$)하고 기체가 일을 한다.
➡ $Q=W$(기체가 열을 흡수, 온도는 T_2로 일정)
② 등온 압축: 기체의 내부 에너지는 일정($\varDelta U=0$)하고 기체가 일을 받는다.
➡ $Q=-W$(기체가 열을 방출, 온도는 T_2로 일정)
③ 단열 팽창: 기체가 일을 하는 만큼 내부 에너지가 감소한다.
➡ $\varDelta U + W=0$(기체는 열 출입이 없고, 온도는 $T_2 \rightarrow T_1$로 감소)
④ 단열 압축: 기체가 일을 받는 만큼 내부 에너지가 증가한다.
➡ $\varDelta U - W=0$(기체는 열 출입이 없고, 온도는 $T_2 \rightarrow T_3$로 증가)

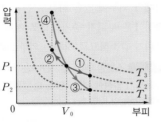

177
답 5 : 3

$e = \dfrac{W}{Q_1} = \dfrac{Q_1-Q_2}{Q_1}=0.4$에서 $Q_1 = \dfrac{5}{3}Q_2$이므로 $Q_1 : Q_2=5 : 3$이다.

178

자료 분석하기 **열기관과 압력－부피 그래프**

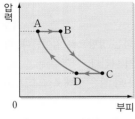

과정	열량(J)
A→B	㉠
B→C	0
C→D	140
D→A	0

① 표의 B→C 과정과 D→A 과정에서 기체에 출입하는 열량이 0이므로 B→C 과정과 D→A 과정은 단열 과정이다.
② A→B 과정에서 기체의 부피가 증가하므로 기체는 외부에 일을 한다. 또, 등압 팽창하므로 내부 에너지도 증가한다. 따라서 기체는 열을 흡수한다.
③ C→D 과정에서 기체의 부피가 감소하므로 기체는 외부로부터 일을 받는다. 또, 등압 압축되므로 내부 에너지가 감소하며, 기체는 열을 방출한다.
따라서 기체가 1회 순환 과정 동안 흡수한 열량은 A→B 과정에서 ㉠ J이고, 방출한 열량은 C→D 과정에서 140 J이다.

A→B, C→D 과정은 등압 과정이고, B→C, D→A 과정은 단열 과정이다. 기체가 1회 순환하는 동안 열량 ㉠을 받아 140 J을 방출한다.

예시 답안 $\dfrac{㉠-140}{㉠}=0.3$에서 ㉠은 200 J이다. A→B 과정에서는 기체의 압력이 일정하므로 200 J의 열을 받아 내부 에너지가 증가하고 기체가 일을 한다. B→C 과정에서는 열 출입이 없으므로 기체가 일을 하는 만큼 내부 에너지가 감소한다.

채점 기준	배점(%)
㉠을 구하고, A→B, B→C 과정에서 기체의 내부 에너지 변화와 기체가 한 일의 관계를 옳게 설명한 경우	100
A→B, B→C 과정 중 하나만 기체의 내부 에너지 변화와 기체가 한 일의 관계를 옳게 설명한 경우	40
㉠만 옳게 구한 경우	30

179
답 ②

압력－부피 그래프에서 그래프로 둘러싸인 넓이는 열기관이 1회 순환하는 동안 외부에 한 일과 같으며 $\dfrac{1}{2} \times (2P_0-P_0) \times (4V_0 - V_0) = 1.5P_0V_0$이다. 열기관이 외부에 한 일은 열기관에 공급된 열에서 외부로 방출한 열을 뺀 값이다. 즉, $Q_{공급}-Q_{방출}=W$에서 $Q_{공급}-15P_0V_0 = 1.5P_0V_0$이므로 $Q_{공급}=16.5P_0V_0$이다. 즉, 열기관의 열효율은 $\dfrac{W}{Q_{공급}} = \dfrac{1.5P_0V_0}{16.5P_0V_0} = \dfrac{1}{11}$이다.

180
답 ㉠ 카르노 기관, ㉡ 단열, ㉢ 크다

㉠ 카르노 기관은 가역 과정으로 이루어진 열기관 중에서 열효율이 가장 높은 열기관이다.
㉡ 카르노 기관은 온도가 일정한 팽창·압축 과정(등온 과정)과 열의 출입이 없는 팽창·압축 과정(단열 과정)을 거친다.
㉢ 카르노 기관의 열효율 $e = 1 - \dfrac{T_2}{T_1}$이므로, 고열원(T_1)과 저열원(T_2)의 온도 차가 클수록 열효율이 크다.

1등급 완성 문제
46~47쪽

181 ③	182 ②	183 ④	184 ⑤	185 ⑤	186 ②
187 해설 참조		188 해설 참조		189 해설 참조	

181
답 ③

ㄱ. 기체가 한 일 $W=P\varDelta V$이므로 A→B 과정과 C→D 과정에서 기체가 한 일은 각각 PV, $2PV$이다. 따라서 기체가 외부에 한 일은 C→D 과정에서가 A→B 과정에서의 2배이다.
ㄴ. B→C 과정에서 기체는 외부에 일을 하지 않으므로 기체가 흡수한 열량 Q와 내부 에너지 변화량이 같다.

오답 피하기 ㄷ. 기체의 절대 온도는 압력과 부피의 곱에 비례하므로 D에서가 A에서의 6배이다.

182

자료 분석하기 기체의 압력-부피 그래프

(가)→(나)→(다) 과정의 압력과 부피의 관계를 그래프로 나타내면 그림과 같다.

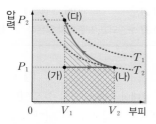

- (가)→(나) 과정: A의 압력은 일정하지만 부피가 증가하므로, A의 온도는 올라간다. A의 내부 에너지는 온도에 비례하므로 내부 에너지도 증가한다.
- (나)→(다) 과정: 단열 압축 과정이므로 기체가 흡수하는 열은 0이다. 따라서 기체가 외부로부터 받은 일만큼 내부 에너지가 증가하여 온도가 올라간다. 이때 기체의 온도가 올라가기 때문에 압력-부피 그래프의 기울기는 등온 과정보다 가파르다.
- (가)→(나) 과정에서 A가 외부에 한 일은 파란색 빗금이 있는 부분의 넓이와 같고, (나)→(다) 과정에서 A가 외부로부터 받은 일은 빨간색 빗금이 있는 부분의 넓이와 같다.

ㄷ. (가)→(나) 과정에서 A가 외부에 한 일은 압력-부피 그래프 아랫부분의 넓이(파란색 빗금이 있는 부분의 넓이)와 같다. (나)→(다) 과정은 단열 압축 과정으로 A의 내부 에너지 변화량은 A가 외부로부터 받은 일과 같고, A가 외부로부터 받은 일은 그래프 아랫부분의 넓이(빨간색 빗금이 있는 부분의 넓이)와 같다. 따라서 (나)→(다) 과정에서 A의 내부 에너지 변화량이 (가)→(나) 과정에서 A가 외부에 한 일보다 크다.

오답 피하기 ㄱ. (가)→(나) 과정은 등압 과정으로 A에 Q를 가하면 온도가 올라 내부 에너지가 증가하고, 부피가 커져 A는 외부에 일을 한다.

ㄴ. (나)→(다) 과정은 단열 압축 과정으로 외부와의 열의 출입이 없으므로 A가 흡수하는 열은 0이다. 따라서 A가 외부로부터 받은 일 W만큼 내부 에너지가 증가하여 온도가 올라가므로, 온도는 (다)에서가 (나)에서보다 높다.

183

ㄴ. A→B 과정은 등온 과정으로 B에서 기체의 압력은 $2P$이다. C→D 과정은 등온 과정이므로 C에서의 압력은 $\frac{1}{2}P$이다. 따라서 기체의 압력은 B에서가 C에서의 4배이다.

ㄷ. 1회의 순환 과정에서 기체는 처음 상태로 돌아오므로 내부 에너지 변화가 없다. 따라서 기체가 외부로부터 흡수한 열은 기체가 외부에 한 일 S와 같다.

오답 피하기 ㄱ. 이상 기체의 내부 에너지는 절대 온도에 비례하고, 기체의 절대 온도는 압력과 부피의 곱에 비례한다. A에서 압력과 부피의 곱은 $4PV$이고, D에서 압력과 부피의 곱은 PV이다. C→D 과정은 등온 과정으로 C와 D의 온도는 같으므로, 기체의 내부 에너지는 A에서가 C에서의 4배이다.

184

ㄱ, ㄴ. A→B 과정은 등압 과정으로 기체가 흡수한 열은 기체의 내

부 에너지 증가량과 기체가 외부에 한 일의 합과 같다. A→B 과정과 B→C 과정은 기체의 온도 변화량이 T_2-T_1로 같으므로 B→C 과정에서 내부 에너지 감소량은 A→B 과정에서 내부 에너지 증가량과 같다. 그런데 B→C 과정은 단열 과정이므로 내부 에너지 감소량은 기체가 외부에 한 일 $2Q$와 같다. 따라서 A→B 과정에서 기체가 흡수한 열은 내부 에너지 증가량 $2Q$와 기체가 외부에 한 일 Q의 합과 같은 $3Q$이다.

ㄷ. 열효율은 기체가 흡수한 열과 기체가 외부에 한 일의 비율이다.
열효율 $e=\dfrac{W}{Q_{A\to C}}=\dfrac{W}{3Q}=0.5$에서 기체가 한 일 W는 $1.5Q$이다.

185

ㄱ. A→B 과정과 C→D 과정은 열의 출입이 없는 단열 과정이므로 내부 에너지 변화량과 기체가 한 일이 같다. 내부 에너지는 기체의 온도에 비례하는데, A→B 과정에서는 온도가 $T_2 \to T_1$로 C→D 과정에서는 온도가 $T_1 \to T_2$로 변하므로 내부 에너지 변화량이 같다. 따라서 A→B 과정에서 기체가 외부로부터 받은 일은 C→D 과정에서 기체가 외부에 한 일과 같다.

ㄴ. B→C 과정은 온도가 일정한 등온 과정으로 내부 에너지 변화량이 0이다. 따라서 기체가 흡수한 열 Q_1만큼 기체가 외부에 일을 한다.

ㄷ. (가)는 두 번의 등온 과정과 두 번의 단열 과정을 거치는 카르노 기관으로 $\dfrac{Q_1}{T_1}=\dfrac{Q_2}{T_2}$가 성립한다. 따라서 $Q_1T_2=Q_2T_1$이다.

186

ㄴ. 열효율이 0.25이므로 기체가 흡수한 열량 중 $\dfrac{1}{4}$은 일을 하고 $\dfrac{3}{4}$은 방출한다. 따라서 기체가 방출한 열량은 기체가 한 일의 3배이다.

오답 피하기 ㄱ. B→C 과정에서 기체의 절대 온도는 일정하지만 기체가 외부에 일을 하므로 기체는 열을 흡수한다.

ㄷ. B와 C에서 기체의 절대 온도가 같으므로 A→B 과정과 C→A 과정에서 기체의 내부 에너지 변화량은 같다. 그러나 C→A 과정에서 기체가 외부에서 일을 받으므로 기체가 방출한 열량은 내부 에너지 감소량과 외부에서 받은 일의 합과 같다. 따라서 기체에 출입한 열량은 C→A 과정에서가 A→B 과정에서보다 크다.

187

서술형 해결 전략

STEP 1 문제 포인트 파악
그래프를 분석하여 각 과정에서 내부 에너지 변화, 일을 분석하고, 열역학 제1법칙을 적용하여 열 출입 관계를 파악해야 한다.

STEP 2 관련 개념 모으기
❶ 각 과정에서 내부 에너지 변화, 일을 분석한다.
 → A→B 과정에서 내부 에너지는 증가하고 기체가 일을 한다.
 → B→C 과정에서 내부 에너지는 감소하고 기체가 일을 한다.
 → C→A 과정에서 내부 에너지는 일정하고 기체가 일을 받는다.
❷ 열역학 제1법칙을 적용하여 열 출입 관계를 파악한다.
 → A→B 과정에서 기체는 내부 에너지 증가량과 기체가 한 일의 합만큼 열을 흡수한다. B→C 과정은 단열 과정이므로 열 출입이 없다. C→A 과정에서 기체의 내부 에너지가 일정하므로 기체가 받은 일만큼 열을 방출한다.

예시 답안 A→B 과정에서 기체의 부피가 증가하므로 기체가 일을 하고 기체의 내부 에너지도 증가한다. 따라서 기체는 열을 흡수한다. B→C 과정에서 열 출입이 없고 기체가 일을 하므로 기체의 내부 에너지는 감소한다. C→A 과정에서 기체의 온도가 일정하므로 내부 에너지는 변하지 않는다. 이때 기체가 일을 받은 만큼 외부에 열을 방출한다.

채점 기준	배점(%)
세 과정에서 열 출입, 내부 에너지 변화, 일을 모두 옳게 설명한 경우	100
두 과정에서 열 출입, 내부 에너지 변화, 일을 모두 옳게 설명한 경우	60
한 과정에서 열 출입, 내부 에너지 변화, 일을 모두 옳게 설명한 경우	30

188

서술형 해결 전략

STEP **1** 문제 포인트 파악
비가역 과정을 알고, 비가역 과정의 예를 설명할 수 있어야 한다.

STEP **2** 관련 개념 모으기
❶ 비가역 과정이란?
➡ 한쪽 방향으로만 일어나 스스로 처음 상태로 되돌아갈 수 없는 과정으로, 자연계에서 일어나는 대부분의 현상이 비가역 과정이다.
❷ 비가역 과정의 예는?
➡ • 왕복 운동 하던 진자가 공기 저항에 의해 멈춘다.
• 찬물과 더운물을 섞으면 미지근한 물이 된다.
• 잉크를 물에 떨어뜨리면 확산되어 퍼져 나간다.

예시 답안 찬물과 더운물을 섞으면 미지근한 물이 된다. / 왕복 운동 하던 진자가 공기 저항에 의해 멈춘다.

채점 기준	배점(%)
비가역 과정의 예 2가지를 모두 옳게 설명한 경우	100
비가역 과정의 예 1가지만 옳게 설명한 경우	40

189

서술형 해결 전략

STEP **1** 문제 포인트 파악
열역학 제2법칙을 다양하게 표현할 수 있어야 한다.

STEP **2** 관련 개념 모으기
❶ 열역학 제2법칙이란?
➡ 자연 현상에서 일어나는 변화의 비가역적인 방향을 제시하는 법칙이다.
❷ 열역학 제2법칙의 다양한 표현법은?
➡ • 열효율이 1(＝100 %)인 열기관은 존재하지 않는다.
• 모든 자연 현상은 무질서한 정도가 증가하는 방향으로 일어난다.
• 두 물체가 접촉되어 있을 때 열은 스스로 고온의 물체에서 저온의 물체로 이동하지만, 반대로는 저절로 이동하지 않는다.

예시 답안 열효율이 1(＝100 %)인 열기관은 존재하지 않는다. / 모든 자연 현상은 무질서도가 증가하는 방향으로 일어난다. / 두 물체가 접촉되어 있을 때 열은 스스로 고온의 물체에서 저온의 물체로 이동하지만 반대로는 저절로 이동하지 않는다.

채점 기준	배점(%)
열역학 제2법칙을 나타내는 표현 2가지를 모두 옳게 설명한 경우	100
열역학 제2법칙을 나타내는 표현을 1가지만 옳게 설명한 경우	50

06 특수 상대성 이론

개념 확인 문제 50쪽

190 ㉠ 상대성, ㉡ 광속 불변	191 ×	192 ×
193 ○	194 ○	195 ㄱ, ㄷ, ㄹ
196 질량 결손	197 보존되고, 보존되지 않는다	198 수소, 헬륨

190
답 ㉠ 상대성, ㉡ 광속 불변.
아인슈타인이 특수 상대성 이론을 펼칠 수 있었던 근거는 모든 관성 좌표계에서 물리 법칙은 동일하게 성립한다는 상대성 원리와 모든 관성 좌표계에서 보았을 때 진공 중에서 진행하는 빛의 속력은 관찰자나 광원의 속도에 관계없이 일정하다는 광속 불변 원리이다.

191
답 ×
관성 좌표계는 정지해 있거나 등속도 운동 하는 관찰자를 기준으로 정한 좌표계로, 특수 상대성 이론은 관성 좌표계 사이에서 성립하는 이론이다. 가속도 운동을 하는 비관성 좌표계에서는 특수 상대성 이론이 성립하지 않는다.

192
답 ×
특수 상대성 이론의 동시성의 상대성에 의해 한 기준계에서 동시에 일어난 두 사건은 다른 기준계에서 볼 때 동시에 일어난 것이 아닐 수 있다.

193
답 ○
특수 상대성 이론의 시간 지연 현상에 의해 정지한 관찰자가 빠르게 운동하는 관찰자를 보면 상대편의 시간이 느리게 가는 것으로 관측된다.

194
답 ○
특수 상대성 이론의 길이 수축 현상에 의해 정지한 관찰자가 상대적으로 운동하는 물체를 보았을 때 물체의 길이는 줄어든다.

195
답 ㄱ, ㄷ, ㄹ
특수 상대성 이론에 따르면 시간, 공간, 질량 등은 관찰자에 따라 상대적으로 다르게 측정될 수 있다. 그러나 광속(빛의 속력)은 관찰자나 광원의 속력에 관계없이 일정하다.

196
답 질량 결손
핵반응 후에 핵반응 전보다 줄어든 질량의 합을 질량 결손이라고 하며, 핵반응 과정에서 에너지를 방출하기 때문에 질량 결손이 생긴다.

197
답 보존되고, 보존되지 않는다
핵반응 과정에서 질량수는 보존되고, 질량은 보존되지 않는다. 핵이 융합하거나 분열할 때 질량의 일부가 에너지로 변환된다.

198
답 수소, 헬륨
태양의 중심부에서는 수소 원자핵들이 융합하여 헬륨 원자핵으로 변한다. 태양의 핵융합 과정에서 질량 결손에 의해 발생한 에너지가 태양 에너지의 근원이다.

199 ③	**200** 해설 참조	**201** ⑤	**202** ④	**203** ④
204 ③	**205** ㄷ, ㄹ	**206** ④	**207** ③	**208** ⑤	**209** ④
210 $a < a_0$, $b = b_0$		**211** 해설 참조		**212** ③	**213** ③
214 ⑤	**215** ③	**216** ④	**217** ③	**218** ②	**219** ④
220 (가)>(나)		**221** ⑤	**222** ③	**223** 해설 참조
224 ③	**225** ①			

199　답 ③

(가) 오른쪽 방향을 (+)로 하면, A에 타고 있는 관찰자가 측정한 철수의 상대 속도＝철수의 속도－A의 속도＝0－20 km/h＝－20 km/h에서 상대 속도의 크기는 20 km/h이다.

(나) A에 타고 있는 관찰자가 측정한 B의 상대 속도＝B의 속도－A의 속도＝50 km/h－20 km/h＝30 km/h이다.

개념 더하기　상대 속도

- 상대 속도: 관찰자가 측정하는 물체의 속도
- 관찰자가 본 물체의 상대 속도는 관찰자 자신이 정지해 있다고 가정할 때 물체의 속도이다. 따라서 물체의 속도에서 관찰자의 속도를 빼서 구한다.
➡ 관찰자가 본 물체의 상대 속도＝물체의 속도－관찰자의 속도

200

예시 답안 광속 불변 원리에 의해 철수와 B의 관찰자는 모두 빛의 속력을 3×10^8 m/s의 같은 값으로 측정한다.

채점 기준	배점(%)
예시 답안과 같이 설명한 경우	100
광속 불변 원리는 설명하지 않고 철수가 측정한 빛의 속력과 B에 타고 있는 관찰자가 측정한 빛의 속력만 옳게 구한 경우	50

201　답 ⑤

자료 분석하기　마이컬슨·몰리 실험

[예측] 지구 표면에 에테르가 존재한다면 에테르에 대한 두 빛의 진행 방향이 다르기 때문에 빛 검출기에 도달하는 시간에 차이가 생길 것이다.

[과정] 광원에서 나온 빛이 반투명 거울을 통해 수직으로 나뉘어 진행한 후 반투명 거울로부터 같은 거리에 있는 거울 (가), (나)에서 반사되어 다시 반투명 거울을 통해 빛 검출기에 도달한다.

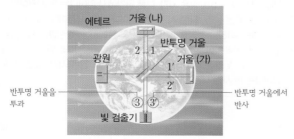

[결과] 1→2→3 경로의 빛과 1′→2′→3′ 경로의 빛이 빛 검출기에 동시에 도달한다. 즉, 두 경로를 이동하는 동안 이동한 거리와 시간이 같으므로 빛의 속력에는 차이가 없다.
➡ 실험 결과 에테르는 존재하지 않는다는 것을 알 수 있다.

ㄱ. 마이컬슨·몰리 실험은 빛의 속력 차이로부터 에테르의 존재를 증명하기 위해 실행했던 실험이다.

ㄴ. 반투명 거울은 빛의 일부는 반사시키고 일부는 투과시키는 거울로, 광원에서 나온 빛은 반투명 거울에 의해 수직으로 나뉘어져 진행한다.

ㄷ. 마이컬슨·몰리 실험 결과 에테르는 존재하지 않으므로 빛의 속력에는 차이가 없다. 따라서 빛이 (가), (나)에서 반사된 후 빛 검출기에 도달하는 데 걸린 시간은 같다.

202　답 ④

자료 분석하기　상대성 원리

- 등속도 운동을 하는 트럭 위의 미래: 미래는 공이 연직 위로 올라갔다가 떨어지는 것으로 관측한다. 미래가 본 공은 지면에 있을 때와 같은 운동을 한다. 따라서 자신이 정지해 있는지 등속도 운동을 하는지 구별할 수 없다.
- 지면에 정지해 있는 대한: 대한이는 공이 포물선 운동을 하는 것으로 관측한다.

ㄱ. 관성 좌표계는 정지 또는 등속도로 움직이는 좌표계로, 한 관성 좌표계에 대해 일정한 속도로 움직이는 좌표계는 모두 관성 좌표계이다. 즉, 정지해 있는 대한이와 등속도 운동을 하는 미래의 좌표계는 모두 관성 좌표계이다.

ㄴ. 관성 좌표계에서 미래와 대한이가 측정하는 물리량은 다를 수 있지만 공의 질량이 m으로 같고, 가속도가 중력 가속도 g로 같기 때문에 공의 운동을 뉴턴의 운동 법칙 $F = ma$로 설명할 수 있다. 즉, 물리량 사이의 관계식은 동일하다.

오답 피하기 ㄷ. 미래는 공이 연직 위로 올라갔다가 떨어지는 것으로 관찰하고, 대한이는 공이 포물선 운동을 하는 것으로 관찰한다.

203　답 ④

자료 분석하기　길이 수축

A가 관측할 때는 B와 지구, 행성이 왼쪽으로 $0.7c$의 속력으로 운동한다.

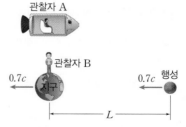

- A가 관측할 때는 지구와 행성 사이의 거리 L이 길이 수축이 일어나므로 7광년보다 짧다.
- B가 보낸 빛의 속력은 c로 관찰자에 상관없이 일정하다.
- B가 보낸 빛이 행성에 도달하는 데 걸린 시간은 7년보다 짧다.

ㄱ. A가 관측할 때 운동하는 B의 시간이 느리게 간다.

ㄷ. A가 관측할 때는 지구와 행성이 운동하므로 지구와 행성 사이의 거리가 길이 수축으로 7광년보다 짧다. 또, 빛이 지구에서 출발한 후 행성이 지구 쪽으로 운동하므로 빛이 지구에서 행성까지 가는 데 걸린 시간은 7년보다 짧다.

오답피하기 ㄴ. 빛의 속력은 모든 관성계에서 일정하다.

204 필수 유형
답 ③

자료 분석하기 **동시성의 상대성**

• 영희가 관측할 때 빛은 광원으로부터 같은 거리만큼 떨어진 검출기 A, B에 동시에 도달한다.

• 철수가 관측할 때 우주선이 오른쪽으로 운동하고 있으므로, 광원에서 나온 빛은 A에 먼저 도달하고, 그 다음 B에 도달한다.

원래 광원의 위치 ── ──현재 광원의 위치

ㄱ. 우주선 안에 있는 영희의 좌표계에서 빛의 속력이 일정하고, O에서 A, B까지의 거리가 같다. 따라서 빛은 A, B에 동시에 도달한다.

ㄷ. 영희가 측정한 A와 B 사이의 거리가 고유 거리이다. 철수가 관측할 때 A, B는 영희와 함께 운동하고 있다. 따라서 철수의 좌표계에서 A와 B 사이의 거리는 영희가 측정한 고유 거리보다 짧게 측정된다.

오답피하기 ㄴ. 철수의 좌표계에서도 빛의 속력은 같지만 빛이 이동하는 동안 우주선도 이동하므로, A는 빛이 발생한 지점으로 접근하고, B는 멀어진다. 따라서 철수가 관측할 때 빛은 A에 먼저 도달하고, 나중에 B에 도달한다. 이처럼 A, B에 빛이 도달하는 사건이 영희에게는 동시에 일어나는 사건이지만 영희와 다른 좌표계에 있는 철수에게는 동시에 일어나는 사건이 아니다.

205 필수 유형
답 ㄷ, ㄹ

자료 분석하기 **고유 시간과 고유 길이**

• 고유 시간: 관찰자가 보았을 때 한 장소에서 발생한 두 사건 사이의 시간 간격
• 고유 길이: 관찰자가 보았을 때 정지 상태에 있는 물체의 길이 또는 관성 좌표계에 대해 고정된 두 지점 사이의 거리

구분	민지가 측정한 값	민수가 측정한 값
빛의 속력	c	c
우주선의 길이	고유 길이	고유 길이보다 짧게 측정된다.
빛이 한 번 왕복할 때 이동한 거리	빛은 위아래로 왕복 운동한다.	빛은 사선을 따라 올라갔다가 내려온다.
빛의 왕복 시간	고유 시간	고유 시간보다 느리게 간다.

ㄷ. 민지가 관측할 때 빛은 위아래로 왕복 운동하고, 민수가 관측할 때 빛은 사선을 따라 올라갔다가 내려온다. 따라서 빛이 한 번 왕복할 때 이동한 거리는 민수가 측정할 때가 민지가 측정할 때보다 길다.

ㄹ. 민수와 민지가 측정한 빛의 속력은 같고, 빛의 이동 거리는 민수가 측정할 때가 민지가 측정할 때보다 길다. 따라서 빛의 왕복 시간은 민수가 측정할 때가 민지가 측정할 때보다 길다.

오답피하기 ㄱ. 빛의 속력은 관찰자의 운동과 관계없이 일정하므로 민수와 민지가 측정한 값이 같다.

ㄴ. 우주선의 길이는 우주선에 대해 정지해 있는 민지가 측정한 값이 고유 길이이며, 우주선에 대해 상대적으로 운동하는 민수가 측정한 우주선의 길이는 길이 수축에 의해 고유 길이보다 짧다.

206
답 ④

ㄴ. X의 속력은 B가 관측할 때가 C가 관측할 때보다 크다. B가 관측할 때가 C가 관측할 때보다 길이 수축이 더 크게 일어나므로 X의 길이는 B가 관측할 때가 C가 관측할 때보다 짧다.

ㄷ. C가 관측할 때 X와 Y의 뒤쪽 끝이 P를 동시에 통과하는 것은 하나의 사건이므로 동시에 일어난다. 따라서 A가 관측할 때 P가 X의 뒤쪽 끝을 통과하는 순간 Y의 뒤쪽 끝이 X의 뒤쪽 끝을 통과한다.

오답피하기 ㄱ. C가 관측할 때 Y의 속력이 X의 2배이므로 C가 관측한 우주선의 길이는 Y가 X의 2배이다. 그런데 Y가 X보다 속력이 빠르므로 길이 수축이 더 크게 일어난다. 길이 수축이 일어난 길이가 Y가 X의 2배이므로 우주선의 고유 길이는 Y가 X의 2배보다 크다.

개념 더하기 **특수 상대성 이론에서 사건의 개념**

특수 상대성 이론에서 말하는 사건이란 특정 시각과 위치에서 발생한 물리적 상황을 말한다. 즉, 특정 시간에 특정 공간(한 점 또는 한 기준선)에서 일어난 일은 하나의 사건이다. 하나의 사건은 시공간 좌표계에서 한 점으로 나타난다. 반면 특정 시간에 서로 다른 공간에서 일어난 사건이나 서로 다른 시간에 특정 공간에서 일어난 사건은 서로 다른 두 사건이다. 이 경우 시공간 좌표계에서 두 점으로 표시된다.

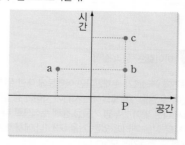

그림에서 사건 a와 b는 같은 시간, 다른 공간에서 일어나는 두 사건이다. 사건 b와 c는 같은 공간, 다른 시간에서 일어나는 두 사건이다. 그러나 X의 앞쪽이 P를 통과하는 것과 Y의 앞쪽이 P를 통과하는 것은 같은 시간, 같은 공간에서 일어나는 한 사건(사건 b)이다. 마찬가지로 X의 뒤쪽 끝이 P를 통과하는 것과 Y의 뒤쪽 끝이 P를 통과하는 것도 같은 시간, 같은 공간에서 일어나는 한 사건(사건 c)이다.

207
답 ③

ㄱ. 광원과 거울 사이의 거리는 우주선의 운동 방향에 수직이므로 길이 수축이 일어나지 않는다. 따라서 A와 B의 관성계에서 같은 값을 갖는다.

ㄴ. 빛의 속력은 모든 관성계에서 같다.

오답피하기 ㄷ. B의 관성계에서는 빛이 운동 방향에 수직으로 진행하여 거울에 도달하지만, A의 관성계에서는 거울이 우주선의 운동 방향으로 운동하므로 빛이 운동 방향에 비스듬히 진행하여 거울에 도달한다. 따라서 방출된 빛이 거울에 도달하는 시간은 A가 관측할 때가 B가 관측할 때보다 길다.

208
답 ⑤

ㄱ. P와 Q 사이의 거리는 영희가 측정할 때가 민수가 측정할 때보다 크므로 길이 수축은 민수가 측정할 때 더 많이 일어났다. 우주선의 속력이 빠를수록 길이 수축이 크게 일어나므로 우주선의 속력은 $v_A < v_B$이다.

ㄴ, ㄷ. 속력이 빠를수록 시간 지연, 길이 수축 현상이 크다. $v_A < v_B$이므로 철수가 측정할 때 민수의 시간이 영희의 시간보다 느리게 가고, 민수가 탄 우주선 B의 길이가 영희가 탄 우주선 A의 길이보다 수축이 더 많이 일어나 A가 B보다 길다.

209
답 ④

ㄱ. 정지한 좌표계에서 측정한 운동하는 좌표계의 물체의 길이는 수축되는데, 길이 수축은 운동하는 좌표계의 속력이 빠를수록 더 크게 나타난다. 영준이가 측정할 때 속력은 A가 B보다 빠르므로, 우주선의 길이는 A가 B보다 짧다.

ㄷ. P와 Q에 대해 상대적으로 정지해 있는 영준이가 측정한 거리가 고유 길이이다. 성연이와 지수는 영준이에 대해 상대적으로 운동을 하므로 길이 수축이 일어나 P와 Q 사이의 거리는 고유 길이보다 짧게 측정된다. 이때 속력이 빠를수록 길이 수축이 더 많이 일어나므로 P와 Q 사이의 거리는 성연이가 측정할 때가 지수가 측정할 때보다 짧다.

오답피하기 ㄴ. 정지한 좌표계에서 측정한 운동하는 좌표계의 시간은 지연되는데, 운동하는 좌표계의 속력이 빠를수록 더 크게 지연된다. 영준이가 측정할 때 A의 속력이 B의 속력보다 빠르므로, 성연이의 시간은 지수의 시간보다 느리게 간다.

> **개념 더하기** **시간 지연과 길이 수축**
>
> • 시간 지연: 지면에 정지한 관찰자가 볼 때 상대적으로 빠르게 운동하는 우주선 안의 관찰자의 시간은 자신의 시간보다 느리게 간다. 지면의 관찰자가 측정한 우주선 안의 두 사건 사이의 시간 간격(Δt)은 우주선 안에서 측정한 두 사건 사이의 시간 간격(Δt_0)보다 길다. ➡ $\Delta t > \Delta t_0$
> • 길이 수축: 물체의 고유 길이는 물체에 대해 정지해 있는 관찰자가 측정한 길이이다(L_0). 물체에 대해 빠르게 운동하는 관찰자가 측정하는 물체의 길이(L)는 고유 길이보다 짧다. ➡ $L_0 > L$

210
답 $a < a_0$, $b = b_0$

특수 상대성 이론의 길이 수축에 의해 정지한 영희가 본 상대적으로 빠르게 움직이는 우주선의 길이는 고유 길이보다 짧게 측정된다. 이때 길이 수축은 운동 방향으로만 일어나며, 운동 방향과 수직인 방향의 길이는 변하지 않는다. 따라서 x 방향으로는 길이 수축이 일어나므로 $a < a_0$이고, y 방향으로는 길이 수축이 일어나지 않으므로 $b = b_0$이다.

211

길이 수축은 물체의 운동 방향으로만 일어나며, 물체의 속력이 빠를수록 크게 나타난다.

예시답안 우주선의 운동 방향으로 속력이 빨라져서 길이 수축이 더 크게 나타나기 때문에 a는 더 짧아지고, 운동 방향과 수직인 방향으로는 길이가 변하지 않으므로 b는 변하지 않는다.

채점 기준	배점(%)
a와 b의 길이 변화를 모두 옳게 설명한 경우	100
a와 b 2가지 중 1가지만 옳게 설명한 경우	50

212
답 ③

지구와 목성에 대해 상대적으로 정지해 있는 지민이가 측정한 지구에서 목성까지의 거리 L은 고유 길이이다.

ㄱ. 지구와 목성에 대해 상대적으로 운동하는 동민이가 측정한 지구에서 목성까지의 거리는 길이 수축에 의해 지민이가 측정한 거리 L보다 짧다.

ㄴ. 동민이의 입장에서 우주선은 정지해 있고, 지구는 v의 속력으로 멀어지며 목성은 v의 속력으로 다가온다.

오답피하기 ㄷ. 지민이가 측정한 시간 $T = \dfrac{L}{v}$이다. 하지만 동민이의 입장에서는 v의 속력으로 다가오는 목성이 L보다 짧은 거리를 이동하므로, 우주선이 지구와 스쳐 지나가는 순간부터 목성과 만날 때까지 걸리는 시간은 T보다 짧다.

213
답 ③

ㄱ. 빛의 속력은 모든 관성계에서 일정하다.

ㄷ. A보다 B에서 검출기가 더 빨리 광원 쪽으로 운동하므로 광원에서 방출된 빛이 검출기에 먼저 도달하는 것은 B이다.

오답피하기 ㄴ. 관찰자에 대해 운동하는 물체는 길이 수축이 일어난다. 물체의 속력이 빠를수록 길이 수축이 더 크게 일어난다. A, B에서 광원과 검출기 사이의 고유 길이가 같으므로 관찰자가 측정할 때는 A에서가 B에서보다 광원과 검출기 사이의 거리가 길다.

214 필수 유형
답 ⑤

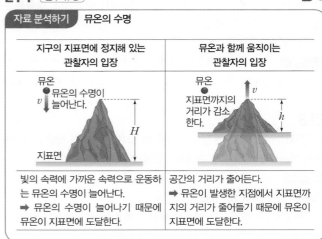

| 자료 분석하기 | 뮤온의 수명 |

지구의 지표면에 정지해 있는 관찰자의 입장	뮤온과 함께 움직이는 관찰자의 입장
빛의 속력에 가까운 속력으로 운동하는 뮤온의 수명이 늘어난다. ➡ 뮤온의 수명이 늘어나기 때문에 뮤온이 지표면에 도달한다.	공간의 거리가 줄어든다. ➡ 뮤온이 발생한 지점에서 지표면까지의 거리가 줄어들기 때문에 뮤온이 지표면에 도달한다.

ㄱ. 지표면에 있는 관찰자가 측정할 때 상대적으로 빠르게 운동하는 뮤온의 수명은 시간 지연에 의해 늘어난다. 즉, 지표면에 있는 관찰자가 측정한 뮤온의 수명은 $2.2~\mu s$보다 길다.

ㄴ. 뮤온과 함께 이동하는 좌표계에서는 지표면이 상대적으로 빠르게 운동하는 것으로 측정하므로, 뮤온과 지표면 사이의 거리는 길이 수축에 의해 줄어든다. 즉, 뮤온과 함께 이동하는 좌표계에서 측정한 뮤온 발생 지점에서 지표면까지의 거리는 60 km보다 짧다.

ㄷ. 시간 지연과 길이 수축은 특수 상대성 이론으로 설명할 수 있다.

215
답 ③

정지해 있는 물체의 에너지는 정지 질량(m_0)에 의한 에너지 $E_0 = m_0 c^2$를 갖는다. 따라서 $E_0 = (10 \times 10^{-3}~kg) \times (3 \times 10^8~m/s)^2 = 9 \times 10^{14}~J$이다.

개념 더하기 **정지 에너지**

- 정지 질량: 관찰자가 보았을 때 정지 상태에 있는 물체의 질량
- 정지 에너지: 정지 질량 m_0인 물체가 어떤 관찰자에 대해 정지해 있을 때 가지는 에너지

$$E_0 = m_0 c^2$$

- 관찰자가 보았을 때 물체가 정지해 있더라도 질량 자체가 에너지에 해당하므로 정지한 물체도 매우 큰 에너지를 가지고 있다.

216
답 ④

B. 관찰자가 볼 때 물체의 속력이 빨라지면 물체의 질량도 증가하며, 물체의 속력이 빛의 속력에 가까워지면 질량이 급격하게 증가한다.

C. 질량 에너지 등가 원리에 의해 질량은 에너지로 전환될 수 있으며, 에너지도 질량으로 전환될 수 있다.

오답 피하기 A. 특수 상대성 이론에 따르면 시간이나 길이뿐만 아니라 질량도 절대적인 물리량이 아니다. 즉, 같은 물체라도 관찰자에 대하여 정지해 있을 때와 운동하고 있을 때의 질량이 다르게 측정된다.

217
답 ④

ㄱ. (가)에서 핵융합 전과 후에 질량수와 원자 번호가 각각 보존되므로 ㉠은 중성자($_0^1 n$)이다. 중성자는 전하를 띠지 않으므로 전기장 내에서 전기력을 받지 않는다.

ㄷ. 핵융합 반응에서 질량 결손에 의해 에너지가 방출된다. 방출되는 에너지는 (가)에서가 (나)에서보다 크므로 질량 결손은 (가)에서가 (나)에서보다 크다.

오답 피하기 ㄴ. (나)에서 핵융합 전과 후에 질량수와 원자 번호가 각각 보존되므로 $2+2=㉡+1$에서 ㉡의 질량수는 3이며, ㉡은 $_2^3 He$이다.

218
답 ②

ㄷ. 핵반응에서 질량 결손이 클수록 더 많은 에너지가 방출된다. 따라서 핵반응 전체의 질량 결손은 (나)에서가 (가)에서보다 크다.

오답 피하기 ㄱ. (가)에서 핵융합 전후에 질량수와 원자 번호가 보존되므로 ㉠은 중성자($_0^1 n$)이다.

ㄴ. 원자핵에서 질량수는 양성자수(원자 번호)와 중성자수의 합이다. 따라서 $_{92}^{235} U$의 중성자수는 $235 - 92 = 143$이다.

219
답 ④

자료 분석하기 **에너지와 질량**

뉴턴 역학에서의 에너지와 질량	특수 상대성 이론에서의 에너지와 질량
• 힘이 물체에 해 준 일만큼 물체의 운동 에너지가 증가한다. • 상대 운동 하는 모든 관찰자에게 물체의 질량은 같은 값을 갖는다. • 정지한 물체의 에너지는 질량에 관계없이 0이다.	• 질량은 에너지로 전환될 수 있으며, 에너지도 질량으로 전환될 수 있다. • 운동하는 물체의 질량은 물체의 속력이 빨라지면 증가하고, 속력이 느려지면 감소한다.

(가)는 뉴턴 역학(A)에서만 성립하는 설명으로, 특수 상대성 이론에서는 힘이 물체에 해 준 일 중 일부는 물체의 질량을 증가시키는 데 사용된다.

(나)는 특수 상대성 이론(B)에서만 성립하는 설명으로, 뉴턴 역학에서는 상대 운동 하는 모든 관찰자에게 물체의 질량은 같은 값을 갖는다.

(다)는 뉴턴 역학(A)에서만 성립하는 설명으로, 특수 상대성 이론에서는 정지한 물체의 에너지는 0이 아니며, 정지한 물체도 매우 큰 에너지를 가지고 있다.

220
답 (가) > (나)

(가)는 중성자 2개, 양성자 2개인 상태이므로 질량은 $(1.0073~u + 1.0087~u) \times 2 = 4.032~u$이다. 따라서 (가)의 질량이 (나)의 질량보다 0.0305 u만큼 크다.

221
답 ⑤

ㄱ. 질량수는 양성자 수와 중성자 수를 합한 값으로, 핵융합 시 질량수는 보존된다. 즉, 질량수의 합은 (가)에서와 (나)에서가 같다.

ㄴ, ㄷ. (가)에서 (나)로 바뀌는 과정에서 양성자와 중성자가 결합하여 원자핵을 이룰 때 질량이 감소하였다. 이때 감소한 질량을 질량 결손이라고 하며, 감소한 질량만큼 에너지를 방출한다.

222
답 ③

ㄱ. (가)에서 핵반응 전후에 원자 번호와 질량수가 보존되므로 X는 원자 번호가 1, 질량수가 2인 중수소($_1^2 H$)이다.

ㄴ. (나)에서 핵반응 전후에 원자 번호와 질량수가 보존되므로 Y는 중성자($_0^1 n$)이다.

오답 피하기 ㄷ. X의 질량이 M_2이므로 (나)에서 핵반응 전의 질량은 $M_2 + M_3$이다. Y의 질량을 m이라고 하면 (나)에서 핵반응 전후의 질량 결손은 $(M_2 + M_3) - (M_5 + m)$이다.

223

예시 답안 핵분열 반응과 핵융합 반응은 모두 반응 전의 질량의 총합보다 반응 후의 질량의 총합이 감소한다. 그 까닭은 핵반응 과정에서 생기는 질량 결손이 에너지로 전환되기 때문이다.

채점 기준	배점(%)
핵반응에서 반응 전후의 질량의 차와 까닭을 모두 옳게 설명한 경우	100
핵반응에서 질량이 감소하는 까닭만 옳게 설명한 경우	50
핵반응에서 반응 전후의 질량의 차만 옳게 비교한 경우	40

224

답 ③

자료 분석하기 핵반응식

핵반응식 전후에 질량수와 원자 번호의 합이 각각 보존된다.

$$\underset{\text{원자 번호}}{\overset{\text{질량수}}{\longrightarrow}} {}^{235}_{92}\text{U} + (\text{ⓐ}) \longrightarrow {}^{141}_{56}\text{Ba} + {}^{92}_{\text{ⓒ}}\text{Kr} + 3(\text{ⓐ}) + \text{에너지}$$

- ⓐ는 전하를 띠지 않는 입자이므로 전하량에 해당하는 원자 번호가 0이다.
- ⓐ의 질량수를 x라고 하고 질량수 보존에 대한 식을 세우면 다음과 같다.
  $235 + x = 141 + 92 + 3x$에서 $x = 1$이다.
- ⓐ의 원자 번호는 0이므로 전하량 보존에 대한 식을 세우면 다음과 같다.
  $92 + 0 = 56 + \text{ⓒ} + 3 \times 0$에서 $\text{ⓒ} = 36$이다.

ㄱ. 반응식 전후에 질량수와 원자 번호의 합이 각각 같아야 하므로 ⓐ는 질량수가 1이고, 원자 번호가 0인 중성자(${}^{1}_{0}\text{n}$)이다.

ㄴ. ⓐ가 중성자이므로 원자 번호의 합이 반응 전후에 같기 위해서는 ⓒ은 36이다.

오답 피하기 ㄷ. 원자력 발전소에서 일어나는 핵분열 반응으로, 우라늄이 핵분열할 때 질량 결손에 해당하는 만큼의 에너지가 열로 방출된다.

225

답 ①

ㄱ. 핵분열 과정에서 질량이 결손된 만큼 에너지가 발생한다.

오답 피하기 ㄴ. 핵분열 과정에서 핵반응 전 질량의 합보다 핵반응 후 질량의 합이 줄어든다. 따라서 반응물의 질량의 합은 생성물의 질량 합보다 크다.

ㄷ. 원자로에서는 핵분열 반응이 일어나므로, 반응물의 원자핵보다 가벼운 원자핵들로 분열된다.

1등급 완성 문제

56~57쪽

226 ③ **227** ④ **228** ④ **229** ① **230** ⑤ **231** ②
232 해설 참조 **233** 해설 참조 **234** 해설 참조

226

답 ③

자료 분석하기 동시성의 상대성

- 영희가 관찰할 때: O에서 A까지의 거리가 O에서 B까지의 거리보다 멀기 때문에 O에서 발생한 빛은 B에 먼저 도달하는 것으로 관찰한다.
- 철수가 관찰할 때: O에서 A까지의 거리가 O에서 B까지의 거리보다 멀지만 우주선이 등속으로 오른쪽으로 움직이므로 빛이 A, B에 동시에 도달하는 것으로 관찰한다.

ㄱ. 영희가 측정할 때 $L_A = L_B$라면 철수가 측정할 때 빛의 속도는 일정하고, O에서 방출된 빛이 각각 A, B로 이동하는 동안 우주선도 B쪽으로 이동하므로 빛이 O에서 A까지 이동하는 거리는 짧아지고, O에서 B까지 이동하는 거리는 길어진다. 따라서 빛은 B보다 A에 먼저 도달하는 것으로 측정해야 한다. 그러나 철수가 측정할 때 O에서 출발한 빛이 A, B에 동시에 도달했으므로 영희가 측정한 거리는 $L_A > L_B$이다.

ㄴ. 영희가 철수를 관찰하면 철수가 반대 방향으로 등속도 운동 하는 것으로 보인다. 따라서 영희가 측정할 때 철수의 시간이 자신(영희)의 시간보다 느리게 간다.

오답 피하기 ㄷ. 영희가 측정할 때 O에서 A까지의 거리 L_A가 O에서 B까지의 거리 L_B보다 크기 때문에 O에서 발생한 빛은 A보다 B에 먼저 도달한다.

227

답 ④

자료 분석하기 관찰자에 따른 물리량

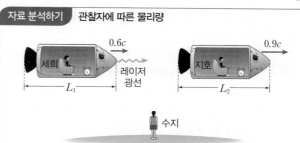

- 빛의 속력은 관찰자의 운동에 관계없이 모두 광속 $c = 3 \times 10^8$ m/s로 동일하다.
- 고유 길이는 물체에 대하여 정지해 있는 관찰자가 측정한 물체의 길이이다.
- 물체에 대하여 움직이는 관찰자는 물체의 길이를 고유 길이보다 짧은 길이로 측정한다.

구분	세희	지호	수지
빛의 속력	c	c	c
지호의 운동	오른쪽으로 운동한다.	·	오른쪽으로 운동한다.
세희의 운동	·	왼쪽으로 운동한다.	오른쪽으로 운동한다.
수지의 운동	왼쪽으로 운동한다.	왼쪽으로 운동한다.	·
세희의 우주선의 길이	L_1	L_1보다 짧다.	L_1보다 짧다.
지호의 우주선의 길이	L_2보다 짧다.	L_2	L_2보다 짧다.

ㄴ. 등속도 운동 하는 우주선에서 지호는 자신은 정지해 있고 상대적으로 세희가 왼쪽으로 운동하는 것으로 관측한다. 따라서 지호가 측정할 때 정지한 자신보다 왼쪽으로 운동하는 세희의 시간이 느리게 간다.

ㄷ. 광속 불변 원리에 따라 레이저 광선의 속력은 세희와 지호가 측정한 값이 같다.

오답 피하기 ㄱ. L_1과 L_2가 같다면 지호가 탄 우주선의 속력이 세희가 탄 우주선의 속력보다 빨라 수지가 측정할 때 지호의 우주선이 세희의 우주선보다 더 짧게 측정되어야 한다. 하지만 수지가 측정한 세희와 지호의 우주선의 길이가 같으므로, 우주선의 고유 길이는 L_2가 L_1보다 길다.

228

자료 분석하기 거울 위치와 빛의 진행 경로

$t=0$	$t=t_0$
B가 관찰할 때 빛이 광원에서 거울로, 거울에서 광원으로 진행하는 동안 우주선 관성계가 $+x$ 방향으로 운동한다. 광원에서 방출된 빛이 P에 도달하려면 비스듬히 진행해야 한다.	$t=0$일 때 광원 O에서 방출된 빛이 $t=t_0$일 때 P_1에 도달(빨간색 빛)한다. 이때 Q로 향하는 빛 (파란색 빛)이 진행한 거리는 O에서 P_1까지의 거리와 같고, 아직 Q_1에 도달하지 못한다.
$t=t_1$	$t=t_1+t_2=2t_0$
$t=t_1$일 때 빛이 Q_2에 도달한다. 이때 P_1에서 반사된 빛은 P_2와 O_2를 잇는 직선상의 점을 통과한다.	$t=2t_0$일 때 P_1에서 반사된 빛이 O_3에 도달한다. 또, $t=t_1+t_2$일 때 Q_2에서 반사된 빛이 Q_3에 도달한다. 즉, $2t_0=t_1+t_2$이다.

ㄱ. A가 관측했을 때 빛이 P, Q에서 동시에 반사되므로 O에서 P, Q까지의 고유 길이는 같다. B가 관찰할 때 빛이 광원에서 P까지 진행하는 데 걸린 시간을 t_0이라고 하면 빛이 P에서 광원까지 진행하는 데 걸린 시간도 t_0이다. 거울에서 반사된 빛이 광원에 도달하는 사건은 같은 시간에 같은 공간에서 일어난 하나의 사건이므로 B가 관찰할 때도 하나의 사건이다. 빛이 광원에서 Q까지 진행하는 데 걸린 시간을 t_1, 빛이 Q에서 광원까지 진행하는 데 걸린 시간을 t_2라고 하면 $2t_0=t_1+t_2$이다. 빛이 Q에서 광원으로 진행할 때는 광원이 빛을 향해 운동하고, 광원과 Q 사이의 거리도 길이 수축이 일어나 짧아지므로 $t_2<t_0$이다. 따라서 $t_1>t_0$이다. 따라서 빛은 Q보다 P에 먼저 도달한다.

ㄷ. B가 관측할 때 빛이 Q보다 P에서 먼저 반사되므로 Q에서 반사된 빛이 O로 돌아오는 데 걸린 시간은 P에서 반사된 빛이 O로 돌아오는 데 걸린 시간보다 짧다.

오답 피하기 ㄴ. B가 관찰할 때 $\overline{OP}$는 운동 방향에 수직이므로 길이 수축이 일어나지 않고, $\overline{OQ}$는 운동 방향에 나란하므로 길이 수축이 일어난다. 따라서 $\overline{OQ}$의 길이가 $\overline{OP}$의 길이보다 짧다.

229

ㄱ. 지표면에 정지해 있는 관찰자가 측정할 때 빛의 속력에 가까운 속력으로 움직이는 뮤온 A, B의 수명은 시간 지연이 일어나 길어진다. 이때 뮤온의 속력이 빠를수록 시간 지연이 더 크게 일어나 수명이 더 길어지므로, A, B 중 먼저 붕괴하는 것은 속력이 느린 A이다.

오답 피하기 ㄴ. A와 B의 입장에서 뮤온이 생성된 순간부터 붕괴하는 순간까지 걸리는 시간은 고유 시간으로 t_0이다. 지표면의 관찰자가 측정할 때 A, B가 생성된 순간부터 붕괴하는 순간까지 걸리는 시간은 시간 지연에 의해 t_0보다 길어진다. 따라서 관찰자가 측정할 때 B가 생성된 순간부터 붕괴하는 순간까지 걸리는 시간은 t_0보다 크다.

ㄷ. 관찰자가 측정할 때 h는 고유 길이이고, $0.9ct_0$은 B와 함께 움직이는 좌표계에서 측정한 길이이므로 길이 수축에 의해 고유 길이보다 짧게 측정된다. 즉, h는 $0.9ct_0$보다 크다.

230

ㄱ. 레이저 광선은 빛이므로 뮤온의 관성계에서 관측할 때 빛의 속도로 진행하여 검출기에 먼저 도달한다.

ㄴ. 뮤온의 관성계에서는 P와 검출기가 운동하므로 P와 검출기 사이의 거리는 길이 수축이 일어난다.

ㄷ. 뮤온의 관성계에서 P와 검출기 사이의 거리가 길이 수축이 일어나므로 뮤온이 P에서 검출기까지 운동하는 시간(뮤온의 수명)도 A가 관측할 때보다 짧다.

231

ㄷ. (나)의 핵융합 반응에서 질량 결손에 의해 에너지가 발생하므로 핵반응 전 질량의 합보다 핵반응 후 질량의 합이 줄어든다.

오답 피하기 ㄱ. (가)와 (나)에서 질량수와 원자 번호는 반응 전후에 보존된다. 따라서 X는 중성자($^{1}_{0}n$)이다. 질량수는 1이지만 원자 번호는 0이다.

ㄴ. (가)는 핵분열, (나)는 핵융합 반응이지만 (가)와 (나)는 모두 반응 후에 질량의 총합이 감소하고 질량 결손만큼 에너지가 방출된다.

232

서술형 해결 전략

STEP 1 문제 포인트 파악

B의 관성계에서는 A와 광원, 거울, P, Q가 오른쪽으로 운동하는 것으로 관측한다. 이에 따라 빛이 광원에서 P, Q까지 운동하는 경로가 다름을 알아야 한다.

STEP 2 관련 개념 모으기

❶ B가 관측할 때 P, Q의 운동을 파악한다.
➡ P는 광원 쪽으로 운동하고 Q는 광원에서 멀어지는 쪽으로 운동한다.
➡ 빛이 광원에서 방출된 후 P, Q까지 이동하는 경로가 다르다.

❷ 광원에서 방출된 빛이 P, Q에 도달할 때까지 진행 경로를 찾는다.
➡ 빛이 광원 – 거울 – P′까지 이동하는 경로(빨간색)가 광원 – 거울 – Q′까지 이동하는 경로(파란색)보다 짧다.
➡ 빛의 속력은 일정하므로 빛은 이동 경로가 긴 Q′보다 이동 경로가 짧은 P′에 먼저 도달한다.

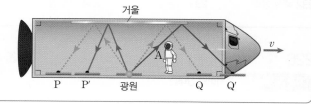

예시 답안 B가 볼 때 광원과 P, Q가 오른쪽으로 운동하므로 광원에서 방출된 빛이 거울에서 반사되어 P까지 진행하는 경로의 길이가 Q까지 진행하는 경로의 길이보다 짧다. 따라서 빛은 Q보다 P에 먼저 도달한다.

채점 기준	배점(%)
빛이 도달하는 순서를 이동 경로를 이용하여 옳게 설명한 경우	100
빛이 도달하는 순서를 옳게 설명하였으나 이동 경로를 적절하게 설명하지 못한 경우	30

233

서술형 해결 전략

STEP 1 문제 포인트 파악

물체의 속력이 느릴 때는 물체의 운동을 뉴턴 역학으로도 충분히 설명할 수 있지만, 물체의 속력이 매우 빨라지면 특수 상대성 이론을 적용해야 한다.

STEP 2 관련 개념 모으기

❶ 물체의 속력과 질량의 관계는?

→ 뉴턴 역학에서 물체의 질량은 고유한 특성으로 물체의 속력이 달라져도 질량은 변하지 않는다. 하지만 특수 상대성 이론에서는 물체의 속력이 빨라짐에 따라 물체의 질량도 증가한다.

❷ 물체에 해 준 일과 에너지의 관계는?

→ 뉴턴 역학에서는 물체에 힘을 가해 일을 해 주면 물체의 운동 에너지가 증가하여 속력이 빨라진다. 하지만 특수 상대성 이론에서는 물체에 힘을 가해 일을 해 주면 속력이 빨라질 뿐만 아니라 질량도 증가한다. 따라서 일을 계속 해 주더라도 물체의 속력은 무한히 증가하지 못하고 한계 값(빛의 속력)을 갖는다.

예시 답안 특수 상대성 이론에 따르면 물체에 힘을 가해 일을 해 주면 속력이 빨라질 뿐만 아니라 질량도 증가한다. 따라서 일을 계속 해 주더라도 물체의 속력은 무한히 증가하지 못하고 한계 값(빛의 속력)을 갖는다.

채점 기준	배점(%)
특수 상대성 이론에서는 속력뿐만 아니라 질량도 증가하며, 일을 계속 해 주더라도 물체의 속력은 무한히 증가하지 못한다고 설명한 경우	100
특수 상대성 이론에서는 질량이 증가한다고만 설명한 경우	30

234

서술형 해결 전략

STEP 1 문제 포인트 파악

핵융합할 때의 반응식, 원자 번호와 질량수에 따른 원자핵의 질량을 표에서 찾을 수 있어야 한다.

STEP 2 자료 파악

❶ X는 무엇인가?

→ $^3_2$He이며, 질량은 M_4이다.

❷ Y는 무엇인가?

→ $^1_1$H이며, 질량은 M_1이다.

❸ 핵융합 과정에서 질량은 어떻게 변하는가?

→ 핵이 융합할 때 질량의 일부가 에너지로 변환되면서 질량 결손이 일어난다.

핵융합 발전은 태양 에너지의 생성 원리인 핵융합을 적용한 발전 기술이다. 수십 억 도의 초고온 상태에서 중수소 원자핵과 삼중수소 원자핵을 충돌시키면 핵융합하여 헬륨 원자핵이 생성된다. 이때 질량 결손에 의해 많은 에너지가 방출된다.

예시 답안 X는 $^3_2$He이고, Y는 $^1_1$H이다. X는 $^3_2$He이므로 질량은 M_4이고 Y는 $^1_1$H이므로 질량은 M_1이다. 핵반응에서 결손된 질량은 반응 전 총 질량에서 반응 후 총 질량을 뺀 값인 $2M_4-2M_1-M_5$이다.

채점 기준	배점(%)
X, Y를 쓰고, 결손된 질량을 옳게 설명한 경우	100
결손된 질량만 옳게 설명한 경우	50
X, Y만 옳게 쓴 경우	30

235 ⑤	**236** ②	**237** ④	**238** ③	**239** ①	**240** ⑤
241 ①	**242** ①	**243** ①	**244** ③	**245** ③	**246** ②
247 해설 참조		**248** 해설 참조		**249** 5 m	
250 해설 참조		**251** (가) B→C, C→D (나) C→D			
252 해설 참조					

235 답 ⑤

ㄱ. 등속 원운동은 속력이 일정하고 가속도 방향이 회전 중심을 향하며, 운동 방향과 가속도 방향이 항상 수직이므로 Ⅰ에만 해당한다. 따라서 등속 원운동 하는 대관람차의 운동은 A에 해당한다.

ㄴ. 포물선 운동은 가속도 방향은 일정하지만 운동 방향과 가속도 방향이 다르고 속력이 계속 변하는 운동이므로 Ⅱ에만 해당한다. 따라서 포물선 운동하는 공의 운동은 B에 해당한다.

ㄷ. 자유 낙하 운동은 가속도 방향이 일정하여 속력이 계속 증가하고, 운동 방향과 가속도 방향이 같으므로 Ⅱ와 Ⅲ에 해당한다. 따라서 자유 낙하 하는 공의 운동은 C에 해당한다.

236 답 ②

자료 분석하기 등가속도 직선 운동

자동차가 다리를 통과하는 순간, 즉 55초일 때 자동차의 속도를 v라고 하면 자동차의 이동 거리는 표와 같이 나타낼 수 있다.

이동 시간	자동차의 운동	이동 거리
0~10초	등가속도 운동	$\frac{20+10}{2}\times10=150$(m)
10초~35초	등속도 운동	$10\times25=250$(m)
35초~55초	등가속도 운동	$\frac{10+v}{2}\times20=400$(m)

ㄴ. 0~55초 동안 자동차의 이동 거리는 800 m이므로 35~55초 동안 자동차가 이동한 거리는 400 m이다. 따라서 $\frac{10+v}{2}\times20=400$(m)에서 $v=30$ m/s이다.

오답 피하기 ㄱ. 0~10초 동안 자동차는 -1 m/s²의 가속도로 운동하므로 10초일 때 자동차의 속력은 $20-1\times10=10$(m/s)이다. 따라서 0~10초 동안 자동차의 평균 속력은 $\frac{20+10}{2}=15$(m/s)이다.

ㄷ. 35~55초 동안 자동차의 가속도 $a=\frac{30-10}{20}=1$(m/s²)이다.

237 답 ④

p가 끊어지기 전 A의 가속도의 크기가 5 m/s²이므로 $F=30$ N이다. p가 끊어진 후 C의 가속도의 크기는 6 m/s²이고, q가 끊어진 후 C의 가속도의 크기는 10 m/s²이다. 따라서 1초, 2초, 3초일 때 C의 속력은 각각 5 m/s, 11 m/s, 21 m/s이다. 0초부터 3초까지 C의 이동 거리는 $2.5+8+16=26.5$(m)이다.

238

자료 분석하기 줄로 연결되어 함께 운동하는 물체의 운동

(가)에서 A, B의 가속도는 $\dfrac{3mg-mg}{4m}=\dfrac{1}{2}g$이므로, (나)에서 A, B의 가

속도는 $\dfrac{1}{4}g=\dfrac{f-mg}{4m}$이다. 즉, $f=2mg$이다.

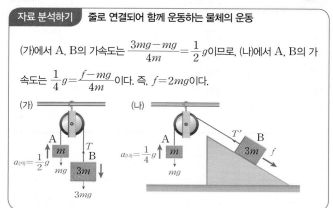

ㄱ. A의 가속도의 크기는 (가)에서가 (나)에서의 2배이므로, 작용하는 알짜힘의 크기도 (가)에서가 (나)에서의 2배이다.

ㄴ. 실이 A에 작용하는 힘의 반작용은 A가 실에 작용하는 힘으로 두 힘은 작용 반작용 관계이다.

오답 피하기 ㄷ. (가), (나)에서 실이 B를 당기는 힘의 크기를 각각 T, T'라고 하면, B에 작용하는 알짜힘은 (가)에서가 $3m\times\dfrac{1}{2}g=3mg$ $-T$이고, (나)에서가 $3m\times\dfrac{1}{4}g=2mg-T'$이다. 이를 정리하면 $T=\dfrac{3}{2}mg$, $T'=\dfrac{5}{4}mg$이므로, 실이 B를 당기는 힘의 크기는 (가)에서가 (나)에서의 $\dfrac{6}{5}$배이다.

239

답 ①

ㄱ. (가)에서 저울에 측정된 힘의 크기는 $3mg$이다. (나)에서 저울에 측정된 힘의 크기가 $6mg$이므로 $F=3mg$이다.

오답 피하기 ㄴ. (가), (나)에서 A에 작용하는 알짜힘이 0이므로 B가 A에 작용하는 힘의 크기는 (가), (나)에서 각각 mg, $4mg$이다. 따라서 B가 A에 작용하는 힘의 크기는 (나)에서가 (가)에서의 4배이다.

ㄷ. (가)에서 A에 작용하는 중력의 반작용은 A가 지구를 당기는 힘이다. A에 작용하는 중력과 B가 A에 작용하는 힘은 힘의 평형을 이룬다.

240

답 ⑤

충돌 전 A의 속도는 $+2$ m/s이고, 충돌 후 A의 속도는 -1 m/s이다. 충돌 전후 A와 B의 운동량의 합이 보존되므로 $2m_A=-m_A+m_B v_B$이다. 충돌 후 운동 에너지는 B가 A의 2배이므로 $2\times\dfrac{1}{2}m_A\times(-1)^2=\dfrac{1}{2}m_B v_B^2$이다. 두 식을 연립하여 풀면 $m_B=\dfrac{9}{2}m_A$이므로 $m_A:m_B=2:9$이다.

241

답 ①

ㄱ. 구간 A의 거리를 s라고 하면 첫 번째, 두 번째, 세 번째 통과할 때 속력은 각각 $\dfrac{s}{t}=v$, $\dfrac{s}{2t}=\dfrac{1}{2}v$, $\dfrac{s}{4t}=\dfrac{1}{4}v$이다. 따라서 두 번째 통과할 때 물체의 운동량의 크기는 $m\times\dfrac{1}{2}v=\dfrac{1}{2}mv$이다.

오답 피하기 ㄴ. Q와 충돌할 때 물체의 충돌 전 속력은 v, 충돌 후 속력은 $\dfrac{1}{2}v$이므로 운동량의 변화량은 $m\times\left(-\dfrac{1}{2}v\right)-mv=-\dfrac{3}{2}mv$이다. 물체와 Q가 충돌할 때 작용 반작용 법칙에 의해 물체가 받는 충격량과 Q가 받는 충격량의 크기는 같다. 따라서 Q가 받는 충격량의 크기는 $\dfrac{3}{2}mv$이다.

ㄷ. P와 충돌할 때, 물체의 충돌 전 속력은 $\dfrac{1}{2}v$, 충돌 후 속력은 $\dfrac{1}{4}v$이므로, 운동량의 변화량은 $m\times\dfrac{1}{4}v-m\times\left(-\dfrac{1}{2}v\right)=\dfrac{3}{4}mv$이다. 따라서 물체가 받는 충격량의 크기는 P와 충돌할 때가 Q와 충돌할 때의 $\dfrac{1}{2}$배이다.

242

답 ①

ㄱ. 물체의 질량을 m이라고 할 때, 물체가 낙하하는 동안 역학적 에너지가 보존되므로 $mgH=mgh+\dfrac{1}{2}mv^2$이다. 물체의 높이가 h인 순간, 운동 에너지는 중력 퍼텐셜 에너지의 $\dfrac{3}{2}$배이므로 $\dfrac{1}{2}mv^2=\dfrac{3}{2}mgh$에서 $mgH=\dfrac{5}{2}mgh$이고, $H=\dfrac{5}{2}h$이다.

오답 피하기 ㄴ. $\dfrac{1}{2}mv^2=\dfrac{3}{2}mgh$에서 $v=\sqrt{3gh}=\sqrt{\dfrac{6}{5}gH}$이다.

ㄷ. 기준면으로부터 $\dfrac{h}{2}$ 높이에서 물체의 속력을 v'라고 하면, $mg\times\dfrac{5}{2}h=mg\times\dfrac{1}{2}h+\dfrac{1}{2}mv'^2$에서 $v'=2\sqrt{gh}$이다.

243

답 ①

ㄱ. 같은 양의 이상 기체 A, B의 압력이 같고 부피는 B가 A보다 크므로 절대 온도는 B가 A보다 높다.

오답 피하기 ㄴ. Q는 A와 B의 내부 에너지 증가량과 탄성 퍼텐셜 에너지 증가량의 합과 같다.

ㄷ. B는 A로부터 일을 받아 일부는 내부 에너지를 증가시키고, 나머지는 용수철에 일을 하여 용수철의 탄성 퍼텐셜 에너지를 증가시킨다. 따라서 A가 B에 한 일은 B의 내부 에너지 증가량과 용수철의 탄성 퍼텐셜 에너지 증가량의 합과 같다.

244

답 ③

ㄱ. 열효율이 최대인 열기관은 카르노 기관으로 열효율이 $e=1-\dfrac{T_L}{T_H}$이다. 고열원의 온도가 $T_H=500$ K, 저열원의 온도가 $T_L=200$ K이므로, $e=1-\dfrac{200\ \text{K}}{500\ \text{K}}=0.6$이다.

ㄷ. 저열원으로 방출되는 열은 고열원에서 받는 열에서 열기관이 한 일을 뺀 값과 같다. 따라서 $Q_L=Q_H-W=1000$ J-600 J$=400$ J이다.

오답 피하기 ㄴ. 열효율 $e=\dfrac{W}{Q_H}$에서 $0.6=\dfrac{W}{1000\ \text{J}}$이므로 열기관이 한 일 $W=600$ J이다. 이처럼 열역학 제2법칙에 의해 공급받은 열을 모두 일로 전환할 수는 없다.

245
답 ③

ㄱ. 상자에 대해 정지해 있는 영희가 측정한 상자의 길이 L이 고유 길이이다. 상자에 대해 빛의 속력에 가까운 속도로 운동하는 철수가 측정하는 상자의 길이는 고유 길이보다 짧다.

ㄷ. 철수가 관측할 때 상자의 왼쪽 면은 A에서 나온 빛과 멀어지고, 상자의 오른쪽 면은 B에서 나온 빛과 가까워지지만 두 빛이 각 면에 동시에 도달하는 것으로 본다. 따라서 상자가 정지해 있는 것으로 보이는 영희가 관찰한다면 B보다 A에서 빛이 먼저 나온다.

오답 피하기 ㄴ. 모든 관찰자에게 빛의 속력은 c로 동일하다.

246
답 ②

㉠은 핵융합, ㉡은 핵분열이고, ㉢은 질량 결손에 대한 설명이다. 질량 에너지 등가 원리에 의해 감소한 질량만큼 에너지가 발생한다.

247

자료 분석하기 **등속 직선 운동과 등가속도 운동**

두 물체가 충돌하는 순간까지 A는 정지 상태에서 출발하여 빗면을 운동하는 동안 등가속도 운동을 하다가 수평면에서는 속력 v_A로 등속 직선 운동을 하고, B는 속력 v_B로 등속 직선 운동을 한다.

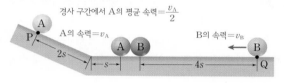

예시 답안 A가 빗면을 이동하는 데 걸린 시간은 $\dfrac{4s}{v_A}$이고, 수평면을 이동하는 데 걸린 시간은 $\dfrac{s}{v_A}$이다. B가 수평면을 이동하는 데 걸린 시간은 $\dfrac{4s}{v_B}$이고, A, B의 이동 시간은 같으므로, $\dfrac{4s+s}{v_A}=\dfrac{4s}{v_B}$에서 $v_A : v_B = 5 : 4$이다.

채점 기준	배점(%)
등가속도 운동과 등속 직선 운동을 적용하여 두 물체의 이동 시간을 구하는 식을 세워 속도의 비를 정확히 계산한 경우	100
등가속도 운동과 등속 직선 운동을 적용하였으나 속도 비를 구하지는 못한 경우	30

248

예시 답안 B의 속력이 최대일 때는 평형점을 지날 때이며, 이때 용수철이 늘어난 길이는 $\dfrac{L-L_0}{2}$이다. 용수철 상수를 k, A의 질량을 m이라고 하면 평형점에서 B에 작용하는 탄성력과 A에 작용하는 중력의 크기가 같으므로 $\dfrac{k(L-L_0)}{2}=mg$이다. 역학적 에너지 보존을 적용하면 A가 잃은 중력 퍼텐셜 에너지가 A, B의 운동 에너지와 탄성 퍼텐셜 에너지의 합과 같으므로 $mg\Big(\dfrac{L-L_0}{2}\Big)=\dfrac{1}{2}\times2mv^2+\dfrac{1}{2}k\Big(\dfrac{L-L_0}{2}\Big)^2$에서 $v=\sqrt{\dfrac{g(L-L_0)}{2}}$이다.

채점 기준	배점(%)
속력이 최대인 점을 찾고, 힘의 평형과 역학적 에너지 보존을 적용하여 최대 속력을 옳게 구한 경우	100
주어진 물리량 외의 다른 값을 정의하여 최대 속력을 구한 경우	40

249
답 5 m

자료 분석하기 **힘 – 거리 그래프에서의 일**

- 물체에 작용한 힘과 이동 거리의 그래프에서 그래프 아랫부분의 넓이는 물체가 받은 일의 양과 같다.

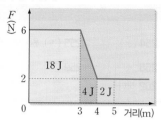

- 물체가 $0\sim3$ m를 이동하는 동안 받은 일은 18 J이다.
- 물체가 $3\sim4$ m를 이동하는 동안 받은 일은 4 J이다.
- 물체가 2 N의 일정한 힘을 받으며 2 J의 일을 받는 지점은 5 m 지점이다.

마찰이 없는 수평면에서 알짜힘 F가 한 일은 물체의 운동 에너지로 전환되므로, 물체의 운동 에너지는 $\dfrac{1}{2}m(v^2-v_0^2)=\dfrac{1}{2}\times2\times(5^2-1^2)=24(\text{J})$만큼 증가하였다. 힘 – 거리 그래프에서 그래프 아랫부분의 넓이는 힘이 한 일이므로, 물체의 운동 에너지가 24 J이 될 때까지 물체가 이동한 거리 s는 5 m이다.

250

용수철이 진동할 때 역학적 에너지가 보존된다. (나)를 통해 x값은 -4 cm에서 $+4$ cm 사이를 진동하므로 진폭은 $+4$ cm임을 알 수 있다. $x=\pm4$ cm일 때의 탄성 퍼텐셜 에너지인 1 J은 역학적 에너지와 같다.

예시 답안 $x=0$에서는 역학적 에너지가 모두 운동 에너지로 전환하므로, $1\,\text{J}=\dfrac{1}{2}mv^2=\dfrac{1}{2}\times0.5\times v^2$에서 물체의 속력 $v=2$ m/s이다. $x=\pm4$ cm일 때의 탄성 퍼텐셜 에너지가 1 J이므로, $1\,\text{J}=\dfrac{1}{2}\times k\times(0.04)^2$에서 $k=1250$ N/m이다.

채점 기준	배점(%)
물체의 속력을 구하고, 탄성 퍼텐셜 에너지 식을 이용하여 용수철 상수를 옳게 구한 경우	100
물체의 속력이나 용수철 상수 중 하나만 풀이 과정과 함께 옳게 구한 경우	50
풀이 과정은 쓰지 않고 물체의 속력과 용수철 상수만 옳게 구한 경우	40

251
답 (가) B → C, C → D (나) C → D

기체가 외부에 일을 하는 과정은 기체의 부피가 증가하는 B→C 과정과 C→D 과정이고, 기체의 내부 에너지가 감소하는 과정은 기체의 온도가 낮아지는 C→D 과정이다.

252

예시 답안 모든 관성계에서 물리 법칙은 동일하게 성립한다. 진공 중에서 진행하는 빛의 속력은 모든 관성계의 관찰자에게 일정하다.

채점 기준	배점(%)
두 가지 가정을 모두 옳게 설명한 경우	100
한 가지만 옳게 설명한 경우	50

07 전자의 에너지 준위

개념 확인 문제
63쪽

253 $\dfrac{F}{9}$ **254** (−)   **255** (+), 원자핵   **256** 인력

257 ○   **258** ×   **259** ○   **260** ×

261 방출   **262** 작다

253
답 $\dfrac{F}{9}$

두 점전하 사이의 거리가 r에서 $3r$로 3배가 되면 전기력의 크기는 $\dfrac{1}{9}$배가 되므로 두 점전하 사이에 작용하는 전기력의 크기는 $\dfrac{F}{9}$가 된다.

254
답 (−)

(−)전하를 띤 음극선은 전기력이나 자기력을 받는다. 따라서 전기장이나 자기장을 걸어 주면 휘어져 진행한다.

255
답 (+), 원자핵

러더퍼드는 알파(α) 입자 산란 실험을 통해 원자의 중심에 위치하고, 원자 질량의 대부분을 차지하면서 (+)전하를 띤 원자핵의 존재를 알아내었다.

256
답 인력

원자 안에 있는 전자는 원자핵과 전기적인 인력이 작용하기 때문에 전자가 원자핵 주위를 벗어나지 않는다.

257
답 ○

백열등과 같이 온도가 높은 고체에서 방출하는 빛은 파장이 연속적이다. 따라서 이 빛을 분광기를 통해 보면 연속 스펙트럼이 보인다.

258
답 ×

수소 원자에서 전자의 에너지 상태 중 에너지가 가장 낮은 상태를 바닥상태라고 하며, 가장 안정적인 상태이다.

259
답 ○

보어 원자 모형에서는 전자가 원자핵을 중심으로 특정한 에너지를 가진 궤도에서 원운동을 하므로, 보어는 전자의 궤도나 에너지가 불연속적임을 가정하여 원자의 방출 또는 흡수 스펙트럼을 설명하였다. 수소 원자의 선 스펙트럼을 보면 방출하거나 흡수하는 빛의 파장이 불연속적이므로 전자가 가질 수 있는 에너지가 양자화되어 있음을 알 수 있다.

260
답 ×

전자가 양자수 $n=1, 2, 3, 4$인 궤도 사이에서만 전이할 때 방출할 수 있는 스펙트럼에 나타나는 선의 개수는 $n=4$일 때 3가지이고, $n=3$일 때 2가지이며, $n=2$일 때 1가지이므로 총 6가지가 가능하다.

261
답 방출

에너지 준위는 $n=3$인 궤도에서가 $n=1$인 궤도에서보다 높으므로 전이 과정 a에서 전자는 에너지를 방출한다.

262
답 작다

에너지 준위 차는 양자수가 증가할수록 감소하므로 E_b는 E_c보다 작다.

기출 분석 문제
64~67쪽

263 ②   **264** ②   **265** ④   **266** ③   **267** ⑤   **268** ②

269 ⑤   **270** ②   **271** ⑤   **272** ②   **273** ④

274 ㉠ ∞, ㉡ 1   **275** 해설 참조   **276** ⑤   **277** ①

278 ③   **279** 해설 참조

263
답 ②

ㄷ. B의 무게가 A의 무게보다 커서 β가 α보다 작다. 즉, B의 질량이 A의 질량보다 크다.

오답 피하기 ㄱ. A, B 사이에 서로 미는 방향으로 전기력이 작용하므로 같은 종류의 전하이다.

ㄴ. A가 B에 작용하는 전기력과 B가 A에 작용하는 전기력은 서로 작용 반작용 관계이므로 두 힘의 크기는 같고, 방향은 반대이다.

264
답 ②

전기력은 두 전하가 가진 전하량의 곱에 비례하고, 거리의 제곱에 반비례한다. 따라서 기준이 되는 거리와 전하량을 정하고 각각 두 전하 사이에 작용하는 전기력의 크기를 비례 관계로 계산한다.

A와 B 사이의 거리를 d라 하고 B가 A에 작용하는 힘을 F라 하면 $F=k\dfrac{Q^2}{d^2}$이다. 한편 C가 미는 힘은 $k\dfrac{2Q^2}{4d^2}=\dfrac{1}{2}F$가 되어 B가 A를 당기는 힘이 더 크므로 A에 작용하는 힘의 방향은 오른쪽 방향이다. 마찬가지 방법으로 A가 B를 당기는 힘은 F이고 C가 B를 당기는 힘은 $k\dfrac{2Q^2}{d^2}=2F$가 되어 C가 당기는 힘이 더 크므로 B에 작용하는 힘의 방향은 오른쪽 방향이다. C의 경우 A가 C를 미는 힘은 $\dfrac{1}{2}F$이고 B가 C를 당기는 힘은 $2F$이므로 C에 작용하는 힘의 방향은 왼쪽 방향이다.

265
답 ④

A와 B는 같은 종류의 전하이므로 A는 B에 $+x$ 방향으로 전기력을 작용한다. 따라서 B에 작용하는 전기력이 0이 되려면 C가 (+)전하가 되어 B에 $-x$ 방향으로 미는 전기력을 작용해야 한다.

ㄴ. C의 전하량을 Q, B의 전하량을 Q_B, B와 C 사이의 거리를 d라고 하면 C가 B에 작용하는 전기력의 크기 $F=k\dfrac{QQ_B}{d^2}$이다. A의 전하량을 Q_A라고 하면 A가 B에 작용하는 전기력의 크기는 $k\dfrac{Q_AQ_B}{4d^2}=F$이므로 $Q_A=4Q$이다.

ㄷ. B와 C는 모두 (+)전하이므로 B가 C에 작용하는 전기력의 방향은 +x 방향이다.

오답피하기 ㄱ. C는 B를 −x 방향으로 밀어내는 전기력을 작용해야 하므로 (+)전하이다.

266
답 ③

ㄱ. 음극선은 전기력을 받아 (+)극 쪽으로 휘어지므로 (−)전하를 띤다는 것을 알 수 있다.

ㄷ. 음극선이 바람개비를 회전시키므로 질량을 가진 입자임을 알 수 있다.

오답피하기 ㄴ. 음극선은 (−)극에서 발생하여 (+)극으로 향하며, 전기력과 자기력의 영향을 받아 휘어진다.

267
답 ⑤

러더퍼드의 알파(α) 입자 산란 실험에서 금박에 입사된 대부분의 알파(α) 입자들은 금박을 통과하여 직진하고, 소수의 알파(α) 입자만 큰 각도로 휘거나 튕겨 나온다.

ㄱ, ㄷ. 알파(α) 입자 산란 실험을 통해 원자의 대부분은 빈 공간인 것과 원자의 중심에 (+)전하를 띤 입자가 존재한다는 것을 알 수 있다.

ㄴ. 알파(α) 입자는 (+)전하를 띠고 있으며 직진하던 입자가 큰 각도로 휘거나 튕기는 것은 어떤 (+)전하에 의한 전기적 반발력을 받아 산란된 것임을 알 수 있다.

268
답 ②

ㄷ. (+)전하를 띤 원자핵과 (−)전하를 띤 전자 사이에는 전기적인 인력이 작용하여 전자를 원자에 속박시킨다.

오답피하기 ㄱ. 원자핵의 질량은 전자에 비해 매우 크므로 원자 질량의 대부분은 원자핵이 차지한다.

ㄴ. 원자는 원자핵과 전자, 원자핵은 양성자와 중성자로 이루어져 있으므로 원자는 더 이상 쪼갤 수 없는 가장 작은 입자가 아니다.

269 필수 유형
답 ⑤

자료 분석하기 여러 가지 스펙트럼

(가) 백열전구: 연속 스펙트럼이 관찰된다. ➡ 모든 영역의 파장의 빛을 방출한다.

(나) 기체 방전관: 선 스펙트럼이 관찰된다. ➡ 전자의 궤도가 양자화되어 있고, 에너지 준위가 불연속적이다.

ㄱ. 백열전구에서 나온 스펙트럼은 연속 스펙트럼이므로 백열전구는 모든 영역의 파장의 빛을 방출한다.

ㄴ. 분광기로 스펙트럼을 관찰할 때, 기체의 종류에 따라 밝은 선의 위치가 다르게 나타난다.

ㄷ. 기체 방전관에서 나온 빛은 띄엄띄엄한 선 스펙트럼 형태를 띤다. 선 스펙트럼은 전자의 궤도가 양자화되어 있고, 전자가 갖는 에너지 준위가 불연속적임을 알려준다.

270
답 ②

ㄷ. 수소와 헬륨 원자의 선 스펙트럼이 다른 까닭은 각 원자의 에너지 준위 사이 간격이 다르기 때문이다.

오답피하기 ㄱ. 광자 1개의 에너지는 진동수에 비례하고 파장에 반비례한다. a는 b보다 파장이 짧으므로 광자 1개의 에너지는 a가 b보다 크다.

ㄴ. b는 전자가 $n=2$로 전이할 때 방출하는 빛 중에서 에너지가 가장 작다. 따라서 전자가 $n=3$에서 $n=2$로 전이할 때 b가 방출된다. a는 $n=5$에서 $n=2$로 전자가 전이할 때 방출되는 빛이다.

271
답 ⑤

ㄱ. 전자가 특정한 값의 에너지만 가질 수 있으므로 에너지 준위는 불연속적이다.

ㄴ. 높은 에너지 준위로 전자가 전이하기 위해서는 전이 과정에서의 에너지 준위 차만큼 에너지를 흡수해야 한다.

ㄷ. 전자가 낮은 에너지 준위로 전이할 때 방출되는 빛의 진동수는 에너지 준위의 변화에 의해서 결정되는데, 에너지 준위가 불연속적이므로 방출되는 빛의 진동수도 불연속적이다. 따라서 이때 나오는 빛의 스펙트럼은 선 스펙트럼이다.

272
답 ②

ㄴ. 전하를 띤 원자핵과 전자 사이에는 쿨롱 법칙을 따르는 전기력이 작용한다.

오답피하기 ㄱ. 전자가 갖는 에너지는 양자수 n에 따라 불연속적인 값을 가지며, 양자수 n이 커질수록 커지므로 바닥상태일 때 가장 작다.

ㄷ. 에너지 준위 차는 양자수가 클수록 줄어들고, 전이할 때 방출하는 에너지는 두 궤도의 에너지 준위 차와 같으며 빛의 진동수에 비례한다. 따라서 전자가 방출하는 빛의 진동수는 전자가 $n=3$인 궤도에서 $n=2$인 궤도로 전이할 때가 $n=2$인 궤도에서 $n=1$인 궤도로 전이할 때보다 작다.

273
답 ④

ㄴ, ㄷ. 전자가 전이할 때 방출하는 에너지 E는 두 궤도의 에너지 준위 차와 같으므로 전자의 에너지가 가장 많이 감소하는 전이 과정은 a이고, $E_a=E_b+E_c$이다.

오답피하기 ㄱ. 전자가 전이할 때 방출하는 에너지 E는 빛의 진동수 f에 비례하고, 파장 λ에 반비례한다. 따라서 $E_a>E_c$이므로 $\lambda_a<\lambda_c$이다.

274
답 ㉠ ∞, ㉡ 1

전자가 전이할 때 방출되는 에너지는 두 궤도의 에너지 차와 같으므로, $n=\infty$에서 $n=1$로 전이될 때 가장 큰 에너지를 가진 빛이 방출된다. 빛에너지는 진동수에 비례하고 파장에 반비례하므로 에너지 준위 차가 클수록 파장이 짧은 빛이 방출된다.

275

예시답안 1.89 eV, 눈으로 관찰할 수 있는 전자기파는 발머 계열이므로 $n\geq3$인 궤도에서 $n=2$인 궤도로 전이할 때이고, 이 중에서 최소 에너지를 가진 빛은 $n=3$인 궤도에서 $n=2$인 궤도로 전이할 때 방출하는 빛이다. 따라서 빛의 에너지는 $-1.51-(-3.40)=1.89(eV)$이다.

채점 기준	배점(%)
최소 에너지를 가진 빛의 에너지와 그 까닭을 옳게 설명한 경우	100
최소 에너지를 가진 빛의 에너지만 옳게 구한 경우	40

276
답 ⑤

ㄱ. a를 흡수할 때 에너지를 E_a, b, c를 각각 방출할 때 에너지를 E_b, E_c라 하면 $E_a=E_b+E_c$이다. 빛에너지 $E=hf$이므로 $hf_a=hf_b+hf_c$가 되어 $f_a=f_b+f_c$이다.

ㄴ. c는 전자가 $n=2$에서 $n=1$로 전이할 때 방출하는 빛이므로 $hf_c=E_2-E_1$에서 $f_c=\dfrac{E_2-E_1}{h}$이다.

ㄷ. 보어의 수소 원자 모형에서 전자가 전이하는 에너지 준위의 차가 클수록 방출하는 광자 1개의 에너지는 크다. 전자는 $n=2$에서 $n=1$로 전이할 때 방출하는 에너지가 $n=3$에서 $n=2$로 전이할 때 방출하는 에너지보다 크므로 광자 1개의 에너지는 c가 b보다 크다.

277 필수 유형
답 ①

자료 분석하기 수소 원자의 에너지 준위와 선 스펙트럼

(가) 광자의 에너지와 빛의 파장은 반비례하므로 방출되는 빛의 파장은 a에서가 b에서보다 길다.

(나) $n \geq 3 \rightarrow n=2$: 발머 계열로 자외선, 가시광선 영역이다.

ㄱ. 전이하는 전자의 에너지 준위 차는 a에서가 b에서보다 작으므로 전이 과정에서 방출되는 광자의 에너지는 a에서가 b에서보다 작다. 광자의 에너지와 빛의 파장은 반비례하므로 방출되는 빛의 파장은 a에서가 b에서보다 길다.

오답 피하기 ㄴ. $n \geq 3$인 궤도에서 $n=2$인 궤도로 전이할 때 방출되는 빛은 발머 계열로 자외선, 가시광선 영역이다.

ㄷ. 오른쪽으로 갈수록 선 스펙트럼의 선 사이의 간격이 좁아지므로 전이하는 전자의 에너지 준위 차가 감소한다. 따라서 오른쪽으로 갈수록 양자수가 더 큰 에너지 준위에서 전이한 것으로, 방출되는 빛의 진동수가 크다.

278
답 ③

빛의 속력을 c, 빛의 진동수를 f, 파장을 λ라 하면 $f=\dfrac{c}{\lambda}$이고 전자가 전이할 때 흡수 또는 방출하는 광자의 에너지 $E=hf=\dfrac{hc}{\lambda}$이다.

ㄱ. 전자가 $n=3$에서 $n=1$로 전이하므로 빛을 방출한다.

ㄴ. a, b, c에서 각각 방출, 흡수하는 에너지를 E_a, E_b, E_c라 하면 $E_a=E_b+E_c$이므로, $\dfrac{hc}{\lambda_a}=\dfrac{hc}{\lambda_b}+\dfrac{hc}{\lambda_c}$가 되어 $\dfrac{1}{\lambda_a}=\dfrac{1}{\lambda_b}+\dfrac{1}{\lambda_c}$이다.

오답 피하기 ㄷ. $\dfrac{hc}{\lambda_a}=E_3-E_1$이고 $\dfrac{hc}{\lambda_b}=E_2-E_1$이므로 $\dfrac{\lambda_a}{\lambda_b}=\dfrac{E_2-E_1}{E_3-E_1}$이다.

279

예시 답안 b는 발머 계열 중 2번째로 에너지가 작은 광자에 의한 선으로, 전자가 $n=2$인 궤도에서 $n=4$인 궤도로 전이할 때 흡수한 광자이다. 따라서 광자의 에너지는 $-0.85-(-3.40)=2.55(\text{eV})$이다.

채점 기준	배점(%)
전자의 전이 과정과 에너지가 모두 옳은 경우	100
전자의 전이 과정은 옳게 설명하였으나 에너지 계산이 옳지 않은 경우	50

1등급 완성 문제

280 ②	**281** ④	**282** ③	**283** ⑤	**284** ④	**285** ④
286 해설 참조		**287** 해설 참조		**288** 해설 참조	

280
답 ②

ㄴ. (나)에서 대부분의 입자는 직진하거나 아주 작은 각으로 산란되고, 일부 소수의 알파(α) 입자가 큰 각으로 산란하고 있음을 알 수 있다.

오답 피하기 ㄱ, ㄷ. 대부분의 알파(α) 입자는 직진하거나 아주 작은 각으로 산란되고, 소수의 알파(α) 입자만 매우 큰 각으로 산란되는 것으로부터 원자의 대부분은 빈 공간이고 ($+$)전하를 띤 입자가 좁은 공간을 차지하고 있음을 알 수 있다.

281
답 ④

ㄴ. 백열등에서 나오는 빛의 스펙트럼은 연속 스펙트럼이므로 A이다.

ㄷ. D는 흰색이 표현된 컬러 LCD 화면에서 나오는 빛의 스펙트럼이다.

오답 피하기 ㄱ. 저온 기체 방전관을 통과한 백열등 빛의 스펙트럼은 특정한 파장의 빛만 흡수된 흡수 스펙트럼이므로 B이다. B는 수소 기체 방전관에서 나오는 빛의 스펙트럼(C)과 나타나는 선의 위치가 다르므로 저온 기체 방전관에는 수소 기체가 들어 있지 않다.

282
답 ③

ㄱ. λ_1은 $n=3$인 궤도에서 $n=2$인 궤도로 전자가 전이할 때 방출되는 빛의 파장이므로 가시광선 영역에 해당한다.

ㄴ. $n=3$인 궤도에서 $n=2$인 궤도로 전이하는 것보다 $n=2$인 궤도에서 $n=1$인 궤도로 전이하는 것이 에너지 차가 더 크므로, 파장이 λ_1인 광자 1개의 에너지는 파장이 λ_2인 광자 1개의 에너지보다 작다.

오답 피하기 ㄷ. λ_3은 $n=3$인 궤도에서 $n=1$인 궤도로 전자가 전이할 때 방출되는 빛의 파장이므로 라이먼 계열로 자외선 영역에 해당한다.

283
답 ⑤

ㄱ. 광자 1개의 에너지는 파장에 반비례한다. 따라서 방출하는 광자 1개의 에너지는 파장이 가장 짧은 a에서 가장 크다.

ㄴ. b와 d의 파장이 같으므로 b에서 방출하는 에너지와 d에서 흡수하는 에너지는 같다.

ㄷ. d는 전자가 $n=2$인 궤도에서 $n=3$인 궤도로 전이할 때 흡수하는 스펙트럼선이므로, c는 ㉠에 의해 나타난 스펙트럼선이다.

284
답 ④

ㄴ. a는 전자가 $n=4$에서 $n=2$로 전이하고, b는 $n=3$에서 $n=2$로 전이하는 경우이므로 방출되는 광자 1개의 에너지는 a에서가 b에서보다 크다.

ㄷ. 원자핵과 전자 사이에는 쿨롱 법칙에 따른 전기력이 작용하고, 이 전기력은 거리의 제곱에 반비례한다. 따라서 $n=2$일 때 원자핵과 전자 사이의 전기력 $F \propto \dfrac{1}{16r^2}$이고, $n=3$일 때 전기력 $F' \propto \dfrac{1}{81r^2}$이므로, $n=3$일 때가 $n=2$일 때의 $\dfrac{16}{81}$배이다.

오답 피하기 ㄱ. 방출되는 에너지가 클수록 빛의 파장은 짧다. 따라서 방출되는 빛의 파장은 a에서가 b에서보다 짧다.

285
답 ④

ㄱ, ㄷ. 흰 종이에 관찰된 빛은 가시광선이므로 a, b만 가능하다. 파장이 짧을수록 더 크게 굴절되므로 진동수가 클수록 더 크게 굴절된다. 따라서 P에서 관찰된 빛은 a, Q에서 관찰된 빛은 b이다. b의 진동수가 a의 진동수보다 크므로 파장은 b가 a보다 짧다. 즉, 진공에서 파장이 가장 짧은 빛은 Q에서 관찰된 b이다.

오답 피하기 ㄴ. 에너지 준위 차는 양자수가 클수록 줄어들고, 전이 과정에서 방출되는 빛의 진동수는 에너지 준위 차에 비례한다. 따라서 진동수는 a가 c보다 크므로, 광자 1개당 에너지도 a가 c보다 크다.

286

서술형 해결 전략

STEP 1 문제 포인트 파악
두 전하 사이에 작용하는 전기력의 종류를 알고, 전기력의 크기를 구할 수 있어야 한다.

STEP 2 자료 파악

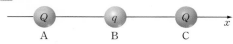

❶ A, B, C의 전하 종류는?
→ A와 C의 전하량의 크기가 같기 때문에 A와 C가 같은 종류의 전하라면 B가 (−)전하이든 (+)전하이든 대칭에 의해 A와 C에 작용하는 전기력의 크기는 같다. 하지만 A에 작용하는 전기력이 C에 작용하는 전기력보다 크므로 A와 C는 다른 종류의 전하이다. 또한 A에 작용하는 전기력이 C에 작용하는 전기력보다 크기 때문에 B와 C는 같은 종류의 전하이다.

❷ A, C에 작용하는 전기력의 크기는?
→ 오른쪽을 (+)방향, 전하 사이의 간격을 d라고 하면, A에 작용하는 전기력은 $\dfrac{kQq}{d^2}+\dfrac{kQ^2}{4d^2}$, C에 작용하는 전기력은 $\dfrac{kQq}{d^2}-\dfrac{kQ^2}{4d^2}$이다.

❸ B의 전하량 q는?
→ A, C에 작용하는 전기력의 크기의 비가 9 : 7이므로 $\dfrac{kQq}{d^2}+\dfrac{kQ^2}{4d^2}$: $\dfrac{kQq}{d^2}-\dfrac{kQ^2}{4d^2}=9 : 7$에서 $q=2Q$이다.

STEP 3 관련 개념 모으기
❶ 전기력의 종류는?
→ 같은 종류의 전하 사이에는 서로 밀어내는 척력이, 다른 종류의 전하 사이에는 서로 끌어당기는 인력이 작용한다.
❷ 전기력의 크기는?
→ 전기력의 크기는 두 전하의 전하량의 곱에 비례하고, 두 전하가 떨어진 거리의 제곱에 반비례한다.

예시 답안 전하 사이의 간격을 d라고 하면, A에 작용하는 전기력은 $\dfrac{kQq}{d^2}+\dfrac{kQ^2}{4d^2}$이고, C에 작용하는 전기력은 $\dfrac{kQq}{d^2}-\dfrac{kQ^2}{4d^2}$이다. 전기력의 크기의 비가 9 : 7이므로 $\dfrac{kQq}{d^2}+\dfrac{kQ^2}{4d^2}$: $\dfrac{kQq}{d^2}-\dfrac{kQ^2}{4d^2}=9 : 7$에서 $q=2Q$이다.

채점 기준	배점(%)
예시 답안과 같이 구한 경우	100
A, B, C의 전하 종류가 같은지 다른지를 알아냈으나 쿨롱 법칙을 적용하지 못한 경우	30

287

서술형 해결 전략

STEP 1 문제 포인트 파악
수소 원자 모형에서 방출되는 빛의 에너지는 전자가 전이할 때 에너지 준위 차와 같음을 이해하여 전자가 전이할 때 에너지 준위 차의 값을 계산해서 비교할 수 있어야 한다.

STEP 2 관련 개념 모으기
❶ 방출되는 빛의 에너지는?
→ 전자가 전이하는 에너지 준위의 차와 같고, $E=hf$이다.
❷ 에너지 준위 값은?
→ n에 따른 전자의 에너지 준위 $E_n=-\dfrac{E_1}{n^2}(E_1>0)$이다.

예시 답안 전자가 $n=2$에서 $n=1$로 전이할 때 방출되는 b의 진동수를 f_0이라 하면 $hf_0=E_2-E_1=-\dfrac{E_1}{4}-(-E_1)=\dfrac{3E_1}{4}$이고 $f_0=\dfrac{3E_1}{4h}$이다. 한편 a의 진동수를 f라 하면 $hf=E_3-E_2=-\dfrac{E_1}{9}-\left(-\dfrac{E_1}{4}\right)=\dfrac{5E_1}{36}$이므로 $f=\dfrac{5E_1}{36h}$이다. 따라서 $f=\dfrac{5}{27}f_0$이다.

채점 기준	배점(%)
식 $E_n=-\dfrac{E_1}{n^2}$을 사용하여 a, b를 방출하는 전자의 전이 과정의 에너지 준위 차를 계산하고, a의 진동수와 b의 진동수 비를 정확히 구한 경우	100
식 $E_n=-\dfrac{E_1}{n^2}$을 사용하여 에너지 준위 차를 계산하였을 경우	40
a와 b의 진동수의 비만 옳게 쓴 경우	30

288

서술형 해결 전략

STEP 1 문제 포인트 파악
광자 1개의 에너지 $E=|E_n-E_m|=hf=h\dfrac{c}{\lambda}$이므로 에너지와 파장이 반비례함을 알아야 한다.

STEP 2 관련 개념 모으기
❶ 파장이 가장 짧은 빛과 긴 빛은?
→ 에너지가 가장 큰 빛과 작은 빛을 나타낸다.
❷ 라이먼 계열에서 파장이 가장 짧은 빛을 구하는 방법은?
→ $\dfrac{hc}{\lambda}=E_\infty-E_1$

예시 답안 라이먼 계열에서 파장이 가장 짧은 빛은 $\dfrac{hc}{\lambda_1}=E_\infty-E_1=13.6(\text{eV})$이고, 파장이 가장 긴 빛은 $\dfrac{hc}{\lambda_2}=E_2-E_1=10.2(\text{eV})$이므로 $\lambda_1 : \lambda_2=51 : 68$이다.

채점 기준	배점(%)
라이먼 계열에서 파장이 가장 짧은 빛과 가장 긴 빛을 구하고, 두 비를 옳게 구한 경우	100
식이나 설명없이 파장이 가장 짧은 빛과 가장 긴 빛을 13.6 eV, 10.2 eV라고 기술하고 비를 옳게 구한 경우	60
파장이 가장 짧은 빛과 파장이 가장 긴 빛 중 하나만 옳게 쓴 경우	30

개념 확인 문제		72쪽

289 원자가 띠   **290** 양공   **291** 도체, 절연체

292 (가) 전도띠, (나) 띠 간격, (다) 원자가 띠

293 ㉠ (다), ㉡ (나)   **294** ×   **295** ×

296 ○   **297** ○   **298** (1) ㉠, (2) ㉢, (3) ㉡

299 ⑤	**300** ①	**301** 해설 참조	**302** ⑤	**303** ④
304 ④	**305** ③	**306** ⑤	**307** ④	**308** ①	**309** ②
310 ①	**311** ④	**312** ①	**313** ③	**314** 해설 참조
315 ④	**316** 해설 참조	**317** ③	**318** ①	**319** ③
320 ⑤	**321** 해설 참조	**322** ⑤	**323** ①

289
답 원자가 띠

원자가 띠는 고체의 에너지띠에서 전자가 채워져 있는 에너지띠 중 가장 바깥쪽에 있는 에너지띠로, 에너지가 가장 높다.

290
답 양공

원자가 띠에 있던 전자가 전도띠로 전이함에 따라 원자가 띠에 생긴 구멍인 빈자리를 양공이라고 하며, (+)전하와 같은 역할을 한다.

291
답 도체, 절연체

도체는 띠 간격이 없고 절연체는 띠 간격이 매우 넓으므로, 전기 전도성은 도체가 가장 크고 절연체가 가장 작다.

292
답 (가) 전도띠, (나) 띠 간격, (다) 원자가 띠

고체는 에너지 준위가 매우 가깝게 존재하여 연속적인 띠 모양을 이룬다. (가)는 전도띠, (나)는 띠 간격, (다)는 원자가 띠이다.

293
답 ㉠ (다), ㉡ (나)

원자가 띠 (다)는 전자가 채워져 있는 에너지띠 중 가장 바깥쪽에 원자가 전자가 차지하는 에너지띠이다. 띠 간격 (나)는 인접한 허용된 띠 사이의 에너지 간격으로 전자가 존재하지 않는 에너지 영역이다.

294
답 ×

순수 반도체인 규소(Si), 저마늄(Ge)은 원자가 전자가 4개이다. 순수 반도체를 도핑하여 전기 전도성이 커진 반도체가 불순물 반도체이다.

295
답 ×

p형 반도체에서는 주로 양공이 전하 운반자의 역할을 하며, n형 반도체에서는 주로 전자가 전하 운반자의 역할을 한다.

296
답 ○

p-n 접합 다이오드에서 전류를 흐르게 하려면 순방향 연결인 p형 반도체에 (+)극을, n형 반도체에 (-)극을 연결해야 한다.

297
답 ○

다이오드는 교류를 직류로 바꾸어 주는 정류 작용을 한다.

298
답 (1) ㉠, (2) ㉢, (3) ㉡

p형 반도체는 원자가 전자가 4개인 원소(규소)에 원자가 전자가 3개인 원소(갈륨, 붕소, 인듐)를 첨가하여 만들고, n형 반도체는 원자가 전자가 4개인 원소(규소)에 원자가 전자가 5개인 원소(인, 비소, 안티모니)를 첨가하여 만든다.

299
답 ⑤

ㄱ, ㄷ. 보어 원자 모형에서 진동수 조건은 기체의 선 스펙트럼을 설명하기 위해 제안된 것이다. 이 진동수 조건이 바로 전자들의 에너지 준위가 양자화되어 있다는 가설로부터 나온 결과이며, 전자가 들어갈 수 없는 영역(띠 간격)이 생긴다.

ㄴ. 온도가 낮은 기체에 빛을 통과시킬 때 흡수 스펙트럼이 생긴다는 것은 기체가 특정 부분의 빛만 흡수한다는 증거이다. 기체를 이루는 원자 내 전자들의 에너지 준위가 양자화되어 있기 때문에 특정 부분의 빛만 흡수할 수 있는 것이며, 양자화되어 있지 않다면 모든 파장의 빛을 골고루 흡수해야 한다.

300   필수 유형
답 ①

자료 분석하기	고체의 에너지띠 구조와 전기 전도성

(가) 원자가 띠와 전도띠가 붙어 있으므로 도체이다.
(나) 띠 간격이 (다)보다 작으므로 반도체이다.
(다) 띠 간격이 매우 크므로 절연체이다.

ㄱ. (가)는 도체로 세 종류의 고체 중 전기 전도성이 가장 크다.

오답 피하기 ㄴ. 띠 간격이 넓어 전자가 전도띠로 전이하기가 가장 어려운 것은 절연체 (다)이다.

ㄷ. 원자가 띠와 전도띠가 붙어 있어 약간의 에너지만 흡수하여도 원자가 띠의 전자가 전도띠로 전이하여 전자가 자유롭게 이동할 수 있는 고체는 도체인 (가)이다.

301

예시 답안 전도띠는 원자가 띠 위에 전자가 채워져 있지 않은 에너지띠이고, 띠 간격(띠틈)은 원자가 띠와 전도띠 사이에 전자가 존재할 수 없는 에너지 영역이다.

채점 기준	배점(%)
전도띠와 띠 간격을 모두 옳게 설명한 경우	100
전도띠와 띠 간격 중 1가지만 옳게 설명한 경우	40

302
답 ⑤

ㄱ. 기체 원자의 에너지 준위는 원자들이 서로 떨어져 있어 구리 원자 1개일 때의 에너지 준위와 비슷한 모양을 보인다.

ㄴ. 허용된 띠 사이의 전자가 존재할 수 없는 영역을 띠 간격이라고 한다. B는 띠 간격으로 허용된 띠 사이의 에너지 영역이며, 전자가 존재할 수 없는 금지된 띠이다.

ㄷ. A 영역의 에너지 준위가 C 영역의 에너지 준위보다 높으므로 전자가 C에서 A로 전이하기 위해서는 에너지를 흡수해야 한다.

303　답 ④

ㄱ. 고체는 원자들 사이의 간격이 매우 가깝기 때문에 인접한 원자들이 전자 궤도에 영향을 준다. 따라서 에너지 준위가 매우 가까워 연속적인 띠 모양을 이룬다. 즉, (가)에서의 허용된 띠는 원자의 개수가 증가함에 따라 에너지 준위가 겹쳐서 형성된 것이다.

ㄷ. 띠 간격이 좁을수록 전기 전도성이 크다. 이는 띠 간격이 좁을수록 전자의 이동이 쉽기 때문이다.

오답 피하기 ㄴ. A나 B의 전자는 에너지가 양자화되어 있어 아무 에너지나 가질 수 없고 특정한 에너지 값만 갖는다. 따라서 띠 간격에 해당하는 에너지는 가질 수 없으므로 띠 간격에 존재하는 전자도 없다.

304　답 ④

반도체는 띠 간격(띠틈)이 비교적 좁아 원자가 띠에 있는 전자들이 열이나 에너지를 받으면 들뜨게 되어 전도띠로 올라갈 수 있다.

ㄴ. ㉠은 전자가 없는 에너지띠로 전도띠이다.

ㄷ. 온도가 높을수록 원자가 띠로 전이된 전자가 많아지므로 반도체의 전기 전도성은 커진다.

오답 피하기 ㄱ. 도체는 전도띠와 원자가 띠 사이 띠 간격이 없어 전자가 약간의 에너지만 흡수해도 전도띠로 이동한다. A는 반도체이다.

305　답 ③

ㄱ, ㄴ. 전자가 모두 채워져 있는 원자가 띠와 전자가 채워져 있지 않은 전도띠 사이의 띠 간격(띠틈)이 비교적 좁아서 외부에서 에너지를 얻으면 전자가 원자가 띠에서 전도띠로 올라가 전류를 잘 흐르게 하는 물질은 반도체이다. 반도체에는 규소(Si), 저마늄(Ge) 등이 있다.

오답 피하기 ㄷ. 반도체의 띠 간격(띠틈)은 도체보다 넓고 절연체보다 좁다.

306　답 ⑤

절연체는 띠 간격(띠틈)이 넓어서 원자가 띠의 전자가 띠 간격을 넘어 전도띠로 쉽게 갈 수 없기 때문에 전류가 잘 흐르지 못하고, 반도체는 띠 간격(띠틈)이 비교적 좁아 원자가 띠에 있는 전자들이 열이나 에너지를 받으면 전도띠로 이동하여 전류가 흐를 수 있다.

307　답 ④

ㄱ. 원자들이 매우 가깝게 위치하여 에너지띠는 거의 연속적이라고 할 만큼 에너지 준위가 많다.

ㄷ. 에너지띠에 전자가 채워질 때는 에너지띠의 에너지가 낮은 아래에서부터 채워진다.

오답 피하기 ㄴ. 띠 간격이 좁아지더라도 에너지띠와 에너지띠 사이의 띠 간격(띠틈)에는 전자가 존재할 수 없다.

308　답 ①

ㄱ. (가)에서 전자는 원자가 띠에서 전도띠로 전이하므로 에너지를 흡수한다.

오답 피하기 ㄴ. (나)에서 전자는 전도띠에서 원자가 띠로 전이할 때 띠 간격 만큼인 E_0의 에너지를 방출한다.

ㄷ. 파울리의 배타 원리에 의해 하나의 양자 상태에는 하나의 전자만 존재할 수 있으므로 원자가 띠에 있는 각 전자의 에너지는 같지 않다.

309　답 ②

(가)에서 A는 규소보다 전기 전도성이 작으므로 절연체이고, B는 규소보다 전기 전도성이 크므로 도체이다.

ㄴ. (나)에서 ㉠은 원자가 띠 바로 위에 있는 에너지 띠로 전도띠이다.

오답 피하기 ㄱ. A는 절연체이다.

ㄷ. B는 도체이다. 도체는 온도가 높아지면 원자들의 진동이 활발해져 자유 전자와 충돌 횟수가 증가하므로 비저항이 증가하여 전기 전도성이 작아진다.

310　답 ①

ㄱ. 띠 간격은 규소가 다이아몬드보다 좁으므로 원자가 띠에서 전도띠로 전자가 전이하기 위해서 필요한 에너지는 규소가 다이아몬드보다 작다. 그리고 띠 간격이 좁을수록 전기 전도성이 크므로 규소의 전기 전도성이 다이아몬드보다 크다.

오답 피하기 ㄴ. 하나의 양자 상태에는 하나의 전자만 존재할 수 있다. 즉, 같은 원자가 띠에 있는 전자라고 하더라도 에너지 준위는 모두 다르다.

ㄷ. 띠 간격은 전자를 가질 수 없는 에너지 영역이다. 다이아몬드의 띠 간격은 $5.33 \, \text{eV}$이므로 원자가 띠에 있는 전자가 $5 \, \text{eV}$의 에너지를 흡수해도 전도띠로 전이하지 못한다.

311　답 ④

나무 막대는 절연체(부도체)이고, 규소(Si) 막대는 반도체이다.

ㄴ. 나무 막대는 절연체이므로 전압을 걸어도 회로에는 전류가 흐르지 않는다. 반도체인 규소 막대를 연결하면 전압이 높아질수록 전류가 더 많이 흐른다.

ㄷ. 절연체는 원자가 띠와 전도띠 사이 띠 간격이 크기 때문에 원자가 띠에 있는 전자가 전도띠로 전이하기 매우 어렵다. 상온에서 반도체는 원자가 띠에 있는 전자 일부가 전도띠로 전이한다.

오답 피하기 ㄱ. 반도체인 규소 막대가 절연체인 나무 막대보다 전기 전도성이 크다.

312　답 ①

ㄱ. 도핑은 순수 반도체에 불순물을 첨가하여 전자나 양공의 수를 조절하는 것이다.

오답 피하기 ㄴ. n형 반도체는 순수 반도체에 원자가 전자가 5개인 인(P), 비소(As), 안티모니(Sb) 등과 같은 원소를 도핑하여 만든 반도체이다.

ㄷ. p형 반도체는 순수 반도체에 원자가 전자가 3개인 알루미늄(Al), 붕소(B), 인듐(In), 갈륨(Ga) 등과 같은 원소를 도핑하여 만든 반도체이다.

313　필수 유형　답 ③

자료 분석하기　p형 반도체와 n형 반도체

- (가) 원자가 전자가 4개인 원소에 원자가 전자가 5개인 원소를 첨가하여 남는 전자가 생긴다.
- (나) 원자가 전자가 4개인 원소에 원자가 전자가 3개인 원소를 첨가하여 전자 1개가 부족하게 되어 양공이 생긴다.

ㄱ. A와 C는 순수 반도체이므로 원자가 전자가 4개이다.

ㄴ. B는 원자가 전자가 5개이므로 A와 B가 공유 결합하고 나서는 전자가 1개 남는다. 한편 D는 원자가 전자가 3개이므로 C와 D가 공유 결합하는 데 전자가 1개 부족하여 양공이 생긴다.

오답 피하기 ㄷ. 양공은 전자가 빠져 나가고 남은 빈자리이며, 양공을 통해 전자가 이동할 수 있다. 따라서 양공은 전류를 잘 흐르게 한다.

314

예시 답안 A에 양공이 많아지게 도핑한 B는 p형 반도체이고, A에 전자가 많아지게 도핑한 C는 n형 반도체이다. p형 반도체와 n형 반도체를 접합하여 만든 다이오드는 전류를 한쪽 방향으로 흐르게 하는 정류 작용을 한다.

채점 기준	배점(%)
B, C 반도체의 종류, B, C를 접합하여 만든 다이오드의 기능을 옳게 설명한 경우	100
다이오드의 기능은 설명하지 못했으나 B, C 반도체의 종류, B, C를 접합하여 만든 전기 소자가 다이오드라고 제시한 경우	50
B, C 반도체의 종류만 옳게 쓴 경우	20

315

답 ④

ㄴ. B는 전자가 남는 반도체로 n형 반도체이다.

ㄷ. p-n 접합 다이오드의 p형 반도체에 (+)극, n형 반도체에 (−)극이 연결되어 있을 때 순방향 전압이 걸려 전류가 흐른다.

오답 피하기 ㄱ. 전자와 양공이 접합면 쪽으로 이동하므로 순방향 전압이 걸려 있다. 이때 p형 반도체인 A는 (+)극에, n형 반도체인 B는 (−)극에 연결되어 있다.

316

건전지의 긴 선이 (+)극을, 짧고 굵은 선이 (−)극을 나타낸다. 다이오드, 꼬마전구, 건전지를 모두 직렬로 연결하고 다이오드의 p형 반도체는 건전지의 (+)극에, n형 반도체는 건전지의 (−)극에 연결한다. 다이오드의 회로 기호는 전류가 화살표 방향으로 흐른다는 것을 나타낸다.

예시 답안

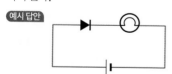

채점 기준	배점(%)
주어진 회로 기호를 모두 직렬로 연결하고, 전류의 방향도 옳은 경우	100
주어진 회로 기호를 모두 직렬로 연결하였지만 전류의 방향이 반대인 경우	40

317

답 ③

Y는 원자가 전자가 5개인 불순물이 도핑된 n형 반도체이다.

ㄱ. p형 반도체 쪽에 (+)극이 연결되어 있으므로 순방향 전압이 걸려 있다.

ㄴ. Y가 n형 반도체이므로, X는 p형 반도체이다. p형 반도체는 원자가 전자가 3개인 불순물을 첨가하여 만든다.

오답 피하기 ㄷ. 순방향 전압이 걸릴 때 p형 반도체 내부의 양공은 접합면으로 이동한다.

---

318 **필수 유형**

답 ①

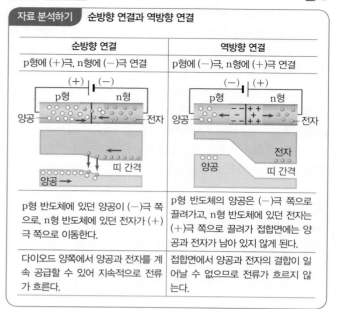

ㄱ. p형 반도체에 (+)극을 연결하고, n형 반도체에 (−)극을 연결할 경우에 순방향 전압이 걸려 전류가 흐른다. 따라서 A는 p형 반도체, B는 n형 반도체이다.

오답 피하기 ㄴ. (가)에는 순방향 전압이 걸려 있으므로 전자와 양공은 접합면 쪽으로 이동하여 계속 결합하게 된다. 따라서 시간이 지나도 전류가 계속 흐른다.

ㄷ. (나)에는 역방향 전압이 걸려 있으므로 양공과 전자가 접합면에서 멀어지는 방향으로 이동하여 시간이 지나도 전류가 흐르지 않는다.

319

답 ③

ㄱ, ㄴ. (나)에서 직류 전원을 걸었을 때 Ⅰ에 측정된 전압이 V_0이므로 A에 순방향 전압이 걸렸다는 것을 알 수 있다. 따라서 X는 p형 반도체이다. 한편 Ⅱ에 측정된 전압이 0이므로 B에 역방향 전압이 걸렸다는 것을 알 수 있다. 따라서 Y는 n형 반도체이다.

오답 피하기 ㄷ. 역방향 전압이 걸릴 때 n형 반도체인 Y 내부의 전자는 접합면에서 멀어지는 방향으로 이동한다.

개념 더하기 정류 회로

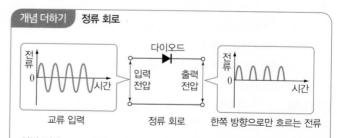

입력 전압으로 교류를 걸어 주면 다이오드에서 p형 반도체에 (+)가 걸릴 때만 전류가 흐르기 때문에 한쪽으로만 걸리는 전압이 된다. 이처럼 교류를 직류로 바꾸어 주는 작용을 정류 작용이라고 한다.

320

답 ⑤

A에 순방향 전압이 걸릴 때 B에는 역방향 전압이 걸리므로 A, B에 입력되어 정류된 교류 전압은 A, B에 직렬로 연결된 저항에 각각 다음과 같이 걸린다.

입력된 교류 신호	A에 의해 정류된 신호	B에 의해 정류된 신호
전압 V_0, 0, $-V_0$, 시간	전압 V_0, 0, $-V_0$, 시간	전압 V_0, 0, $-V_0$, 시간

321

예시 답안 전력 소모가 적다. 열이 적게 발생한다. 전구 수명이 길다. 필요에 따라 아주 작게 만들 수 있다. 전구의 모양과 형태를 다양하게 제작할 수 있다. 전구가 낼 수 있는 빛의 색을 자유롭게 선택할 수 있다. 반응 속도가 빠르다.

채점 기준	배점(%)
발광 다이오드를 이용할 때의 장점 3가지를 모두 옳게 설명한 경우	100
장점 2가지만 옳게 설명한 경우	60
장점 1가지만 옳게 설명한 경우	30

322

답 ⑤

> **자료 분석하기** 다이오드를 이용한 정류 회로
>
>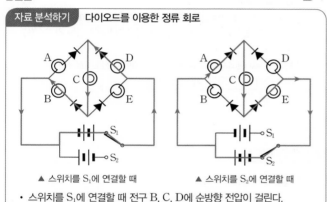
>
> ▲ 스위치를 S_1에 연결할 때   ▲ 스위치를 S_2에 연결할 때
>
> • 스위치를 S_1에 연결할 때 전구 B, C, D에 순방향 전압이 걸린다.
> • 스위치를 S_2에 연결할 때 전구 A, C, E에 순방향 전압이 걸린다.

ㄱ. 순방향 전압이 걸린 다이오드에만 전류가 흐르므로 스위치를 S_1에 연결한 경우 D를 통과한 전류는 C를 거쳐 B로 흐른다. 따라서 B, C, D에만 전류가 흐른다.

ㄴ. 스위치를 S_2에 연결한 경우 A를 통과한 전류는 C를 거쳐 E로 흐른다. 따라서 A, C, E에만 전류가 흐르고, B, D에는 전류가 흐르지 않는다.

ㄷ. ㄱ과 ㄴ에서 스위치를 S_1 또는 S_2에 연결할 때 계속 전류가 흐르는 전구는 C이다.

323

답 ①

ㄱ. 다이오드의 A, B에서 주요 전하 운반자가 접합면 쪽으로 이동하여 전류가 흐르므로 저항에는 b → R → a 방향으로 전류가 흐른다.

오답 피하기 ㄴ. 다이오드에 전류가 흐르므로 다이오드에는 순방향 전압이 걸린 것이다. 따라서 전지의 (−)극에 연결한 A는 n형 반도체, 전지의 (+)극에 연결한 B는 p형 반도체이므로 ㉠은 전자, ㉡은 양공이다. n형 반도체의 전자의 에너지 준위는 p형 반도체의 양공의 에너지 준위보다 높다.

ㄷ. (나)는 도핑으로 인해 만들어진 남는 전자가 전도띠 아래에 에너지 준위를 만드는 n형 반도체인 A의 에너지띠 모습이다.

⚙ 1등급 완성 문제

78~79쪽

324 ③	325 ③	326 ④	327 ②	328 ④	329 ①
330 해설 참조		331 해설 참조		332 해설 참조	

324

답 ③

ㄱ. A, B, C는 각각 반도체, 도체, 절연체이므로, B의 띠 간격은 반도체의 띠 간격보다 작다. 즉, E_0보다 작다.

ㄴ. 반도체는 온도가 높을수록 원자가 띠의 전자가 전도띠로 이동하여 자유 전자와 양공의 수가 많아진다.

오답 피하기 ㄷ. 절연체는 원자가 띠의 전자가 전도띠로 이동하기 매우 어렵기 때문에 전도띠에는 전자가 거의 존재하지 않는다.

325

답 ③

ㄱ. 원자가 띠에 있는 (가)는 양공, 전도띠에 있는 (나)는 전자이다.

ㄷ. 양공이 있는 A는 p형 반도체이고, 전자가 있는 B는 n형 반도체이다. 따라서 전원 장치의 (+)극은 A에, (−)극은 B에 연결해야 순방향 전압이 걸리므로 LED에서 빛이 방출된다.

오답 피하기 ㄴ. 띠 간격이 넓을수록 방출되는 광자의 에너지가 커서 진동수가 큰 빛, 즉 파장이 짧은 빛이 방출된다.

326

답 ④

ㄱ. 반도체 X는 원자가 전자가 4개인 규소(Si)에 원자가 전자가 5개인 비소(As)를 첨가하여 공유 결합에 참여하지 않고 남는 전자가 생겼으므로 n형 반도체이다.

ㄷ. 광 다이오드는 빛을 받으면 빛에너지를 전기 에너지로 전환한다.

오답 피하기 ㄴ. LED와 저항은 병렬로 연결되어 있으므로, 같은 방향으로 전류가 흐른다. LED에 불이 켜졌으므로, LED에는 순방향 전압이 걸린다. 따라서 전류의 방향은 b → 저항 → a이다.

327

답 ②

ㄴ. 순방향 전압이 걸려 있기 때문에 X는 p형, Y는 n형 반도체이다. n형 반도체인 Y는 원자가 전자가 4개인 순수 반도체에 원자가 전자가 5개인 불순물로 도핑하여 만든다.

오답 피하기 ㄱ. 그림에서 자침의 N극이 시계 방향으로 돌아가므로 전류가 시계 반대 방향으로 흐르고 있으며, 단자 a는 (−)극이다.

ㄷ. 회로에서 다이오드를 거꾸로 연결하면 역방향 전압이 걸리게 되어 회로에 전류가 흐르지 않는다.

328

답 ④

A에는 화살표 방향으로 전류가 흐르고 있으므로, 회로에 흐르는 전류를 나타내면 오른쪽 그림과 같다. 따라서 P에는 순방향 전압이, Q에는 역방향 전압이 걸려 있음을 알 수 있다.

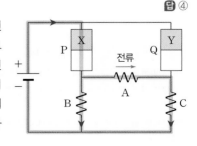

ㄱ. P에는 순방향 전압이 걸려 있으므로 전지의 (+)극과 연결된 X
는 p형 반도체이다.

ㄷ. Q에는 역방향 전압이 걸려 있으므로 Y는 n형 반도체이고, 내부
의 전자는 접합면으로부터 멀어지는 방향으로 이동한다.

(오답 피하기) ㄴ. A와 C는 직렬연결, B는 A, C와 병렬연결되어 있다.
병렬연결 양단에는 같은 전압이 걸리고 A, C와 연결된 합성 저항이
B보다 크므로 A, C 쪽으로 흐르는 전류의 세기가 B에 흐르는 전류
의 세기보다 작다.

329
답 ①

ㄱ. B는 n형 반도체이므로 순수 반도체에 원자가 전자가 5개인 원소
로 도핑되어 있다.

(오답 피하기) ㄴ. (나)에서 특정 전압일 때부터 전류의 세기가 급격하게
증가하는 것은 다이오드의 p형 반도체를 전원의 (+)극에, n형 반도
체를 전원의 (−)극에 연결하는 순방향 전압이 걸려 있음을 의미한
다. A가 p형 반도체이므로 스위치를 S_1에 연결한 경우이다.

ㄷ. 스위치를 S_2에 연결한 경우에는 다이오드에 역방향 전압이 걸리
므로 회로에는 전원의 전압과 관계없이 전류가 거의 흐르지 않는다.

개념 더하기 **p−n 접합 다이오드의 전압 − 전류 그래프**

순방향 전압일 때에는 전류가 잘 흐르지만, 역방향 전압일 때에는 전류가 거
의 흐르지 않는다.

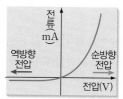

330

서술형 해결 전략

STEP 1 문제 포인트 파악
반도체는 도체와 달리 띠 간격이 존재한다는 것을 알아야 한다.

STEP 2 관련 개념 모으기
❶ 띠 간격이란?
→ 원자가 띠와 전도띠 사이에 전자가 존재할 수 없는 에너지 영역으로,
띠 간격보다 큰 에너지를 흡수해야 전자가 전이할 수 있다.

(예시 답안) 원자가 띠와 전도띠 사이에 띠 간격이 존재하지만
절연체보다 그 간격이 좁다.

전도띠

띠 간격

원자가 띠

채점 기준	배점(%)
에너지띠를 옳게 나타내고 띠 간격이 절연체보다 좁음을 설명한 경우	100
에너지띠를 옳게 나타내지 못했으나 띠 간격이 절연체보다 좁음을 설명한 경우	60
에너지띠를 옳게 나타냈으나 띠 간격이 절연체보다 좁음을 설명하지 못한 경우	40

331

서술형 해결 전략

STEP 1 문제 포인트 파악
띠 간격이 절연체보다 좁은 반도체는 적당한 에너지를 흡수하면 전류가 잘
흐른다는 것을 알아야 한다.

STEP 2 관련 개념 모으기
❶ 전기 전도성이 크면?
→ 전도띠에 전이된 전자가 많을수록 전류가 잘 흐를 수 있다.
❷ 반도체의 온도에 따른 조건의 변화는?
→ 온도가 상승할수록 더 많은 에너지를 공급할 수 있으므로 전도띠로 전
이할 수 있는 전자의 수가 증가한다.

(예시 답안) 반도체는 원자가 띠와 전도띠 사이의 띠 간격이 좁아 적당한 에너지
를 흡수하면 원자가 띠의 전자가 전도띠로 전이하여 전류가 흐를 수 있다. 따
라서 온도가 높아질수록 에너지를 흡수하여 원자가 띠에서 전도띠로 전이하는
전자의 수가 많아지므로 전기 전도성이 커진다.

채점 기준	배점(%)
예시 답안과 같이 설명한 경우	100
띠 간격이 좁을 때의 특징은 설명하였으나 전자의 전이 과정에 대한 설명 없이 온도가 높아질수록 전도띠에 전자의 수가 많아진다는 것만 설명한 경우	60
온도가 높아질수록 에너지를 흡수하여 원자가 띠에서 전도띠로 전이하는 전자의 수가 많아진다는 것만 설명한 경우	40

332

서술형 해결 전략

STEP 1 문제 포인트 파악
저항의 병렬연결을 이해하여 회로에 연결된 p−n 접합 다이오드에 걸린 전
압이 순방향인지 또는 역방향인지를 판단할 수 있어야 한다.

STEP 2 관련 개념 모으기
❶ 저항을 병렬로 연결할 때 합성 저항은?
→ 저항을 병렬로 연결하면 전체 합성 저항은 작아진다.
❷ 다이오드에 걸린 전압은?
→ p형 반도체 쪽에 전지의 (+)극을, 그리고 n형 반도체 쪽에 전지의
(−)극을 연결할 때 순방향 전압이 걸리고, 다이오드에 전류가 흐른다.

(예시 답안) R_2에만 전류가 흐를 때보다 R_1, R_2에 모두 전류가 흘러서 병렬연결
이 될 때가 c에 흐르는 전류의 세기가 크기 때문에 a에 연결한 경우가 순방향 전
압이 걸렸을 때임을 알 수 있다. 따라서 X는 p형 반도체, Y는 n형 반도체이다.

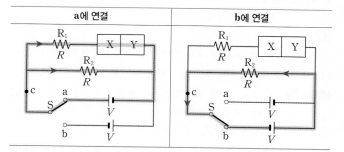

채점 기준	배점(%)
예시 답안과 같이 설명한 경우	100
X와 Y의 반도체 종류만 옳게 설명한 경우	30

개념 확인 문제 81쪽

333 자기장	**334** N	**335** N, S, 좁을	**336** ○
337 ×	**338** ○	**339** 세계	**340** 늘린다
341 ㄱ, ㄷ, ㄹ			

333 답 자기장

자석이나 전류 주위에 자기력이 미치는 공간을 자기장이라고 한다.

334 답 N

자기장의 방향은 자기장 내의 한 점에 놓은 나침반 자침의 N극이 가리키는 방향으로 정의하였다.

335 답 N, S, 좁을

나침반 자침의 N극이 가리키는 방향을 이어놓은 자기력선은 자석의 N극에서 나와서 S극으로 들어가는 방향이다. 자기력선의 간격이 좁다는 것은 단위 면적당 통과하는 자기력선이 많다는 것을 뜻하므로, 자기력선의 간격이 좁은 곳이 그렇지 않은 곳보다 자기장의 세기가 세다.

336 답 ○

전류 I가 흐르는 직선 도선과 수직으로 거리 r만큼 떨어진 어떤 점에서 전류에 의한 자기장의 세기 B는 $B \propto \dfrac{I}{r}$의 관계가 성립한다.

337 답 ×

직선 전류에 의한 자기장의 모양은 직선 도선을 중심으로 하는 동심원 모양으로 형성되며, 자기장의 방향은 오른손의 엄지손가락을 전류의 방향으로 향하게 하고 나머지 네 손가락으로 도선을 감아쥐었을 때 네 손가락이 가리키는 방향이다.

338 답 ○

원형 도선은 작은 직선 도선을 연결한 것으로 보고, 각각의 부분에 직선 도선과 같은 방법을 적용함으로써 자기장의 방향을 알 수 있다.

339 답 세계

솔레노이드 내부에서 만들어지는 자기장의 세기 B는 $B \propto nI$인 관계가 성립한다. 여기서 n은 단위길이당 코일의 감은 수, I는 솔레노이드에 흐르는 전류의 세기이다. 따라서 코일에 흐르는 전류의 세기를 세게 하면 자기장이 세진다.

340 답 늘린다

단위길이당 코일의 감은 수를 늘리면 자기장이 세진다.

341 답 ㄱ, ㄷ, ㄹ

전류의 자기 작용을 이용한 예로는 토카막, 하드 디스크, 자기 공명 영상 장치 등이 있다.

342 ③	**343** ③	**344** ①	**345** ②	**346** 해설 참조
347 ③	**348** ⑤	**349** ①	**350** ④	**351** P: $3B_0$, Q: $\dfrac{5}{2}B_0$
352 ③	**353** ④	**354** 해설 참조		**355** ⑤ **356** ①
357 (다)-(나)-(가)	**358** ①	**359** ③	**360** ①	

342 답 ③

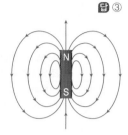

자기력선은 N극에서 시작해서 S극에서 끝나는 것이 아니라 자석의 외부에서는 N극에서 나와서 S극으로 들어가고, 자석의 내부에서는 S극에서 N극으로 향하는 닫힌 곡선이다. 즉, 자기력선은 끝과 시작이 있는 선이 아니다.

343 답 ③

그림에 표시된 자기력선의 방향으로 나침반 자침의 N극이 가리키게 된다. 즉, 나침반 자침의 N극은 ③과 같이 P점에서는 왼쪽을 가리키고, Q점에서는 오른쪽을 가리킨다.

344 필수 유형 답 ①

자료 분석하기 직선 전류에 의한 자기장

- 실험 장치에서 조절이 가능한 것은 가변 저항기를 이용한 전류의 세기뿐이다.
- 실험에서는 직선 도선에 흐르는 전류의 세기와 자기장의 세기의 관계를 확인할 수 있다.

ㄱ. 실험 장치에서 조절이 가능한 것은 가변 저항기를 이용한 전류의 세기뿐이므로, 전류의 세기를 조절해서 나침반의 자침이 회전하는 정도를 비교해 도선에 흐르는 전류의 세기와 자기기장의 세기의 관계를 확인할 수 있다.

오답 피하기 ㄴ, ㄷ. 실험에서 도선으로부터의 거리는 일정하게 유지되며, 도선에 흐르는 전류의 세기가 세진다면 전류에 의한 자기장의 세기가 세지므로 나침반 자침이 회전하는 각도도 더 커진다.

345 답 ②

자료 분석하기 직선 전류에 의한 자기장의 방향

↓ 전류의 방향
전류에 의한 자기장의 방향이 동쪽이므로 지구 자기장과의 합성 자기장의 방향은 북동쪽이다.

↑ 전류의 방향
전류에 의한 자기장의 방향이 서쪽이므로 지구 자기장과의 합성 자기장의 방향은 북서쪽이다.

도선에 흐르는 전류에 의해 형성되는 자기장의 방향은 동쪽이고, 지구 자기장의 방향은 북쪽이므로 두 자기장의 합성 자기장 방향은 북동쪽이다. 따라서 자침의 N극은 북동쪽을 향하게 된다.

346

예시 답안 전류의 세기를 증가시킨다. 도선과 나침반 사이의 거리를 가깝게 한다.

채점 기준	배점(%)
θ의 크기를 더 크게 하는 방법 2가지를 모두 옳게 설명한 경우	100
2가지 중 1가지만 옳게 설명한 경우	50

개념 더하기 직선 전류가 흐르는 도선이 만드는 자기장

- 지구 자기장의 세기를 B_0이라 할 때, 직선 전류에 의해 생기는 자기장의 세기를 B, 나침반 자침이 회전한 각을 θ라고 하면 지구 자기장과 직선 전류에 의한 자기장의 관계는 $B = B_0 \tan\theta$이다.
- 직선 전류에 의한 자기장의 세기 알아보기

전류의 세기에 따른 자기장의 세기 비교	도선으로부터의 거리에 따른 자기장의 세기 비교
도선으로부터 일정한 거리에 나침반을 놓고 전류의 세기를 증가시키면서 나침반 자침이 가리키는 방향을 관찰한다.($I_1 < I_2$)	도선에 일정한 세기의 전류가 흐르도록 하고 나침반을 도선으로부터 멀리 하면서 나침반 자침이 가리키는 방향을 관찰한다.

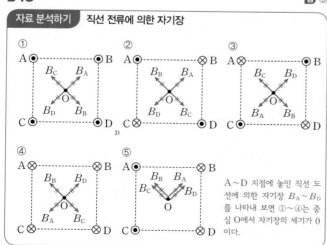

도선에 흐르는 전류의 세기가 증가할수록 자침은 서쪽을 향한다.

도선으로부터 멀어질수록 자침은 북쪽을 향한다.

347

답 ③

ㄱ. P에서 R까지의 거리는 P에서 Q까지 거리의 4배이다.

ㄷ. 직선 도선을 P로 옮기면 R까지 거리는 2배가 되어 자기장의 세기는 $\frac{1}{2}$배가 되므로 $0.5B_0 \times \frac{1}{2} = 0.25B_0$이다.

오답 피하기 ㄴ. 직선 도선 왼쪽에 있는 Q에서 자기장의 방향은 xy 평면에서 수직으로 나오는 방향이다.

348

답 ⑤

자료 분석하기 직선 전류에 의한 자기장

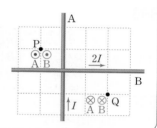

A~D 지점에 놓인 직선 도선에 의한 자기장 $B_A \sim B_D$를 나타내 보면 ①~④는 중심 O에서 자기장의 세기가 0이다.

정사각형의 중심 O를 기준으로 할 때 ⑤를 제외한 모든 직선 도선이 대각선 방향으로 대칭인 위치에 놓인 두 도선에 흐르는 전류의 방향이 같으므로 두 도선이 만드는 자기장이 반대가 되어 상쇄된다.

349

답 ①

ㄱ. 두 직선 사이에 자기장이 0이 되는 지점이 있으므로 두 직선에 흐르는 전류의 방향은 서로 같은 방향이다. 따라서 B에 흐르는 전류의 방향은 $+y$ 방향이다.

오답 피하기 ㄴ. 직선 전류에 의한 자기장의 세기는 전류의 세기에 비례하고, 도선으로부터 떨어진 거리에 반비례한다. $x=0$인 지점까지 떨어진 거리는 B가 A의 2배이고 A, B 각각에 의한 자기장의 세기는 같아야 하므로, B에 흐르는 전류의 세기가 A의 2배가 되어야 한다.

ㄷ. $x=3d$에서 A, B에 의한 자기장의 방향은 모두 종이면에 수직으로 들어가는 방향이다.

350

답 ④

ㄴ, ㄷ. 두 직선 도선 A, B에 의한 자기장의 방향이 P에서는 0이고, Q에서는 서쪽 방향이다. 자기장이 0인 지점이 A, B 사이에 있으므로 A, B에 흐르는 전류의 방향은 서로 같은 방향이다.

오답 피하기 ㄱ. P는 두 직선 도선 A, B의 중간에 있으므로 도선에 흐르는 전류의 세기는 A에서와 B에서가 같다.

351

답 P: $3B_0$, Q: $\frac{5}{2}B_0$

자료 분석하기 두 직선에 의한 자기장

- 각 지점에서 두 직선 도선에 의한 자기장의 방향을 알아낸다.
- 도선에 의한 자기장의 방향이 같으면 두 자기장 세기의 합을 구하고, 방향이 서로 반대이면 두 자기장 세기의 차를 구한다.

P에서 A, B에 의한 자기장의 방향은 모두 종이면에서 수직으로 나오는 방향이다. P에서 A까지 거리를 d, P에서 A에 의한 자기장의 세기를 B_0이라고 하면 $B_0 = \frac{I}{d}$이다. P에서 B에 의한 자기장의 세기는 $\frac{2I}{d} = 2B_0$이므로 P에서 자기장의 세기는 $B_0 + 2B_0 = 3B_0$이다. 한편 Q에서 A, B에 의한 자기장의 세기는 각각 $\frac{I}{2d} = \frac{1}{2}B_0$, $\frac{2I}{d} = 2B_0$이다. 따라서 Q에서 자기장의 세기는 $\frac{1}{2}B_0 + 2B_0 = \frac{5}{2}B_0$이며 종이면에 수직으로 들어가는 방향이다.

352

답 ③

자료 분석하기 원형 전류에 의한 자기장

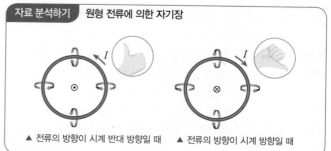

▲ 전류의 방향이 시계 반대 방향일 때   ▲ 전류의 방향이 시계 방향일 때

ㄱ. 원형 도선 중심에서 자기장의 세기 $B \propto \dfrac{I}{r}$이므로 전류의 세기를 증가시키면 자기장의 세기도 세진다.

ㄴ. 원형 도선은 작은 직선 도선의 연결이라고 생각하면 되므로 오른손의 엄지손가락을 펴고 도선을 잡으면 엄지손가락이 전류의 방향, 네 손가락이 감아쥐는 방향이 자기장의 방향이다. 즉, O에서 자기장의 방향은 종이면에 수직으로 들어가는 방향이다.

오답 피하기 ㄷ. 원형 도선에 흐르는 전류의 방향을 반대로 하면 자기장의 방향도 반대가 된다.

353
답 ④

원형 도선 중심에서 자기장의 방향은 원형 도선에 흐르는 전류의 방향을 따라 오른손으로 도선을 감아쥘 때 엄지손가락이 가리키는 방향이다.

ㄱ. 나침반의 N극이 가리키는 방향이 자기장의 방향이므로, 원형 도선에 흐르는 전류의 방향은 b이다.

ㄷ. O에서의 자기장의 세기는 원형 도선에 흐르는 전류의 세기에 비례하고, 도선의 반지름에 반비례한다. 따라서 원형 도선에 흐르는 전류의 세기를 2배로 하면 O에서의 자기장의 세기도 2배가 된다.

오답 피하기 ㄴ. 자기장의 방향은 O에서와 P에서가 서로 반대 방향이 된다. 따라서 나침반의 N극이 가리키는 방향은 O에서와 P에서가 서로 다르다.

개념 더하기 **원형 도선에 의한 자기장**

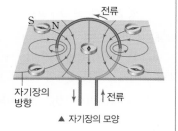

- 원형 도선의 중심에서는 자기장이 직선 모양이고, 도선에 가까워질수록 동심원 모양의 자기장이 형성된다.
- 원형 도선 중심에서 자기장의 방향은 원형 도선에 흐르는 전류 방향을 따라 오른손으로 도선을 감아쥘 때 엄지손가락이 가리키는 방향이다.
- 오른손으로 도선을 감아쥐고 엄지손가락이 전류의 방향을 향하게 할 때 네 손가락이 돌아가는 방향이 자기장의 방향이다.
- 원형 도선 주위의 자기장 세기는 균일하지 않으며, 도선에 가까워질수록 자기장의 세기가 커진다.

354

예시 답안 직선 도선에 흐르는 전류의 방향이 $+y$ 방향일 때 O점에서 직선 전류에 의한 자기장의 세기와 원형 도선에 의한 자기장의 세기는 같고 방향은 서로 반대이다. 이때 직선 전류에 의한 자기장의 방향은 종이면에 수직으로 들어가는 방향이므로 원형 도선에 의한 자기장의 방향은 종이면에서 수직으로 나오는 방향이어야 하고, 원형 도선에 흐르는 전류의 방향은 시계 반대 방향이 된다. 원형 도선에 의한 자기장의 세기를 B'라고 하면, 직선 도선에 흐르는 전류의 방향이 $-y$ 방향일 때 O점에서의 자기장의 세기는 $2B' = B_0$이므로 원형 도선에 의한 자기장 세기는 $\dfrac{1}{2}B_0$이다.

채점 기준	배점(%)
직선 도선과 원형 도선에 의한 자기장의 세기가 같음을 구하여 원형 도선의 자기장의 방향과 자기장의 세기를 옳게 구한 경우	100
직선 도선에 의한 자기장의 세기와 원형 도선에 의한 자기장의 세기가 같다는 것만 제시한 경우	30

355
답 ⑤

자료 분석하기 **솔레노이드에 의한 자기장**

- 스위치를 닫으면 그림과 같이 자기장이 생기며, 나침반을 놓았을 때 N극이 모두 오른쪽으로 향한다.

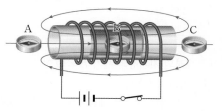

- 솔레노이드 내부에도 자기력선의 방향을 나타낼 수 있으며, 이때에도 외부의 자기력선이 나오는 방향이 N극, 자기력선이 들어가는 방향이 S극을 가리킨다.

A, B, C 지점에 놓인 나침반 자침의 N극은 모두 오른쪽을 가리킨다.

356
답 ①

ㄱ. 철가루의 모양이 방향성을 가지고 늘어섰으므로 솔레노이드에는 전류가 흐르고 있다.

오답 피하기 ㄴ. 솔레노이드는 원형 도선 여러 개를 겹쳐 놓은 것과 같으므로 외부에도 자기장이 형성된다.

ㄷ. 솔레노이드에 흐르는 전류의 세기가 세지면 자기장의 세기가 세지므로 자기력선의 밀도가 커져 철가루가 늘어선 모양이 변한다.

개념 더하기 **솔레노이드에 의한 자기장의 모양과 방향**

- 자기장의 모양: 내부에는 중심축에 나란한 방향으로 균일한 자기장이 형성되고, 외부에는 막대자석 주위에 생기는 자기장과 비슷한 모양의 자기장이 형성된다.
- 자기장의 방향: 오른손의 네 손가락이 전류의 방향을 가리키도록 감아쥘 때 엄지손가락이 가리키는 방향이다.

357
답 (다)-(나)-(가)

솔레노이드 내부에서 자기장의 세기는 전류의 세기와 단위길이당 코일의 감은 수에 비례한다. 따라서 (나)는 (가)에 비해 전류가 2배이므로 자기장의 세기가 2배이고, (다)는 (나)에 비해 코일의 감은 수가 $\dfrac{7}{5}$배이므로 자기장의 세기가 $\dfrac{7}{5}$배이다. 이로부터 자기장의 세기는 (다)가 가장 세고, (가)가 가장 약하다.

358
답 ①

ㄱ. 솔레노이드에 흐르는 전류의 방향으로 오른손의 네 손가락을 감아쥐면 엄지손가락의 방향이 자기장의 방향이 된다. 따라서 코일 내부에 형성되는 자기장의 방향은 동 → 서이므로 p의 방향으로 회전한다.

오답 피하기 ㄴ. (다)에서는 저항값을 증가시켰기 때문에 전류의 세기가 약해지게 되어 전류에 의한 자기장의 세기도 약해진다. 따라서 자침의 회전각은 (나)에서보다 작다.

ㄷ. (라)에서 전류의 방향이 바뀌었기 때문에 코일에서 나침반에 가까운 쪽이 N극이 된다. 따라서 나침반 자침의 N극은 q의 방향으로 회전한다.

359
답 ③

(가)는 코일에 전류를 흐르게 해서 전자석을 만들어 고철을 옮기는 전자석 기중기, (나)는 전류의 세기와 방향에 따라 코일이 밀리거나 끌려가 진동판을 진동시키는 원리로 소리를 내는 스피커, (다)는 반도체의 특성을 이용한 발광 다이오드이다.

360
답 ①

ㄱ. 솔레노이드 내부의 자기장의 세기 $B \propto nI$이므로 전류를 증가시키면 자기장의 세기도 증가한다.

오답 피하기 ㄴ. 솔레노이드 내부에 나침반을 놓으면 나침반의 자침은 솔레노이드 축과 나란한 방향을 가리킨다.

ㄷ. 솔레노이드 내부에서 자기장의 세기는 전류의 세기(I)에 비례하고, 단위길이당 코일의 감은 수(n)에 비례한다. 따라서 단위길이당 코일의 감은 수를 증가시키면 자기장의 세기도 세진다.

📕1등급 완성 문제
86~87쪽

361 ④ **362** ① **363** ① **364** ② **365** ④ **366** ③
367 해설 참조 **368** 해설 참조 **369** 해설 참조

361
답 ④

직선 전류에 의한 자기장의 세기 $B \propto \dfrac{I}{r}$이므로, 종이면에서 수직으로 나오는 방향을 (+), A에서 P에 흐르는 전류에 의한 자기장의 세기를 B라고 하면, 각 점에서 자기장의 세기는 다음과 같다.

$B_A = B + \dfrac{2}{3}B = \dfrac{5}{3}B$, $B_B = -B + 2B = B$

$B_C = -\dfrac{B}{3} - 2B = -\dfrac{7}{3}B$

따라서 $B_A : B_B : B_C = \dfrac{5}{3} : 1 : \dfrac{7}{3} = 5 : 3 : 7$이다.

362
답 ①

ㄱ. a에서 P와 R에 의한 자기장의 방향은 (−)방향으로 같다. 그런데 a에서 P, Q, R에 의한 자기장의 방향이 (+)방향이므로 Q에 의한 자기장 방향이 (+)임을 알 수 있다. 즉, Q에 흐르는 전류의 방향은 P와 같다.

오답 피하기 ㄴ. a에서 R에 의한 자기장의 세기를 B_R이라고 하면 Q가 $x = 2d$에 있을 때 a에서 자기장은 $-2B_R - B_R + 4B_R = B_R$가 된다. 따라서 Q는 $x > 2d$인 지점에 있어야 자기장의 세기가 0이 된다.

ㄷ. Q가 $x = d$에 있을 때 a에서 Q에 의한 자기장의 세기 $B_0 = \dfrac{4I_0}{d}$이고, a에서 P에 의한 자기장 세기 $B_P = \dfrac{2I_0}{2d} = \dfrac{I_0}{d}$이므로 Q에 의한 자기장 세기는 P의 4배이다.

363
답 ①

ㄱ. a에서 Q에 의한 자기장의 방향은 $+y$ 방향이다. 따라서 a에서 자기장의 방향이 $-y$ 방향이 되려면 P에 의한 자기장의 방향이 $-y$ 방향이어야 하고, P에 흐르는 전류의 방향은 xy 평면에서 수직으로 나오는 방향이다.

오답 피하기 ㄴ. t_1일 때 P에 의한 자기장을 $-B$라고 하면, t_1일 때 자기장은 $-B + \dfrac{1}{3}B = -\dfrac{2}{3}B$이다. t_2일 때 자기장은 $-B + \dfrac{2}{3}B = -\dfrac{1}{3}B$가 되어 자기장의 세기는 t_1일 때가 t_2일 때의 2배이다.

ㄷ. t_1일 때 a에서 자기장의 세기는 $-B + \dfrac{1}{3}B = -\dfrac{2}{3}B$, b에서 자기장의 세기는 $+B + B = +2B$이다. 따라서 a에서가 b에서의 $\dfrac{1}{3}$배이다.

364
답 ②

xy 평면에서 수직으로 나오는 방향을 (+)로, Q에 흐르는 전류의 방향을 $+y$ 방향이라고 가정하자. a에서 P, Q에 의한 자기장의 세기를 각각 B_P, B_Q라고 하면, c에서 P, Q에 의한 자기장은 $(-B_P + B_Q)$이므로 원형 도선 R에 의한 자기장은 $-(-B_P + B_Q) = +B_P - B_Q$이다. b에서 자기장은 $\dfrac{1}{2}B_P + B_Q + (B_P - B_Q) = +3B_0$이므로 $B_P = +2B_0$이고, a에서 자기장은 $B_P - B_Q + (B_P - B_Q) = +B_0$이므로 $B_Q = +\dfrac{3}{2}B_0$이다. 즉 Q에 흐르는 전류 방향은 처음에 가정했던 $+y$ 방향임을 알 수 있다.

ㄴ. a가 P, Q에서 떨어진 거리는 서로 같으므로 a에서 자기장의 세기는 도선에 흐르는 전류의 세기에 비례한다. a에서 P, Q에 의한 자기장의 세기는 각각 $2B_0$, $\dfrac{2}{3}B_0$이므로, 전류의 세기는 P가 Q보다 크다.

오답 피하기 ㄱ. Q에 흐르는 전류의 방향은 $+y$ 방향이다.

ㄷ. R에 의한 R의 중심에서의 자기장은 $+B_P - B_Q = +\dfrac{1}{2}B_0$이다.

365
답 ④

ㄴ. P에서 도선 A, B에 흐르는 전류에 의해 형성되는 자기장의 방향을 오른손을 사용해서 알아보면 모두 종이면에서 수직으로 나오는 방향이다. 그런데 P에서의 자기장의 세기는 0이므로, C에 흐르는 전류에 의한 자기장의 방향은 종이면에 수직으로 들어가는 방향이어야 한다.

ㄷ. P에서 A와 B에 의해 형성되는 자기장의 세기를 B_0이라고 하면, C에 의해 형성되는 자기장에 의해 합성 자기장이 0이 되므로 P에서 C에 의해 형성되는 자기장이 $-B_0$임을 알 수 있다. 만일 C에 흐르는 전류의 방향을 반대로 바꾸면 자기장의 방향이 반대로 바뀌나 자기장의 세기는 그대로이므로 P에서 합성 자기장의 세기는 $2B_0$이 된다. 따라서 P에서 A, B, C에 의한 합성 자기장의 세기는 C에 의한 자기장의 세기의 2배이다.

오답 피하기 ㄱ. C에 흐르는 전류의 방향과 B에 흐르는 전류의 방향이 같으면 P에서는 A, B, C의 전류에 의한 자기장의 방향이 모두 종이

면에서 수직으로 나오는 방향이다. 따라서 자기장의 세기가 0이 될 수 없다.

366

답 ③

솔레노이드 내부에서 자기장의 세기는 단위길이당 감은 수와 전류의 세기에 비례한다.

ㄱ. P와 Q에서 모두 A에 의한 자기장의 방향과 B에 의한 자기장의 방향이 같으므로, 각 지점에서 자기장의 세기는 A와 B의 자기장 세기의 합이 된다. 한편 P와 Q는 A와 떨어진 거리가 같고, B와 떨어진 거리는 P가 Q보다 커서 B에 의한 자기장의 세기가 작다. 따라서 P에서가 Q에서보다 자기장의 세기가 작다.

ㄷ. A, B의 내부의 자기장의 세기는 각각 $B_A = N \times 4I$, $B_B = 2N \times I$이므로 A가 B보다 크다.

오답 피하기 ㄴ. P에서 A와 B에 의한 자기장의 방향 모두 왼쪽 방향이므로 자침의 N극은 왼쪽을 향한다.

367

서술형 해결 전략

STEP 1 문제 포인트 파악

두 도선 사이에 자기장이 0인 지점이 있을 때 두 도선에 흐르는 전류의 세기와 방향에 대해 설명할 수 있어야 한다.

STEP 2 자료 파악

자기장의 세기가 0인 지점이 B에 더 가까우므로 A에 흐르는 전류의 세기가 B에 흐르는 전류의 세기보다 세다.

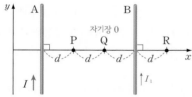

두 도선 사이에 자기장의 세기가 0인 지점이 있으므로 두 도선에 흐르는 전류의 방향은 같다.

STEP 3 관련 개념 모으기

❶ 두 직선 도선에 흐르는 전류의 방향이 같을 때 자기장이 0인 지점의 위치는?
➡ 두 직선 도선에 흐르는 전류의 방향이 같을 때 자기장이 0인 지점은 두 직선 도선 사이에 있다.

예시 답안 Q에서 자기장의 세기가 0이므로 전류 I_1과 I는 같은 방향이어야 한다. 또한 Q에서 A까지의 거리가 Q에서 B까지 거리의 2배이므로 B에 흐르는 전류의 세기는 $\frac{I}{2}$이다.

채점 기준	배점(%)
I_1의 방향과 세기를 I와 비교하여 옳게 설명한 경우	100
I_1의 방향과 세기 중 1가지만 옳게 설명한 경우	50

368

서술형 해결 전략

STEP 1 문제 포인트 파악

두 도선 밖에 자기장이 0인 지점이 있을 때 두 도선에 흐르는 전류의 세기와 방향에 대해 설명할 수 있어야 한다.

STEP 2 자료 파악

B의 오른쪽에 자기장의 세기가 0인 지점이 있으므로 A에 흐르는 전류의 세기가 B에 흐르는 전류의 세기보다 세다.

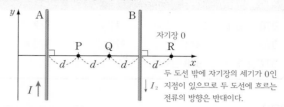

두 도선 밖에 자기장의 세기가 0인 지점이 있으므로 두 도선에 흐르는 전류의 방향은 반대이다.

STEP 3 관련 개념 모으기

❶ 두 도선에 흐르는 전류의 방향이 반대일 때 자기장이 0인 지점의 위치는?
➡ A에 흐르는 전류의 세기가 B에 흐르는 전류의 세기보다 세면 B의 오른쪽 영역에 자기장이 0인 지점이 있고, B에 흐르는 전류의 세기가 A에 흐르는 전류의 세기보다 세면 A의 왼쪽 영역에 자기장이 0인 지점이 있다.

예시 답안 R에서 자기장의 세기가 0이 되려면 I_2와 I의 방향은 반대이므로 I_1과 I_2의 방향도 반대이다. R에서 A까지의 거리가 R에서 B까지 거리의 4배이므로 B에 흐르는 전류의 세기는 $\frac{I}{4}$이다. 즉, $I_2 = \frac{1}{2}I_1$이다.

채점 기준	배점(%)
I_1과 I_2의 방향과 세기를 비교하여 옳게 설명한 경우	100
I_1과 I_2의 방향과 세기 중 1가지만 옳게 비교한 경우	50

369

서술형 해결 전략

STEP 1 문제 포인트 파악

중심에서 두 원형 도선에 의한 자기장 세기와 방향을 구하고 합성할 수 있어야 한다.

STEP 2 자료 파악

· P에서 원형 도선에 의한 자기장의 세기 B를 도선의 반지름과 전류의 비로 나타낸다.
· Q에서 두 원형 도선에 의한 자기장의 세기를 B에 대한 비례값으로 구한다. 작은 원형 도선의 경우, 거리가 $\frac{1}{2}$배이고, 전류 방향이 반대이므로 자기장의 방향도 반대이다.

STEP 3 관련 개념 모으기

❶ 원형 도선의 중심에서 자기장의 세기는?
➡ 원형 도선에 흐르는 전류의 세기에 비례하고 반지름에 반비례한다.
❷ 두 원형 도선에 의한 자기장의 합성 방법은?
➡ 전류의 방향을 고려해야 한다. 두 도선에 흐르는 전류의 방향이 같으면 자기장 세기의 합을 구하고, 전류의 방향이 반대이면 자기장 세기의 차를 구해야 한다.

예시 답안 Q에서 작은 원형 도선에 의한 자기장의 방향은 종이면에 수직으로 들어가는 방향이고 도선의 반지름이 a이므로 자기장의 세기는 $2B$이다. 그리고 큰 원형 도선에 의한 자기장의 방향은 종이면에서 수직으로 나오는 방향이고 자기장의 세기는 B이므로, Q에서 자기장의 세기는 B가 된다.

채점 기준	배점(%)
두 원형 도선에 의한 자기장의 세기와 방향을 모두 구하여 Q에서 자기장의 세기를 구한 경우	100
두 원형 도선에 의한 자기장의 세기를 구했지만 두 자기장의 세기를 옳게 합성하여 답을 제시하진 못한 경우	30

370

답 ⊙ 반대, ⓒ 스핀, ⓒ 상쇄

물질의 자성이 나타나는 원인은 전자의 궤도 운동과 스핀으로 자기장을 형성하여 원자가 자석의 역할을 하기 때문이다. 반자성은 전자의 원자 내 궤도 운동이 반대인 전자가 모두 짝을 이루거나, 스핀이 반대인 전자가 모두 짝을 이루게 되면 서로의 자기장이 상쇄되기 때문에 원자가 자기장을 띠지 않게 된다.

371

답 ×

물질의 자성이 나타나는 원인은 원자를 구성하는 전자들이 원자핵 주위를 도는 궤도 운동과 전자 스핀 때문이다.

372

답 ○

전자들이 짝을 이루게 되면 서로 반대 방향으로 스핀을 가진 전자와 짝을 이루게 되어 스핀에 의한 자기장이 서로 상쇄되므로 원자 자석이 약해진다. 따라서 스핀의 방향이 짝을 이루지 않는 전자들이 많을수록 자성이 강해진다.

373

답 ×

강자성체는 원자 내에 서로 반대 방향으로 회전하는 전자들의 짝이 적다.

374

답 ○

상자성체는 약하게 자기화되는 원자들로 이루어져 있으므로 외부 자기장이 제거되면 원자들의 배열이 다시 무질서해져서 자성을 나타내지 않는다.

375

답 ○

반자성체는 외부 자기장과 반대 방향으로 원자들이 배열되므로 자석과 척력이 작용하게 된다.

376

답 하드 디스크

하드 디스크는 강자성체인 산화 철이 입혀져 있는 플래터 표면을 자기화시켜 정보를 저장한다.

377

답 강자성체

강자성체 분말을 고무에 섞어 만든 고무 자석은 메모지 고정, 냉장고 문, 광고 전단지 등에 사용된다.

378

답 전자석

솔레노이드 내부에 강자성체를 넣은 전자석을 이용하면, 전류가 흐를 때 강자성체가 자기화되어 강한 자기장이 형성된다.

379 필수 유형

답 ②

자료 분석하기 자성의 원인

물질을 구성하는 원자 내 전자의 운동, 즉 전자의 궤도 운동과 스핀에 의한 전류 효과로 자기장이 형성되어 원자가 자석의 역할을 한다.

스핀에 의한 자기장	궤도 운동에 의한 자기장
• 전자의 회전 방향: 시계 반대 방향	• 전자의 운동 방향: 시계 반대 방향
• 전류의 방향: 시계 방향	• 전류의 방향: 시계 방향
• 자기장의 방향: A → B	• 자기장의 방향: C → D

ㄴ. (가)에서 전자 스핀에 의해 전류는 원형 도선에서 시계 방향으로 흐르는 것과 같은 효과를 나타낸다. 따라서 전자 스핀에 의한 자기장은 A → B의 방향으로 형성된다.

오답 피하기 ㄱ. 반자성체의 경우 전자의 원자 내 궤도 운동이 반대인 전자가 모두 짝을 이루거나, 스핀이 반대인 전자가 모두 짝을 이루게 되면 서로의 자기장이 상쇄되기 때문에 원자가 자성을 띠지 않게 된다. 대부분의 물질은 전자의 궤도 운동과 전자의 스핀에 의한 자기장이 0이거나 매우 작다.

ㄷ. 전류의 방향은 (+)전하가 이동하는 방향으로 정의되므로 (-)전하를 띠고 있는 전자가 움직이는 방향과는 반대 방향이다. 따라서 (나)에서는 전자의 회전 방향과 반대 방향으로 전류가 흐르는 효과가 있다.

380

예시 답안 전자가 원자핵 주위를 궤도 운동 하므로, 전류가 흐르는 것과 같은 효과로 자기장이 형성된다.

채점 기준	배점(%)
전자의 움직임이 전류를 의미하며, 전자의 움직임에 의해 자기장이 형성됨을 설명한 경우	100
전자의 움직임에 의해 자기장이 형성된다고만 설명한 경우	20

381

답 ④

ㄱ, ㄷ. 클립 내부는 여러 자기 구역이 분포하고 있고 (나)에서 자석을 가까이 했을 때 클립 내부의 자기 구역들이 외부 자기장에 의해 일정하게 정렬되므로 클립은 강자성체이다.

오답 피하기 ㄴ. (가)에서 클립은 자기 구역의 자기장 방향이 다양하게 분포하고 있으므로 자성을 띠지 않는다.

382

답 ①

ㄱ. 외부 자기장을 걸어 줄 때 상자성체와 A는 서로 당기는 힘이 작용하므로, A는 외부 자기장과 같은 방향으로 자기화된다. 따라서 A의 위쪽은 N극, 아래쪽은 S극으로 자기화된다.

오답 피하기 ㄴ, ㄷ. 외부 자기장을 제거하면 상자성체는 자성이 사라진다. 그러나 (나)에서 두 물체 사이에 당기는 힘이 작용하고 있으므로, A에 의한 자기장에 의해 상자성체가 자기화되어 있음을 알 수 있다. 외부 자기장이 없어도 여전히 자기화된 상태로 남아 있으므로 A는 강자성체이다.

383 필수 유형

답 ①

자료 분석하기 자성체의 종류와 특징

- A는 자석에 의해 밀리므로 반자성체이다.
- B는 자석에 강하게 끌리므로 강자성체이다.
- C는 자석에 약하게 끌리므로 상자성체이다.

ㄱ. 강한 자석을 가까이 가져갔을 때 A가 자석에서 밀려났으므로, A는 외부 자기장을 가했을 때 외부 자기장과 반대 방향으로 약하게 자기화되는 반자성체이다.

오답 피하기 ㄴ. 강한 자석을 가까이 가져갔을 때 B가 자석에 끌려와 붙었으므로, B는 외부 자기장을 가했을 때 외부 자기장과 같은 방향으로 강하게 자기화되어 강하게 인력이 작용하는 강자성체이다.

ㄷ. C는 외부 자기장을 가했을 때 외부 자기장과 같은 방향으로 약하게 자기화되는 상자성체로, 강한 자석을 치우면 자기화된 상태가 바로 사라진다.

384

답 ③

저울이 측정하는 값은 저울받침을 누르는 힘이다. A를 가까이 했을 때 저울을 누르는 힘이 증가하므로, A와 자석 사이에는 서로 미는 힘이 작용한다. 따라서 A는 반자성체이고, B는 상자성체이다.

ㄷ. 자석에 가까이 할 때 상자성체인 B 내부의 원자 자석은 외부 자기장과 같은 방향으로 자기화된다.

오답 피하기 ㄱ. B는 상자성체이므로, 자석을 가까이 하면 서로 당기는 힘이 작용한다. 저울받침을 누르는 힘이 감소하므로 ㉠은 1,000보다 작다.

ㄴ. A는 반자성체이므로, 자석과 A 사이에는 서로 미는 힘이 작용한다.

385

답 ①

ㄱ. A는 공중에 떠서 정지해 있으므로 물체에 작용하는 모든 힘의 합력은 0이다. 즉, 작용하는 알짜힘은 0이다.

오답 피하기 ㄴ, ㄷ. A는 자석 위에 떠 있으므로 반자성체이다. 하드 디스크에 정보를 저장하는 원리는 전자석을 이용해서 하드 디스크 표면을 자기화시키며, 자기화된 것이 외부 자기장이 제거되어도 오랜 시간 유지되는 원리를 이용하는 것이다. 이러한 성질을 가지는 물체를 강자성체라고 한다. 그러나 A는 외부 자기장과 반대 방향으로 자기화되고, 외부 자기장을 제거하면 바로 자기화된 상태가 사라지는 반자성체이므로 하드 디스크에 저장을 위한 물질로 사용할 수 없다.

386

예시 답안 고철은 강자성체이므로 기중기의 전자석은 전류가 흐를 때 강한 자성을 띠어서 고철을 끌어올릴 수 있어야 한다. 따라서 전자석을 만들 때 강자성체를 사용한 것이다.

채점 기준	배점(%)
예시 답안과 같이 설명한 경우	100
전류가 흐를 때 자성을 띠어야 하기 때문이라고 설명한 경우	40

1등급 완성 문제

91쪽

387 ①   **388** A: 상자성체, B: 강자성체, C: 반자성체   **389** ④
390 해설 참조   **391** 해설 참조

387

답 ①

ㄱ. 그림에서 물체의 내부 원자 자석은 자기장의 방향이 오른쪽으로 형성되어 있다. 문제에서 균일한 자기장에 반자성체를 넣는다고 했으므로 외부 자기장은 반자성체의 내부 자기장과 반대 방향이다. 즉, 균일한 자기장의 방향은 왼쪽이다.

오답 피하기 ㄴ. 반자성체는 외부 자기장을 가하면 물질의 원자들이 자기장의 방향과 반대 방향으로 약하게 정렬되고, 외부 자기장을 제거하면 자기화된 상태도 바로 사라진다.

ㄷ. 반자성체는 외부 자기장과 반대 방향으로 원자 자석이 정렬되므로 자석을 가까이 하면 밀어내는 척력이 작용한다.

388

답 A: 상자성체, B: 강자성체, C: 반자성체

자료 분석하기 자성체의 종류와 특징

- 과정 (나)에서 원형 도선에 유도 전류가 흐르려면 물체는 자기화된 상태를 유지해야 한다. 따라서 강자성체가 통과한 경우만 전류가 발생한다.

물체	전류의 발생 유무	자성체의 종류
A	×	
B	○	강자성체
C	×	

- 과정 (다)에서 A와 B 사이에는 인력이, B와 C 사이에는 척력이 작용한다.

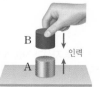 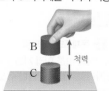

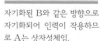

자기화된 B와 같은 방향으로 자기화되어 인력이 작용하므로 A는 상자성체임.

자기화된 B와 반대 방향으로 자기화되어 척력이 작용하므로 C는 반자성체임.

(가)에서 자기화시킨 후 외부 자기장을 제거하고, (나)와 (다)의 실험을 진행하고 있다. 그러므로 (나)에서 원형 도선에 전류를 흐르게 하려면 전자기 유도에 따라 물체는 자기화 상태를 유지하고 있어야 한

다. 즉, 외부 자기장을 제거해도 물체의 자기화 상태가 유지되어야 한다는 것으로, 이는 강자성체의 특징이다. (나)에서 전류가 발생한 것은 B뿐이었으므로 B는 강자성체이다.

A와 B를 가까이 하였을 때 인력이 작용한다는 것은 A가 외부 자기장과 같은 방향으로 자기화된다는 것을 의미하고, 이는 강자성체와 상자성체의 성질이다. 또한 A는 외부 자기장을 제거하고 실시한 (나)에서 전류가 흐르지 않았으며, 이는 외부 자기장을 제거하면 자기화된 상태가 바로 사라지는 것을 의미하므로 A는 상자성체이다.

B와 C를 가까이 하였을 때 척력이 작용하였으므로 C는 외부 자기장과 반대 방향으로 자기화되는 것을 알 수 있다. 그러므로 C는 반자성체이다.

389
답 ④

자료 분석하기 전류의 자기장과 자성체

B의	자기화 방향	
전류 방향	P	Q
② $+y$	⊙	㉠
① $-y$	없음.	⊗

⊙: 종이면에서 수직으로 나오는 방향　⊗: 종이면에 수직으로 들어가는 방향

• 상자성체는 외부 자기장의 방향과 같은 방향으로 자기화되고, 반자성체는 외부 자기장의 방향과 반대 방향으로 자기화된다.
• 표의 자료에서 자기장이 0인 경우를 먼저 찾는다. 즉, ①에서 전류의 세기는 A와 B가 같고, P에 작용하는 자기장의 세기는 0임을 알 수 있다.
• 두 직선 도선에 의한 자기장의 방향을 판단하여 P, Q의 자기화 방향과 비교한다. 예를 들어 ②에서 P가 놓인 지점에서 자기장의 방향은 종이면에서 수직으로 나오는 방향이고, P의 자기화 방향도 같다.

ㄱ. B에 흐르는 전류 방향이 $+y$ 방향일 때 P가 놓인 지점에서 자기장의 방향은 종이면에서 수직으로 나오는 방향이고, P의 자기화 방향도 같으므로 P는 상자성체이다. 따라서 Q는 반자성체임을 알 수 있다.
ㄷ. B에 흐르는 전류의 방향이 $-y$ 방향일 때 P의 자기화 방향은 0이므로 이때 자기장은 0이다. 따라서 두 직선은 P와 같은 거리에 떨어져 있으므로, A와 B에 흐르는 전류의 세기는 같다.
오답 피하기 ㄴ. B에 흐르는 전류의 방향이 $+y$ 방향일 때 Q가 놓인 지점에서 A, B에 의한 자기장의 방향은 종이면에 수직으로 들어가는 방향이다. Q가 반자성체이므로, Q의 자기화 방향은 종이면에서 수직으로 나오는 방향이다.

390

서술형 해결 전략

STEP 1 문제 포인트 파악
외부 자기장에 따른 여러 자성체의 자기장 방향을 자석과 자성체 사이에 작용하는 자기력을 통해 판단할 수 있어야 한다.

STEP 2 자료 파악
❶ A와 B의 자성체 종류는?
→ A와 자석 사이에는 인력이 작용하므로 A는 강자성체 또는 상자성체이고, B와 자석 사이에는 척력이 작용하므로 B는 반자성체이다.
❷ A의 자성체 종류는?
→ 자석을 치우고 A와 B를 가까이 놓았을 때 A와 B 사이에 자기력이 작용하므로, 자기장이 제거되었어도 A의 자성이 사라지지 않았음을 알 수 있으며, A는 강자성체이다.

❶ 자석을 가까이 할 때 자성체가 받는 자기력은?
→ 강자성체와 상자성체는 자석에 가까이 할 때 인력이 작용하고, 반자성체는 척력이 작용한다.
❷ 외부 자기장이 제거되어도 자성이 사라지지 않는 자성체는?
→ 강자성체는 외부 자기장을 제거해도 자성이 사라지지 않는다.

예시 답안 자석에 가까이 했을 때 A와 자석 사이에는 서로 당기는 힘이 작용하므로 A는 상자성체 또는 강자성체이고, B와 자석 사이에는 서로 미는 힘이 작용하므로 B는 반자성체이다. (나)에서 외부 자기장을 제거해도 A와 B 사이에 자기력이 작용하므로, A는 강자성체이고 A와 B 사이에는 서로 밀어내는 자기력이 작용함을 알 수 있다.

채점 기준	배점(%)
자석에 가까이 했을 때 작용하는 자기력을 통해 A와 B의 자성체 종류가 어떠한지 판단하고, 외부 자기장이 사라졌을 때 자기력이 작용하여 A가 강자성체임을 옳게 설명한 경우	100
자석에 가까이 했을 때 작용하는 자기력을 통해 A가 강자성체 또는 상자성체이고 B는 반자성체임을 파악하였지만 (나)로부터 A가 강자성체임을 설명하지 못한 경우	40

391

서술형 해결 전략

STEP 1 문제 포인트 파악
일상생활에서 자성체가 활용되는 예와 원리를 설명할 수 있어야 한다.

STEP 2 관련 개념 모으기
❶ 강자성체의 특징은?
→ 강자성체는 자기장을 걸어 주었을 때 자기화되어 자석에 강하게 끌리는 성질을 가진다.
❷ 하드 디스크에 정보가 기록되는 원리는?
→ 하드 디스크는 강자성체가 입혀져 있는 플래터 표면을 작은 구역으로 나누고 각 구역의 자기장 방향을 서로 다르게 하여 0과 1로 된 디지털 정보를 저장한다.

예시 답안 헤드의 코일에 전류가 흐르면 플래터의 강자성체가 자기화된다. 헤드에 전류가 흐르게 하거나 흐르지 않게 하는 방법, 또는 전류의 방향을 바꾸는 방법으로 강자성체에 외부 자기장을 걸어서 정보를 기록하며, 외부 자기장을 제거하여도 자성을 오래 유지하는 강자성체의 성질을 이용하여 정보를 저장한다.

채점 기준	배점(%)
플래터에 정보를 기록하는 원리와 기록한 정보가 지워지지 않고 저장되는 원리를 모두 옳게 설명한 경우	100
플래터에 정보를 기록하는 원리와 기록한 정보가 지워지지 않고 저장되는 원리 중 1가지만 옳게 설명한 경우	50

개념 더하기 하드 디스크에서 정보의 기록과 재생

• 헤드에 감긴 코일에 정보가 담긴 전류를 흐르게 하면 강자성체인 산화 철로 코팅된 디스크(플래터)가 자기장에 의해 자기화되면서 정보가 기록된다.
• 자기화되는 방향에 따라 0과 1의 디지털 정보로 저장된다.

정렬된 산화 철 입자　헤드
플래터의 회전 방향　흐트러진 산화 철 입자

개념 확인 문제		93쪽
392 전자기 유도		**393** 렌츠, 자기 선속
394 클, 많을	**395** 역학적	**396** ㄴ	**397** ×
398 ○	**399** ○	**400** ㄱ, ㄹ, ㅁ

401 ④	**402** ⑤	**403** ④	**404** ②	**405** 해설 참조
406 ④	**407** ②	**408** ③	**409** ②	**410** 해설 참조
411 20 Wb		**412** 해설 참조		**413** ①　**414** ③
415 ①	**416** ⑤	**417** 해설 참조		

392
답 전자기 유도

코일과 자석의 상대적인 운동에 의해 전류가 흐르는 현상을 전자기 유도라고 한다.

393
답 렌츠, 자기 선속

유도 전류의 방향은 렌츠 법칙에 의해 유도 전류에 의한 자기장의 방향이 자기 선속의 변화를 방해하는 방향으로 흐른다.

394
답 클, 많을

전자기 유도에서 자석의 세기가 셀수록, 자석의 속력이 빠를수록, 코일의 감은 수가 많을수록 유도 전류의 세기가 세진다.

395
답 역학적

전자기 유도 현상이 일어날 때에는 역학적 에너지가 전기 에너지로 전환된다.

396
답 ㄴ

S극을 코일에 가까이 하면 코일에는 오른쪽이 S극이 되도록 유도 자기장이 형성되어 유도 전류의 방향은 A → 검류계(ⓖ) → B이다. N극을 코일에 가까이 하면 코일에는 오른쪽이 N극이 되도록 유도 자기장이 형성되어 유도 전류의 방향은 B → ⓖ → A이다. N극을 코일에서 멀리 하면 코일에는 오른쪽이 S극이 되도록 유도 자기장이 형성되어 유도 전류의 방향은 A → ⓖ → B이다. S극을 코일에서 멀리 하면 코일에는 오른쪽이 N극이 되도록 유도 자기장이 형성되어 유도 전류의 방향은 B → ⓖ → A이다.

397
답 ×

원형 부분 P의 면적이 감소하므로 P를 통과하는 자기 선속은 감소한다.

398
답 ○

P 내부로 들어가는 방향의 자기 선속이 감소하고 있으므로 유도 전류에 의한 자기장의 방향도 종이면에 수직으로 들어가는 방향이다. 따라서 P에는 ⓑ 방향으로 전류가 흐른다.

399
답 ○

P를 통과하는 자기 선속의 시간적 변화율이 점점 감소하므로 P에 흐르는 유도 전류의 세기도 감소한다.

400
답 ㄱ, ㄹ, ㅁ

전동기, 스피커는 자기장 속에서 전류가 흐르는 도선이 받는 힘을 이용한 장치이다.

401
답 ④

ㄱ. 자석을 빠르게 움직일수록 단위 시간당 자기 선속의 변화량이 크므로 유도 전류의 세기가 세진다. 따라서 검류계의 바늘이 움직이는 정도도 증가하게 되므로 회전각이 커진다.

ㄴ. 솔레노이드에 자석이 가까워지면 유도 기전력이 생기고, 유도 전류가 흐르므로 검류계의 바늘이 움직인다.

오답 피하기 ㄷ. 솔레노이드에서 자석을 멀리 하더라도 솔레노이드를 통과하는 자기 선속이 변하므로 유도 기전력이 생기고 유도 전류도 흐르게 된다. 따라서 검류계의 바늘이 움직인다.

402
답 ⑤

유도 기전력은 코일과 자석의 상대적인 운동에 의해 코일을 통과하는 자기 선속이 변할 때 생긴다. 따라서 코일과 자석이 서로 가까워질 때, 코일과 자석이 서로 멀어질 때, 정지해 있는 코일에 자석을 접근시킬 때, 정지해 있는 자석에 코일을 접근시킬 때는 유도 기전력이 생겨 유도 전류가 흐른다. 그러나 코일과 자석이 일정한 거리를 유지하면서 같이 움직일 때는 코일을 통과하는 자기 선속이 일정하므로 유도 기전력이 생기지 않아 유도 전류가 흐르지 않는다.

403 필수 유형
답 ④

자료 분석하기 유도 전류의 방향과 세기
- 코일에 흐르는 유도 전류는 코일을 통과하는 자기 선속의 변화를 방해하는 방향으로 흐른다.
- 유도 전류의 세기는 자석의 세기가 셀수록, 자석의 속력이 빠를수록, 코일의 감은 수가 많을수록 세진다.

ㄱ. 자석의 N극을 원형 고리에 가까이 할 때 N극이 다가오는 것을 방해하도록 원형 고리에는 자석 쪽에서 보았을 때 시계 반대 방향인 A 방향으로 유도 전류가 흐르게 된다. 따라서 자석과 원형 고리 사이에 척력이 작용하므로 원형 고리가 뒤로 밀리게 된다.

ㄷ. 자석을 가까이 하는 속력을 빠르게 하면 시간에 따른 자기 선속의 변화가 커지므로 더 센 유도 전류가 흐른다. 이로 인해 더 큰 척력이 작용하므로 원형 고리가 뒤로 더 많이 밀리게 된다.

오답 피하기 ㄴ. 자석의 S극을 가까이 하면 자기 선속의 변화를 방해하는 방향으로 유도 전류가 흐르게 되며, 이때도 역시 척력이 작용하므로 원형 고리가 뒤로 밀리게 된다.

404
답 ②

ㄷ. 경사각 θ를 증가시키면 자석이 더 빠르게 운동하므로 구리관에서는 유도 전류가 더 세게 흐른다.

오답 피하기 ㄱ, ㄴ. 구리관 가까이에서 자석이 움직이면 전자기 유도에 의해 구리관에 유도 전류가 흐른다. 이때 구리관에는 자석의 운동을 방해하려는 방향으로 유도 전류가 흐르고, 자석은 운동 방향과 반대 방향으로 힘을 받아 속력의 증가율이 점점 감소하는 운동을 한다.

405

자료 분석하기 구리관을 통과할 때 속도 변화

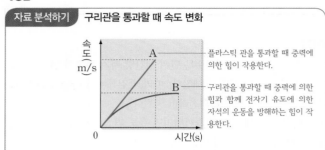

속도(m/s)

A — 플라스틱 관을 통과할 때 중력에 의한 힘이 작용한다.

B — 구리관을 통과할 때 중력에 의한 힘과 함께 전자기 유도에 의한 자석의 운동을 방해하는 힘이 작용한다.

0   시간(s)

• 자석이 구리관에 가까워지거나 구리관을 통과할 때 구리관 내부에서는 자기 선속의 변화에 따른 유도 전류가 발생하고, 렌츠 법칙에 의해 자석의 운동을 방해하는 힘이 자석에 작용한다.
• 자석의 운동을 방해하는 힘이 작용하여 자석의 속도 변화는 감소한다.
• 플라스틱 관을 통과하는 자석은 중력에 의한 힘만 작용하므로 등가속도 운동을 한다.

예시 답안 A는 시간에 따라 속도가 일정하게 증가하는 등가속도 운동을 하지만 B는 시간에 따라 속도의 변화가 감소하면서 결국 속도가 일정한 등속도 운동을 한다. 즉, A의 경우 중력에 의해 관이 기울어진 방향으로 일정한 힘을 받고 있다는 것을 알 수 있고, B의 경우 운동 방향과 반대인 힘이 작용하여 속도 변화가 감소하고 있다는 것을 알 수 있다. 막대자석이 내려갈 때 구리관에서는 막대자석에 운동을 방해하는 방향으로 자기력을 작용하므로 B에 해당하고, 막대자석이 플라스틱 관을 통과할 때는 플라스틱 관에 따른 아무런 변화가 없으므로 중력에 의한 등가속도 운동을 한다.

채점 기준	배점(%)
예시 답안과 같이 설명한 경우	100
A가 플라스틱 관을 통과할 때, B가 구리관을 통과할 때라고 제시하고 속도의 변화와 관련지어 설명하진 못한 경우	30

406

답 ④

자료 분석하기 코일과 자석 사이에 작용하는 힘

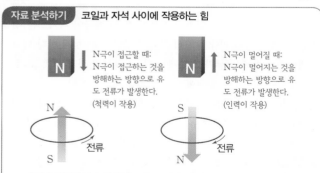

N극이 접근할 때: N극이 접근하는 것을 방해하는 방향으로 유도 전류가 발생한다. (척력이 작용)

N극이 멀어질 때: N극이 멀어지는 것을 방해하는 방향으로 유도 전류가 발생한다. (인력이 작용)

• 자석이 접근하거나 멀어지는 등 코일과 자석 사이가 상대적으로 가까워지거나 멀어지면 이러한 운동을 '방해'하는 방향으로 코일에 유도 전류가 발생한다.
• 자석의 N극이 코일에 접근하면 코일과 자석 사이에는 자석의 운동을 방해하는 척력이 발생하는 방향으로 코일에 유도 전류가 흐른다.
• 자석의 N극이 코일에서 멀어지면 코일과 자석 사이에는 자석의 운동을 방해하는 인력이 발생하는 방향으로 코일에 유도 전류가 흐른다.

원형 고리가 P를 지나는 순간, 원형 고리와 자석 사이에는 원형 고리의 운동을 방해하도록 척력이 작용하면서 유도 전류가 발생한다. 따라서 시계 반대 방향으로 유도 전류가 발생하여 원형 고리의 윗부분은 N극, 아래 부분은 S극이 되므로, 이러한 원형 고리의 운동을 방해하는 척력이 원형 고리와 A 사이에 작용하려면 A의 윗부분은 S극이어야 한다.

ㄱ. A의 아랫부분은 N극이고, B 위에 A가 떠 있으려면 A와 B 사이에는 서로 밀어내는 자기력이 작용해야 하므로, B의 윗면은 N극이다.

ㄷ. A와 B 사이를 통과하는 동안 A는 원형 고리를 당기는 방향으로 힘을 작용하고, B는 원형 고리를 미는 방향으로 힘을 작용하므로 두 힘의 방향은 같다.

오답 피하기 ㄴ. P를 지나는 순간 원형 고리에는 시계 반대 방향으로 유도 전류가 흐르고, A를 통과하는 순간 A의 N극으로부터 멀어지는 것을 방해하는 방향으로 원형 고리에는 시계 방향으로 전류가 흐른다. 그리고 Q에 가까워지면서 B의 N극에 가까워지는 것을 방해하도록 시계 방향으로 전류가 흐르기 때문에 전류의 방향은 1번 바뀐다.

407

답 ②

ㄴ. 자석이 솔레노이드를 통과할 때 자석의 운동 에너지가 솔레노이드에 흐르는 전기 에너지로 전환되므로 자석의 속력은 a를 지날 때가 b를 지날 때보다 빠르다. 따라서 단위 시간당 자기 선속의 변화도 a를 지날 때가 b를 지날 때보다 크므로 유도 전류의 세기는 자석이 a를 지날 때가 b를 지날 때보다 크다.

오답 피하기 ㄱ. 자석이 a에 있을 때 솔레노이드의 왼쪽은 N극, 오른쪽은 S극이 되도록 유도 전류가 흐른다. 또한 자석이 b에 있을 때 솔레노이드의 왼쪽은 S극, 오른쪽은 N극이 되도록 유도 전류가 흐른다. 따라서 자석이 a와 b를 지날 때 저항에 흐르는 유도 전류의 방향은 반대이다.

ㄷ. 자석이 a에 있을 때는 솔레노이드와 자석 사이에 척력이 작용하므로 자석이 솔레노이드로부터 받는 자기력의 방향은 왼쪽이다. 자석이 b에 있을 때는 솔레노이드와 자석 사이에 인력이 작용하므로 자석이 솔레노이드로부터 받는 자기력의 방향은 왼쪽이다. 따라서 자석이 a를 지날 때와 b를 지날 때 자석이 받는 자기력의 방향은 같다.

408

답 ③

ㄱ. (가)와 같이 균일한 자기장 속에 놓여 있던 물체를 외부 자기장으로부터 분리시켜 (나)의 검류계가 연결된 솔레노이드에 접근시켰을 때 검류계에 전류가 흐르므로 물체는 자성을 그대로 유지한다. 따라서 물체는 강자성체이다.

ㄴ. 물체는 강자성체이므로 외부 자기장의 방향으로 강하게 자기화된다. 외부 자기장의 방향이 위쪽이므로 물체의 윗면은 N극, 아랫면은 S극으로 자기화된다.

오답 피하기 ㄷ. (가)에서 자기화된 강자성체의 A는 (나)에서 N극을 유지한 채로 솔레노이드에 접근한다. 따라서 물체를 a 방향으로 움직일 때와 b 방향으로 움직일 때 자기 선속의 변화가 반대이므로 유도되는 기전력에 의해 흐르는 전류의 방향은 반대가 된다.

409

답 ②

자료 분석하기   자기장 변화에 따른 유도 전류

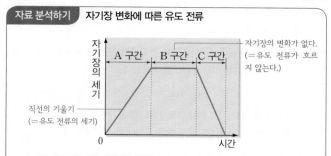

- 시간에 따른 자기장의 세기 그래프에서 기울기는 도선에 흐르는 유도 전류의 세기에 비례한다.
- 자기장 세기의 변화가 없으면(B 구간) 유도 전류는 0이다.
- 자기장의 세기가 증가하는 구간(A 구간)과 자기장의 세기가 감소하는 구간(C 구간)에서 유도 전류의 방향은 반대 방향이다.

ㄷ. A 구간에서는 종이면에서 수직으로 나오는 자기장이 증가하므로 종이면에 수직으로 들어가는 방향으로 유도 자기장이 생기도록 시계 방향으로 유도 전류가 흐른다. C 구간에서는 종이면에서 수직으로 나오는 자기장이 감소하므로 종이면에서 수직으로 나오는 방향으로 유도 자기장이 생기도록 시계 반대 방향으로 유도 전류가 흐르는데, 자기장의 시간적 변화율이 일정하므로 유도 전류의 세기도 일정하다.

오답 피하기 ㄱ. 유도 전류는 시간에 따른 자기장의 변화가 있는 A, C 구간에서만 흐른다.

ㄴ. B 구간에서는 자기장의 시간적 변화율이 0이므로 유도 전류의 세기도 0이다. 유도 전류의 세기가 가장 센 구간은 자기장의 시간적 변화율이 가장 큰 C 구간이다.

410

예시 답안 A에서는 도선 내부에 종이면에 수직으로 들어가는 자기 선속이 증가하므로, 이를 감소시키는 방향인 시계 반대 방향의 유도 전류가 흐른다. B에서는 자기장 내부에 도선이 들어가 있어서 도선 내부의 자기 선속 변화가 없으므로 유도 전류가 흐르지 않는다. 또, C에서는 도선이 자기장 영역을 벗어나면서 종이면에 수직으로 들어가는 자기 선속이 증가하도록 시계 방향으로 유도 전류가 흐른다.

채점 기준	배점(%)
A, B, C 각각의 지점에서 도선 내부의 자기 선속 변화를 판단하여 유도 전류의 방향을 옳게 설명한 경우	100
A와 C에서 도선 내부에 자기 선속 변화가 일어나며 B에서는 일어나지 않는다는 것만 제시하고, 유도 전류의 방향을 설명하지 못한 경우	30

411

답 20 Wb

자기 선속은 자기장의 세기와 자기력선이 통과하는 단면적의 곱이다. 따라서 Φ = 자기장의 세기 × 단면적 = 5 T × 4 m² = 20 Wb이다.

412

유도 기전력 $V = -N\dfrac{\Delta\Phi}{\Delta t}$이다. 여기서 감은 수 N은 1회이고, (−) 부호는 유도 기전력의 방향을 나타내기 때문에 크기만 계산하면 된다.

예시 답안 자기 선속의 변화량 $\Delta\Phi = (5 \times 4) - (2 \times 4) = 12$(Wb)이고, $\Delta t = 0.2$초이므로, 유도 기전력 $V = -1 \times \dfrac{12}{0.2} = -60$(V)이다. 따라서 원형 도선에 흐르는 전류의 세기는 $\dfrac{60 \text{ V}}{10 \text{ }\Omega} = 6$ A이다.

채점 기준	배점(%)
패러데이 법칙을 적용하여 전압을 구하고, 원형 도선에 흐르는 전류의 세기를 옳게 구한 경우	100
패러데이 법칙을 적용하여 전압만 옳게 구한 경우	50

개념 더하기   자기장의 세기

자기 선속(Φ)	자기장에 수직인 단면을 통과하는 자기력선의 다발을 자기 선속 또는 자기력선속이라고 한다. 단위는 웨버(Wb)를 사용한다.
렌츠 법칙	전자기 유도에 의해 흐르는 유도 전류는 유도 전류에 의한 자기장이 자기 선속의 변화를 방해하는 방향으로 형성되도록 흐른다. 즉, 자석과 코일의 상대적인 운동을 방해하는 자기력이 작용하도록 유도 전류가 흐른다.
패러데이 법칙	유도 기전력(V)의 크기는 코일의 감은 수(N)가 많을수록 크고, 자기 선속의 시간적 변화율($\dfrac{\Delta\Phi}{\Delta t}$)이 클수록 크다. 즉, $V = -N\dfrac{\Delta\Phi}{\Delta t}$이다. (−)의 부호는 유도 기전력에 의한 전류의 방향이 자기 선속의 변화를 방해하는 방향이라는 의미이다. ➡ 렌츠 법칙

413 필수 유형

답 ①

자료 분석하기   균일한 자기장 영역을 통과하는 도선

- 도선의 위치 A : 종이면에 수직으로 나오는 방향의 자기장이 발생한다.
- 도선의 위치 B : 유도 기전력의 크기는 0이 아니다.
- 도선의 위치 C : 종이면에서 수직으로 나오는 방향의 자기장이 발생한다.

ㄱ. 도선의 위치가 A일 때 종이면에 수직으로 들어가는 방향으로 자기장이 증가하므로 이를 방해하기 위하여 종이면에서 수직으로 나오는 방향의 자기장이 발생하며, 시계 반대 방향으로 유도 전류가 흐른다.

오답 피하기 ㄴ. 도선의 위치가 B일 때 종이면에 수직으로 들어가는 방향의 자기장이 감소하고, 종이면에서 수직으로 나오는 방향의 자기장이 증가하므로 유도 기전력의 크기는 0이 아니다.

ㄷ. 도선의 위치가 C일 때 종이면에서 수직으로 나오는 방향의 자기장이 감소하므로 종이면에서 수직으로 나오는 방향으로 자기장이 발생한다. 따라서 시계 반대 방향으로 유도 전류가 흐른다. 따라서 A와 C에서 도선에 흐르는 전류의 방향은 같다.

414

답 ③

ㄱ, ㄴ. 알루미늄 막대가 오른쪽으로 움직이면 도선과 막대가 이루는 면적이 증가하므로 종이면에 수직으로 들어가는 방향의 자기 선속이 증가한다. 따라서 이를 방해하기 위하여 종이면에서 수직으로 나오는 방향으로 유도 전류가 흐른다. 즉, 유도 전류의 방향이 시계 반대 방향이므로, P → 저항 → Q 방향으로 유도 전류가 흐른다.

오답 피하기 ㄷ. 알루미늄 막대를 당기는 속도를 증가시키면 자기 선속의 시간적 변화율이 커지므로 도선에 흐르는 전류의 세기가 증가한다.

415

답 ①

자료 분석하기 발전기 코일의 운동과 유도 전류

- 발전기는 코일의 운동 에너지를 전자기 유도에 의해 전기 에너지로 전환하는 장치이다.
- 코일 면을 통과하는 자기 선속은 $\theta=0$, $\theta=180°$일 때 0이고, $\theta=90°$, $\theta=270°$일 때 최대가 된다.

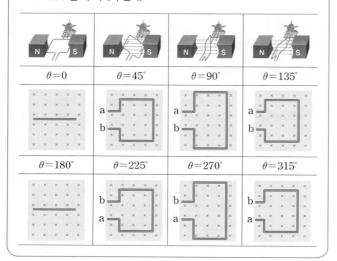

ㄱ. 발전기는 코일의 운동 에너지를 전자기 유도에 의해 전기 에너지로 전환시킨다.

오답 피하기 ㄴ. $\theta=0$일 때 코일 면과 자기장은 평행하여 코일 면을 통과하는 자기 선속은 0이 된다.

ㄷ. $\theta=45°\sim90°$까지 회전하는 동안 자기 선속이 증가하면서 코일에는 b → 코일 → a 방향으로 전류가 흐르고, $\theta=90°\sim180°$까지 회전하는 동안 자기 선속이 감소하면서 a → 코일 → b 방향으로 전류가 흐른다. 또, $\theta=180°\sim200°$까지 회전하는 동안 단자 a와 b가 바뀌면서 자기 선속이 증가하므로 a → 코일 → b 방향으로 전류가 흐른다. 따라서 전류의 방향은 1번만 바뀐다.

416

답 ⑤

ㄱ. 발광 킥보드의 바퀴에 불이 켜지는 것은 별도로 전원 장치가 있는 것이 아니라 바퀴의 회전에 의해 형성된 유도 전류를 이용한 것이므로, 전자기 유도를 이용한 것이다.

ㄴ. 바퀴가 빨리 회전할수록 코일 주위의 자기장의 단위 시간당 변화량도 증가하므로 유도 기전력의 크기도 커진다.

ㄷ. 바퀴가 회전할 때 코일 주위의 자기장이 계속 변하므로 바퀴의 회전 방향과 관계없이 발광 다이오드에 불이 켜진다.

417

전기 기타는 자기화된 기타 줄이 진동하면 기타 줄 아래에 있는 코일에 유도 전류가 흐르게 되고, 이 전류를 증폭하여 스피커로 보내면 소리가 나는 원리이다. 금속 탐지기는 전송 코일과 수신 코일이 서로 수직으로 되어 있으며, 전송 코일에 전류가 흐르게 되면 자기장이 발생하여 금속 표면에 유도 전류가 발생하고, 이 유도 전류에 의한 자기장의 변화로 금속 탐지기의 수신 코일에 유도 전류가 흐르게 되어 금속의 존재 유무를 알 수 있다. 교통 카드 판독기는 교통 카드에 저장된 정보를 읽을 때 전자기 유도를 이용한 것으로, 교통 카드 판독기의 코일 주위로 카드가 지나가면 코일에 유도 전류가 흐르게 되어 카드에 저장된 정보를 읽는다.

예시 답안 전기 기타, 금속 탐지기, 교통 카드 판독기는 모두 자기장의 변화에 의해 유도 전류가 흐르는 전자기 유도를 이용한다.

채점 기준	배점(%)
기구들에 이용되는 전자기적 현상(전자기 유도)을 옳게 설명한 경우	100
전자기 유도 현상 또는 전자기 유도와 같은 내용을 언급하지 않은 경우	50

개념 더하기 금속판에서 유도 전류의 형성

코일에 발생하는 유도 전류는 정해진 방향이 있지만, 이와 달리 금속판에서 발생하는 유도 전류는 소용돌이 모양으로 형성된다. 이를 맴돌이 전류라고 하며, 맴돌이 전류는 자석의 운동을 방해하는 방향으로 발생한다.

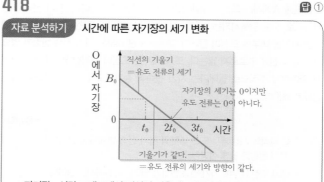

1등급 완성 문제

98~99쪽

418 ①   **419** ②   **420** ①   **421** ⑤   **422** ④   **423** ④
424 해설 참조   **425** 해설 참조   **426** 해설 참조

418

답 ①

자료 분석하기 시간에 따른 자기장의 세기 변화

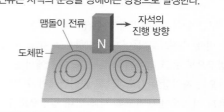

- 자기장-시간 그래프에서 직선의 기울기는 유도 전류의 세기에 비례한다.
- $2t_0$일 때 자기장의 세기는 0이지만 $2t_0$ 전후로 자기장이 변화하고 있으므로 유도 전류는 0이 아니다.

ㄱ. t_0일 때 자기장의 세기는 감소하고 있는데 원형 도선에 시계 반대 방향으로 유도 전류가 발생하려면 종이면에서 수직으로 나오는 자기장이 감소할 때이다. 따라서 t_0일 때 직선 도선에 의한 자기장은 종이면에서 나오는 방향이어야 하므로 직선 도선에는 a 방향으로 전류가 흐른다.

오답 피하기 ㄴ. $2t_0$ 전후로 자기장의 세기는 감소하고 있으므로 원형 도선에 흐르는 유도 전류는 0이 아니다.

ㄷ. t_0일 때 원형 도선 내부에는 종이면에서 수직으로 나오는 자기장이 감소하고 있어서 원형 도선에는 시계 반대 방향으로 전류가 흐르고, $3t_0$일 때 종이면에 수직으로 들어가는 자기장이 증가하므로 시계 반대 방향으로 전류가 흐른다. 따라서 원형 도선에 흐르는 전류의 방향은 t_0일 때와 $3t_0$일 때가 서로 같다.

419 답 ②

ㄴ. 직선 도선의 왼쪽은 xy 평면에서 수직으로 나오는 방향의 자기장이, 오른쪽은 xy 평면에 수직으로 들어가는 방향의 자기장이 형성되어 있다. 이 순간 A와 B가 $+x$ 방향으로 움직이고 있으므로 A를 통과하는 자기 선속은 증가하고 있고, B를 통과하는 자기 선속은 감소하고 있다. 따라서 A, B에 흐르는 유도 전류의 방향은 모두 시계 방향이다.

오답 피하기 ㄱ. 직선 도선으로부터 A, B까지의 거리가 같고 반지름은 A가 B보다 크다. A와 B에 직선 도선에 흐르는 전류에 의해 유도되는 기전력이 같기 위해서는 시간당 자기 선속 변화율이 같아야 하므로, $v_A < v_B$이다.

ㄷ. $+y$ 방향으로 A가 움직이면 A를 통과하는 자기 선속이 변하지 않으므로 유도 전류는 흐르지 않는다.

420 답 ①

ㄱ. 0에서 t까지 B에 흐르는 전류의 방향이 A와 같으므로 B를 통과하는 자기 선속은 감소해야 한다. 따라서 이 순간 B는 위로 움직이고 있다.

오답 피하기 ㄴ. $2t$일 때, B에 유도 전류가 흐르고 있으므로 B는 움직이고 있다. B에 흐르는 유도 전류의 방향이 A에 흐르는 전류의 방향과 같으므로 이때도 B는 연직 위로 움직이고 있다.

ㄷ. $5t$일 때 B에는 A와 반대 방향으로 전류가 흐르므로 B를 통과하는 자기 선속이 증가하고 있다. 즉, B는 A와 가까워지고 있다. 전자기 유도에서 서로 가까워지면 밀어내는 자기력이, 서로 멀어지면 끌어당기는 자기력이 작용하므로 A와 B 사이에는 서로 밀어내는 자기력이 작용한다.

421 답 ⑤

ㄱ, ㄴ. 영역 Ⅰ의 자기장의 세기를 B_0이라고 하면, a의 위치가 2 cm $<$ a $<$ 3 cm일 때 유도된 전류의 방향이 시계 반대 방향이므로 Ⅰ에서 자기장 방향은 종이면에 수직으로 들어가는 방향이다. 4 cm $<$ a $<$ 5 cm일 때 유도된 전류의 방향이 시계 반대 방향이고 유도 전류의 세기가 $2I$이므로 Ⅱ에서 자기장의 방향은 종이면에 수직으로 들어가는 방향이고, 세기는 $3B_0$이다. 6 cm $<$ a $<$ 7 cm일 때 유도된 전류의 방향이 시계 방향이고 유도 전류의 세기가 $4I$이므로 Ⅲ에서 자기장의 방향은 종이면에서 수직으로 나오는 방향이고, 세기는 B_0이다. 따라서 영역 Ⅰ, Ⅱ, Ⅲ의 방향은 각각 ×, ×, ◉이고, 영역 Ⅰ, Ⅱ, Ⅲ의 자기장의 세기 비는 $B_0 : 3B_0 : B_0 = 1 : 3 : 1$이다.

ㄷ. 영역 Ⅲ의 자기장이 종이면에서 수직으로 나오는 방향으로 B_0이므로 8 cm $<$ a $<$ 9 cm일 때 유도된 전류의 방향은 시계 반대 방향이고, 전류의 세기는 I이다.

422 답 ④

자석의 역학적 에너지는 전자기 유도에 의해 솔레노이드의 전기 에너지로 전환된다.

ㄴ. 솔레노이드에 접근하는 자석의 속력이 클수록 솔레노이드에 발생하는 유도 전류의 세기는 세진다. A를 통과하고 나서 자석의 역학적 에너지, 즉 운동 에너지가 감소하므로 자석의 속력은 A에 접근할 때보다 B에 접근할 때가 작다. 따라서 A에 흐르는 전류의 최댓값은 B에 흐르는 전류의 최댓값보다 크다.

ㄷ. 렌츠 법칙에 따르면 솔레노이드와 자석 사이에는 자석의 운동을 방해하는 방향으로 자기력이 작용한다. b에서 A는 자석을 당기는 인력을 작용하고, B는 자석을 밀어내는 척력을 작용하므로 두 자기력의 방향은 서로 같다.

오답 피하기 ㄱ. 자석의 역학적 에너지는 A를 통과하면서 감소하므로, a에서가 c에서보다 크다.

423 답 ④

ㄱ. t일 때 영역 Ⅰ의 자기 선속 감소량이 영역 Ⅱ의 자기 선속 증가량보다 크므로 도선 내부 전체 자기 선속은 감소한다. 따라서 도선에는 시계 방향으로 전류가 흐른다.

ㄷ. $3t$에서 $4t$까지 매 순간 원형 도선의 반지름이 일정하게 감소하므로 자기력선이 원형 도선을 통과하는 면적의 시간적 변화율은 점점 감소한다. 따라서 자기 선속의 시간적 변화율이 감소하므로 원형 도선에 유도되는 기전력의 크기도 감소한다.

오답 피하기 ㄴ. $2t$일 때 도선 내부 전체 자기 선속은 감소하므로 도선에는 시계 방향으로 전류가 흐른다.

424

서술형 해결 전략

STEP 1 문제 포인트 파악

금속 고리가 자기장 영역에 들어갈 때 고리 내부의 자기 선속이 어떻게 변하는지 파악할 수 있어야 한다.

STEP 2 자료 파악

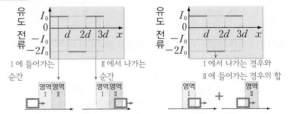

❶ 영역 Ⅰ에 들어가는 순간과 영역 Ⅱ에서 나가는 순간의 유도 전류는?
➔ Ⅰ에 들어갈 때와 Ⅱ에서 나갈 때 유도 전류의 세기와 방향이 같으므로, Ⅰ과 Ⅱ의 자기장의 방향은 서로 반대이고 자기장의 세기는 같다.

❷ 두 영역을 동시에 지나갈 때 유도 전류는?
➔ 두 영역을 동시에 지나가는 경우 Ⅰ에서 나갈 때 자기 선속 변화와 Ⅱ로 들어갈 때 자기 선속 변화의 합이다.

STEP 3 관련 개념 모으기

❶ 자기장 영역에 들어갈 때 유도 전류는?
➔ 자기장의 방향과 반대 방향의 자기 선속이 생기는 방향으로 유도 전류가 흐른다.

❷ 자기장 영역에서 나갈 때 유도 전류는?
➔ 자기장의 방향과 같은 방향의 자기 선속이 생기는 방향으로 유도 전류가 흐른다.

예시 답안 자기장 영역에 들어갈 때는 자기장의 방향과 반대 방향으로 자기 선속이 발생해야 한다. I로 들어갈 때 고리에 흐르는 유도 전류의 방향이 시계 방향이고 고리 내부에는 종이면에 들어가는 방향으로 자기 선속이 발생하므로, I의 자기장은 종이면에서 나오는 방향이다. (나)에서 II에서 나올 때 유도 전류의 방향은 I로 들어갈 때 유도 전류의 방향과 같으므로, II는 I의 자기장의 방향과 반대임을 알 수 있다. 또, I로 들어갈 때와 II에서 나올 때 유도 전류의 세기가 같으므로 두 영역에서의 자기장의 세기도 같다. 따라서 II의 자기장의 방향은 종이면에 들어가는 방향이고 세기는 B이다.

채점 기준	배점(%)
I에 들어갈 때 유도 전류의 방향으로부터 I의 자기장의 방향을 판단하고, II에서 나갈 때 유도 전류의 세기와 방향을 비교하여 II의 자기장의 방향과 세기를 옳게 구한 경우	100
I에 들어갈 때 유도 전류의 방향으로부터 I의 자기장의 방향만을 옳게 구한 경우	30

425

서술형 해결 전략

STEP 1 문제 포인트 파악
도선을 통과하는 자기 선속이 시간에 따라 변할 때 유도 기전력이 발생하여 유도 전류가 흐르는 것을 알아야 한다.

STEP 2 자료 파악

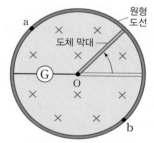

❶ (도선－검류계(ⓖ)－O점－도체 막대)의 윗부분과 아랫부분의 자기 선속 변화는?
➡ 도체 막대가 시계 반대 방향으로 회전하고 있으므로 (도선－ⓖ－O점－도체 막대)의 윗부분은 자기 선속이 감소하고, 아랫부분은 자기 선속이 증가한다.
❷ (도선－검류계(ⓖ)－O점－도체 막대)의 윗부분과 아랫부분에 유도되는 전류의 방향은?
➡ (도선－ⓖ－O점－도체 막대)의 윗부분은 자기 선속이 감소하므로 이를 방해하기 위해 종이면에 수직으로 들어가는 방향의 자기장이 생기도록 시계 방향으로 유도 전류가 흐르고, 아랫부분은 자기 선속이 증가하므로 시계 반대 방향으로 유도 전류가 흐른다.

예시 답안 (도선－ⓖ－O점－도체 막대)의 윗부분은 자기 선속이 감소하므로 a에는 시계 방향으로 유도 전류가 흐르고, 아랫부분은 자기 선속이 증가하므로 b에는 시계 반대 방향으로 유도 전류가 흐른다.

채점 기준	배점(%)
(도선－ⓖ－O점－도체 막대)의 윗부분과 아랫부분의 자기 선속 변화를 설명하고, 각 부분의 유도 전류의 방향을 옳게 설명한 경우	100
(도선－ⓖ－O점－도체 막대)의 윗부분과 아랫부분의 자기 선속 변화에 대한 설명은 옳으나, 유도 전류의 방향은 옳지 않은 경우	70
(도선－ⓖ－O점－도체 막대)의 윗부분과 아랫부분의 자기 선속 변화에 대한 설명없이 유도 전류의 방향만을 옳게 설명한 경우	50

개념 더하기 유도 전류의 방향

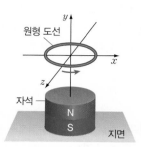

- 원형 도선이 $+y$ 방향으로 움직이면 자기 선속이 감소하여 화살표 방향으로 유도 전류가 흐른다.
- 원형 도선이 $-z$ 방향으로 움직이면 자기 선속이 감소하여 화살표 방향으로 유도 전류가 흐른다.
- 원형 도선이 $+x$ 방향으로 움직이면 자기 선속이 감소하여 화살표 방향으로 유도 전류가 흐른다.
- 자석을 $+x$ 방향으로 움직이면 자기 선속이 감소하여 원형 도선에는 화살표 방향으로 유도 전류가 흐른다.

426

서술형 해결 전략

STEP 1 문제 포인트 파악
전자기 유도 현상은 자석 또는 코일의 운동 에너지가 전기 에너지로 전환되는 과정임을 알아야 한다.

STEP 2 자료 파악

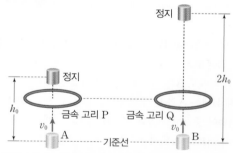

❶ 어느 금속 고리에서 전류가 더 많이 발생하는가?
➡ 전자기 유도에 의해 역학적 에너지 감소량만큼 전기 에너지가 생기므로 금속 고리에 발생하는 유도 전류의 세기는 P에서가 Q에서보다 크다.
❷ 금속 고리를 통과하기 직전과 직후 자석에 작용하는 자기력의 방향은?
➡ 렌츠 법칙에 의해 금속 고리를 통과하기 직전과 직후 자석에는 연직 아래 방향으로 자기력이 작용한다.
❸ 자석의 역학적 에너지 감소량은?(단, 자석의 질량을 m이라고 한다.)
➡ (기준선에서의 운동 에너지)－(최고점에서의 중력 퍼텐셜 에너지)
❹ A와 B의 역학적 에너지 감소량은?(단, 자석의 질량을 m이라고 한다.)
➡ A: $\frac{1}{2}mv_0^2 - mgh_0$, B: $\frac{1}{2}mv_0^2 - mg(2h_0)$

예시 답안 A, B에서 역학적 에너지 감소량은 각각 $\frac{1}{2}mv_0^2 - mgh_0$, $\frac{1}{2}mv_0^2 - mg(2h_0)$인데, 역학적 에너지 감소량은 A가 B의 2배이므로 $2\left(\frac{1}{2}mv_0^2 - 2mgh_0\right) = \left(\frac{1}{2}mv_0^2 - mgh_0\right)$에서 $v_0 = \sqrt{6gh_0}$이다.

채점 기준	배점(%)
A, B의 역학적 에너지 감소량을 구하여 v_0을 옳게 계산한 경우	100
A, B의 역학적 에너지 감소량만 옳게 구한 경우	60

427

답 ④

ㄴ. A, B가 모두 (+)전하이면 O에 놓인 (+)전하는 A에 의해서는 오른쪽으로, B에 의해서는 왼쪽으로 전기력(척력)을 받는다. 쿨롱 법칙에 의해 전기력의 크기는 두 전하의 전하량의 곱에 비례하고 거리의 제곱에 반비례하므로, A의 전하량이 B보다 크면 O에 놓인 전하에는 오른쪽으로 더 큰 전기력이 작용하게 된다.

ㄷ. A, B가 모두 (−)전하이면 O에 놓인 (+)전하는 A에 의해서는 왼쪽으로, B에 의해서는 오른쪽으로 전기력(인력)을 받는다. B의 전하량이 A보다 크면 O에 놓인 전하에는 오른쪽으로 더 큰 전기력이 작용하게 된다.

오답 피하기 ㄱ. A, B가 모두 (+)전하이고 전하량이 같으면, A, B가 O에 놓인 (+)전하에 작용하는 전기력은 크기가 같고 방향이 반대인 척력이다. 따라서 O에 놓인 (+)전하에 작용하는 전기력은 0이다.

428

답 ②

ㄷ. A는 튕겨져 나왔으므로 운동량의 변화량이 B보다 크다.

오답 피하기 ㄱ, ㄴ. 대부분의 알파(α) 입자들이 금박을 통과하여 직진하는 것은 원자의 내부는 거의 비어 있기 때문이고, 소수의 알파(α) 입자만 산란되는 것은 원자의 중심에 (+)전하를 띤 매우 작은 원자핵이 존재하기 때문이다.

개념 더하기　러더퍼드의 알파(α) 입자 산란 실험

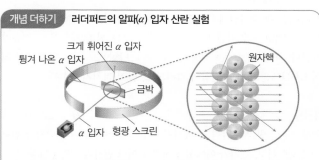

- 실험 결과: 대부분의 알파(α) 입자는 금박을 통과하여 직진하고, 소수의 알파(α) 입자가 큰 각도로 휘거나 튕겨 나온다.
- 결과 분석: 원자의 대부분은 빈 공간이고, 원자의 중심에 (+)전하를 띤 입자가 좁은 공간에 존재한다.

429

답 ②

ㄴ. 선 스펙트럼은 발머 계열(가시광선)이므로 ㉠과 ㉡은 b나 c에 의해 나타나는 스펙트럼선이다. 그런데 파장이 길수록 방출된 광자 1개의 에너지가 작으므로 ㉠과 ㉡은 각각 b와 c에 의해 나타나는 스펙트럼선이다. 따라서 c의 전이 과정에서 방출된 에너지는 $E_4 - E_2 = hf$ 이므로 ㉡에서 광자의 진동수는 $f = \dfrac{E_4 - E_2}{h}$ 이다.

오답 피하기 ㄱ. ㉠은 b에 의해 나타나는 스펙트럼선이다.

ㄷ. c에서 방출된 광자 1개의 에너지는 $|E_4 - E_2| = \left(\dfrac{1}{4} - \dfrac{1}{16}\right)E_1 = \dfrac{3}{16}E_1$, d에서 방출된 광자 1개의 에너지는 $|E_2 - E_1| = \left(\dfrac{1}{1} - \dfrac{1}{4}\right)E_1 = \dfrac{3}{4}E_1$이므로, 방출된 광자 1개의 에너지는 d에서가 c에서보다 크다.

개념 더하기　에너지의 흡수와 방출

전자가 에너지를 흡수할 때	전자가 에너지를 방출할 때
전자가 낮은 에너지 준위에서 높은 에너지 준위로 이동	전자가 높은 에너지 준위에서 낮은 에너지 준위로 이동
$E = hf$ (흡수)	$E = hf$ (방출)

전자가 전이할 때 방출 또는 흡수하는 에너지 E는 두 궤도의 에너지 준위 차와 같으며, 빛의 진동수 f에 비례한다.

$$E = |E_n - E_m| = hf = h\frac{c}{\lambda} \ (h: \text{플랑크 상수}, \lambda: \text{빛의 파장}, c: \text{광속})$$

430

답 ③

ㄱ. 절연체인 다이아몬드의 띠 간격은 반도체인 규소의 띠 간격보다 크다.

ㄷ. 전도띠는 원자가 띠보다 에너지가 크므로 전도띠의 전자가 원자가 띠로 이동할 때 에너지를 방출한다.

오답 피하기 ㄴ. 규소는 전도띠에 전자가 다 채워져 있지 않아 원자가 띠에 있는 전자가 에너지를 받으면 전도띠로 이동한다.

431

답 ①

ㄱ. (가)에서 전구에 불이 켜졌으므로 다이오드에 순방향 전압이 걸린 경우이다.

오답 피하기 ㄴ. (가)에서 순방향 전압이 걸려 있으므로 A는 p형, B는 n형 반도체이다. 따라서 B의 주된 전하 운반자는 전자이다.

ㄷ. 이 전기 소자는 정류 작용을 하는 p-n 접합 다이오드이다.

432

답 ④

자료 분석하기　두 직선 도선에 의한 합성 자기장

각각의 위치에서 자기장의 세기는 고려하지 않고 방향만 개략적으로 그리면 그림과 같다.

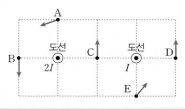

C점에서 $2I$인 전류와 I인 전류가 만드는 자기장의 방향은 반대이나 $2I$에 의한 자기장의 세기가 더 세므로 합성 자기장의 방향은 위쪽이고, D점에서의 합성 자기장의 방향도 위쪽이다.

433
답 ④

ㄱ. A를 가져갈 때 자석은 밀려나므로 A는 반자성체이다. B를 가져갈 때 자석은 끌려오므로 B는 강자성체 또는 상자성체이다.

ㄷ. B는 강자성체 또는 상자성체이다. 외부 자기장이 작용하면 B는 외부 자기장과 같은 방향으로 자기화된다.

(오답 피하기) ㄴ. 자석과 B 사이에는 서로 끌어당기는 자기력이 작용하므로 자석은 q쪽으로 끌려온다.

434
답 ①

ㄱ. 물체는 상자성체이므로 외부 자기장과 같은 방향으로 자기화된다. (가)에서 상자성체 아래에 놓인 솔레노이드는 흐르는 전류에 의해 상자성체에 가까운 부분이 N극이 되므로 상자성체의 아랫면은 S극으로 자기화된다.

(오답 피하기) ㄴ, ㄷ. 상자성체는 외부 자기장이 제거되면 바로 자성을 잃게 된다. (나)에는 솔레노이드에 전원이 연결되어 있지 않아 전류가 흐르지 않고, 그로 인해 솔레노이드에 의한 자기장은 형성되지 않으므로 결국 물체에 영향을 주는 외부 자기장이 없어 상자성체는 자기화되지 않는다. 자기화되지 않은 상자성체의 운동은 솔레노이드에 영향을 주는 자기 선속을 변화시킬 수 없으므로 솔레노이드에 유도 기전력이 생기지 않아 전류가 흐르지 않는다. 또한 상자성체가 자기화되지 않았으므로 자기력은 작용하지 않는다.

435
답 ③

(가)에서 자석은 S극이 고리로부터 멀어지는 방향으로 운동하고, (나)에서 자석은 S극이 고리에 가까워지는 방향으로 운동한다.

ㄷ. 자석이 p를 지날 때 (가)에서는 자석의 S극을 당기는 방향으로 자기력이 작용하도록 유도 전류가 발생하고, (나)에서는 자석의 S극을 밀어내는 방향으로 자기력이 작용하도록 유도 전류가 발생하므로, 유도 전류의 방향은 (가)에서와 (나)에서가 반대 방향이다.

(오답 피하기) ㄱ. (가)에서 p를 지나 올라갈 때 자석은 금속 고리로부터 빗면과 수평한 아래 방향으로 힘을 받아 역학적 에너지가 감소한다. 따라서 다시 빗면을 따라 내려오는 (나)에서 p를 지날 때 운동 에너지는 (가)에서보다 작다.

ㄴ. 자석이 p를 지날 때 렌츠 법칙에 따라 자석과 고리 사이에는 자석의 운동을 방해하는 방향으로 자기력이 작용한다. (가)에서 자석에는 빗면과 수평한 아래 방향으로 힘이 작용하고, (나)에서 자석에는 빗면과 수평한 위 방향으로 힘이 작용한다.

436
답 ②

ㄷ. $2t_0$인 순간 정사각형 도선에 들어가는 자기 선속이 감소하고, $4t_0$인 순간 정사각형 도선에서 나오는 자기 선속이 증가하므로 렌츠 법칙을 적용하면 유도 전류의 방향은 시계 방향으로 같다.

(오답 피하기) ㄱ. 직선 도선에 흐르는 전류의 방향이 같으므로 자기장의 방향은 $0 < x < 0.5d$인 지점에서는 xy 평면에 수직으로 들어가는 방향, $x = 0.5d$인 지점에서는 0, $0.5d < x < d$인 지점에서는 xy 평면에서 수직으로 나오는 방향이다. 따라서 a가 $0.5d$에 있을 때, P, Q에 의한 자기장의 세기는 0이다.

ㄴ. 정사각형 도선은 일정한 속력으로 운동하고, $x = 0 \sim 0.5d$까지 자기장의 방향은 xy 평면에 수직으로 들어가는 방향으로 같지만 $0.5d$인 지점에 가까워질수록 세기는 점점 감소하므로 $t_0 \sim 2t_0$ 동안 정사각형 도선을 통과하는 자기 선속은 감소한다.

437
답 ②

ㄷ. $2t$일 때 종이면에서 수직으로 나오는 자기장이 감소하고 있으므로, 유도 전류는 수직으로 나오는 자기장이 생기는 방향인 시계 반대 방향으로 흐른다. $3.5t$일 때 종이면에 수직으로 들어가는 방향으로 자기장이 증가하고 있으므로, 유도 전류는 수직으로 나오는 자기장이 생기는 방향인 시계 반대 방향으로 흐른다. 따라서 전류의 방향은 $2t$일 때와 $3.5t$일 때가 같다.

(오답 피하기) ㄱ. $3t$일 때 자기장은 감소하고 있으므로 유도 전류는 0이 아니다.

ㄴ. 시간에 따른 자기장의 변화는 유도 전류의 세기에 비례한다. $2t$일 때 자기장 변화는 $\dfrac{2B_0}{3t-t} = \dfrac{B_0}{t}$이고 $4.5t$일 때 자기장 변화는 $\dfrac{B_0}{5t-4t} = \dfrac{B_0}{t}$이므로, 유도 전류의 세기는 $2t$일 때와 $4.5t$일 때가 같다.

438
답 ⑤

ㄱ. t_0일 때 종이면에 수직으로 들어가는 자기장이 증가하고 있으므로 회로에는 자기장이 종이면에서 수직으로 나오는 방향으로 유도 전류가 흐른다. 따라서 유도 전류는 저항 → Y → X 방향으로 흐르게 된다. 이때 LED에서 빛이 방출되므로, X는 n형 반도체, Y는 p형 반도체이고 LED에는 순방향 전압이 걸린다.

ㄴ. 자기장이 일정하게 증가하고 있으므로 $1.5t_0$일 때와 t_0일 때 유도 전류의 세기는 같다.

ㄷ. $3t_0$일 때 종이면에 수직으로 들어가는 자기장이 감소하므로 회로에는 자기장이 종이면에 수직으로 들어가는 방향으로 유도 전류가 흐른다. 이때 회로에는 저항 → X → Y 방향으로 전류가 흐르게 되어 LED에는 역방향 전압이 걸리므로, 불이 켜지지 않는다.

439
답 A: 전자, B: 양공

외부로부터 빛, 열, 압력 등 에너지를 받으면 원자가 띠의 전자가 전도띠로 전이하고, 원자가 띠에서 전자가 전이한 빈자리는 양공이 된다.

440

(예시 답안) 반도체의 온도가 높은 상태는 원자가 띠에 있는 전자가 에너지를 받아 전도띠로 전이한 (나)의 경우이며, 전도띠에 있는 전자와 원자가 띠의 양공으로 인해 전기 전도성은 더 좋아진다. 따라서 온도가 상대적으로 높은 경우는 (나)이고, 전기 전도성은 (나)가 (가)보다 좋다.

채점 기준	배점(%)
온도가 높은 상태는 전자가 전도띠로 전이한 경우인 (나)이고, 전도띠의 전자와 원자가 띠의 양공으로 인해 (나)가 (가)보다 전기 전도성이 더 좋다고 옳게 설명한 경우	100
온도가 높은 상태는 (나)이고, 전기 전도성이 (나)가 좋다는 것만 간단히 언급한 경우	30

441

어느 지점에서 직선 전류에 의한 자기장의 세기는 직선 전류의 세기에 비례하고 떨어진 거리에 반비례한다.

예시 답안 P에서 A에 의한 자기장을 B_0이라 하고, 자기장의 $+y$ 방향을 $(+)$라고 하면, P에서 자기장은 $-B_0-\dfrac{3}{3}B_0=-2B_0$이고, Q에서는 $+B_0-3B_0$ $=-2B_0$이다. R에서는 $+\dfrac{1}{3}B_0+3B_0=\dfrac{10}{3}B_0$이다. P, Q, R에서 자기장의 방향은 각각 $-y$ 방향, $-y$ 방향, $+y$ 방향이다.

채점 기준	배점(%)
자기장의 세기가 직선 전류의 세기에 비례하고 거리에 반비례함을 이용하여 두 직선 전류에 의한 자기장을 각각 구하고 합해서 옳은 답을 계산한 경우	100
자기장의 세기가 직선 전류의 세기에 비례하고 거리에 반비례함을 이용하여 두 직선 전류의 각 지점에 대한 자기장을 구하였지만 방향을 고려하여 합하지 못한 경우	40

442

답 $(+)$극

(나)에서 나침반 자침의 N극이 북서쪽을 가리키고 있으므로 솔레노이드의 왼쪽에는 N극이 형성된다. 그러므로 a는 $(+)$극이다.

443

예시 답안 (나)에서 나침반 자침의 N극이 북서쪽을 가리키므로, 솔레노이드에 의한 자기방의 방향은 $-x$ 방향이다. (다)에서 전원 장치의 극을 바꾸면 전류의 방향이 바뀌고, 솔레노이드 왼쪽 부분이 S극이 되므로 p에서 솔레노이드에 의해 형성된 자기장의 방향은 $+x$ 방향이다. 그리고 실험 결과의 나침반이 돌아간 각도가 (다)에서가 (나)에서보다 크므로, 자기장의 세기는 (다)에서가 (나)에서보다 크다.

채점 기준	배점(%)
나침반 자침의 방향을 통해 솔레노이드에 의한 자기장의 방향을 판단하고 자침의 돌아간 각도를 통해 자기장의 세기를 모두 옳게 비교한 경우	100
나침반 자침의 방향을 통해 솔레노이드에 의한 자기장의 방향만 옳게 제시한 경우	40

444

예시 답안 A에서 도선 내부를 통과하는 종이면에 수직으로 들어가는 방향의 자기 선속이 증가하므로, A에는 종이면에서 수직으로 나오는 방향의 자기 선속이 형성되도록 시계 반대 방향으로 유도 전류가 흐른다. B는 균일한 자기장 속을 통과하고 있어서 도선 내부 자기 선속의 변화가 없으므로 유도 전류는 흐르지 않는다. C는 도선 내부를 통과하는 종이면에 수직으로 들어가는 자기 선속이 감소하므로, A에서와 반대로 시계 방향의 유도 전류가 흐른다. 도선의 운동 속력이 빠를수록 도선 내부를 통과하는 자기 선속의 변화도 커지므로, 유도 전류의 세기는 C에서가 A에서보다 크다.

채점 기준	배점(%)
도선 내부를 통과하는 자기 선속의 변화를 파악하여 각 도선에서의 유도 전류의 방향을 옳게 판단하고, 운동 속도에 따라 자기 선속의 변화가 달라짐을 고려하여 유도 전류의 세기를 옳게 비교한 경우	100
도선 내부를 통과하는 자기 선속의 변화를 파악하여 각 도선에서의 유도 전류의 방향만 옳게 판단한 경우	50
유도 전류의 세기만 옳게 비교한 경우	30

Ⅲ 파동과 정보 통신

12 파동과 전반사

개념 확인 문제   105쪽

445 파동   **446** ㉠ 파장, ㉡ 주기, ㉢ 진동수
447 진폭: 1 m, 진동수: 5 Hz   **448** 2 m
449 ㉠ 느려, ㉡ 짧아   **450** 신기루   **451** ○
452 ×

445

답 파동

한 곳에서 생긴 진동이 물질이나 공간을 따라 차례로 퍼져 나가는 주기적인 현상을 파동이라고 한다.

446

답 ㉠ 파장, ㉡ 주기, ㉢ 진동수

파동의 속력$=\dfrac{\text{파장}}{\text{주기}}=$파장$\times$진동수이다.

447

답 진폭: 1 m, 진동수: 5 Hz

파동의 진폭은 진동 중심에서 마루나 골까지의 수직거리로 1 m이다.

파동의 진동수$=\dfrac{1}{\text{주기}}=\dfrac{1}{0.2\text{s}}=5$ Hz

448

답 2 m

파동의 속력 $v=\lambda \times f$이므로 $\lambda=\dfrac{v}{f}=\dfrac{10 \text{ m/s}}{5 \text{ Hz}}=2$ m이다.

449

답 ㉠ 느려 ㉡ 짧아

파동이 굴절하는 것은 진동수는 그대로지만 파동의 속력이 변하여 파장이 달라지기 때문이다. 물결파의 경우 물의 깊이가 깊을수록 속력이 빠르므로 물의 깊이가 깊은 곳에서 얕은 곳으로 진행하면 속력은 느려진다. 따라서 파장은 짧아진다.

450

답 신기루

빛은 온도가 높을수록 속력이 빠르다. 따라서 지면과 대기 중 온도 차에 의해 빛의 속력이 변해 굴절 현상이 일어난다. 물체에서 반사된 빛은 연속적으로 굴절하여 사람의 눈에 들어온다. 이때 사람은 빛이 직진하는 것으로 인식하기 때문에 물체의 실체 위치가 아닌 곳에서 물체를 보게 되며, 이러한 현상을 신기루라고 한다.

451

답 ○

빛이 굴절률이 큰 매질에서 굴절률이 작은 매질로 입사할 때 입사각이 임계각보다 크면 전반사가 일어난다. 이때 굴절각이 90°가 될 때 입사각을 임계각이라고 한다.

452

답 ×

광섬유는 전반사의 원리를 이용하여 빛을 먼 곳까지 전달한다. 광섬유 내부로 빛을 입사시키면 빛은 굴절률이 큰 코어와 굴절률이 작은 클래딩의 경계에서 전반사하여 멀리까지 이동할 수 있다.

453 ②	454 ⑤	455 해설 참조	456 ④	457 ③
458 해설 참조	459 ③	460 ①	461 ②	462 ③
463 ①	464 ②	465 ②, ④	466 ③	467 ②	468 ④

453
답 ②

ㄷ. (다)에서 매질이 달라져도 진동수는 일정하며, 파장이 짧은 굵은 줄에서 속력이 더 작다.

오답 피하기 ㄱ. (가)~(다) 모두 파동 진행 방향과 매질 진동 방향이 수직인 횡파이다.

ㄴ. (가), (나)에서 같은 매질에서 파동이 전파하여 속력이 일정할 때, (나)와 같이 빠르게 흔들어 진동수가 클수록 파장이 짧음을 알 수 있다.

454
답 ⑤

파동의 속력은 진동수와 파장의 곱($v=f\lambda$)과 같으므로 진동수$=\dfrac{속력}{파장}=\dfrac{340\ \text{m/s}}{0.5\ \text{m}}=680\ \text{Hz}$이다.

455

예시 답안 (가)에서 이웃한 마루에서 마루까지의 거리인 파장은 0.4 m이고 (나)에서 매질의 한 점이 한 번 진동하는 데 걸린 시간인 주기는 0.4 s이다. 따라서 속력$=\dfrac{파장}{주기}=\dfrac{0.4\ \text{m}}{0.4\ \text{s}}=1\ \text{m/s}$이다.

채점 기준	배점(%)
파동의 속력과 풀이 과정이 모두 옳은 경우	100
파동의 속력을 옳게 구하였으나, 풀이 과정이 옳지 않은 경우	50

개념 더하기 파동의 속력

(가)는 $t=0$인 순간의 변위를 위치에 따라, (나)는 매질 위의 한 점 P의 변위를 시간에 따라 나타낸 것이다.

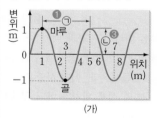 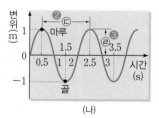

(가)   (나)

• 변위–위치 그래프에서 ⊙이 파장이다. ➡ $\lambda=4\ \text{m}$
• 변위–시간 그래프에서 ©이 주기이다. ➡ $T=2\ \text{s}$
• 진폭은 (가)의 ©, (나)의 @이다. ➡ $A=1\ \text{m}$
• 파동은 한 주기 동안 한 파장만큼 이동하며, 매질의 상태 및 온도의 영향을 받는다.

$$속력=\dfrac{파장}{주기}=진동수\times파장,\ v=\dfrac{\lambda}{T}=f\lambda=2\ \text{m/s}$$

456
답 ④

ㄱ. 나무 막대를 흔들기 시작한 후 0.2초만에 나무 막대에서 10 cm 떨어진 코르크 마개가 진동하기 시작했다는 것은 물결파가 0.2초만에

10 cm를 이동한 것이다. 즉, 이 물결파의 속력은 $\dfrac{0.1\ \text{m}}{0.2\ \text{s}}=0.5\ \text{m/s}$이다.

ㄴ. 인접한 마루에 있는 두 코르크 마개 사이의 거리가 20 cm이므로 인접한 마루 사이의 거리가 20 cm이다. 즉, 물결파의 파장은 0.2 m이다.

오답 피하기 ㄷ. 파동의 진동수$=\dfrac{속력}{파장}=\dfrac{0.5\ \text{m/s}}{0.2\ \text{m}}=2.5\ \text{Hz}$이다.

457
답 ③

ㄱ. 진동수는 파원에 의해 결정되므로 매질 1, 2에서 진동수는 같다. '속력=진동수×파장'이므로 속력은 파면 사이의 간격인 파장이 긴 매질 1에서가 2에서보다 더 크다.

ㄴ. 물결파의 진행 방향은 파면에 수직이다. 입사각과 굴절각은 각각 경계면에 수직인 법선과 파동의 진행 방향이 이루는 각이므로 매질 1에서 2로 진행할 때 입사각이 굴절각보다 크다.

오답 피하기 ㄷ. 유리판을 회전시켜 θ를 증가시킬 때 입사각과 굴절각의 크기는 커져도 진동수가 변하지 않으므로 주기도 변하지 않는다. 또, 물결파의 속력은 매질에 따라 달라지므로 θ의 크기가 변하더라도 각 매질에서의 파장과 속력은 변하지 않는다.

개념 더하기 물결파의 진행

물결파의 속력은 물의 깊이가 얕은 곳보다 깊은 곳에서 더 빠르다. 파면과 파면 사이의 거리가 파장이므로 깊은 곳에서 파면 간격이 더 길다. 물결파의 진행 방향은 파면에 수직이다. 물의 깊이가 달라지는 경계면에서 진행 방향이 꺾일 때 진동수는 일정하며, 입사각 i 및 굴절각 r, 속력 v, 파장 λ 사이에는 다음과 같은 식이 성립한다.

$$\dfrac{\sin i}{\sin r}=\dfrac{v_1}{v_2}=\dfrac{\lambda_1}{\lambda_2}$$

458

물결파가 진행할 때 수심이 깊을수록 속력이 더 크고, 파면 사이의 거리인 파장도 더 길다.

예시 답안 물결파는 깊은 곳에서 속력이 더 크고 파장이 더 길다. 따라서 물결파가 A에서 B로 진행하고 있다. 이때 입사각의 크기는 45°, 굴절각의 크기는 30°이다. 굴절 법칙에 의해 $\dfrac{v_A}{v_B}=\dfrac{\sin 45°}{\sin 30°}=\sqrt{2}$으로 $v_A : v_B=\sqrt{2} : 1$이다.

채점 기준	배점(%)
입사각과 굴절각, 속력의 비를 각각 옳게 구하고 풀이 과정이 옳은 경우	100
입사각과 굴절각을 옳게 쓰고 속력의 비를 옳게 구하였으나 풀이 과정이 옳지 않은 경우	60
입사각과 굴절각만 옳게 쓴 경우	30

459
답 ③

$\dfrac{\sin \theta_1}{\sin \theta_2}=\dfrac{n_{II}}{n_I}=\dfrac{\lambda_I}{\lambda_{II}}=\dfrac{v_I}{v_{II}}$이다. O에서 굴절된 빛이 Q에 도달하게 하기 위해서는 굴절각(θ_2)이 감소해야 한다.

③ n_1을 증가시키면 두 매질 I, II의 굴절률 차이는 감소한다. 입사각 θ_1을 유지한 채 n_1을 증가시키면 굴절각(θ_2)이 증가하므로 빛은 P의 왼쪽에 도달한다.

오답 피하기 ① 빛은 파장에 따라 굴절되는 정도가 달라지며, 일반적으로 파장이 짧고 진동수가 클수록 굴절되는 정도가 크다. 빛의 진동수가 f보다 크면 매질 Ⅰ에서의 파장은 λ보다 짧아지므로 굴절각(θ_2)이 감소한다.

② 빛의 파장이 λ보다 짧은 빛을 사용하면 굴절각(θ_2)이 감소한다.

④ $n_Ⅱ$를 증가시키면 굴절각(θ_2)이 감소한다.

⑤ 입사각(θ_1)을 감소시키면 굴절각(θ_2)도 감소한다.

개념 더하기 빛의 굴절

구분	빛이 굴절률이 작은 매질에서 큰 매질로 진행하는 경우	빛이 굴절률이 큰 매질에서 작은 매질로 진행하는 경우
속력 변화	속력이 느려진다.	속력이 빨라진다.
결과	・입사각 > 굴절각 ・빛의 속력: 매질 1 > 매질 2	・입사각 < 굴절각 ・빛의 속력: 매질 1 < 매질 2

460 답 ①

ㄱ. θ_1이 감소하면 θ_2가 감소하고, θ_2가 감소하면 θ_3이 감소한다. 따라서 θ_1이 감소하면 θ_2와 θ_3은 모두 감소한다.

오답 피하기 ㄴ. $\dfrac{n_B}{n_A}=\dfrac{\sin\theta_1}{\sin\theta_2}$이고, $\dfrac{n_C}{n_B}=\dfrac{\sin\theta_2}{\sin\theta_3}$이다. 두 식을 곱하면 $\dfrac{n_C}{n_A}=\dfrac{\sin\theta_1}{\sin\theta_3}$이고, $\sin\theta_3>\sin\theta_1$이므로 $n_A>n_C$이다. 즉, 굴절률의 크기는 $n_B>n_A>n_C$이다. 굴절률이 클수록 단색광의 속력이 느리다.

ㄷ. A에 대한 B의 굴절률은 $\dfrac{n_B}{n_A}=\dfrac{\sin\theta_1}{\sin\theta_2}$이고, C에 대한 B의 굴절률은 $\dfrac{n_B}{n_C}=\dfrac{\sin\theta_3}{\sin\theta_2}$이다. 그런데 $\theta_3>\theta_1$이므로 $\sin\theta_3>\sin\theta_1$이다. 따라서 A에 대한 B의 굴절률은 C에 대한 B의 굴절률보다 작다.

461 필수 유형 답 ②

자료 분석하기 파동의 굴절

$$\frac{\sin i}{\sin r}=\frac{v_1}{v_2}=\frac{\lambda_1}{\lambda_2}=\frac{n_2}{n_1}=n_{12}\ (일정)$$

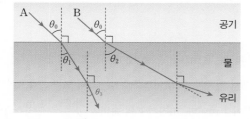

빛이 공기에서 물로, 물에서 유리로 진행할 때 $\theta_0>\theta_1>\theta_2$이므로 굴절률은 유리 > 물 > 공기 순이고, 속력은 공기 > 물 > 유리 순이다. 빛은 공기 중에서 가장 속력이 빠르므로 A는 단색광이고, B는 소리이다. 소리는 고체 > 액체 > 기체 순으로 속력이 빠르다. 따라서 B와 같이 공기, 유리, 물로 진행할 때 각 경계면에서 입사각보다 굴절각이 크다.

ㄷ. B가 공기에서 물로 진행할 때, 물에서 유리로 진행할 때 각각 입사각보다 굴절각이 크므로 속력은 공기에서가 유리에서보다 느리다.

오답 피하기 ㄱ. 단색광의 속력은 세 매질 중 공기 중에서 가장 빠르고, 소리의 속력은 고체 > 액체 > 기체 순이다. 파동이 속력이 빠른 매질에서 느린 매질로 진행할 때 입사각이 굴절각보다 더 크므로, A는 공기에서가 물에서보다 빠르다. 따라서 A는 단색광, B는 소리이다.

ㄴ. A가 물에서 유리로 입사할 때 입사각이 굴절각보다 크다. 따라서 A의 속력이 물에서 더 빠르므로 파장은 물에서가 유리에서보다 길다.

462 답 ③

ㄱ. 파동이 서로 다른 매질의 경계면에서 진행할 때 (가)에서 빛이 물에서 유리로 입사할 때 입사각이 굴절각보다 크므로, 굴절률은 유리가 물보다 크다.

ㄴ. (나)는 기온에 따라 빛의 진행 속력이 달라져 신기루가 보이는 현상을 나타낸 것으로, 빛의 속력은 밀도가 큰 찬 공기에서가 밀도가 작은 뜨거운 공기에서보다 느리다.

오답 피하기 ㄷ. 파동은 속력이 느린 쪽으로 굴절한다. 소리의 속력은 공기의 온도가 높을수록 빨라진다. 그림 (다)는 소리의 진행 방향이 차가운 공기 쪽으로 굴절하므로 따뜻한 공기에서가 차가운 공기에서보다 속력이 더 크다.

463 답 ①

ㄱ. 전반사는 입사각이 임계각보다 클 때 일어날 수 있다.

오답 피하기 ㄴ. 굴절률이 n_1인 매질에서 n_2인 매질로 빛이 입사할 때의 임계각을 θ_c라 하면, $\sin\theta_c=\dfrac{n_2}{n_1}$가 성립한다. 따라서 두 물질의 굴절률 차이가 작을수록 임계각이 커진다.

ㄷ. 전반사는 빛이 굴절률이 큰 매질에서 작은 매질로 입사하면서 입사각이 임계각보다 클 때 일어날 수 있다.

개념 더하기 빛의 굴절과 전반사

・물에서 공기로 빛이 입사하는 경우 (빛의 굴절과 전반사)

입사각(i)	굴절각(r)	$\dfrac{\sin i}{\sin r}$
30°	41.7°	0.75
45°	70.1°	0.75
48.8°	90°	0.75
60°	굴절 광선이 나타나지 않음.	

① 입사각을 증가시키면 굴절각도 증가하며, 입사각과 굴절각의 사인값의 비가 일정하다.

$$\frac{\sin i}{\sin r}=\frac{v_1}{v_2}=\frac{\lambda_1}{\lambda_2}=n_{12}=\frac{n_2}{n_1}\ (n_{12}: 매질\ 1에\ 대한\ 매질\ 2의\ 굴절률)$$

② 입사각보다 굴절각이 크고, 입사각이 48.8°보다 크면 전반사가 일어난다.

③ 임계각(i_c): 굴절각이 90°가 되어 전반사가 일어나기 시작할 때의 입사각

・굴절률이 n인 매질에서 1인 공기로 진행할 때 $\sin i_c=\dfrac{1}{n}$

・굴절률이 n_1인 매질에서 n_2인 매질로 빛이 진행할 때 $\sin i_c=\dfrac{n_2}{n_1}$

464

답 ②

ㄴ. P가 A와 B의 경계면에서 전반사하였으므로 굴절률은 A가 B보다 크다. 따라서 P의 속력은 B에서가 A에서보다 빠르다.

오답 피하기 ㄱ. A와 B의 경계면에 입사각 i로 입사한 P가 전반사하였으므로 i는 임계각보다 크다. 따라서 i가 증가해도 P는 전반사한다.

ㄷ. 굴절률은 A가 B보다 크므로 P가 B에서 A로 입사각 i로 입사할 때는 전반사가 일어나지 않는다.

465

답 ②, ④

② 전반사는 입사각이 임계각보다 클 때 일어나므로 θ는 임계각보다 크다.

④ $\sin i_c = \dfrac{n_B}{n_A}$이므로 A와 B의 굴절률 차이가 클수록 임계각이 작아진다.

오답 피하기 ① 광섬유는 굴절률이 큰 매질을 코어로, 굴절률이 작은 매질을 클래딩으로 사용하여, 빛을 코어에서 클래딩을 향해 임계각보다 큰 입사각으로 입사시킬 때 전반사가 일어나는 현상을 이용한다. 따라서 굴절률은 A가 B보다 크다.

③ 빛의 속력은 굴절률이 작은 매질에서 빠르므로, A에서가 B에서보다 느리다.

⑤ A와 B의 경계면에서 빛이 모두 반사하기 때문에 에너지의 손실이 거의 없다.

466 [필수 유형]

답 ③

자료 분석하기 **여러 층의 매질에서 빛의 경로**

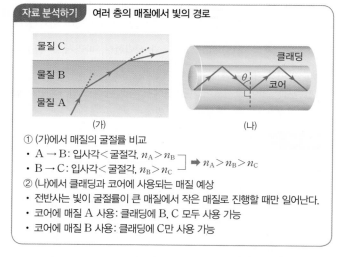

(가)

(나)

① (가)에서 매질의 굴절률 비교
- A → B: 입사각 < 굴절각, $n_A > n_B$
- B → C: 입사각 < 굴절각, $n_B > n_C$ ➡ $n_A > n_B > n_C$

② (나)에서 클래딩과 코어에 사용되는 매질 예상
- 전반사는 빛이 굴절률이 큰 매질에서 작은 매질로 진행할 때만 일어난다.
- 코어에 매질 A 사용: 클래딩에 B, C 모두 사용 가능
- 코어에 매질 B 사용: 클래딩에 C만 사용 가능

ㄱ. (가)에서 A에서 B로 입사할 때와 B에서 C로 입사할 때 각각 입사각보다 굴절각이 크므로 굴절률은 A>B>C 순이다.

ㄷ. 코어의 굴절률이 클래딩의 굴절률보다 커야 하므로 코어를 B로 할 때, 클래딩은 C로 만들어야 한다.

오답 피하기 ㄴ. 입사각이 θ일 때 전반사하므로, θ는 코어와 클래딩 사이의 임계각보다 크다.

467

답 ②

ㄴ. 코어 내에서 빛이 흡수되어 세기가 약해지므로 광통신에서 신호를 멀리 보낼 때는 중간에 광 증폭기를 사용하여 빛 신호의 세기를 증폭한다.

오답 피하기 ㄱ. 빛이 코어 내에서 전반사하며 진행하므로 외부 전자기파에 의한 간섭이나 혼선이 없고, 도청도 어렵다.

ㄷ. 광통신은 음성, 영상 등의 정보를 빛 신호로 변환시킨 후 빛이 광섬유에서 전반사되어 진행하는 현상을 이용하여 신호를 전달하는 유선 통신 방식으로, 발신기에서는 전기 신호를 빛 신호로, 수신기에서는 빛 신호를 전기 신호로 변환한다.

개념 더하기 **광통신 과정**

코어 내에서 빛이 흡수되어 신호의 세기가 약해지므로, 멀리 보낼 때는 광 증폭기를 사용하여 빛을 증폭한다.

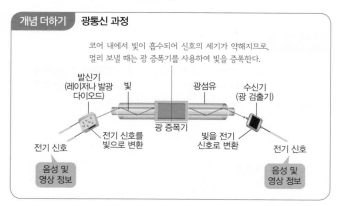

468

답 ④

ㄱ. 광통신은 광섬유 내에서 빛이 전반사하는 원리를 이용하여 정보를 멀리까지 전달한다.

ㄷ. 광섬유에서 굴절률은 코어가 클래딩보다 크다.

오답 피하기 ㄴ. A는 발신기로 전기 신호를 빛 신호로 변환하고, B는 수신기로 빛 신호를 전기 신호로 변환한다.

1등급 완성 문제

110~111쪽

469 ③ **470** ④ **471** ⑤ **472** ④ **473** ③ **474** ④
475 해설 참조 **476** 해설 참조 **477** 해설 참조

469

답 ③

ㄱ. A의 파장은 $3\ \text{m/s} \times \dfrac{2}{3}\ \text{s} = 2\ \text{m}$이므로 B의 2배이다.

ㄷ. (나)에서 진폭이 3 cm이므로 (나)는 B의 변위 그래프이고, 이때 B의 파장이 1 m이다. 따라서 B의 속력 = $\dfrac{\text{파장}}{\text{주기}} = \dfrac{1\ \text{m}}{1\ \text{s}} = 1\ \text{m/s}$이고, A의 속력은 3 m/s이다.

오답 피하기 ㄴ. A의 주기는 $\dfrac{2}{3}$초, B의 주기는 1초이다. 진동수는 주기의 역수이므로 A가 B의 $\dfrac{3}{2}$배이다.

470

답 ④

자료 분석하기 파동의 진행

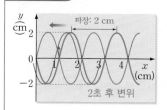 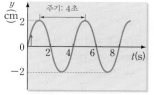

• 이웃한 마루 또는 골 사이의 거리가 파장이므로 파장은 2 cm이다.
• 한 파장 진행하는 데 걸리는 시간이 주기이므로 주기는 4초이다.
• 파동의 속력은 $v=\dfrac{\lambda}{T}=f\lambda$의 식을 이용하여 구할 수 있으며, 위 파동의
경우 $\dfrac{2\text{ cm}}{4\text{ s}}=\dfrac{1}{2}$ cm/s이다.
• 파동이 $-x$ 방향으로 진행할 때, $t=0$일 때 $x=1$ cm에서 변위가 $+y$
방향으로 변하게 된다.
• $t=2$ s일 때의 변위는 위와 같으므로 $x=2$ cm에서 y는 0이다.

ㄴ. (나)에서 $x=1$ cm 지점의 시간에 따른 변위의 변화를 보면 $t=0$일 때 $x=1$ cm에서의 변위가 $+y$ 방향으로 진동하므로 파동이 $-x$ 방향으로 진행한다.

ㄷ. $t=2$ s일 때의 변위는 $\dfrac{1}{2}$ 주기가 지났을 때이므로, 파동이 $-x$ 방향으로 반 파장인 1 cm 진행하여, $x=2$ cm에서 y가 0이다.

오답 피하기 ㄱ. 파동의 진행 속력은 $\dfrac{2\text{ cm}}{4\text{ s}}=\dfrac{1}{2}$ cm/s이다.

471

답 ⑤

ㄴ. 실선과 점선 파형을 비교하여 볼 때 파동이 1초 동안 2 m를 오른쪽으로 이동하므로 파동의 진행 속력은 2 m/s이다.

ㄷ. 1초 동안 $\dfrac{1}{4}$ 파장만큼 진행하므로 이 파동의 주기는 4초이다. 따라서 $t=3$초일 때 파동은 $t=0$초일 때보다 $\dfrac{3}{4}$ 파장만큼 오른쪽으로 이동하게 되므로 P의 변위는 0이다.

오답 피하기 ㄱ. 파장이 8 m이고 속력이 2 m/s이므로, 이 파동의 진동 수 $=\dfrac{속력}{파장}=\dfrac{2\text{ m/s}}{8\text{ m}}=\dfrac{1}{4}$ Hz이다.

472

답 ④

ㄱ. 물결파의 속력은 수심이 깊은 곳에서 더 빠르다. 파동은 굴절해도 진동수는 일정하므로 $v=\lambda\cdot f$에서 수심이 깊을수록 속력이 더 빠르고, 파장이 더 길다. 파장은 파면 사이의 간격을 의미하므로 그림에서 파장은 A가 B보다 길다. 따라서 물결파의 속력은 A가 B보다 빠르며 물의 깊이는 A가 B보다 깊다.

ㄷ. 매질 A에서 B로 파동이 진행할 때, 각 매질에서의 파장과 입사각 및 굴절각 사이에 $\dfrac{\sin i}{\sin r}=\dfrac{\lambda_A}{\lambda_B}$의 관계가 성립한다. 입사각이 60°, 굴절각이 30°이므로 $\dfrac{\lambda_A}{\lambda_B}=\dfrac{\sin 60°}{\sin 30°}=\sqrt{3}$이다. 따라서 파장은 A에서가 B에서의 $\sqrt{3}$배이다.

오답 피하기 ㄴ. 매질이 변하여 수심이 달라져도 진동수는 일정하다.

473

답 ③

자료 분석하기 반원형 물체에서 굴절 법칙의 적용

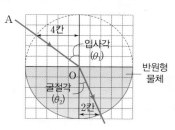

공기의 굴절률을 n_1, 물체의 굴절률을 n_2라 하면 $\sin\theta_1=\dfrac{4칸}{반지름}$, $\sin\theta_2$
$=\dfrac{2칸}{반지름}$이므로, 공기에 대한 물체의 굴절률은 $\dfrac{n_2}{n_1}=\dfrac{\sin\theta_1}{\sin\theta_2}=\dfrac{\dfrac{4칸}{반지름}}{\dfrac{2칸}{반지름}}$
$=2$이다. ➡ 이때 공기와 물체 사이의 임계각은 $\sin i_c=\dfrac{n_2}{n_1}=\dfrac{1}{2}$이다.

ㄱ. 공기에 대한 물체의 굴절률이 2이므로 전반사의 임계각은 $\sin i_c$ $=\dfrac{1}{2}$에서 $i_c=30°$이다. 따라서 A를 45°로 입사시키면 입사각이 임계각보다 크므로 전반사가 일어난다.

ㄴ. 공기에 대한 물체의 굴절률은 입사각과 굴절각의 사인값의 비와 같으므로 2이다.

오답 피하기 ㄷ. 굴절률은 물체가 공기보다 크므로 A의 속력은 공기 중에서가 물체에서보다 빠르다.

474

답 ④

자료 분석하기 굴절 법칙의 적용

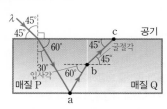

공기의 굴절률이 1이므로 공기에서 P로 진행하는 빛에 대한 굴절 법칙은 $\dfrac{n_P}{1}=\dfrac{\sin 45°}{\sin 30°}$이고, P에서 Q로 진행하는 빛에 대한 굴절 법칙은 $\dfrac{n_Q}{n_P}$ $=\dfrac{\sin 60°}{\sin 45°}$이다.

ㄱ. 공기에 대한 P의 굴절률은 $\dfrac{n_P}{1}=\dfrac{\sin 45°}{\sin 30°}=\sqrt{2}$이다. P에 대한 Q의 굴절률은 $\dfrac{n_Q}{\sqrt{2}}=\dfrac{\sin 60°}{\sin 45°}$에서 $n_Q=\sqrt{3}$이므로 P에 대한 Q의 상대 굴절률은 $\dfrac{n_Q}{n_P}=\sqrt{\dfrac{3}{2}}$이다.

ㄷ. 빛이 Q에서 공기로 나올 때 임계각을 i_c라 하면 $\sin i_c=\dfrac{1}{n_Q}=$ $\dfrac{1}{\sqrt{3}}$이다. c에서 입사각은 45°이므로 $\sin 45°=\dfrac{1}{\sqrt{2}}>\sin i_c$이다. 따라서 입사각 45°는 Q와 공기 사이의 임계각보다 크므로 c에서 빛은 전반사한다.

오답 피하기 ㄴ. $\dfrac{n_P}{1} = \dfrac{\sin 45°}{\sin 30°} = \dfrac{\lambda}{\lambda_P}$ 에서 $\lambda_P = \dfrac{\lambda}{\sqrt{2}}$ 이다. $\dfrac{n_Q}{n_P} = \sqrt{\dfrac{3}{2}}$

$= \dfrac{\lambda_P}{\lambda_Q}$ 이므로 $\lambda_Q = \dfrac{\lambda}{\sqrt{3}}$ 이다.

475

서술형 해결 전략

STEP 1 문제 포인트 파악

위치에 따른 변위 그래프에서 파장을 구하고, 속력과 파장으로부터 주기 또는 진동수를 구하고, 이를 이용하여 파동이 진행할 때 매질 위 지점의 변위가 시간에 따라 어떻게 변하는지 구해야 한다.

STEP 2 자료 파악

❶ 위치에 따른 변위 그래프에서 파장은?

→ 이웃한 마루와 마루 또는 골과 골 사이의 거리가 파장이므로 4 m이다.

❷ 시간에 따른 한 지점의 변위는?

→ 문제에서 주어진 시각이 파동의 주기의 몇 배인지 또는 문제에서 주어진 시간 동안 파동이 진행한 거리가 파장의 몇 배인지 파악하여 변위를 구한다.

STEP 3 관련 개념 모으기

❶ 파동의 주기는?

→ 파동의 속력 v, 파장 λ, 진동수 f 사이에는 $v = \dfrac{\lambda}{T} = f\lambda$ 의 관계가 있으므로 주기 $= \dfrac{\text{파장}}{\text{속력}} = \dfrac{4\,\text{m}}{2\,\text{m/s}} = 2$ s이다.

❷ 3초 후 변위는?

→ 주기가 2초이고 파장이 4 m인 파동이 3초 동안 진행할 때, 한 지점의 변위는 $\dfrac{3}{2}T$ 후의 변위 또는 $\dfrac{3}{2}\lambda$ 만큼 진행한 후의 변위이다.

예시 답안 파장이 4 m, 속력이 2 m/s 이므로 주기 $= \dfrac{\text{파장}}{\text{속력}} = \dfrac{4\,\text{m}}{2\,\text{m/s}} = 2$ s

이다. 주기 T 는 한 파장만큼 이동하는데 걸리는 시간이므로 $\dfrac{3}{2}T$ 인 3초 후 P의 변위는 -0.3 m이다.

채점 기준	배점(%)
주기와 변위를 각각 풀이 과정을 포함하여 옳게 구한 경우	100
주기와 변위 중 한 가지만 풀이 과정을 포함하여 옳게 구한 경우	50
주기와 변위를 옳게 썼으나 풀이 과정을 서술하지 않은 경우	30

476

서술형 해결 전략

STEP 1 문제 포인트 파악

광원에서 방출된 빛이 액체에서 공기로 진행할 때 원판의 안쪽으로 진행한 빛은 원판에 막혀 공기 중으로 나오지 못하고, 원판 밖으로 진행한 빛은 전반사하여 공기 중으로 나오지 못함을 인식한다.

STEP 2 자료 파악

❶ 전반사란?

→ 빛이 굴절률이 큰 매질에서 작은 매질로 입사할 때 입사각보다 굴절각이 크며, 입사각이 특정 각도(임계각) 이상이 되면 경계면에서 모두 반사한다.

❷ 굴절 법칙이란?

→ 빛이 매질 1에서 매질 2로 입사하면서 굴절할 때 입사각을 i, 굴절각을 r, 매질 1과 2의 굴절률을 각각 n_1, n_2, 매질 1, 2에서의 속력과 파장을 각각 v_1, v_2, λ_1, λ_2 라 하면 다음의 식이 성립한다.

$\dfrac{\sin i}{\sin r} = \dfrac{v_1}{v_2} = \dfrac{\lambda_1}{\lambda_2} = n_{12} = \dfrac{n_2}{n_1}$ (n_{12}: 매질 1에 대한 매질 2의 굴절률)

❸ 임계각에서 굴절 법칙을 적용하면?

→ 굴절각이 90°일 때의 입사각이 임계각이므로, $\dfrac{\sin i_c}{\sin 90°} = \sin i_c = \dfrac{n_2}{n_1}$ 이다.

STEP 3 관련 개념 모으기

❶ 액체의 굴절률은?

→ 굴절률이 n인 액체에서 굴절률이 1인 공기로 진행할 때의 임계각은 식 $\sin i_c = \dfrac{1}{n}$ 을 만족한다.

예시 답안 원판을 액체 표면에 놓았을 때 빛이 공기 쪽으로 나오지 못하는 까닭

은 빛이 전반사하기 때문이다. 임계각을 i_c라 할 때 $\dfrac{n_{\text{액체}}}{n_{\text{공기}}} = \dfrac{1}{\sin i_c} = \dfrac{\dfrac{\sqrt{5}}{2}h}{\dfrac{1}{2}h} =$

$\sqrt{5}$ 이므로 공기에 대한 액체의 굴절률은 $\sqrt{5}$ 이다.

채점 기준	배점(%)
액체의 굴절률과 풀이 과정이 모두 옳은 경우	100
액체의 굴절률을 옳게 썼으나 풀이 과정이 옳지 않은 경우	50

477

서술형 해결 전략

STEP 1 문제 포인트 파악

전반사 원리를 알고, 전반사를 이용한 광섬유의 구조 및 광섬유 내에서 빛의 진행을 알아야 한다.

STEP 2 자료 파악

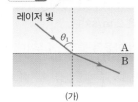
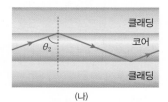

(가)　　　　　　(나)

❶ (가)에서 A와 B의 굴절률은?

→ 빛이 A에서 B로 진행할 때 입사각이 굴절각보다 작으므로 굴절률은 A가 B보다 크다.

❷ 광섬유의 구조 및 원리는?

→ 광섬유는 굴절률이 큰 코어를 굴절률이 작은 클래딩이 감싸고 있으며, 광섬유 내부의 코어로 입사한 빛은 클래딩으로 빠져나가지 못하고 코어 속에서 전반사하며 진행한다. 즉, 굴절률은 코어가 클래딩보다 크므로, 코어는 A, 클래딩은 B로 이루어져 있다.

STEP 3 관련 개념 모으기

❶ 전반사가 일어나는 조건은?

→ 빛이 굴절률이 큰 매질에서 작은 매질로 진행하고, 입사각이 임계각보다 커야 한다.

예시 답안 A, (가)에서 입사각은 굴절각보다 작으므로 굴절률은 A가 B보다 크다. 광섬유에서 굴절률은 코어가 클래딩보다 크므로 코어로 A가 적합하다.

채점 기준	배점(%)
코어를 구성하는 물질을 옳게 고르고, 그 까닭을 굴절률을 비교하여 옳게 설명한 경우	100
코어를 구성하는 물질만 옳게 고른 경우	30

478 ㉠ 전자기파 ㉡ 자기장 ㉢ 수직 **479** 빛   **480** ○
481 ×   **482** ㉡   **483** ㉣   **484** ㉢
485 ㉠   **486** X선

478
 ㉠ 전자기파 ㉡ 자기장 ㉢ 수직

전자기파는 변하는 전기장과 자기장이 서로를 유도하며 파동의 진행 방향에 수직으로 진동하는 횡파이다. 전자기파에서 전기장의 방향과 자기장의 방향은 서로 수직을 이루고, 파동의 진행 방향은 전기장과 자기장의 진동 방향에 대해서 각각 수직인 방향이다.

479
 빛

진공에서 전자기파의 속력은 빛의 속력인 약 30만 km/s이다.

480
 ○

전자기파는 에너지를 가진 파동으로, 파동의 형태로 에너지를 전달한다. 이때 전자기파의 에너지는 진동수에 비례하고, 파장에 반비례한다.

481
 ×

전자기파는 전기장의 세기가 최대일 때 자기장의 세기도 최대이다.

482
 ㉡

열을 가진 물체에서는 적외선이 방출되므로 적외선 온도계, 열화상 카메라에 이용된다. 또한 발광 다이오드(LED)에서 방출하는 적외선을 이용하여 리모컨에서 만들어지는 신호를 다시 전류의 형태로 만들어 줌으로써 멀리서도 전자 기기를 조작할 수 있다.

483
 ㉣

자외선은 세균이나 미생물을 제거할 수 있는 살균 작용이 강해 살균기에 이용된다. 또한 자외선이 형광 물질에 흡수되면 가시광선을 방출하므로 위조지폐 감별에 이용된다.

484
 ㉢

가시광선은 사람의 눈이 감지할 수 있어 영상 장치에 이용된다.

485
 ㉠

감마(γ)선은 여러 전자기파 중에서 파장이 가장 짧고, 진동수와 에너지가 가장 크다. 또한 투과력이 매우 강하여 암을 치료하는 항암 치료, 우주 관찰용 망원경에 이용된다.

486
 X선

X선은 고속의 전자가 금속과 충돌할 때 전자의 감속 때문에 발생한다. 투과력이 강해 인체 내부의 모습을 알아보는 데 이용되며, 물질의 특성을 파악하는 데도 이용된다.

487 ②, ⑤   **488** ④   **489** ②   **490** ②   **491** 해설 참조
492 해설 참조   **493** ④

487
 ②, ⑤

② 전자기파는 매질이 없어도 전파될 수 있다.
⑤ 전자기파의 진행 방향은 전기장과 자기장의 진동 방향에 각각 수직이다.

오답 피하기 ① 전자기파는 전기장과 자기장의 진동 방향에 각각 수직인 방향으로 진행하는 횡파이다.
③ 전자기파의 에너지는 $E = hf$(h: 플랑크 상수)이다. 파장이 짧을수록 진동수가 크므로 파장이 짧을수록 에너지가 크다.
④ 진공에서 전자기파의 속력은 파장이나 진동수에 관계없이 $c = 3 \times 10^8$ m/s로 일정하다.

개념 더하기   **전자기파의 진행**

- 전자기파는 전기장과 자기장이 진동하는 방향에 대해 각각 수직 방향으로 진행하는 횡파이다.
- 전자기파의 전기장이 진동하는 면과 자기장이 진동하는 면은 서로 직각을 이룬다.

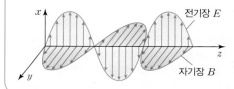

전자기파의 진행 방향은 전기장의 방향에서 자기장의 방향으로 오른나사를 돌릴 때 나사의 진행 방향과 같다.

488   필수 유형
 ④

자료 분석하기   **전자기파의 진행**

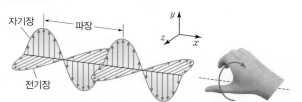

그림과 같이 오른손의 엄지손가락이 전자기파의 진행 방향을 향하게 하고 네 손가락을 감아쥐는데, 이때 네 손가락은 전기장이 진동하는 축에서 자기장이 진동하는 축으로 감아쥐게 된다.
이는 오른나사의 진행 방향을 전자기파의 진행 방향과 일치시키고 나사를 전기장의 방향에서 자기장의 방향으로 돌리는 것과 같다.

ㄴ. 오른손의 네 손가락을 전기장이 진동하는 축에서 자기장이 진동하는 축으로 감아쥐었을 때 엄지손가락이 가리키는 방향이 전자기파의 진행 방향이다. 전자기파의 진행 방향이 $-x$ 방향이고 자기장이 y축과 나란하게 진동하므로 전기장의 진동 방향은 z축과 나란하다.
ㄷ. 전기장과 자기장의 세기가 커졌다가 작아지는 것을 반복하면서 전파되는데, 전기장과 자기장은 진동 방향이 서로 수직이며 위상이 같다. 따라서 자기장의 세기가 최대일 때 전기장의 세기도 최대이다.
오답 피하기 ㄱ. a는 전자기파의 반파장이다.

489

답 ②

(가)에서 A는 X선, B는 적외선이고, (나)의 체온 측정에는 적외선이 사용된다.

ㄴ. 파장은 (나)에서 사용하는 적외선이 가시광선보다 길다.

오답피하기 ㄱ. (나)에서 사용하는 적외선은 (가)의 B에 해당한다.

ㄷ. (나)에서 사용하는 적외선은 열선이라고도 불리며, 열화상 카메라나 귀체온계, 리모컨 등에서 사용된다. 물질에 따라 전자기파의 투과율이 다른 성질을 이용하는 경우는 X선을 이용하여 공항에서 수화물 검색을 하거나 병원에서 X선 사진을 찍는 등의 예가 이에 해당한다.

490

답 ②

(가)는 X선, (나)는 감마선, (다)는 전파이다.

ㄴ. 파장은 전파>X선>감마선 순으로 길다.

오답피하기 ㄱ. (가)에서 사용하는 X선은 고속의 전자가 금속에 충돌할 때 발생한다. 원자핵이 붕괴되는 과정에서 발생하는 것은 (나)의 감마선이다.

ㄷ. 진공 중에서 전자기파의 속력은 모두 약 30만 km/s로 동일하다.

491

자료 분석하기 자외선의 특징과 이용

- 들뜬 상태에 있던 전자가 에너지 준위가 낮은 궤도로 전이하면서 방출하는 전자기파는 자외선, 가시광선, 적외선 영역에 해당하며, 이중 자외선은 양자수 $n=1$인 궤도로 전이할 때 방출되는 라이먼 계열이다.
- 형광 물질에 흡수되면 가시광선을 방출한다. ➡ 형광등, 위조지폐 감별 등

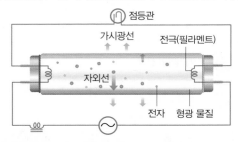

- 강한 화학 작용으로 박테리아나 세균 등을 파괴하여 살균·소독 작용을 한다. ➡ 식기 소독기, 칫솔 살균기, 의료용 자외선 램프 등

예시답안 A는 자외선이며, 살균 작용을 하므로 식기 소독기 등에 이용된다.

채점 기준	배점(%)
전자기파 A의 종류와 이용되는 예를 모두 옳게 설명한 경우	100
전자기파 A의 종류만 옳게 설명한 경우	50

492

예시답안 (가)는 감마선으로 암 치료나 감마선 망원경에 이용되며, (나)는 마이크로파로 전자레인지나 레이더, 위성 통신에 주로 이용된다.

채점 기준	배점(%)
(가)와 (나)에 해당하는 전자기파를 쓰고, 각 전자기파가 이용되는 예를 옳게 설명한 경우	100
(가)와 (나)에 해당하는 전자기파만 옳게 쓴 경우	40

493 [필수 유형]

답 ④

자료 분석하기 전자기파의 활용

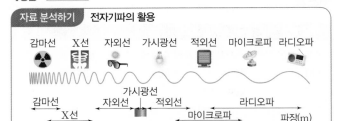

(가)는 자외선, (나)는 마이크로파, (다)는 X선이 이용되는 예이다. 진동수는 X선 – 자외선 – 마이크로파 순으로 크다.

1등급 완성 문제

115쪽

494 ③   495 ③   496 ①   497 해설 참조   498 해설 참조

494

답 ③

ㄱ. 전자기파의 진행 방향은 전기장과 자기장의 진동 방향에 수직이다. 전자기파의 진행 방향이 $+z$이므로 A는 전기장, B는 자기장이다.

ㄴ. A와 B의 파장은 a로 같다.

오답피하기 ㄷ. 진공에서 전자기파의 속력은 파장과 무관하다.

495

답 ③

ㄷ. (나)의 적외선의 진동수는 D 영역의 전자기파인 전파보다 크다.

오답피하기 ㄱ. (가)는 자외선으로 B 영역의 전자기파이고, (나)는 적외선으로 C 영역의 전자기파이다.

ㄴ. 파장은 자외선이 더 짧고, 진동수는 자외선이 더 크다.

496

답 ①

ㄱ. (가)는 마이크로파로 라디오파보다 직진성이 강하며, 자동차의 과속을 단속하는 속도 측정기나 선박과 항공기의 운항 추적, 기상 예측 등의 목적으로 사용되는 레이더에 이용된다.

오답피하기 ㄴ. (나)는 자외선으로 물질의 화학 반응을 일으킬 수 있을 정도의 에너지를 가지고 있어, 살균이나 소독에 이용되기도 하고 형광 물질에 흡수되면 가시광선을 방출하기도 한다.

ㄷ. (다)는 감마선으로 에너지가 커서 방사선 암 치료에 이용된다.

497

서술형 해결 전략

STEP 1 문제 포인트 파악

전자기파의 각 영역별 특성에 따라 이용되는 예를 알아야 한다.

STEP 2 자료 파악

❶ (가), (나)에서 이용되는 전자기파의 종류는?

➡ 모든 물체의 표면에서는 온도에 따라 파장이 다른 적외선 영역의 전자기파가 방출된다. 발열체에서 나오는 열은 주로 적외선에 의한 것이다.

❷ (가)의 원리는?
→ 적외선 온도계는 몸에서 방출하는 적외선을 감지하여 몸에 접촉하지 않고도 온도를 측정한다.
❸ (나)의 원리는?
→ 적외선 카메라는 몸에서 방출하는 적외선을 시각적으로 보여주는 카메라로, 표면 온도에 따라 각각 다른 색으로 보인다.

STEP 3 관련 개념 모으기
❶ 감마(γ)선의 특징은?
→ 감마(γ)선은 파장이 가장 짧고, 진동수와 에너지가 가장 커서 항암 치료에 이용된다.
❷ X선의 특징은?
→ 감마(γ)선 다음으로 파장이 짧고, 진동수와 에너지가 크다. 따라서 투과력이 강하므로 인체 내부 또는 물질 내부를 파악할 수 있다.
❸ 자외선의 특징은?
→ 물질의 화학 반응을 일으킬 수 있는 정도의 에너지를 가지고 있어 화학 작용이 강하다. 따라서 형광 물질에 흡수되면 가시광선을 방출한다.

예시 답안 물체는 온도에 따라 파장이 다른 적외선을 방출하며, (가), (나)는 몸에서 방출하는 적외선의 파장을 분석하여 체온을 측정한다.

채점 기준	배점(%)
(가), (나)에서 이용되는 전자기파의 종류를 옳게 쓰고, 원리를 모두 옳게 설명한 경우	100
(가), (나)에서 이용되는 전자기파의 원리만 옳게 설명한 경우	50
(가), (나)에서 이용되는 전자기파의 종류만 옳게 쓴 경우	30

498

서술형 해결 전략

STEP 1 문제 포인트 파악
다양한 전자기파의 종류를 파장에 따라 구분하고, 각 영역의 전자기파가 발생하는 원리와 특성 및 이용되는 예를 알아야 한다.

STEP 2 자료 파악
❶ (가), (나), (다)에 해당하는 전자기파의 종류는?
→ (가)는 고속의 전자가 금속에 충돌할 때 발생하므로 X선이고, (나)는 열을 내는 물체에서 발생하므로 적외선, (다)는 통신에 주로 사용되므로 전파이다.
❷ 전자기파를 파장이 긴 순서대로 나열하면?
→ 전파(라디오파 – 마이크로파) – 적외선 – 가시광선 – 자외선 – X선 – 감마선 순으로 파장이 길다.

STEP 3 관련 개념 모으기
❶ (가), (나), (다)를 파장이 긴 순서대로 나열하면?
→ (다), (나), (가) 순이다.
❷ (가)의 X선이 이용되는 예는?
→ X선은 투과력이 강하므로 이를 이용한 예로는 뼈 사진, 공항 수화물 검색대 등이 있다.

예시 답안 파장은 (다), (나), (가) 순으로 길다. (가)는 X선으로 투과력이 강하여 뼈 사진(또는 공항 수화물 검색)에 이용된다.

채점 기준	배점(%)
파장이 긴 순서대로 옳게 나열하고, (가)가 이용되는 예를 옳게 설명한 경우	100
파장이 긴 순서대로 옳게 나열하지는 못하였으나 (가)가 이용되는 예를 옳게 설명한 경우	50
파장이 긴 순서대로만 옳게 나열하고 (가)가 이용되는 예를 설명하지 못한 경우	30

14 파동의 간섭

개념 확인 문제			117쪽
499 중첩	**500** 독립성	**501** ㉠ 보강, ㉡ 상쇄	
502 11 cm	**503** 1 cm	**504** ○	**505** ○
506 ×	**507** 상쇄 간섭		

499
답 중첩
중첩 원리는 두 파동이 만나 합쳐질 때 합성파의 변위가 각 파동의 변위를 합한 것과 같다는 원리이다.

500
답 독립성
두 파동이 중첩된 후 분리될 때 서로 다른 파동에 영향을 주지 않고 원래의 모양을 유지하며 진행하는 것을 파동의 독립성이라고 한다. 각 파동은 중첩 전 진폭, 파장, 속력을 유지하며 분리된다.

501
답 ㉠ 보강, ㉡ 상쇄
두 파동이 중첩될 때 위상이 같아 합성파의 진폭이 커지는 간섭은 보강 간섭, 위상이 달라 합성파의 진폭이 작아지는 간섭은 상쇄 간섭이다.

502
답 11 cm
두 파동의 최대 변위가 모두 (+) 값을 가지므로 위상이 동일하여 보강 간섭이 일어난다. 따라서 합성파의 최대 변위, 즉 진폭은 5 cm + 6 cm = 11 cm이다.

503
답 1 cm
두 파동의 최대 변위가 각각 (+), (−)으로 위상이 반대이므로 상쇄 간섭이 일어난다. 따라서 합성파의 최대 변위, 즉 진폭은 5 cm − 4 cm = 1 cm이다.

504
답 ○
물결파에서 수면의 밝기가 주기적으로 변하는 지점은 보강 간섭이 일어나는 지점이다. 이 지점들은 마루와 마루가 만났다가 골과 골이 만나기 때문에 시간이 지남에 따라 밝기가 변화한다.

505
답 ○
물결파에서 수면의 밝기 변화가 없는 지점은 상쇄 간섭이 일어나는 곳이다. 상쇄 간섭이 일어나는 점들은 항상 마루와 골이 만나 진동이 상쇄되므로 수면이 잔잔하고 밝기의 변화가 없는 마디선이 나타난다. 따라서 마디선 위의 점들은 진폭이 항상 일정하다.

506
답 ×
두 파원이 같은 위상으로 발생했으므로 보강 간섭이 일어나는 지점에서 각 파원까지의 경로차는 반파장의 짝수 배이다.

507
답 상쇄 간섭
소음 제거 헤드폰은 외부 소음을 마이크로 감지한 뒤 반전된 음을 발생시켜 상쇄 간섭으로 제거한다.

508

답 ③, ⑤

③, ⑤ 두 파동이 중첩될 때 합성파의 변위는 각 파동의 변위의 합과 같고, 중첩된 후에는 중첩 전의 모양, 진행 방향 및 속력을 그대로 유지하면서 진행한다.

오답 피하기 ① 중첩이 끝났을 때 각 파동의 속력은 중첩되기 전과 같다.
② 중첩이 끝났을 때 각 파동의 위상과 모양은 중첩 전과 같다.
④ 한 파동의 마루와 다른 파동의 마루, 한 파동의 골과 다른 파동의 골이 만나 변위의 크기가 커지는 경우 보강 간섭이 발생하고, 한 파동의 마루와 다른 파동의 골이 만나 변위의 크기가 작아지는 경우에는 상쇄 간섭이 일어난다.

509

답 ③

자료 분석하기   파동의 중첩

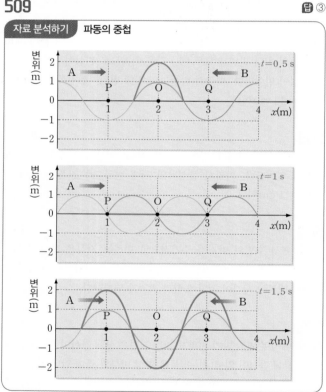

파장이 2 m, 속력이 1 m/s이므로 파동 A, B의 주기는 2초이다.

ㄱ. 파동 A, B가 서로 반대 방향으로 진행하면서 점 O에서 만난 순간으로부터 0.5초 지나는 순간, 각 파동이 이동한 거리는 $\frac{\lambda}{4}=0.5$ m이다. 따라서 $t=0.5$ s일 때 P의 변위는 -1 m이다.

ㄴ. $t=1$ s일 때 P와 O의 변위는 0으로 같다.

오답 피하기 ㄷ. $t=1.5$ s일 때 A, B가 각각 $\frac{3}{4}\lambda=1.5$ m파장 진행하므로 Q에서 중첩된 파동의 변위는 2 m이다.

510

답 ①

자료 분석하기   파동의 중첩

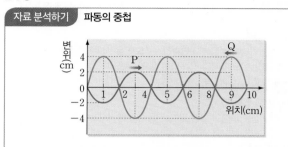

4초 후 두 파동의 파형을 나타내 보면 위 그림과 같으며, 합성파의 변위가 $+2$ cm인 지점은 P의 골(변위 -2 cm)과 Q의 마루(변위 $+4$ cm)가 만나는 지점이다.

4초 동안 P, Q는 모두 8 cm를 이동하며, 합성파의 변위가 $+2$ cm인 지점은 P의 골과 Q의 마루가 만날 때이다. 즉, 위치가 1 cm, 5 cm, 9 cm일 때 합성파의 변위가 $+2$ cm가 된다.

511

답 ②

자료 분석하기   파동의 중첩

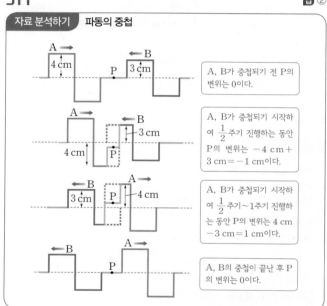

A, B가 중첩되기 전 P의 변위는 0이다.

A, B가 중첩되기 시작하여 $\frac{1}{2}$주기 진행하는 동안 P의 변위는 -4 cm$+3$ cm$=-1$ cm이다.

A, B가 중첩되기 시작하여 $\frac{1}{2}$주기~1주기 진행하는 동안 P의 변위는 4 cm-3 cm$=1$ cm이다.

A, B의 중첩이 끝난 후 P의 변위는 0이다.

두 파동이 중첩될 때 합성파의 변위는 각 파동의 변위의 합과 같다.

512

답 ③

자료 분석하기   파동의 중첩

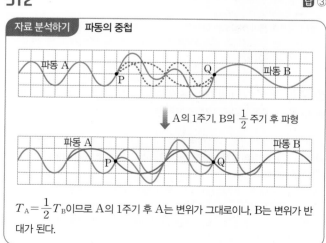

A의 1주기, B의 $\frac{1}{2}$ 주기 후 파형

$T_A=\frac{1}{2}T_B$이므로 A의 1주기 후 A는 변위가 그대로이나, B는 변위가 반대가 된다.

속력 $v=\dfrac{\lambda}{T}$에서 속력이 같고 파장이 B가 A의 2배일 때, 주기는 B가 A의 2배이다. 즉, A의 한 주기만큼 시간이 지났을 때 B에게는 $\dfrac{1}{2}$주기가 지난 것이다. 이때 A는 변위의 방향이 그대로이지만, B는 위상이 뒤집혀 변위의 방향이 반대가 되어 두 파동이 중첩된다.

513
답 ⑤

> **자료 분석하기** 물결파의 간섭

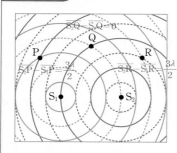

S_1과 S_2는 파장, 주기, 진폭은 같지만 위상은 서로 반대인 파동이다.(두 파원으로부터 각각 같은 거리(반파장 또는 한파장)에 있는 동심원의 변위를 비교할 때, 위상이 서로 반대이다.

- 위상이 반대인 두 파동이 중첩되는 경우 경로차가 반파장의 짝수 배인 지점에서는 상쇄 간섭이 일어난다. (Q점)
- 위상이 반대인 두 파동이 중첩되는 경우 경로차가 반파장의 홀수 배인 지점에서는 보강 간섭이 일어난다. (P점, R점)

P	Q	R
$\overline{S_2P}-\overline{S_1P}=\dfrac{3}{2}\lambda$	$\overline{S_2Q}-\overline{S_1Q}=0$	$\overline{S_2R}-\overline{S_1R}=\dfrac{3}{2}\lambda$
마루와 마루가 만나는 보강 간섭으로 진폭이 두 배가 되므로 물결파의 높이는 가장 높다.	상쇄 간섭이 일어나는 지점에서 수면파의 높이는 변하지 않으므로 P와 R의 중간이다.	골과 골이 만나는 보강 간섭으로 진폭이 두 배가 되므로 물결파의 높이는 가장 낮다.

ㄷ. P 지점은 $t=0$일 때 변위가 $2A$이고, 두 물결파가 보강 간섭하여 진폭이 $2A$인 진동을 한다. 따라서 P의 시간에 따른 변위 그래프는 ㄷ이다.

ㄹ. Q 지점은 두 물결파가 상쇄 간섭하는 지점으로 변위가 변하지 않는 마디이며, Q의 변위를 나타낸 그래프는 ㄹ이다.

ㄴ. R 지점은 합성된 물결파의 높이는 일정하다. 따라서 $t=0$일 때 골과 골이 만나 변위가 $-2A$이고, 보강 간섭하여 진폭이 $2A$인 진동을 하므로, 변위 그래프는 ㄴ이다.

514
답 ⑤

P에서는 두 파동의 마루와 골이 만나고 있으므로 상쇄 간섭이 일어나며, 물결파의 진폭이 거의 변하지 않는다.

ㄱ. 진동수를 2배로 하면 파장이 $\dfrac{1}{2}$배가 된다. 즉 $\lambda'=\dfrac{1}{2}\lambda$라 하면, $\overline{S_1P}-\overline{S_2P}=\dfrac{3}{2}\lambda=3\lambda'$이다. 따라서 P에서 두 파동의 보강 간섭이 일어나므로 물결파의 진폭이 증가한다.

ㄴ. S_2의 진동이 멈추면 P에는 S_1의 파동만 도달해 진폭이 증가한다.

ㄷ. S_1에서 P까지의 거리는 $\dfrac{5}{2}\lambda$이고, S_2에서 P까지의 거리는 $\dfrac{3}{2}\lambda$이므로 경로차는 $\dfrac{5}{2}\lambda-\dfrac{3}{2}\lambda=2\left(\dfrac{\lambda}{2}\right)$가 되며, 경로차가 반파장$\left(\dfrac{\lambda}{2}\right)$의 짝수 배이므로 P에서는 보강 간섭이 일어난다. 따라서 물결파의 진폭이 증가한다.

515

$\overline{S_1P}-\overline{S_2P}=0$인 P에서는 마루와 마루가 만나 보강 간섭이 일어나며, 밝고 어두운 무늬가 반복된다. $\overline{S_1Q}-\overline{S_2Q}=\dfrac{1}{2}\lambda$인 Q에서는 마루와 골이 만나 상쇄 간섭이 일어나며, 밝기가 일정하다.

> **예시 답안** P에서는 보강 간섭이 일어나므로 밝고 어두운 무늬가 주기적으로 변하고, Q에서는 상쇄 간섭이 일어나므로 밝기가 일정하다.

채점 기준	배점(%)
밝기 변화를 간섭과 관련지어 옳게 설명한 경우	100
밝기 변화만 옳게 쓴 경우	50

516 필수 유형
답 ③

> **자료 분석하기** 파동의 중첩

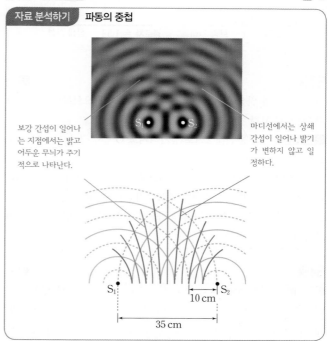

보강 간섭이 일어나는 지점에서는 밝고 어두운 무늬가 주기적으로 나타난다.

마디선에서는 상쇄 간섭이 일어나 밝기가 변하지 않고 일정하다.

ㄷ. 두 파동의 위상이 같을 때 경로차가 반파장의 홀수 배인 지점에서는 상쇄 간섭이 일어난다. 따라서 파장이 $10\,cm$이므로 S_1, S_2로부터 경로차가 $15\,cm$인 지점에서는 상쇄 간섭이 일어난다.

> **오답 피하기** ㄱ. 직선 $\overline{S_1S_2}$ 상에서 상쇄 간섭이 일어나는 지점들은 $5\,cm$씩 떨어져 있다. 마디선이 6개이므로 S_1과 S_2 사이의 거리는 $35\,cm$이다.

ㄴ. 마디선은 상쇄 간섭이 일어나는 지점을 연결한 선이다. 따라서 물결파가 진행하더라도 밝기가 변하지 않고 일정하다.

517
답 ①

두 음원에서 발생한 음파의 위상이 같아 보강 간섭하는 지점에서는 큰 소리가 들리고 음파의 위상이 반대로 중첩되어 상쇄 간섭하는 지점에서는 가장 작은 소리가 들린다.

ㄴ. Q는 두 음원에서 발생한 소리가 보강 간섭하는 지점이다. 즉, Q에서는 S_1과 S_2에서 발생한 소리가 같은 위상으로 중첩된다.

> **오답 피하기** ㄱ. ㉠은 두 음원의 합성에 의해 일어나는 것이다. 따라서 ㉠의 현상은 파동의 간섭에 의한 것이다.

ㄷ. R는 두 음파의 위상이 반대로 중첩되어 상쇄 간섭하는 지점이다. 상쇄 간섭은 경로차가 반파장의 홀수 배인 지점에서 나타난다.

개념 더하기 · 음파의 간섭 조건

- (가)와 같이 각 파원까지의 거리의 차이(경로차)가 반파장의 짝수 배가 되는 곳에서는 각 파원에서 발생한 파동이 같은 위상으로 만나 중첩된다.
  ➡ 보강 간섭이 일어나 소리의 크기가 최대(Q)
- (나)와 같이 각 파원까지의 거리의 차이(경로차)가 반파장의 홀수 배가 되는 곳에서는 각 파원에서 발생한 파동이 반대 위상으로 만나 중첩된다.
  ➡ 상쇄 간섭이 일어나 소리의 크기가 최소(P, R)

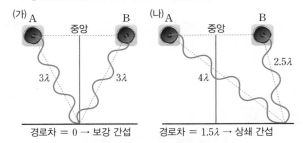

경로차 = 0 → 보강 간섭   경로차 = 1.5λ → 상쇄 간섭

518 · 답 ①

ㄱ. 두 파원의 위상이 동일하고, O에서는 두 파원으로부터의 경로차가 0이므로 보강 간섭이 일어난다.

오답 피하기 ㄴ. 진동수를 2배로 증가시켜도 O에서 경로차는 0이므로 보강 간섭이 일어난다.

ㄷ. 소리의 속력은 매질에만 의존하므로 진동수가 변해도 음파의 속력은 일정하다. 따라서 소리의 진동수가 커질수록 파장이 짧아지므로 보강 간섭을 일으키는 지점과 이웃한 상쇄 간섭을 일으키는 지점 사이의 간격이 작아진다.

519 · 답 ④

0.75 m인 점은 S_1과 S_2의 중앙 지점으로부터 첫 번째로 상쇄 간섭이 일어나는 지점이므로 두 스피커로부터의 경로차는 스피커에서 발생하는 소리의 반파장과 같다. 즉, $1.25\,m - 0.75\,m = 0.5\,m = \frac{\lambda}{2}$ 에서 $\lambda = 1$ m이다. 소리의 전파 속력은 파장과 진동수의 곱이므로 $1\,m \times 340\,Hz = 340\,m/s$이다.

520 · 필수 유형 · 답 ②

자료 분석하기 · 상쇄 간섭의 이용

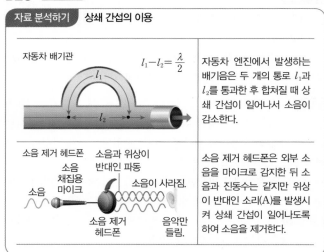

자동차 배기관 · $l_1 - l_2 = \frac{\lambda}{2}$ · 자동차 엔진에서 발생하는 배기음은 두 개의 통로 l_1과 l_2를 통과한 후 합쳐질 때 상쇄 간섭이 일어나서 소음이 감소한다.

소음 제거 헤드폰 · 소음과 위상이 반대인 파동 · 소음 제거 헤드폰은 외부 소음을 마이크로 감지한 뒤 소음과 진동수는 같지만 위상이 반대인 소리(A)를 발생시켜 상쇄 간섭이 일어나도록 하여 소음을 제거한다.

소음 제거 기술은 파동의 상쇄 간섭 현상을 이용한다.

ㄴ. 상쇄 간섭은 경로차가 반파장의 홀수 배일 때 일어난다. (가)에서 파장이 λ인 소음 파동이 P에서 Q까지 길이가 각각 l_1, l_2인 경로로 진행할 때 $l_1 - l_2 = \frac{\lambda}{2}(2m+1)(m=0, 1, 2, \cdots)$일 때 상쇄 간섭하여 소음 제거 효과가 나타난다.

오답 피하기 ㄱ. (가)와 (나)는 모두 파동의 상쇄 간섭을 이용하는 예이다.

ㄷ. (나)에서 헤드폰에서 생성한 파동 A의 위상이 채집한 소음 파동의 위상과 반대일 때 상쇄 간섭하여 소음 제거 효과가 나타난다.

521 · 답 ②

(가)의 돋보기는 공기와 렌즈에서 빛의 진행 속력이 달라 빛이 굴절하는 현상을, (나)의 무반사 코팅 렌즈는 얇은 코팅막에서 반사된 빛과 굴절한 후 코팅한 매질과 렌즈의 경계면에서 반사된 빛이 서로 상쇄 간섭하는 현상을, (다)의 악기의 울림통은 소리가 보강 간섭하여 크게 들리는 현상을 각각 이용하는 예이다.

522 · 답 ⑤

ㄱ, ㄴ. 비누 막에 단색광을 비추면 막의 윗면에서 반사한 빛과 아랫면에서 반사한 빛이 간섭 현상을 일으켜 두께에 따라 밝고 어두운 무늬의 간섭무늬가 나타나고, 백색광을 비추면 막의 두께와 보는 각도에 따라 특정한 파장의 빛이 간섭하게 되어 무지개색과 같은 여러 가지 색의 빛이 나타난다. 따라서 P는 백색광이다.

ㄷ. 기름 막 또는 비눗방울과 같은 얇은 막이나 새의 깃털이 다양한 색을 띠는 것은 빛의 간섭에 의한 현상이다.

개념 더하기 · 얇은 막에서의 간섭

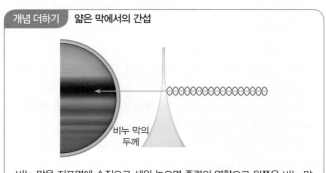

비누 막의 두께

비누 막을 지표면에 수직으로 세워 놓으면 중력의 영향으로 위쪽은 비누 막의 두께가 얇고, 아래쪽은 두껍다. 비누 막이 두꺼울수록 간섭 무늬의 간격은 좁아지며, 검은색 부분은 상쇄 간섭이 일어나 어둡게 보이는 것이다.

523 · 답 ⑤

ㄴ. Q에서 빛이 밝게 나타났으므로 C와 D는 보강 간섭을 한다.

ㄷ. 두 레이저 빛의 경로차는 $2d$이다. 따라서 상쇄 간섭이 일어나는 감지기 P에서의 경로차는 $2d = \frac{\lambda}{2} \times (2n+1)$이다. 이때 경로차가 $\frac{\lambda}{2}$일 때 d가 최소가 되므로, 랜드를 들어갔다가 나오는 왕복 거리가 경로차로 $\frac{\lambda}{2}$이면 된다. 따라서 랜드의 깊이인 d의 최솟값은 $\frac{\lambda}{4}$이다.

오답 피하기 ㄱ. P에서 빛이 어둡게 나타났으므로 A와 B는 상쇄 간섭을 한다. 따라서 P에 도달한 A와 B의 경로차는 반파장의 홀수 배인 $\frac{1}{2}\lambda$, $\frac{3}{2}\lambda$, $\frac{5}{2}\lambda$, $\cdots$이다.

524

답 ④

자료 분석하기 파동의 진행과 중첩

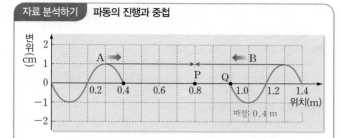

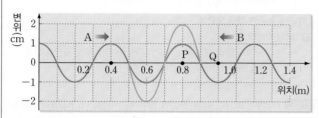

• 점 P에서 파동 A, B까지의 경로 차는 0.4 m−0.2 m=0.2 m로 반파장의 홀수 배이고 A와 B의 위상이 반대이므로 점 P에서 보강 간섭이 일어난다. 점 P는 $t=5$초일 때 처음으로 변위의 크기가 2 cm가 되므로 A의 마루와 B의 마루가 P에서 중첩되기까지 5초 동안 A, B는 각각 0.5 m 진행한다.
• 5초 동안 0.5 m 진행하였으므로 A, B의 속력은 0.1 m/s이다.

ㄱ. A, B는 파장이 0.4 m, 속력이 0.1 m/s이므로 진동수는 $\frac{1}{4}$ Hz, 주기는 4초이다.

ㄷ. $t=7$초일 때, Q에서 A의 마루와 B의 마루가 중첩되어 변위는 2 cm가 된다.

오답 피하기 ㄴ. A, B는 5초 동안 0.5 m 진행하였으므로 속력은 0.1 m/s이다.

525

답 ②

P, Q가 중첩될 때 변위의 변화가 없는 마디의 위치는 1 m, 3 m, 5 m, 7 m, 9 m인 지점이다. ㄱ은 P, Q가 완전히 중첩되었을 때이고, ㄷ은 P, Q가 위치 3 m~7 m 사이에서 중첩되었을 때이다.

526

답 ③

ㄱ. 1초 동안 0.2 m를 이동하였으므로 파동의 속력은 0.2 m/s이다. 따라서 파동의 진동수= $\frac{속력}{파장}$ = $\frac{0.2\ \text{m/s}}{0.4\ \text{m}}$ =0.5 Hz이다.

ㄴ. (나)에서 2초 후 위치가 0.5 m인 지점에서는 두 파동이 반대 위상으로 중첩된다. 따라서 0.5 m인 지점에서 변위는 0이다.

오답 피하기 ㄷ. (나)에서 3.5초 후 두 파동은 같은 위상으로 중첩되므로 보강 간섭이 일어난다. 따라서 0.1 m인 지점부터 1.1 m인 지점까지의 변위가 모두 0은 아니다.

527

답 ①

자료 분석하기 파동의 중첩과 경로차

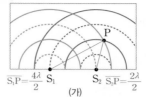 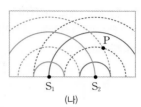

• $\overline{S_1P}=\frac{4\lambda}{2}$, $\overline{S_2P}=\frac{2\lambda}{2}$ 이므로 $\overline{S_1P}-\overline{S_2P}=\lambda$이다.
• 합성파는 $\frac{T}{2}$ 마다 위상이 반대가 된다. 마루에서 골로 위상이 처음으로 뒤집히는 시간이 0.2초 이므로 주기는 0.4초이다.

ㄴ. S_1에서 P까지의 거리는 2λ이고, S_2에서 P까지의 거리는 λ이므로 S_1과 S_2에서 P까지의 경로차는 λ이다.

오답 피하기 ㄱ. 마루가 골이 되기까지 걸린 시간이 0.2초이므로 주기는 0.4초이다. 따라서 진동수는 2.5 Hz이다.

ㄷ. 두 점파원 사이에서 상쇄 간섭이 일어나 진폭이 0인 마디선의 개수는 2개이다.

528

답 ④

자료 분석하기 소리의 간섭

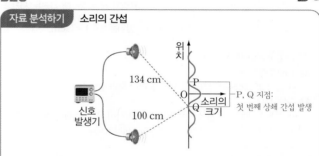

• 두 스피커를 각각 파원 S_1, S_2라고 가정할 때 첫 번째로 상쇄 간섭이 일어나는 지점 Q까지의 경로차는 $\overline{S_1Q}-\overline{S_2Q}=\frac{\lambda}{2}$=34 cm이다.

ㄱ. Q에서 경로차가 34 cm이므로 파장은 68 cm이다. 소리의 속력은 340 m/s이므로 진동수는 500 Hz이다.

ㄴ. 공기 중 속력이 340 m/s로 일정할 때 진동수가 커지면 파장은 짧아진다. 따라서 상쇄 간섭이 일어나는 P와 Q 사이의 거리는 감소한다.

오답 피하기 ㄷ. P와 Q는 상쇄 간섭이 일어나는 곳이므로 경로차는 반파장과 같다.

529

답 ②

ㄴ. 지폐에 사용된 색 변환 잉크는 숫자를 보는 각도에 따라 색깔이 달라진다. 이것은 숫자를 바라보는 각도에 따라 보강 간섭되는 빛의 파장이 달라지기 때문이다. 이 원리를 이용해 지폐의 위조를 방지한다.

오답 피하기 ㄱ. A는 숫자를 노란색으로 관찰하였으므로 A방향으로 진행하는 노란색 빛은 보강 간섭을 한다.

ㄷ. 지폐를 바라보는 각도에 따라 색깔이 다르게 보이는 것은 빛의 간섭에 의한 것이지 회절에 의한 것은 아니다.

530

STEP 1 문제 포인트 파악

파동의 진행 과정과 중첩 원리를 알아야 한다.

STEP 2 자료 파악

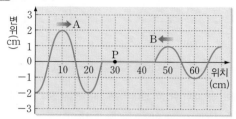

❶ A와 B의 파장과 진폭은?

→ A, B 모두 파장은 0.2 m이고, A의 진폭은 2 cm, B의 진폭은 1 cm이다.

❷ A와 B의 속력은?

→ A, B의 파장이 0.2 m이고 진동수가 $\frac{1}{2}$ Hz이므로 속력은 $\frac{1}{2}$ Hz $\times 0.2$ m=0.1 m/s이다.

❸ P에서 A와 B까지의 경로차는?

→ 0.15 m−0.05 m=0.1 m이다.

❹ P에서 파동의 간섭은?

→ P에서 A와 B까지의 경로차가 반파장의 홀수 배이고, A와 B의 위상이 반대이므로 P에서 보강 간섭이 일어난다. P의 변위가 최대가 되는 데 걸리는 시간은 A의 마루와 B의 마루가 P까지 진행하는 데 걸리는 시간이므로 $\frac{0.2 \text{ m}}{0.1 \text{ m/s}}$=2초이고, 이때 최대 변위는 2+1=3(cm)이다.

STEP 3 관련 개념 모으기

❶ 파동의 중첩이란?

→ 합성파의 변위는 각 파동의 변위를 합한 것과 같다.

❷ 위상이란?

→ 매질의 위치와 운동 상태를 위상이라고 하며, 한 파동에 있는 마루와 마루는 위상이 같고, 마루와 골은 위상이 서로 반대이다.

예시 답안 A, B의 속력은 0.5 Hz $\times 0.2$ m=0.1 m/s이다. A와 B가 각각 반대 방향으로 20 cm 진행했을 때 점 P의 변위는 보강 간섭하여(A의 변위 2 cm와 B의 변위 1 cm가 중첩되므로) 변위가 최대가 된다. 따라서 변위가 최대가 되는 순간까지 걸리는 시간은 2초이고, 최대 변위는 3 cm이다.

채점 기준	배점(%)
최대 변위의 크기 및 변위가 최대가 되는 데 걸리는 시간을 각각 풀이 과정을 포함하여 옳게 구한 경우	100
최대 변위의 크기 및 변위가 최대가 되는 데 걸리는 시간 중 한 가지만을 풀이 과정을 포함하여 옳게 구한 경우	60
풀이과정없이 최대 변위의 크기 및 변위가 최대가 되는 데 걸리는 시간을 각각 옳게 구한 경우	40
풀이과정없이 최대 변위의 크기 및 변위가 최대가 되는 데 걸리는 시간 중 한 가지만을 옳게 구한 경우	20

531

STEP 1 문제 포인트 파악

물결파가 중첩될 때 보강 간섭과 상쇄 간섭의 특징을 알아야 한다.

STEP 2 자료 파악

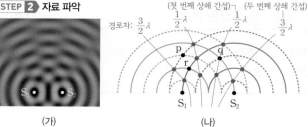

(가)   (나)

❶ (가)에서 물결파가 중첩될 때 마디의 특징은?

→ 변위가 변하지 않는 지점이다. 즉, 두 물결파가 상쇄 간섭하여 변위가 시간에 따라 변하지 않고 계속 0인 지점이다.

❷ (나)에서 보강 간섭이 일어나는 지점은?

→ 중첩되는 두 파동의 위상이 같을 때, 즉 마루와 마루 또는 골과 골이 중첩될 때 보강 간섭이 일어나므로 p와 r은 보강 간섭이 일어나는 지점이다.

❸ (나)에서 상쇄 간섭이 일어나는 지점은?

→ 중첩되는 두 파동의 위상이 반대일 때, 즉 마루와 골이 중첩될 때 상쇄 간섭이 일어나므로 q가 상쇄 간섭이 일어나는 지점이다.

STEP 3 관련 개념 모으기

❶ 마디선이란?

→ 두 파동이 중첩될 때 상쇄 간섭이 일어나는 점들을 연결한 선으로 시간이 지나도 변위가 0으로 일정하다.

예시 답안 (가)에서 마디는 상쇄 간섭이 일어나는 지점이다. (나)에서 중첩되는 두 파동의 위상이 반대일 때 상쇄 간섭이 일어나므로 q가 마디에 해당한다.

채점 기준	배점(%)
상쇄 간섭이 일어나는 지점 q가 마디임을 옳게 설명한 경우	100
마디가 상쇄 간섭이 일어나는 지점임을 설명했으나 기호를 잘못 쓴 경우	50

532

STEP 1 문제 포인트 파악

소음 제거 기술에서 파동의 간섭이 이용되고 있음을 알아야 한다.

STEP 2 관련 개념 모으기

❶ 상쇄 간섭이란?

→ 중첩되는 두 파동의 변위의 방향이 반대일 때 합성파의 진폭이 작아지는 간섭을 상쇄 간섭이라고 한다.

❷ 소음 제거 기술이란?

→ 소음이 유입되는 곳에 소음의 파형을 분석하는 장비를 두고, 이를 실시간으로 분석하여 분석한 파형의 반대 위상의 소리를 발생시켜 상쇄 간섭을 이용하여 소음을 제거한다.

소음의 파형   위상이 반대인 소리   소음이 제거됨

예시 답안 소음 제거 헤드폰은 외부 소음을 마이크로 감지한 뒤 스피커에서 소음과 진동수는 같지만 위상이 반대인 소리를 발생시켜 상쇄 간섭이 일어나게 하여 소음을 제거한다.

채점 기준	배점(%)
헤드폰에서 소음이 제거되는 원리를 위상이 반대인 소리의 발생으로 인해 상쇄 간섭된다고 옳게 설명한 경우	100
상쇄 간섭된다고만 설명한 경우	30

개념 확인 문제
125쪽

533 광전 효과　　**534** 광전자　　**535** ㉠ 빛의 진동수, ㉡ 빛의 세기

536 전자 결합 소자(CCD)　　**537** ✕　　**538** ✕

539 ㉠ 속력, ㉡ 가시광선

540 ㉠ 유리 렌즈, ㉡ 자기 렌즈, ㉢ 자기장

533
답 광전 효과

금속 표면에 빛을 비출 때 금속 표면에서 전자가 튀어 나오는 현상을 광전 효과라고 한다.

534
답 광전자

금속에 빛을 비추면 금속 내부의 자유 전자가 에너지를 얻어 금속 밖으로 튀어 나온다. 이때 튀어 나온 전자를 광전자라고 한다.

535
답 ㉠ 빛의 진동수, ㉡ 빛의 세기

광자 한 개의 에너지는 진동수에 비례하고, 광자의 개수는 빛의 세기에 비례한다. 에너지가 충분히 큰 광자(빛의 구성 입자)를 금속판에 비추면 광자와 충돌한 전자는 금속판에서 즉시 튀어나온다. 따라서 광자의 에너지가 클수록 튀어나온 전자의 최대 운동 에너지가 커진다. 빛의 진동수가 문턱 진동수보다 클 때, 빛의 세기가 셀수록 전자와 충돌하는 광자의 수가 증가해 튀어 나오는 광전자의 수도 증가한다.

536
답 전자 결합 소자(CCD)

전하 결합 소자(CCD)는 광전 효과를 이용해 빛 신호를 전기 신호로 전환하여 빛의 세기에 대한 영상 정보를 기록하는 장치이다.

537
답 ✕

물질파 파장은 $\lambda = \dfrac{h}{p}$이다. 따라서 입자의 운동량이 클수록 물질파의 파장은 짧아진다. 전자 현미경은 전자의 파동적 성질을 이용하여 물체를 확대시켜 볼 수 있는 현미경이다.

538
답 ✕

물질은 입자성과 파동성을 모두 가지고 있지만 한 특성이 나타날 때 다른 특성은 나타나지 않는다. 즉, 입자성과 파동성을 동시에 나타낼 수 없다.

539
답 ㉠ 속력, ㉡ 가시광선

일반적으로 현미경의 분해능은 파장이 짧을수록 높다. 전자 현미경에서 사용하는 전자의 파장은 전자의 속력을 조절하여 광학 현미경에서 사용하는 가시광선의 파장보다 짧게 만들어서 물체 사이의 더 짧은 거리도 구분 가능하도록 한다.

540
답 ㉠ 유리 렌즈, ㉡ 자기 렌즈, ㉢ 자기장

광학 현미경은 유리 렌즈로 빛을 초점에 모으고, 전자 현미경은 자기렌즈로 전자선을 모은다. 이는 자기장에서 전자가 힘을 받고 휘어지는 원리를 이용해 자기렌즈가 빛을 모으는 볼록 렌즈의 역할을 하는 것이다.

---

541 ③　　**542** ③　　**543** ③　　**544** ④　　**545** ②　　**546** ④

547 ⑤　　**548** ④　　**549** ②　　**550** ④　　**551** 1 : 2

552 ⑤　　**553** ⑤　　**554** ①　　**555** ④　　**556** ③

557 해설 참조

541
답 ③

ㄱ. 아인슈타인은 광전 효과 실험 결과를 설명하기 위해 광양자설을 제안하였으며, 광양자설에 따르면 광자의 개수가 많을수록 빛의 세기가 세다.

ㄴ. 광자의 에너지는 빛의 진동수에 비례하고, 빛의 진동수는 파장에 반비례한다. 따라서 빛의 파장이 길수록 광자의 에너지는 작다.

오답 피하기 ㄷ. 금속 표면에서 튀어 나온 광전자의 최대 운동 에너지는 광자의 에너지에서 전자를 금속판에서 떼어 내는 일을 뺀 값과 같다.

> **개념 더하기** 광양자설에 의한 광전 효과의 해석
>
> - 광자의 에너지(E): 빛의 진동수에 비례한다.
>
> $$E = hf = \dfrac{hc}{\lambda}$$
>
> (h: 플랑크 상수, f: 빛의 진동수, c: 진공에서 빛의 속력)
>
> - 금속의 일함수(W): 금속에서 전자를 떼어 내는 데 필요한 최소한의 에너지
>
> $$W = hf_0 \, (f_0: 문턱 진동수)$$
>
> - 광자의 에너지가 금속의 일함수보다 크면 광자의 에너지를 흡수한 전자가 금속 밖으로 튀어 나오고, 광자의 에너지가 금속의 일함수보다 작으면 전자가 금속 밖으로 튀어 나오지 않는다.
> - 광전 효과가 일어날 때 빛의 세기가 셀수록 전자와 충돌하는 광자의 수가 많으므로 튀어 나오는 광전자의 수도 증가하여 광전류의 세기가 증가한다.
>
> 빛의 세기 ∝ 광자의 수 ∝ 튀어 나오는 광전자의 수
> ∝ 광전류의 세기
>
> ➡ 광전류의 세기: 빛의 세기는 광자의 수에 비례하고, 빛의 세기가 셀수록 금속에 있는 더 많은 전자와 충돌하므로 금속에서 튀어 나오는 광전자의 수가 많아져 광전류의 세기가 증가한다. 따라서 광전류의 세기는 광자의 에너지와 무관하며, 빛의 세기와 관련이 있다.

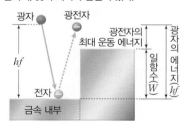

> 광전자의 최대 운동 에너지＝광자의 에너지－일함수
> ＝$E - W = hf - hf_0$
>
> ➡ 광전자의 최대 운동 에너지는 빛의 세기와 무관하며, 빛의 진동수와 관련이 있다.
> - 광자의 에너지의 일부는 전자를 금속판에서 떼어 내는 일로 전환되고, 나머지 에너지는 광전자의 운동 에너지로 전환된다.

542 필수 유형

답 ③

자료 분석하기 **검전기에서의 광전 효과 실험**

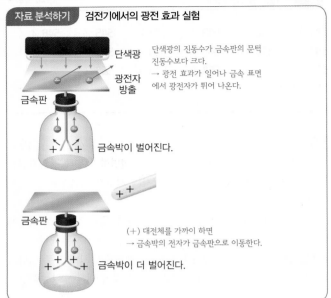

단색광
광전자 방출
금속판

단색광의 진동수가 금속판의 문턱 진동수보다 크다.
→ 광전 효과가 일어나 금속 표면에서 광전자가 튀어 나온다.

금속판

금속박이 벌어진다.

(+) 대전체를 가까이 하면
→ 금속박의 전자가 금속판으로 이동한다.

금속박이 더 벌어진다.

ㄷ. (나)는 광전 효과로 광전자가 방출되어 검전기 전체가 양(+)전하로 대전된 상태이다. 따라서 (+)대전체를 금속판에 가까이 하면 금속박의 전자가 금속판으로 이동하여 금속박이 더 벌어진다.

오답 피하기 ㄱ. (가)에서 금속박에 아무런 변화가 없으므로 f_1은 금속판의 문턱 진동수보다 작고, (나)에서 금속박이 벌어졌으므로 f_2는 금속판의 문턱 진동수보다 크다. 따라서 $f_1 < f_2$이다.

ㄴ. 금속판의 문턱 진동수보다 작은 진동수의 빛을 비출 때 세기를 충분히 세게 하여도 광전자가 튀어나오지 않는다.

543

답 ③

(가) 지폐의 홀로그램 이미지는 빛을 비추는 각도에 따라 보강 간섭이 일어나는 빛의 파장이 달라져 다른 색깔이나 문양이 나타난다. 즉, 빛의 간섭에 의한 현상이다.

(나) 안경에 반사 방지막 코팅을 하면 막의 윗면과 아랫면에서 반사하는 빛이 상쇄 간섭을 일으켜 반사하는 빛의 세기를 감소시키고 투과하는 빛의 세기는 증가시켜 더 밝은 빛을 볼 수 있다. 즉, 빛의 간섭을 활용한 예이다.

(다) 디지털카메라의 CCD는 광전 효과를 이용해 영상 정보를 기록하는 장치이다.

(가), (나)와 같은 빛의 간섭 현상은 빛의 파동성의 증거이고, (다)와 같은 광전 효과는 빛의 입자성의 증거이다.

544

답 ④

ㄴ. 광전 효과는 금속판의 문턱 진동수보다 진동수가 큰 빛을 비추면 빛의 세기가 아무리 약해도 광전자가 즉시 튀어 나온다.

ㄷ. 광전 효과가 일어날 때 튀어 나오는 광전자의 수는 빛의 세기에 비례한다.

오답 피하기 ㄱ. 광전 효과는 빛의 입자성을 나타내는 현상으로, 빛의 파동성으로는 광전 효과의 실험 결과를 설명할 수 없다.

545

답 ②

ㄴ. 광전 효과는 빛의 입자성을 나타내는 현상으로, b와 c를 동시에 비추어도 광자의 최대 에너지는 c를 비출 때와 같다. 따라서 b와 c를 동시에 비출 때 E_{max}는 E_2이다.

오답 피하기 ㄱ. 빛의 진동수가 클수록 E_{max}가 크므로 $E_1 < E_2$이다.

ㄷ. a, d는 모두 진동수가 P의 문턱 진동수보다 작기 때문에 a와 d를 동시에 비추어도 광전자가 방출되지 않는다.

546 필수 유형

답 ④

자료 분석하기 **광전 효과**

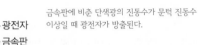

단색광
광전자
금속판

금속판에 비춘 단색광의 진동수가 문턱 진동수 이상일 때 광전자가 방출된다.

B를 비출 때 광전자가 방출되지 않으므로 B의 진동수는 문턱 진동수보다 작다.

• A의 진동수는 문턱 진동수보다 크고 B의 진동수는 문턱 진동수보다 작으므로, 진동수는 A가 B보다 크다.
• 문턱 진동수보다 작은 진동수의 빛을 비출 때는 빛의 세기를 세게 하여도 광전자가 방출되지 않는다. 문턱 진동수 이상의 빛을 비출 때, 방출되는 광전자의 수는 빛의 세기가 셀수록 많다.
• 금속판에 진동수가 f인 빛을 비출 때, 광자의 에너지는 hf이고, 문턱 진동수가 f_0인 금속판에서 방출되는 광전자의 최대 운동 에너지는 $E_{max} = hf - hf_0$이다. 따라서 A의 진동수가 클수록 금속판에서 방출되는 광전자의 최대 운동 에너지는 크다.

ㄱ. A를 비추었을 때 광전자가 튀어 나오므로 A의 진동수는 금속판의 문턱 진동수보다 크고, B를 비추었을 때는 광전자가 튀어 나오지 않으므로 B의 진동수는 금속판의 문턱 진동수보다 작다. 따라서 진동수를 비교하면 f_A > 금속판의 문턱 진동수 > f_B이다.

ㄷ. A의 진동수가 클수록 광자 1개의 에너지가 커지므로 광자로부터 에너지를 얻어 튀어 나오는 광전자의 최대 운동 에너지가 커진다.

오답 피하기 ㄴ. 광전자의 방출 여부는 빛의 진동수에만 관계되므로, B를 비출 때 빛의 세기를 증가시켜도 광전자는 튀어 나오지 않는다.

개념 더하기 **금속의 종류가 다를 때 빛의 진동수와 광전자의 최대 운동 에너지의 관계**

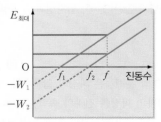

E최대
O
$-W_1$
$-W_2$
f_1 f_2 f 진동수

• 그래프의 기울기는 플랑크 상수 h이다.
• x 절편 f_1, f_2는 각각 일함수가 W_1, W_2인 서로 다른 금속에 빛을 비출 때 광전자가 튀어 나오기 시작하는 문턱 진동수이다.
• y 절편은 금속의 일함수에 의해 정해진다. 일함수가 큰 금속일수록 문턱 진동수도 크다.
• 두 금속의 문턱 진동수 이상인 임의의 진동수 f의 빛을 비출 때 광전자의 최대 운동 에너지는 일함수가 작을수록 크다.

547

답 ⑤

ㄱ. 광 다이오드에 빛을 비추면 광전 효과에 의해 광전자가 튀어 나오므로 전기 신호가 발생한다.

ㄴ. 광자의 수가 많을수록 빛의 세기가 세고, 빛의 세기가 셀수록 튀어 나오는 광전자의 수도 증가한다. 즉, 빛의 세기가 셀수록 전류가 많이 흘러 소리가 커진다.

ㄷ. 광 다이오드는 광전 효과를 이용하므로, 빛의 입자성으로 설명한다.

548

답 ④

④ CCD는 빛의 세기만을 측정하므로 흑백 영상만을 얻을 수 있다. 따라서 컬러 영상을 얻기 위해서는 컬러 필터를 같이 사용한다.

오답 피하기 ① CCD는 광전 효과에 의해 빛의 세기에 비례하는 전기 신호를 만들어 낸다.

② 단위 면적당 화소 수가 많을수록 해상도가 높아 고화질의 선명한 사진을 얻을 수 있다.

③ CCD의 각 화소는 보통 3개의 금속 전극으로 구성되어 있고, 전극의 전압을 조절함으로써 전자를 이동시킨다.

⑤ 입사하는 빛의 세기가 셀수록 전기 신호를 만드는 광전자의 수가 많아진다.

개념 더하기 **컬러 영상을 만드는 원리**

CCD는 기본적으로 흑백 영상만 얻을 수 있어서 컬러 영상을 얻기 위해서는 RGB 컬러 필터를 전하 결합 소자 위에 설치한다. 이때 각 필터를 통과한 빛의 세기를 측정하여 그 지점의 색을 결정한다.

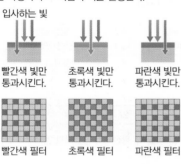

빨간색 빛만 통과시킨다.　초록색 빛만 통과시킨다.　파란색 빛만 통과시킨다.

빨간색 필터　초록색 필터　파란색 필터

549

답 ②

ㄷ. 전자 현미경은 전자의 속력을 조절하여 전자의 물질파 파장을 가시광선의 파장보다 짧게 만들 수 있다. 즉, 전자의 파동적 성질을 이용하여 물체를 확대시켜 볼 수 있게 한다.

오답 피하기 ㄱ. 물질파 파장 $\lambda=\dfrac{h}{mv}$에서 속력이 같은 경우 질량이 작은 전자의 물질파 파장이 질량이 큰 야구공의 물질파 파장보다 길다.

ㄴ. 물질파 파장 $\lambda=\dfrac{h}{p}$에서 전자의 운동량이 증가할수록 물질파 파장은 감소한다.

550

답 ④

입자의 운동량 $p=mv=\sqrt{2mE_k}$로 나타낼 수 있다. 따라서 $\lambda=\dfrac{h}{p}$

$=\dfrac{h}{\sqrt{2mE_k}}$에서 $\lambda_A : \lambda_B = \dfrac{h}{\sqrt{2mE}} : \dfrac{h}{\sqrt{2(4m)(2E)}} = 2\sqrt{2} : 1$이다.

551

답 1 : 2

두 입자가 동일한 높이에서 떨어질 때 역학적 에너지 보존 법칙에 의해 바닥면에 닿기 직전 입자의 속력은 A와 B가 같다. 물질파 파장 $\lambda=\dfrac{h}{p}=\dfrac{h}{mv}$에서 속력은 A와 B가 같고, 질량은 A가 B의 2배이므로 물질파 파장은 B가 A의 2배이다.

또 다른 풀이 바닥면에 닿기 직전 입자 A, B의 속력 v_A, v_B는 역학적 에너지 보존 법칙에 따라 $\dfrac{1}{2} \times 2m \times v_A^2 = 2mgh$, $\dfrac{1}{2} \times m \times v_B^2 = mgh$에서 $\sqrt{2gh}$로 같다. 물질파 파장 $\lambda=\dfrac{h}{p}$에서 $\lambda_A : \lambda_B = \dfrac{1}{p_A} : \dfrac{1}{p_B}$

$=\dfrac{1}{2mv_A} : \dfrac{1}{mv_B}$에서 $v_A=v_B$이므로, $\lambda_A : \lambda_B = 1 : 2$이다.

552

답 ⑤

입자의 물질파 파장은 $\lambda=\dfrac{h}{p}=\dfrac{h}{mv}$이므로 운동량의 크기가 같을 때 물질파 파장이 같다.

ㄴ. A, B의 운동량이 같을 때, 즉 그래프에서 물질파 파장이 같을 때 속력은 A가 B보다 크다.

ㄷ. $\lambda=\dfrac{h}{p}=\dfrac{h}{\sqrt{2mE_k}}$이므로 물질파 파장이 같을 때 질량이 클수록 운동 에너지가 작다. 운동량이 같을 때 속력이 클수록 질량이 작으므로 B가 C보다 질량이 작다. 따라서 운동 에너지는 질량이 작은 B가 질량이 큰 C보다 크다.

오답 피하기 ㄱ. 운동량은 질량과 속력의 곱이므로($p=mv$) 물질파 파장이 같을 때(운동량이 같을 때) 속력이 큰 입자일수록 질량은 작다. 따라서 질량은 C가 가장 크고 A가 가장 작다.

553

답 ⑤

ㄱ. 전자가 금속박을 통과한 후의 무늬가 X선의 회절 무늬와 동일하므로, 이 무늬는 전자가 회절하여 나타난 무늬이다.

ㄴ. 사진 건판에 나타난 무늬는 전자가 회절하여 나타난 것인데, 회절은 파동의 성질이다. 따라서 이 무늬를 통해 전자가 파동의 성질을 가지고 있음을 알 수 있다.

ㄷ. 물질파 파장 $\lambda=\dfrac{h}{mv}$이므로, 전자의 속력이 커지면 물질파 파장은 짧아진다.

554

답 ①

ㄱ. 데이비슨·거머 실험 장치에서는 전자의 속력을 조절하여 니켈 표면에 전자선을 입사시킨다. 이때 물질파 파장 $\lambda=\dfrac{h}{mv}$이므로 전자의 속력이 감소하면 물질파 파장은 길어진다.

오답 피하기 ㄴ. 니켈 표면에 54 V의 전압으로 가속된 전자선을 입사시켰을 때 50°에서 전자가 가장 많이 튀어 나온다. 이것은 니켈 표면에서 전자의 물질파가 반사되어 나올 때 특별한 각도에서 보강 간섭이 일어나는 것으로 해석할 수 있다.

ㄷ. 데이비슨·거머 실험에서 구한 전자의 파장이 드브로이가 제안한 물질파 파장과 같았으므로 전자의 파동성을 증명하였다.

555

답 ④

ㄱ. 전자 현미경의 자기렌즈는 자기장을 이용하여 전자선을 초점에 맞추도록 제어하는 기능을 한다.

ㄷ. 전자의 속력이 빠를수록 전자선의 물질파 파장이 짧아지므로 분해능이 우수하여 더 작은 구조를 또렷하게 구분할 수 있다.

오답 피하기 ㄴ. 주사 전자 현미경은 시료 표면을 전기 전도성이 좋은 물질로 코팅하여 표면에서 방출된 2차 전자로부터 영상을 얻으며, 이때 3차원 입체 구조를 관찰할 수 있다.

556

답 ③

ㄱ. 전자 현미경은 전자의 파동성을 이용한다.

ㄴ. 전자의 물질파 파장은 $\lambda = \dfrac{h}{p} = \dfrac{h}{\sqrt{2mE_k}}$이므로, 전자의 운동 에너지가 클수록 파장이 짧아져 분해능이 우수한다.

오답 피하기 ㄷ. 투과 전자 현미경은 시료를 얇게 만들어 전자선이 시료를 투과할 수 있도록 해야 하며, 2차원 평면 구조를 관찰할 수 있다.

개념 더하기 | 전자 현미경과 분해능

① 전자 현미경의 구조와 원리

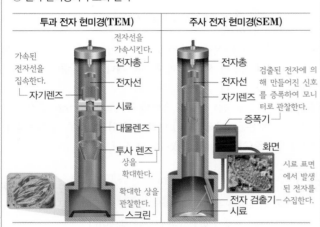

투과 전자 현미경(TEM)	주사 전자 현미경(SEM)

- 투과 전자 현미경: 가속된 전자가 시료를 투과 후 자기 렌즈를 지나 형광판이나 필름에 투사되어 2차원 평면 구조를 관찰할 수 있다.
- 주사 전자 현미경: 전자선이 초점을 맞추어 시료에 주사되었을 때 발생하는 이차 전자를 수집하여 3차원 입체 구조를 관찰할 수 있다.

② 현미경의 분해능

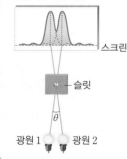

- 가까운 두 광원의 파동이 슬릿을 지나면서 각각 회절하여 스크린에 상이 맺힐 때, 파장이 짧을수록 회절 정도가 작아 두 상이 잘 구별된다.
- 광학 현미경의 가시광선보다 전자 현미경에서 사용하는 전자의 물질파 파장이 짧아 분해능이 높으므로 물체의 구조를 더 자세히 볼 수 있다.

557

예시 답안 현미경의 분해능은 파장이 짧을수록 우수한데, 전자의 물질파 파장이 가시광선의 파장보다 짧기 때문에 전자 현미경으로 관찰할 때가 광학 현미경으로 관찰할 때보다 상이 더 선명하다.

채점 기준	배점(%)
전자의 물질파 파장과 가시광선의 파장을 비교하여 파장에 따른 현미경의 분해능 차이를 옳게 설명한 경우	100
전자의 물질파 파장이 가시광선의 파장보다 짧기 때문이라고만 설명한 경우	50

1등급 완성 문제

130~131쪽

558 ④   **559** ①, ④   **560** ①   **561** ②   **562** ④   **563** ③
564 해설 참조   **565** 해설 참조   **566** 해설 참조

558

답 ④

ㄱ. 광전 효과는 금속에 비추는 빛의 진동수가 문턱 진동수 이상일 때 전자가 튀어 나오는 현상이다. 즉, ㉠은 진동수이다.

ㄴ. ㉡은 광전자로, 전기장 안에서 전기장의 방향과 반대 방향의 전기력을 받는다.

오답 피하기 ㄷ. 광전 효과는 빛의 입자성을 증명한 현상이므로 ㉢은 입자성이다. 빛의 입자성을 이용한 예로는 태양 전지, 광 다이오드가 있고, 전자 현미경은 전자의 파동성을 이용한 예이다.

559

답 ①, ④

자료 분석하기 | 광전 효과

금속판	빛의 파장	빛의 세기	방출되는 광전자의 수	E_{max}	
X	㉠	I	방출되지 않음.	–	①
	λ	I	N	E	②
Y	λ	I	N	㉡	③
	λ	$2I$	㉢	$2E$	④

- ①, ②에서 ㉠을 비출 때 광전자가 방출되지 않으므로 진동수는 ①<②이고 파장은 ①>②이다.
- ②, ④에서 파장이 같은(진동수가 같은) 빛을 비출 때 X에서 E_{max}가 더 작으므로 X의 문턱 진동수와 일함수가 Y보다 크다.
- ②에서 $E_{max} = hf - W = h(f-f_0)$이므로 진동수가 일정한 경우 빛의 세기를 세게 하여도 방출되는 광전자의 최대 운동 에너지는 변하지 않는다.
- ③, ④에서 $E_{max} = hf - W = h(f-f_0)$이므로, 동일한 금속판 Y에 비춘 빛의 파장이 같으므로 최대 운동 에너지도 같다.
- ③, ④에서 빛의 세기는 ③<④이므로 방출되는 광전자 수는 ③<④이다.

① 금속판 X에서 광전자가 방출되지 않으므로 문턱 진동수보다 작은 진동수의 빛을 비춘 경우이다. 파장 = $\dfrac{빛의 속력}{진동수}$이므로 ㉠은 λ보다 크다.

④ 금속판 X와 Y에 각각 동일한 진동수의 빛을 비출 때 방출되는 광전자의 최대 운동 에너지는 Y에 비추었을 때가 더 크므로 문턱 진동수는 X가 Y보다 크다.

오답 피하기 ② 방출되는 광전자의 최대 운동 에너지는 비춘 빛의 진동수가 클수록 크고, 빛의 세기와는 무관하다. Y에 진동수가 같은 빛을 세기를 다르게 하여 비출 때 최대 운동 에너지가 같으므로 ㉡은 $2E$이다.

③ 문턱 진동수 이상의 빛을 비출 때 방출되는 광전자의 수는 빛의 세기가 셀수록 많으므로 ⓒ은 N보다 크다.

⑤ X에 파장이 λ인 빛의 세기를 $2I$로 하여 비출 때도 진동수가 동일하므로 방출되는 광전자의 최대 운동 에너지는 E이다.

560
답 ①

자료 분석하기 광전 효과

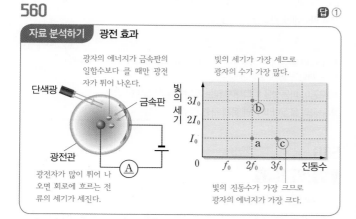

광자의 에너지가 금속판의 일함수보다 클 때만 광전자가 튀어 나온다.

빛의 세기가 가장 세므로 광자의 수가 가장 많다.

단색광
금속판
광전관
광전자가 많이 튀어 나오면 회로에 흐르는 전류의 세기가 세진다.

빛의 진동수가 가장 크므로 광자의 에너지가 가장 크다.

ㄱ. 진동수가 f인 광자 1개의 에너지 $E = hf$로, 광자의 에너지는 빛의 진동수에 비례한다. 즉, b의 광자 1개의 에너지는 $2hf_0$이다.

오답 피하기 ㄴ. 같은 진동수의 빛을 비추는 경우, 단위 시간당 튀어 나오는 광전자 수는 빛의 세기에 비례한다. 빛의 세기는 b가 a의 3배이므로 전류의 세기는 b를 비출 때가 a의 3배이다. 이처럼 광전류의 세기는 광자의 에너지와 무관하며 빛의 세기와 관련이 있다.

ㄷ. 금속판의 일함수는 hf_0, 단색광 a, c의 광자 1개의 에너지는 각각 $2hf_0$, $3hf_0$이다. 광전자의 최대 운동 에너지는 광자의 에너지에서 금속판의 일함수를 뺀 값으로 a를 비추면 $2hf_0 - hf_0 = hf_0$이고, c를 비추면 $3hf_0 - hf_0 = 2hf_0$이다.

561
답 ②

물질파 파장은 속력에 반비례하고, 등가속도 직선 운동 하는 입자의 속력은 일정하게 증가한다. 따라서 영역 A에서 운동하는 동안 전자의 물질파 파장은 시간이 지날수록 감소하고, A를 빠져나오는 순간 전자의 속력은 $2v_0$이므로 물질파 파장은 $\frac{1}{2}\lambda_0$이다. 입자는 등가속도 직선 운동을 하므로 A에서 운동하는 동안 전자의 평균 속력은 $\frac{v_0 + 2v_0}{2} = \frac{3}{2}v_0$이다. 따라서 전자가 A를 빠져 나올 때까지 걸린 시간은 $\frac{2L}{3v_0}$이므로, 가장 적절한 그래프는 ②이다.

562
답 ④

ㄱ. A와 B에 각각 진동수가 $2f_0$, f인 빛을 비출 때 방출되는 광전자의 물질파 파장의 최솟값이 λ_2로 같으므로 광전자의 최대 운동 에너지가 같다. 따라서 $h(f-2f_0) = h(2f_0-f_0)$이고 $f=3f_0$이다.

ㄷ. 물질파 파장의 최솟값이 λ_1인 광전자는 문턱 진동수가 f_0인 금속판 A에 진동수가 $f(=3f_0)$인 빛을 비출 때 방출된다. 이때 광전자의 최대 운동 에너지는 $hf - hf_0 = 2hf_0$이다.

오답 피하기 ㄴ. 전자의 물질파 파장과 운동 에너지 사이에는 $\lambda = \frac{h}{p} = $

$\frac{h}{\sqrt{2mE_k}}$의 관계가 성립한다. $\lambda_1 = \sqrt{\dfrac{h}{2m_e(f-f_0)}}$,

$\lambda_2 = \sqrt{\dfrac{h}{2m_e(f-2f_0)}}$이므로, $\lambda_1 : \lambda_2 = 1 : \sqrt{2}$이다.

563
답 ③

ㄱ. 광전자의 최대 운동 에너지는 입사한 광자의 에너지에서 금속의 일함수 W를 뺀 값과 같다. X에 진동수가 f, $2f$인 빛 A, B를 비출 때 $2E_0 = hf - W_X$, $6E_0 = 2hf - W_X$에서 $hf = 4E_0$이다. Y에 A를 비출 때 $3E_0 = hf - W_Y$에서 $W_Y = E_0$이다. 따라서 ㉠$= 8E_0 - E_0 = 7E_0$이다.

ㄴ. $W_X = 2E_0$, $W_Y = E_0$이므로 문턱 진동수는 X가 Y보다 크다.

오답 피하기 ㄷ. 광자와 전자가 일대일로 충돌하여 광전자가 방출되므로 A와 B를 함께 비출 때 광자의 최대 에너지는 $2hf$이다. 따라서 방출되는 광전자의 최대 운동 에너지는 $6E_0$이다.

개념 더하기 광전 효과

① 광전 효과 실험

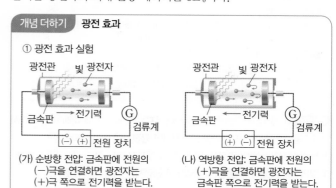

광전관   빛 광전자

금속판   전기력   Ⓖ 검류계
(−) (+) 전원 장치

광전관   빛 광전자

금속판   전기력   Ⓖ 검류계
(+) (−) 전원 장치

(가) 순방향 전압: 금속판에 전원의 (−)극을 연결하면 광전자는 (+)극 쪽으로 전기력을 받는다.

(나) 역방향 전압: 금속판에 전원의 (+)극을 연결하면 광전자는 금속판 쪽으로 전기력을 받는다.

- (가)와 같이 순방향 전압을 걸어 주면 튀어 나온 광전자를 최대한 수집할 수 있으므로 빛의 세기에 따른 광전류의 세기를 측정할 수 있다.
- (나)와 같이 역방향 전압을 걸어주어 전류가 흐르지 않을 때의 전압을 측정하면 튀어 나온 광전자의 최대 운동 에너지를 알 수 있다.

② 광전 효과 실험 결과 그래프

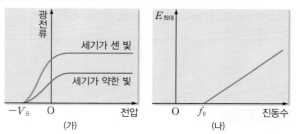

광전류

세기가 센 빛
세기가 약한 빛

$-V_S$ O   전압
(가)

$E_{최대}$

O f_0 진동수
(나)

- (가)에서 광전류의 세기는 금속판에 비춘 빛의 세기가 셀수록 세다. 빛의 세기가 세다는 것은 광자의 수가 많다는 것을 의미하며, 광자의 수가 많을 때 방출되는 광전자의 수도 많다.
- (나)에서 문턱 진동수 f_0 이상의 빛을 비추면 광전자가 튀어 나온다. 이때 광전자의 최대 운동 에너지는 비춘 빛의 진동수에 비례한다. 이를 식으로 나타내면 $E_{최대} = hf - W = hf - hf_0$이다.

564

서술형 해결 전략

STEP 1 문제 포인트 파악

빛의 파동설로는 광전 효과의 실험 결과를 설명할 수 없음을 알아야 한다.

> [결과 1] 금속판에 금속의 문턱 진동수보다 진동수가 작은 빛을 비추면 빛의 세기가 아무리 강해도 광전자가 튀어 나오지 않는다.
> [결과 2] 금속의 문턱 진동수보다 진동수가 큰 빛은 세기가 아주 약한 빛에서도 광전자가 즉시 튀어 나온다.
> [결과 3] 금속판에서 튀어 나오는 광전자의 최대 운동 에너지는 빛의 세기와는 관계가 없고, 빛의 진동수가 클수록 크다.

❶ 빛의 파동설로 [결과 1]을 예상하면?
  ➡ 빛의 세기만 충분히 세다면 빛의 진동수와 관계없이 광전자가 튀어 나온다.
❷ 빛의 파동설로 [결과 2]를 예상하면?
  ➡ 빛의 세기가 약하면 광전자가 튀어 나올 수 있을 만큼의 에너지가 공급되기 위해 어느 정도 시간이 필요하다.
❸ 빛의 파동설로 [결과 3]을 예상하면?
  ➡ 빛의 세기가 셀수록 에너지가 크므로 튀어 나오는 광전자의 최대 운동 에너지도 커져야 한다.

STEP 3 관련 개념 모으기
❶ 광전 효과란?
  ➡ 금속 표면에 빛을 비출 때 전자가 에너지를 얻어 튀어 나오는 현상이며, 이때 튀어 나온 전자를 광전자라고 한다.
❷ 광양자설이란?
  ➡ 광전 효과 실험 결과를 설명하기 위해 아인슈타인이 제안한 이론으로, 빛은 광자(광양자)라고 하는 불연속적인 에너지 입자들의 흐름이다.

예시 답안 ① 빛의 파동설에 의하면 빛에너지는 빛의 세기에 비례한다. 따라서 빛의 진동수가 작더라도 세기를 증가시키면 광전자가 튀어 나와야 한다.
② 빛의 세기가 약하면 광전자가 튀어 나올 때까지 어느 정도 시간이 필요하다.
③ 빛의 세기가 셀수록 운동 에너지가 큰 광전자가 튀어 나와야 한다.

채점 기준	배점(%)
광전 효과의 실험 결과를 빛의 파동설로 설명할 수 없는 까닭 3가지를 모두 옳게 설명한 경우	100
광전 효과의 실험 결과를 빛의 파동설로 설명할 수 없는 까닭 2가지만 옳게 설명한 경우	60
광전 효과의 실험 결과를 빛의 파동설로 설명할 수 없는 까닭 1가지만 옳게 설명한 경우	50

565

서술형 해결 전략

STEP 1 문제 포인트 파악
물질파 파장을 구하는 관계식을 알고, 일상생활에서 야구공의 물질파를 관측할 수 없는 까닭을 알고 있어야 한다.

STEP 2 자료 파악
❶ 야구공의 물질파 파장은?
  ➡ 야구공의 질량은 0.15 kg, 속력은 40 m/s이므로, 물질파 파장
  $\lambda = \dfrac{h}{mv} = \dfrac{6.6 \times 10^{-34} \text{ J} \cdot \text{s}}{0.15 \text{ kg} \times 40 \text{ m/s}} = 1.1 \times 10^{-34}$ m이다.
❷ 일상생활에서 물체의 물질파를 관측할 수 없는 까닭은?
  ➡ 일상생활에서는 물체가 갖는 운동량의 크기가 플랑크 상수에 비해 매우 커서 물질파 파장의 길이가 매우 짧아 파동성이 나타나지 않는다.

STEP 3 관련 개념 모으기
❶ 물질파 파장(드브로이 파장)
  ➡ 질량 m인 입자가 속력 v로 운동할 때, 입자의 물질파 파장 λ는 다음과 같다.

$$\lambda = \frac{h}{mv} = \frac{h}{p} \ (h: \text{플랑크 상수})$$

예시 답안 야구공의 물질파 파장 $\lambda = \dfrac{h}{mv} = \dfrac{6.6 \times 10^{-34} \text{ J} \cdot \text{s}}{0.15 \text{ kg} \times 40 \text{ m/s}} = 1.1 \times 10^{-34}$ m이고, 야구공의 운동량의 크기가 크기 때문에 물질파 파장이 매우 짧아서 파동성을 관찰하기 어렵다.

채점 기준	배점(%)
야구공의 물질파 파장을 옳게 구하고, 야구공이 파동성을 나타내지 않는 까닭을 옳게 설명한 경우	100
야구공이 파동성을 나타내지 않는 까닭만 옳게 설명한 경우	70
야구공의 물질파 파장만 옳게 구한 경우	30

566

서술형 해결 전략

STEP 1 문제 포인트 파악
물질파 파장은 운동량에 반비례함을 알고, 충돌 전후 운동량을 이용하여 물질파 파장을 비교할 수 있어야 한다.

STEP 2 자료 파악

A $3m$ → v B m 정지   A $3m$ $0.5v$ B m →

충돌 전   충돌 후

❶ 충돌 후 B의 속력은?
  ➡ $3mv + 0 = 3m \times 0.5v + m \times v_B$에서 $v_B = 1.5v$
❷ 충돌 전 A, B의 운동량은?
  ➡ A의 운동량은 $3mv$, B의 운동량은 0이다.
❸ 충돌 후 A, B의 운동량은?
  ➡ A의 운동량은 $1.5mv$, B의 운동량은 $1.5mv$이다.
❹ 물질파 파장과 운동량의 관계는?
  ➡ 물질파 파장은 $\lambda = \dfrac{h}{p}$로, 운동량에 반비례한다.

STEP 3 관련 개념 모으기
❶ 운동량 보존 법칙
  ➡ 외력이 작용하지 않을 때 두 물체의 충돌 전과 후의 운동량의 합이 보존된다.

예시 답안 운동량 보존 법칙에 의해 충돌 후 B의 속력은 $1.5v$이다. 충돌 후 운동량의 크기는 A와 B가 $1.5mv$로 같으므로 파장도 A와 B가 같다. 따라서 충돌 후 $\lambda_A = \lambda_B = \dfrac{h}{p} = \dfrac{h}{1.5mv}$이다.

채점 기준	배점(%)
예시 답안과 같이 모두 옳게 설명한 경우	100
충돌 후 B의 속력을 옳게 구하고, 충돌 후 A와 B의 운동량을 옳게 비교하여 설명한 경우	60
충돌 후 B의 속력만 쓴 경우	30

567 ④	568 ③	569 ⑤	570 ④	571 ⑤	572 ①
573 ②	574 ③	575 ④	576 ③	577 ②	578 ①
579 해설 참조		580 A: 보강 간섭, B: 보강 간섭, C: 상쇄 간섭			
581 해설 참조		582 해설 참조		583 해설 참조	

567

답 ④

자료 분석하기 파동의 속력

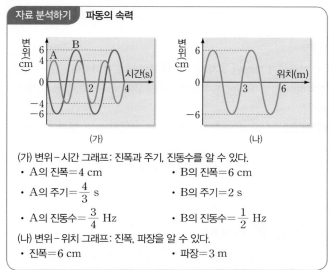

(가) (나)

(가) 변위-시간 그래프: 진폭과 주기, 진동수를 알 수 있다.
- A의 진폭 = 4 cm
- B의 진폭 = 6 cm
- A의 주기 = $\frac{4}{3}$ s
- B의 주기 = 2 s
- A의 진동수 = $\frac{3}{4}$ Hz
- B의 진동수 = $\frac{1}{2}$ Hz

(나) 변위-위치 그래프: 진폭, 파장을 알 수 있다.
- 진폭 = 6 cm
- 파장 = 3 m

ㄱ. (나)에서 파동의 진폭이 6 cm이므로, (나)는 B의 한 점의 변위를 위치에 따라 나타낸 것이다. 즉, B의 파장은 3 m이다.

ㄷ. 파동의 진행 속력 $v = \frac{\lambda}{T}$이다. B의 진행 속력은 $\frac{3\ m}{2\ s}$ = 1.5 m/s 이고, A의 진행 속력은 B의 2배이므로 3 m/s이다.

오답 피하기 ㄴ. (가)에서 A의 주기는 $\frac{4}{3}$초이고, B의 주기는 2초이다. 즉, A와 B의 주기의 비는 2 : 3이므로, 주기와 역수 관계인 진동수의 비는 3 : 2이다. 따라서 진동수는 A가 B의 $\frac{3}{2}$배이다.

568

답 ③

ㄱ. (가)의 물에서 유리로 입사할 때 입사각보다 굴절각의 크기가 더 작다. 빛이 두 매질의 경계면에서 굴절할 때 입사각과 굴절각, 굴절률 사이에 $\frac{\sin i}{\sin r} = \frac{n_2}{n_1}$이 성립한다. 즉, 입사각이 굴절각보다 크므로 굴절률은 유리가 물보다 크다.

ㄷ. 파동이 서로 다른 매질의 경계에서 굴절할 때 속력이 느린 쪽으로 꺾인다. (나)에서 빛은 차가운 공기 쪽으로 꺾여 시야에 들어와 신기루가 발생한다. 따라서 빛의 속력은 뜨거운 공기에서가 차가운 공기에서보다 빠르다.

오답 피하기 ㄴ. (가)에서 $\frac{\sin i}{\sin r} = \frac{\lambda_1}{\lambda_2} = \frac{v_1}{v_2}$이므로 단색광의 파장은 유리에서가 물에서보다 짧다. 단색광의 진행 속력도 유리에서가 물에서보다 느리다.

개념 더하기 빛과 소리의 굴절

① 여러 가지 매질에서 빛의 굴절

물질	공기	물	유리	다이아몬드
굴절률	1.0003	1.33	1.5	2.42

- 굴절률: 공기 < 물 < 유리 < 다이아몬드
- 빛의 속력: 공기 > 물 > 유리 > 다이아몬드
- 빛이 공기 중에서 각각 물, 유리, 다이아몬드에 동일한 입사각으로 입사하면 그림과 같이 굴절한다.

굴절각이 가장 크다.   굴절각이 가장 작다.

② 낮과 밤, 기온에 따른 소리의 굴절

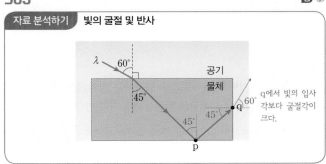

- 소리의 속력: 기온이 높을수록 빠르다.
- 낮: 따뜻한 공기에서가 차가운 공기에서보다 소리의 속력이 빨라 차가운 공기가 있는 위쪽으로 휘어져 진행한다.
- 밤: 차가운 공기에서가 따뜻한 공기에서보다 소리의 속력이 느려 차가운 공기가 있는 아래쪽으로 휘어져 진행한다.

569

답 ⑤

자료 분석하기 빛의 굴절 및 반사

q에서 빛의 입사각보다 굴절각이 크다.

ㄱ. 공기 중에서 빛의 파장은 λ이고, 물체에서 빛의 파장을 λ_1이라 하면, $\frac{\sin 45°}{\sin 60°} = \sqrt{\frac{2}{3}} = \frac{\lambda_1}{\lambda}$에서 $\lambda_1 = \sqrt{\frac{2}{3}}\lambda$이다.

ㄴ. $\frac{n_{물체}}{n_{공기}} = \frac{\sin 45°}{\sin \theta_{공기}} = \sqrt{\frac{2}{3}}$로 일정하기 때문에 물체와 공기의 경계면 q에서 빛의 입사각은 45°이므로 굴절각은 60°이다.

ㄷ. 단색광이 공기 중에서 물체로 입사할 때 입사각이 굴절각보다 크므로 굴절률은 물체에서가 공기 중에서보다 크다. 매질의 굴절률이 클수록 속력이 감소하고, 파장이 짧아진다. 따라서 빛의 진행 속력은 물체에서가 공기 중에서보다 작다.

570

자료 분석하기 전반사

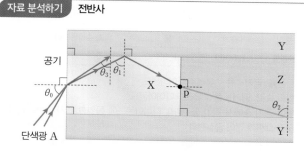

- X, Y, Z의 굴절률을 각각 n_X, n_Y, n_Z라 하면, X와 Y사이의 경계에서 전반사하므로 $n_X > n_Y$이고, 문제에서 $n_Z > n_X$이므로 $n_Z > n_X > n_Y$이다.
- 매질 1, 2 사이의 임계각과 굴절률 사이의 관계는 $\sin i_c = \dfrac{n_2}{n_1}(n_1 > n_2)$ 이므로 굴절률의 차이가 클수록 임계각의 크기가 작다. $n_Z > n_X > n_Y$이 므로 X, Y 사이의 임계각보다 Z, Y 사이의 임계각이 작다.
- 단색광 A가 X에서 Z로 진행할 때 $n_Z > n_X$이므로 입사각보다 굴절각의 크기가 작다. 따라서 $\theta_1 < \theta_2$이고, θ_2는 Z, Y 사이의 임계각보다 크므로 A는 Z와 Y 사이에서 전반사한다.
- θ_0보다 큰 입사각으로 A를 공기에서 X로 입사시키면 A는 X와 Y의 경계면에 임계각보다 작은 각(θ_3)으로 입사하므로 전반사하지 않는다.

ㄴ. p에서 굴절각이 입사각보다 작으므로 Z에서 Y로 입사할 때 입사각은 θ_1보다 크다. $n_Z > n_X$이므로 Z와 Y 사이의 임계각은 θ_1보다 작다. 따라서 Z에서 Y로 입사할 때 임계각보다 큰 입사각으로 입사하므로 A는 Z와 Y의 경계면에서 전반사한다. 즉, $\theta_2 > \theta_1(=$X와 Y 사이의 임계각)$>$Z와 Y 사이의 임계각이다.

ㄷ. A를 θ_0보다 큰 입사각으로 X에 입사시키면 X에서 Y로 입사할 때 입사각이 X와 Y사이의 임계각인 θ_1보다 작으므로 A는 X와 Y의 경계면에서 전반사하지 않는다.

오답 피하기 ㄱ. 전반사가 일어나는 임계각은 $\sin i_c = \dfrac{n_2}{n_1}(n_1 > n_2)$이다. 따라서 두 매질 사이의 굴절률의 차이가 클수록 임계각이 작아진다. 굴절률은 Z가 X보다 크므로 Z와 Y 사이의 임계각은 θ_1보다 작다.

571

ㄱ. 광섬유의 코어에서 클래딩으로 입사하는 빛이 전반사하기 위해서는 코어의 굴절률이 클래딩의 굴절률보다 커야 한다.

ㄷ. 임계각은 굴절각이 90°가 될 때의 입사각이므로 $\dfrac{\sin i}{\sin r} = \dfrac{\sin i_c}{\sin 90°}$

$= \sin i_c = \dfrac{n_{클래딩}}{n_{코어}}$이다. 코어의 굴절률은 클래딩의 굴절률보다 크며, 코어와 클래딩의 굴절률 차이가 작을수록 임계각이 크다. 두 매질 사이 굴절률 차이가 클수록 단색광이 굴절되어 꺾이는 정도가 증가한다. 따라서 A와 B의 굴절률 차이는 B와 C의 굴절률 차이보다 작다. B로 코어를 만들었을 때 임계각은 클래딩을 A로 만들었을 때가 C로 만들었을 때보다 크다.

오답 피하기 ㄴ. 빛은 두 매질의 경계에서 굴절할 때 더 느린 쪽, 즉 굴절률이 더 큰 매질 쪽으로 치우쳐서 굴절한다. (나)에서 $\theta_2 > \theta_1 > \theta_3$ 이므로, $\sin(90° - \theta_2) < \sin(90° - \theta_1) < \sin(90° - \theta_3)$이다. 따라서 굴절률은 $n_B > n_A > n_C$이므로, 굴절률은 C가 B보다 작다.

개념 더하기 광섬유에서의 전반사

광섬유는 전반사 원리를 이용하여 빛을 멀리까지 전송시킬 수 있는 섬유 모양의 관으로, 굴절률이 큰 중앙의 코어 부분을 굴절률이 작은 클래딩이 감싸고 있는 구조이다.

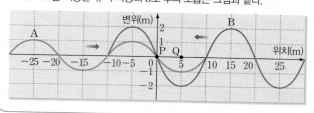

빛이 코어 속으로 들어가면 코어와 클래딩의 경계면에서 전반사하며 진행한다.

572

ㄱ. 전극에서 방전된 전자가 수은과 충돌하여 자외선이 방출되고, 이 자외선이 형광 물질에 흡수되면 가시광선이 방출되므로 ㉠은 자외선이다.

오답 피하기 ㄴ. ㉡과 ㉢은 가시광선으로 모니터 등의 영상 장치에 사용된다.

ㄷ. 파장은 자외선이 가시광선의 청색 영역보다 짧다.

573

자료 분석하기 파동의 중첩

- 파동이 중첩될 때 합성파의 진폭은 각 파동의 변위를 합한 것과 같다.
- 두 파동 A, B의 속력은 5 m/s이므로 3초 동안 각각 오른쪽과 왼쪽으로 15 cm를 이동한다. 각 파동의 3초 후의 모습은 그림과 같다.

ㄷ. 두 파동 A, B는 1초 후 각각 5 m씩 이동하여 위치가 0인 지점 P에서 만나기 시작한다. 이때 A와 B의 변위의 방향이 반대이므로 A와 B가 중첩되는 동안 P의 최대 변위는 ±1 m이다. 즉, P의 최대 변위의 크기는 1 m이다.

오답 피하기 ㄱ. A, B는 파장이 20 m, 속력이 5 m/s로 동일하므로, 진동수 $f = \dfrac{v}{\lambda} = \dfrac{5 \text{ m/s}}{20 \text{ m}} = 0.25$ Hz로 같다.

ㄴ. $t = 3$초일 때 Q에서 A의 변위는 -1 m이고, B의 변위는 -2 m이므로, Q의 변위의 크기는 3 m이다.

574

ㄱ. 속력이 2 cm/s이고, (나)에서 주기가 2초이므로 두 물결파의 파장은 $2 \text{ cm/s} = \dfrac{\lambda}{2 \text{ s}}$에서 4 cm이다.

ㄷ. R에서 중첩된 물결파의 변위는 $t = 0$일 때 -2 cm이고, 3초일 때는 2 cm이다.

오답 피하기 ㄴ. (나)는 $t = 0$일 때 변위가 2 cm이므로 마루와 마루가 중첩된 Q에서의 변위를 나타낸 것이다.

575

자료 분석하기 물결파의 간섭

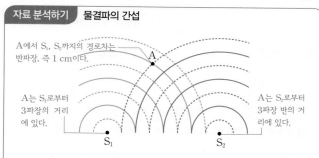

A에서 S₁, S₂까지의 경로차는 반파장, 즉 1 cm이다. → A

A는 S₁로부터 3파장의 거리에 있다.

A는 S₂로부터 3파장 반의 거리에 있다.

S₁　　　　S₂

- S₁, S₂의 진동수를 변화시키기 전 물결파의 파장 $\lambda = \dfrac{v}{f} = \dfrac{2\text{ cm/s}}{1\text{ Hz}} = 2$ cm이다.
- S₁, S₂에서 위상과 진동수, 진폭이 같은 파동이 발생한다. 따라서 A와 같이 각 파원까지의 거리의 차(경로차)가 반파장의 홀수 배가 되는 곳에서는 각 파원에서 발생한 파동이 반대 위상으로 만나 중첩된다. 즉, 상쇄 간섭이 일어나 시간이 지나도 수면의 높이가 변하지 않는다.

ㄱ, ㄷ. S₁, S₂의 진동수가 2 Hz일 때 파장 $\lambda_1 = \dfrac{v}{f} = \dfrac{2\text{ cm/s}}{2\text{ Hz}} = 1$ cm이고, 진동수가 4 Hz일 때 파장 $\lambda_3 = \dfrac{v}{f} = \dfrac{2\text{ cm/s}}{4\text{ Hz}} = \dfrac{1}{2}$ cm이므로 두 경우 모두 A까지의 경로차(1 cm)는 반파장의 짝수 배이다. 즉, 보강 간섭이 일어난다.

오답 피하기 ㄴ. S₁, S₂의 진동수가 $\dfrac{3}{2}$ Hz일 때 파장 $\lambda_2 = \dfrac{v}{f} = \dfrac{2\text{ cm/s}}{\frac{3}{2}\text{ Hz}}$ $= \dfrac{4}{3}$ cm이므로, A까지의 경로차는 반파장의 홀수 배도 짝수 배도 아니다.

576

자료 분석하기 소리의 간섭

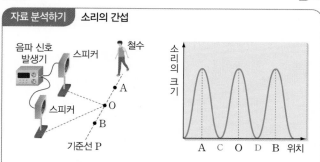

- 위치에 따라 소리의 크기가 커지거나 작아지는데 소리의 크기가 최대인 A, O, B에서는 보강 간섭이 일어나고, 소리의 크기가 최소인 C, D에서는 상쇄 간섭이 일어난다.
- 소리의 진동수가 클수록 파장이 짧아지므로 소리의 크기가 최대인 지점과 이웃한 최소인 지점의 거리가 짧아진다.

ㄱ. 소리의 크기가 가장 크게 측정되는 곳은 공기의 진폭이 커지는 보강 간섭이 일어나는 곳이다. 즉, A, O, B에서는 보강 간섭이 일어난다.

ㄴ. A와 B는 O를 기준으로 첫 번째로 보강 간섭이 일어나는 지점이므로 두 스피커로부터의 경로차는 A에서와 B에서가 같다.

오답 피하기 ㄷ. 소리의 진동수를 증가시키면 소리의 파장이 짧아지므로 보강 간섭이나 상쇄 간섭이 촘촘히 일어난다. 따라서 크게 들리는

이웃한 두 지점 사이의 거리가 감소하므로, A와 O 사이의 거리는 감소한다.

577

ㄷ. (다)는 금속판에 X선을 쏠 때 생기는 회절 무늬를 나타낸 것으로, 빛의 회절은 파동성을 나타낸다.

오답 피하기 ㄱ. (가)의 이중 슬릿에 의한 간섭 무늬는 빛의 파동성에 의해 나타난다.

ㄴ. 투과 전자 현미경은 입자의 파동성을 이용한다. (나)는 빛의 입자성에 의한 현상이다.

578

입자의 물질파 파장 $\lambda = \dfrac{h}{mv} = \dfrac{h}{\sqrt{2mE_k}}$에서 $E_k = \dfrac{h^2}{2m\lambda^2}$이다. 입자가 연직 아래 방향으로 운동할 때, 역학적 에너지 보존 법칙에 의해 중력 퍼텐셜 에너지 감소량은 운동 에너지 증가량과 같으므로 $mgH = \varDelta E_k = \dfrac{h^2}{2m}\Big(\dfrac{1}{\lambda_0^2} - \dfrac{1}{(2\lambda_0)^2}\Big) = \dfrac{3h^2}{8m\lambda_0^2}$이다. 따라서 두 기준선의 높이차 $H = \dfrac{3h^2}{8m^2 g\lambda_0^2}$이다.

개념 더하기 물질파 파장과 운동 에너지의 관계

질량 m인 입자가 속력 v로 운동할 때, 물질파 파장 λ와 운동 에너지 E_k 사이에는 다음과 같은 관계가 성립한다.

$$E_k = \dfrac{1}{2}mv^2 = \dfrac{(mv)^2}{2m}, \; \lambda = \dfrac{h}{mv} = \dfrac{h}{\sqrt{2mE_k}}$$

579

자료 분석하기 전반사

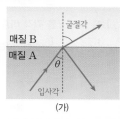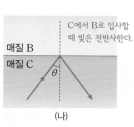

매질 B / 매질 A / 굴절각 / θ / 입사각 / (가)

C에서 B로 입사할 때 빛은 전반사한다. / 매질 B / 매질 C / θ / (나)

- 빛이 매질 A에서 B로 입사할 때, 입사각 θ와 굴절각 r, 속력 v, 굴절률 n 사이에는 다음과 같은 관계가 성립한다.

$$\dfrac{\sin\theta}{\sin r} = \dfrac{v_A}{v_B} = \dfrac{\lambda_A}{\lambda_B} = \dfrac{n_B}{n_A} = 일정$$

➡ $\sin\theta < \sin r$이므로, $v_A < v_B$, $\lambda_A < \lambda_B$, $n_A > n_B$이다.

- (가), (나)에서 임계각을 θ_1, θ_2라 하면, 다음과 같은 관계가 성립한다.

$$\sin\theta_1 = \dfrac{n_B}{n_A}, \; \sin\theta_2 = \dfrac{n_B}{n_C}$$

➡ (나)에서만 전반사가 일어나므로, $\theta_1 > \theta > \theta_2$이다.

예시 답안 굴절률은 (가)에서 A가 B보다 크고, (나)에서 C가 B보다 크다. (가)에서는 전반사가 일어나지 않고, (나)에서만 전반사가 일어나므로 C와 B 사이의 임계각이 A와 B 사이의 임계각보다 작다. 임계각과 굴절률 사이의 관계는 $\sin i_c = \dfrac{n_2}{n_1}$이므로, 굴절률의 차이가 클수록 임계각의 크기가 작다. 따라서 굴

절률은 C가 A보다 크다. 광섬유에서 클래딩의 굴절률이 코어보다 작아야 하므로 A를 코어로 사용한 광섬유에서는 B만 클래딩으로 사용할 수 있다.

채점 기준	배점(%)
A, B, C의 굴절률을 옳게 비교하고, 클래딩으로 가능한 매질의 기호를 옳게 쓰고 그 까닭을 옳게 설명한 경우	100
A, B, C의 굴절률을 옳게 비교하고 클래딩으로 가능한 매질의 기호를 썼으나 그 까닭에 대한 설명이 부족한 경우	60
A, B, C의 굴절률만 옳게 비교한 경우	40

580

답 A: 보강 간섭, B: 보강 간섭, C: 상쇄 간섭

A와 B는 각각 마루와 마루, 골과 골이 중첩되어 보강 간섭이 일어나는 지점이고, C는 마루와 골이 중첩되어 상쇄 간섭이 일어나는 지점이다.

581

자료 분석하기 광전 효과

단색광	방출되는 광전자의 최대 운동 에너지	
	A	**B**
X	방출되지 않음.	E_0
Y	E_0	$3E_0$

- X를 A, B에 각각 비출 때 A에서는 광전자가 방출되지 않으므로 A의 문턱 진동수가 B보다 크다.
- 진동수가 f인 빛을 문턱 진동수가 f_0인 금속에 비출 때 방출되는 광전자의 최대 운동 에너지는 $E_{max}=hf-hf_0$이다.
- A, B의 문턱 진동수를 각각 f_A, f_B라 하면 A에 Y를 비출 때 $E_0=2hf-hf_A$, B에 X와 Y를 각각 비출 때 $E_0=hf-hf_B$, $3E_0=2hf-hf_B$이다.
- $f_A=\dfrac{3}{2}f$, $f_B=\dfrac{1}{2}f$이므로 $\dfrac{f_A}{f_B}=3$이다.

예시 답안 A에 Y를 비출 때 $E_0=2hf-hf_A$, B에 X와 Y를 각각 비출 때 $E_0=hf-hf_B$, $3E_0=2hf-hf_B$이므로 $f_A=\dfrac{3}{2}f$, $f_B=\dfrac{1}{2}f$이다. 따라서 $\dfrac{f_A}{f_B}=3$이다.

채점 기준	배점(%)
$\dfrac{f_A}{f_B}$의 값과 풀이 과정이 모두 옳은 경우	100
$E_0=2hf-hf_A$, $E_0=hf-hf_B$, $3E_0=2hf-hf_B$인 관계를 모두 옳게 설명하였으나 $\dfrac{f_A}{f_B}$의 값을 옳게 구하지 못한 경우	60
$\dfrac{f_A}{f_B}$의 값만 옳게 쓰고, 풀이 과정을 서술하지 않은 경우	40

582

충돌 전 A와 B의 속력이 같으므로 A, B의 속력을 v라 하면 운동량 보존 법칙에 의해 $mv-mv=-mv_A'+mv_B'$에서 $v_A'=v_B'$이다. 즉, 충돌 후에도 A와 B의 속력은 v로 같다.

예시 답안 (가)에서 A의 속력을 v라 하면 $\lambda=\dfrac{h}{mv}$이고, (나)에서 A의 운동 에너지 $E_k=\dfrac{1}{2}mv^2=\dfrac{(mv)^2}{2m}=\dfrac{h^2}{2m\lambda^2}$이다. 운동량 보존 법칙에 의해 (나)에서 A와 B의 질량과 속력이 각각 같으므로, A와 B의 운동 에너지의 합은 $\dfrac{h^2}{2m\lambda^2}\times2=\dfrac{h^2}{m\lambda^2}$이다.

채점 기준	배점(%)
(나)에서 A와 B의 운동 에너지의 합을 풀이 과정과 함께 옳게 구한 경우	100
(나)에서 A와 B의 운동 에너지의 합만 옳게 구한 경우	30

583

답 ㉠: 물질파, ㉡: 가시광선, ㉢: 짧다.

현미경은 파동의 파장이 짧을수록 분해능이 크며, 분해능이 클수록 인접한 두 상을 더 잘 구별할 수 있다. 전자 현미경의 물질파 파장은 전자의 속력을 증가시켜 짧게 할 수 있다. 따라서 전자의 물질파 파장이 가시광선의 파장보다 짧으므로 광학 현미경보다 전자 현미경의 분해능이 더 크다.

memo

memo

www.mirae-n.com

학습하다가 이해되지 않는 부분이나 정오표 등의 궁금한 사항이 있나요?
미래엔 홈페이지에서 해결해 드립니다.

교재 내용 문의
나의 교재 문의 | 수학 과외쌤 | 자주하는 질문 | 기타 문의

교재 정답 및 정오표
정답과 해설 | 정오표

교재 학습 자료
MP3

실전서

기출 분석 문제집

1등급 만들기

완벽한 기출 문제 분석으로 시험에
대비하는 1등급 문제집

국어 문학, 독서
수학 고등 수학(상), 고등 수학(하),
　　　 수학Ⅰ, 수학Ⅱ,
　　　 확률과 통계, 미적분, 기하
사회 통합사회, 한국사,
　　　 한국지리, 세계지리, 생활과 윤리,
　　　 윤리와 사상, 사회·문화, 정치와 법,
　　　 경제, 세계사, 동아시아사
과학 통합과학, 물리학Ⅰ, 화학Ⅰ,
　　　 생명과학Ⅰ, 지구과학Ⅰ,
　　　 물리학Ⅱ, 화학Ⅱ, 생명과학Ⅱ,
　　　 지구과학Ⅱ

실력 상승 실전서

파사쥬

대표 유형과 실전 문제로
내신과 수능을 동시에 대비하는
실력 상승 실전서

국어 국어, 문학, 독서
영어 기본영어, 유형구문, 유형독해,
　　　 25회 듣기 기본 모의고사,
　　　 20회 듣기 모의고사
수학 고등 수학(상), 고등 수학(하),
　　　 수학Ⅰ, 수학Ⅱ,
　　　 확률과 통계, 미적분

수능 완성 실전서

수능 주도권

핵심 전략으로 수능의 기선을
제압하는 수능 완성 실전서

국어영역 문학, 독서,
　　　　 화법과 작문, 언어와 매체
영어영역 독해편, 듣기편
수학영역 수학Ⅰ, 수학Ⅱ,
　　　　 확률과 통계, 미적분

수능 기출서

수능 기출 문제집

N기출

수능N 기출이 답이다!

국어영역 공통과목_문학,
　　　　 공통과목_독서,
　　　　 공통과목_화법과 작문,
　　　　 공통과목_언어와 매체
영어영역 고난도 독해 LEVEL 1,
　　　　 고난도 독해 LEVEL 2,
　　　　 고난도 독해 LEVEL 3
수학영역 공통과목_수학Ⅰ+수학Ⅱ 3점 집중,
　　　　 공통과목_수학Ⅰ+수학Ⅱ 4점 집중,
　　　　 선택과목_확률과 통계 3점/4점 집중,
　　　　 선택과목_미적분 3점/4점 집중,
　　　　 선택과목_기하 3점/4점 집중

N기출 모의고사

수능의 답을 찾는 우수 문항 기출 모의고사

수학영역 공통과목_수학Ⅰ+수학Ⅱ,
　　　　 선택과목_확률과 통계,
　　　　 선택과목_미적분

미래엔 교과서 연계

자습서

미래엔 교과서 자습서

교과서 예습 복습과 학교 시험 대비까지
한 권으로 완성하는 자율 학습서

국어 고등 국어(상), 고등 국어(하), 문학, 독서,
　　　 언어와 매체, 화법과 작문, 실용 국어
수학 고등 수학, 수학Ⅰ, 수학Ⅱ, 확률과 통계,
　　　 미적분, 기하
사회 통합사회, 한국사
과학 통합과학(과학탐구실험)
일본어Ⅰ, 중국어Ⅰ, 한문Ⅰ

평가 문제집

미래엔 교과서 평가 문제집

학교 시험에서 자신 있게
1등급의 문을 여는 실전 유형서

국어 고등 국어(상), 고등 국어(하),
　　　 문학, 독서, 언어와 매체
사회 통합사회, 한국사
과학 통합과학

개념부터 유형까지 공략하는 개념서

NEW
올리드 로 완벽한
Λllead

실력 충전!

- 개념 학습과 시험 대비를 한 권에!
- 교과서보다 더 알차고 체계적인 설명!
- 최신 기출 및 신경향 문제로 높은 적중률!

물리학 I

- 핵심 개념과 자료 분석으로 원리를 이해하는 **개념 탐구 학습**
- 단계별, 수준별 다양한 문제 구성으로 든든한 **내신 완성 학습**
- 개념 + 기본 문제 + 실전 문제의 1:1:1 구성으로 빠른 **문제 적용 학습**

새 교육과정

내신 잡는 필수 개념서
NEW
올리드
Λllead

Mirae **N** 에듀

구성보기

한국지리   물리학 I

필수 개념과 유형으로
내신을 효과적으로 공략한다!

사회 통합사회, 한국사, 한국지리, 사회·문화, 생활과 윤리, 윤리와 사상
과학 통합과학, 물리학 I, 화학 I, 생명과학 I, 지구과학 I